"十三五"国家重点图书出版规划项目

材料科学研究与工程技术系列

混凝土学 （第2版）

Concrete Science

- 张巨松　主编
- 盖广清　马新伟　佟钰　戴民　高嵩　副主编
- 高小建　主审

U0350695

哈尔滨工业大学出版社

内 容 简 介

本书共10章,二个附录在简要介绍混凝土发展过程的基础上,系统介绍了混凝土组成材料、混合料(拌合物)、硬化结构、力学性能、尺寸稳定性、耐久性、配合比设计、常用混凝土、硅酸盐混凝土和砂浆的基本概念和基本原理,以及混凝土组成、结构和性能之间的相互关系,介绍了混凝土材料的最新进展和技术标准(规范),在附录中列举了混凝土原材料及性能基本实验、混凝土领域的常用标准。

本书既可作为高等院校无机非金属材料工程专业教材,又可作为本行业工程技术人员的参考书。

图书在版编目(CIP)数据

混凝土学/张巨松主编. —2 版. —哈尔滨:哈尔滨工业大学出版社,2017.6(2021.7 重印)

ISBN 978-7-5603-6364-6

Ⅰ.混…　Ⅱ.①张…　Ⅲ.①混凝土-高等学校-教材　Ⅳ.①TU528

中国版本图书馆 CIP 数据核字(2016)第 321483 号

材料科学与工程
图书工作室

责任编辑	何波玲
封面设计	高永利
出版发行	哈尔滨工业大学出版社
社　　址	哈尔滨市南岗区复华四道街 10 号　邮编 150006
传　　真	0451-86414749
网　　址	http://hitpress.hit.edu.cn
印　　刷	哈尔滨市工大节能印刷厂
开　　本	787mm×1092mm　1/16　印张 23.25　字数 571 千字
版　　次	2011 年 2 月第 1 版　2017 年 6 月第 2 版　2021 年 7 月第 3 次印刷
书　　号	ISBN 978-7-5603-6364-6
定　　价	42.00 元

(如因印装质量问题影响阅读,我社负责调换)

第 2 版前言

本书自 2011 年作为"十二五"国家重点图书首次出版后,至今已历经了五年。五年来我国经济社会取得了长足的发展,尤其是基本建设领域取得了突飞猛进的发展,作为基本建设的第一大材料混凝土首当其冲,新技术、新产品不断涌现,新技术法规不断更新,为适应形势发展,满足教学的需要,本次对原教材进行了必要的修订。

(1)本次修订仍保持原教材的内容体系和编写特点。

(2)为便于初学者复习和总结,每章增加了复习思考题,供学习时参考。

(3)在绪论中根据最新国家标准主要修订了混凝土技术标准简介,使学生对混凝土的技术标准有了更全面的了解和把握。

(4)原材料部分根据水泥的最新标准进行了调整,外加剂部分增加了引气剂。

(5)混合料部分根据更新的《混凝土质量控制标准》(GB 50164—2011)对有关内容进行了修订。

(6)混凝土结构部分,宏观堆聚结构增加了超细粉填充水泥颗粒间隙结构。

(7)对混凝土和砂浆的配合比设计按《普通混凝土配合比设计规程》(JGJ 55—2011)和《砌筑砂浆配合比设计规程》(JGJT 98—2010)新规程进行了修订,按《泡沫混凝土应用技术规程》(JGJ/T 341—2014)和《透水水泥混凝土路面技术规程》(CJJ/T 135—2009)增加了泡沫混凝土和透水混凝土的配合比设计。

(8)增加了混凝土原材料及性能基本实验,主要参照 GB/T 14684、GB/T 14685、JGJ 52、GB/T 50080、GB/T 50081、GB/T 50082 的实验方法。

参加本次修订的人员及分工如下:沈阳建筑大学张巨松(绪论、第 5 章、附录),沈阳建筑大学佟钰(第 1、2 章),吉林建筑大学盖广清(第 3、4 章),青岛理工大学高嵩(第 6、7 章),沈阳建筑大学戴民(第 8、9、10 章),哈尔滨工业大学马新伟(实验),全书由张巨松统稿,哈尔滨工业大学高小建主审。

由于时间仓促,编写修订人员缺乏经验以及水平有限,书中难免有缺点和不妥之处,恳请读者及同行专家给予指正并提出宝贵意见。

作　者

2017 年 1 月

第 1 版前言

本书是根据教育部面向 21 世纪材料类专业课程体系改革的要求编写的,重点介绍混凝土材料科学方面的基本概念、基本原理,强调了混凝土组成、结构和性能之间的相互关系。

随着我国城市化建设进程的大力推进,铁路、公路、桥梁、地铁等基础设施的大力发展,使混凝土的用量剧增。同时,随着资源的枯竭,环境的破坏,节约能源、绿色环保的呼声越来越高,并受到广泛重视。对与上述产业息息相关的混凝土行业提出了更高的要求。为满足混凝土行业的快速发展,为满足无机非金属材料专业在校本科生、研究生教学的需要,为满足混凝土行业工程技术人员专业水平的提高,我们编写了《混凝土学》这本书。

本书系统介绍了混凝土组成材料、混合料(拌合物)、硬化结构、力学性能、尺寸稳定性、耐久性、配合比、常用混凝土基本概念、基本原理及最新进展的同时,还重点反映了混凝土的"双掺"、"泵送"、"绿色、低碳"的时代特征,为此本书在讨论具体基本概念、基本原理之后,还注重讨论了解决当今混凝土问题的技术途径和措施,为进一步从事混凝土工程具体工作奠定了基础。

本书介绍了混凝土材料技术标准(规范)的基本知识,介绍各种材料及性能时,强调了标准规范的作用,注意培养学生的法规观念,为方便学习与工作,本书附录列举了常用混凝土材料技术标准(规范),且全书采用了法定计量单位及当前最新的技术规范,使学生获得最新知识。

本书由沈阳建筑大学张巨松教授主编,哈尔滨工业大学李家和教授主审。参加编写的人员及编写工作分工如下:张巨松(绪论、第 5 章、8.8、附录),黑龙江建筑职业技术学院纪明香(第 1 章),沈阳建筑大学佟钰(第 2 章),哈尔滨工业大学高小建(第 3 章、第 4 章、第 7 章),青岛理工大学李秋义、高嵩(第 6 章),沈阳建筑大学戴民(8.1、8.2、8.4、8.5、8.6),同济大学李好新(8.7),中国建筑材料研究总院张利俊(8.3),全书由张巨松统稿。

由于时间仓促,编写人员缺乏经验以及水平有限,书中难免有不妥之处,恳请读者及同行专家给予指正并提出宝贵意见。

作　者
2010 年 12 月

目　录
CONTENTS

绪　论

混凝土是指用胶凝材料(无机的、有机的或有机无机复合的)将分散的颗粒物(骨料、气泡等)胶结成整体的复合固体材料的总称。

由水泥、颗粒状骨料、水以及化学外加剂和矿物掺合材料(矿物外加剂)按适当比例配合，经均匀搅拌、密实成型和养护硬化而成的人工石材称为水泥混凝土,简称混凝土。

自1824年波特兰水泥问世以来的近两百年时间里,水泥与混凝土的生产技术和研究水平迅速发展提高,混凝土的用量急速增加,使用范围日益扩大。至今,混凝土已成为世界上用量最多的人造材料之一。

0.1　混凝土的特点

混凝土在土木工程中能够得到广泛的应用是因为它与其他材料相比具有一系列特点:

(1)混凝土的原材料是地表非常丰富的砂、石、水及由黏土和石灰石烧制的水泥,除水泥外其他三种材料几乎是最廉价的材料。近些年来随着泵送混凝土的普及,混凝土中掺入大量的工业灰渣如粉煤灰、渣矿粉、硅灰等,减少了工业灰渣的环境污染。据测算混凝土的能耗为$440 \sim 770 \ kW \cdot h/m^3 (182 \sim 320 \ kW \cdot h/t)$,水泥为$1 \ 300 \ kW \cdot h/t$,钢材为$8 \ 000 \ kW \cdot h/t$,钢筋混凝土为$800 \sim 3 \ 200 \ kW \cdot h/m^3$,预应力混凝土为$700 \sim 1 \ 700 \ kW \cdot h/m^3$;不同材料承受$1 \ 000 \ t$荷载的$1 \ m$高柱能耗分别为:素混凝土70 L油,黏土砖210 L油,钢材320 L油,可见在常见的工程材料中混凝土的能耗是较低的。

(2)尽管混凝土表观简单,但具有十分复杂的结构。混凝土含有许多分布不均匀的固体成分以及形状和大小不同的孔隙,这些孔隙又部分或全部被碱性溶液所充满。因而,一般材料结构与性质之间的关系对混凝土不太适用,例如对于相对均质且不太复杂的人造材料(如钢、塑料等)适用的固体力学和材料科学的一些方法,对混凝土并不能解决问题。

(3)与其他材料相比,混凝土的结构和性质不是静态的混凝土结构。三种主要成分中的两种,即水泥石及水泥石与骨料之间的过渡区随着时间不断变化。混凝土的强度和其他性质决定于连续多年不断形成的水泥水化产物,虽然这些产物是基本不溶的,但它们在不同环境条件下能缓慢分解或转变,因而混凝土既具有不断增强和愈合微裂缝的能力,也可能会出现性能劣化和退变现象。这一点混凝土与木材或其他有生命的物质相似。

(4)调整各组成材料的品种及数量,可获得不同性能(强度、耐久性)的混凝土来满足工程上的不同要求。混凝土拌合物具有良好的可塑性,可根据工程需要浇筑成各种形状尺寸的构件及构筑物;混凝土具有较高的抗压强度,且可与钢筋有良好的配合而组成钢筋混凝土,弥补了混凝土抗拉、抗折强度低的缺点,使混凝土能够适应各种工程结构;性能良好的混凝土具有很高的抗冻性、抗渗性、耐腐蚀性等使得混凝土长期使用仍能保持原有性能。混凝土的主要缺点是自重大、抗拉强度低、呈脆性、易开裂,并且在施工中影响质量的因素较多,质量波动较大。

(5)与其他材料相比,混凝土一般需要使用前在工程现场或现场附近加以拌制。作为一种工程材料,对于硬化前后混凝土的结构和性质来说,混凝土的原材料配比与施工工艺具有同样重要的影响。

0.2　混凝土的分类

混凝土种类繁多,混凝土的不同分类方法及种类见表0.1。水泥混凝土的分类方法及种类见表0.2。

表0.1　混凝土的不同分类方法及种类

分 类 方 法			名 称	特 性
按胶凝材料分类	无机胶凝材料	水泥类	水泥混凝土	以硅酸盐水泥及各系列水泥为胶结材,可用于各种混凝土结构
		石灰类	硅酸盐混凝土（石灰混凝土）	以石灰、火山灰等活性硅酸盐或铝酸盐与消石灰的混合物为胶结材
		石膏类	石膏混凝土	以天然石膏或工业废料石膏为胶结材,可做天花板及内隔墙等
		硫磺	硫磺混凝土	硫磺加热融化,然后冷却硬化,可做黏结剂及低温防腐层
		水玻璃	水玻璃混凝土	以钠水玻璃或钾水玻璃为胶结材,可做耐酸结构
		碱矿渣类	碱矿渣混凝土	以磨细矿渣及碱溶液为胶结材,是一种新型混凝土,可做各种结构
	有机胶凝材料	沥青类	沥青混凝土	用天然沥青或人造沥青为胶结材,可做路面及耐酸、耐碱地面
		树脂	树脂混凝土	以黏结力强、热固性的天然或合成树脂为胶结材,适于在侵蚀性介质中使用
		合成树脂+水泥	聚合物水泥混凝土	以水泥为主要胶结材,掺入少量乳胶或水溶性树脂,能提高抗拉、抗弯强度
		聚合物（浸渍）	聚合物浸渍混凝土	将水泥混凝土基材在低黏度单体中浸渍,用热或射线使表面固化

表 0.2　水泥混凝土的分类方法及种类

分类方法		混　凝　土　品　种
按集料种类		重混凝土(干表观密度大于 2 600 kg/m³),重骨料如钢球、铁矿石、重晶石等,用于防射线混凝土工程
		普通混凝土(干表观密度为 1 950~2 600 kg/m³),普通砂石为骨料,可做各种结构
		轻混凝土(干表观密度小于 1 950 kg/m³),分为轻骨料混凝土(表观密度为 800~1 950 kg/m³,轻骨料如浮石、火山渣、陶粒、膨胀珍珠岩等)和多孔混凝土(干表观密度为 300~1 200 kg/m³,如泡沫混凝土、加气混凝土)
		大孔混凝土(无细骨料)(表观密度为 800~1 850 kg/m³),适于做墙板或非承重墙体
		细颗粒混凝土(无粗骨料),由水泥与砂配制而成,可用于钢丝网水泥结构
按使用功能		结构混凝土、保温混凝土、耐酸混凝土、耐碱混凝土、耐硫酸盐混凝土、耐热混凝土、水工混凝土、海洋混凝土、防辐射混凝土等
按施工工艺		浇筑混凝土、离心成型混凝土、喷射混凝土、泵送混凝土、自密实混凝土等
按配筋情况		素混凝土、钢筋混凝土、纤维混凝土、预应力混凝土等
按强度		普通混凝土、高强混凝土(强度大于 C45)和超高强混凝土(强度大于 C100)
稠度	维勃稠度	超干硬性混凝土、特干硬性混凝土和半干硬性混凝土
	坍落度	低塑性混凝土、塑性混凝土、流动性混凝土和大流动性混凝土

0.3　混凝土发展的历史

从新石器时代的泥结卵石、草筋泥砂浆,经历石灰(石膏)三合土、火山灰石灰混凝土、牛马血、糯米汁等外加剂混凝土,到近代波特兰水泥混凝土、钢筋混凝土、预应力混凝土、纤维混凝土及聚合物混凝土,以及最近的高强度/高性能混凝土。混凝土的发展主要遵循复合化、高强化、高性能化三条技术路线。在提高性能、增加品种与扩大应用的相互促进下,混凝土逐渐成为当代最主要的结构工程材料,也是最大宗的人造材料,不断推动着人类文明的进步。

复合化是包括混凝土在内各种材料发展的主要途径。新石器时代用泥浆胶结大卵石作为柱基(西安半坡遗址);用草木筋增强黄土与黄土结核(料浆石)泥浆抹墙打地坪,有的还用柴火焙烧,至今仍坚硬光亮(甘肃先民遗址);古埃及用石膏砂浆砌筑金字塔;古罗马用火山灰石灰混凝土建筑斗兽场与水渠、桥梁;东汉至今的石灰三合土房基、路基;唐宋以来用桐油、牛马血、糯米汁、杨桃藤汁掺入石灰砂浆中增加密实度、防水能力及耐久性(南京、和州等城墙及古罗马和秦长城采用牛马血做外加剂,实际上是现代引气型外加剂的始祖);近代的各种增强混凝土,掺加混合材料与外加剂,都是用多种材料复合来改善混凝土性能,以达到增强、耐久、经济等目的。20 世纪 80 年代用"水泥基复合材料"这一名词来概括各种混凝土,是科学合理的。复合化带来的超叠效应,更是高性能混凝土获得高性能的主因。

高强化是百余年来的努力方向。自从 1824 年波特兰水泥问世,1850 年出现钢筋混凝土以来,作为重要的结构材料,强度一直是混凝土的主要性能指标;加之混凝土强度主要取决于密实度,密实度又与耐久性密切相关,因此高强度一直被认为是优质混凝土的重要特征。随着强度与孔隙率关系和水灰比定则等的建立,长期以来,强度已成为混凝土配合比设计以及生产和应用的首要性能指标甚至唯一指标。高强化的发展道路决定着水泥生产,决定着混凝土工艺的发展方向。20世纪50年代以前,各国混凝土强度都在30 MPa以下,30 MPa以上即为高强混凝土;20世纪50年代34 MPa以上为高强混凝土;20世纪60年代强度提高到41～52 MPa;现在50～60 MPa高强混凝土已开始用于高层建筑与桥梁工程。而外国学者预测,21世纪混凝土平均强度将超过50～60 MPa;100 MPa以上的超高强混凝土将大量用于结构工程,可见高强趋势是很明显的。

高性能化是近些年才提出的,作为主要的结构材料,混凝土耐久性的重要程度不亚于强度和其他性能。不少混凝土建筑因材质劣化引起开裂破坏甚至崩塌,水工、海工建筑与桥梁尤为如此,因而早在20世纪30年代水工混凝土就要求同时按强度与耐久性来设计配合比;有些重要建筑物,如高层建筑、大跨度桥梁、采油平台、压力容器等对耐久性有更高的要求。同时随着施工技术的进步和结构中混凝土均匀性要求的提高,工作性也成为另一重要性能指标。此外,体积稳定性、变形、抗冲耐磨、疲劳、耐化学腐蚀等性能也受到应有的重视。

1990年5月美国国家标准与技术研究院(NIST)与美国混凝土协会(ACI)联合召开会议,首次提出高性能混凝土(High Performance Concrete,HPC)这一概念,并认为HPC是同时具有某些特定性能的匀质混凝土,必须采用严格的施工工艺与优质原材料,配制成便于浇捣、不离析、力学性能稳定、早期强度高,并具有韧性和体积稳定性等性能的混凝土,特别适于高层建筑、桥梁以及暴露在严酷环境中的建筑物。大多数学者认为HPC的强度指标应不低于50～60 MPa;日本学者则更重视工作性与耐久性。我国吴中伟院士认为HPC应根据用途与经济合理等条件对性能有所侧重,现阶段HPC强度低限可向中等强度等级(30 MPa)适当延伸,但以不损及混凝土内部结构(如孔结构、过渡区结构、水化物结构等)的发展与耐久性为度。他所提出的高性能混凝土的定义是:HPC是一种新型高技术混凝土,是在大幅度提高普通混凝土性能的基础上,采用现代混凝土技术,选用优质原材料,在严格的质量管理条件下制成的;除水泥、水、骨料外,必须掺加足够数量的细掺合材料与高效外加剂。HPC重点保证下列诸性能:耐久性、工作性、各种力学性能、适用性、体积稳定性以及经济合理性。HPC不仅在性能上对传统混凝土有很大突破,在节约资源、能源、改善劳动条件、经济合理等方面,尤其在保护环境方面,有着十分重大的意义,是一种可持续发展的绿色材料。

近代混凝土材料发展过程中重要的历史事件很多,据有关资料记载主要如下:

1850年,法国人Lambot制作了第一条钢筋混凝土小船,是混凝土制品发展史上的首次大突破。

1866年,C. S. Hutchinson首获美国空心砌块专利。T. B. Rhodes于1874年获得在混凝土塑性状态下制作空心砌块的专利。

1867年,法国花匠J. Monier获得钢筋混凝土结构设计专利,实际当时尚无设计理论指导,仅凭经验,1875年建成了世界上第一座钢筋混凝土桥,钢筋混凝土逐渐成为重要的结构材料。

1886年,德国工程师M. Koenen基于材料力学原理,提出了以允许应力计算钢筋混凝土结构的方法。

1889年,霍夫曼(Hofman)取得了用盐酸和碳酸钠制造加气混凝土的专利。1919年,柏林人格罗沙海(Grosahe)用金属粉末做发气剂制出了加气混凝土。1923年,瑞典人埃克森(J. A. Eriksson)掌握了以铝粉为发气剂的生产技术并取得了专利权。

1890年,凯特劳脱(C. Candlot)首先发现铝酸三钙和硫酸钙能形成钙矾石。1892年,米却利斯(W. michaelis)提出钙矾石是造成波特兰水泥混凝土在含硫酸盐介质中产生膨胀、破坏的原因,即所谓的"水泥杆菌"。

1910 年,美国的 H. F. Porter 发表了关于短钢纤维增强混凝土的第一篇论文。但是纤维混凝土真正进入工程的研究是在 20 世纪 60 年代初期。

1913 年,美国 Comell Kee 设计并制造出第一台曲轴机械式混凝土输送泵,但没能得到应用;1927 年,德国的 Fritz Hell 设计制造了第一台得到成功应用的混凝土输送泵;荷兰人 J. C. Kooyman 在前人的基础上进行改进,1932 年他成功地设计并制造出采用卧式缸的 Kooyman 混凝土输送泵,该泵采用一个卧式缸和由两个联杆操纵联动的旋转阀的结构,成功解决了混凝土输送泵的构造原理问题,大大提高了工作的可靠性。1959 年,德国的 Schwing 公司生产出第一台全液压的混凝土输送泵,它采用液压驱动,功率大、振动小、排量大,可实现无级调速,还可以实现反泵操作,减少了堵管现象。

20 世纪 30 年代,在美国开发北美洲时,混凝土路面由于严寒气候的除冰而很快受到破坏,为提高路面混凝土质量而使用了"文沙树脂"来提高混凝土的耐久性。

1928 年,法国 E. Freyssinet 提出了混凝土收缩徐变理论,采用了高强钢丝,发明了预应力锚具,成为预应力混凝土的鼻祖、奠基人。

1935 年,美国的 E. W. Scripture 首先研制成功了木质素磺酸盐为主要成分的减水剂(商品名 Pozzolith),1937 年获得专利,标志着普通减水剂的诞生。1954 年制定了第一批混凝土外加剂检验标准。

1936 年,法国洛西叶(H. Lossier)是最早认识到钙矾石具有补偿水泥收缩和产生预应力的学者,并发明了膨胀水泥。

1955 年前后,米哈依洛夫(B. B. Михалов)创造了硅酸盐膨胀 - 自应力水泥(国外称为 M 型水泥),它由波特兰水泥、铝酸盐水泥和石膏按一定比例共同粉磨而成,开始用于地下工程。

1958 年,美国的克莱恩(A. Klien)在此基础上开发了 K 型膨胀水泥。1964 年正式投入生产,通过在波特兰水泥熟料中加入适量的膨胀剂而制成。膨胀剂的配制和煅烧是使其中具有适量的无水硫铝酸钙(3CA · CaSO$_4$,简写 C$_4$A$_3$S)、CaSO$_4$ 和 CaO,可以根据所需要的膨胀值调节膨胀剂的掺入量,以制得能够补偿收缩的膨胀水泥或自应力水泥。

1962 年,日本花王石碱公司服部健一等人研制成功 β-萘磺酸甲醛缩合物钠盐(商品名麦蒂)即萘系高效减水剂。1964 年,西德的 Aignesberger 等人研制成功三聚氰胺减水剂(商品名 Melment)即树脂系高效减水剂,标志着高效减水剂的诞生。

1962 年,日本大成建筑技术研究所购买了美国 A. Klein 的 K 型膨胀水泥专利,在此基础上研制成硫铝酸钙膨胀剂,1969 年日本水泥公司出售 CSA 膨胀剂。

1963 年,美国的 J. P. Romuaildi 等人提出了纤维混凝土的阻裂机理"纤维间距理论",才使这种复合材料的发展有了实质性的突破。

1970 年,日本小野田水泥公司开发成功石灰系膨胀剂。20 世纪 90 年代后期,美国 P. K. Mehta 为解决大体积混凝土温差裂缝问题提出了 MgO 膨胀剂。

1862 年,德国 Emillangen 发现水淬高炉矿渣具有潜在水硬性,从此高炉矿渣就长期作为水泥的活性混合材料使用,近些年来,由于商品混凝土的发展和粉磨技术的提高,矿渣粉已直接应用于混凝土中。

20 世纪 40 年代,美国垦务局等工程部门总结一些大坝工程混凝土中掺入粉煤灰的成功经验,决定在蒙大拿州的俄马坝这一工程中大规模应用粉煤灰,该工程共用 13 万 t 粉煤灰,欧美国家有关文献将俄马坝工程作为粉煤灰混凝土技术发展史上的第一个里程碑。

20 世纪 50 年代和 60 年代,因发展能源工业的需要,世界范围内火力发电工程增多,粉煤灰产量也随之剧增,对粉煤灰性质的认识逐渐深化,粉煤灰混凝土经历了广泛的实用阶段。事实证明,实用结果令人惊喜,粉煤灰混凝土在经济性、工作性以及耐久性等方面大大超过了普通混凝土。此后,粉煤灰混凝土的应用越来越受重视,到 20 世纪 80 年代已发展成为现代混凝土的基本材料。同时,其他国家也发展了许多先进技术,如英国最先开发了优质粉煤灰,最早发展了胶凝效率系数的原理和应用;日本则长期研究粉煤灰混凝土的耐久性等。我国的粉煤灰混凝土技术发展起步于 20 世纪 50 年代中期,1954 年,国家财政经济委员会在编制并颁布的"关于在基本建设工程中使用水泥暂行规定"中,就确定了粉煤灰作为"水硬性混合材料"掺入水泥熟料中生产水泥。我国粉煤灰混凝土研究应用的特点是研究较早,开发较迟,发展势头迅猛,发展前景广阔。

1947 年,挪威埃肯公司(Elkem ASA)开始进行微硅粉的生产技术、粉尘处理、分级和应用方面的研究,成为世界上最早开展微硅粉研发的企业,并始终在微硅粉收尘与处理技术上保持领先地位。随后,美国、俄罗斯、日本也开始进行研发应用,并成为微硅粉主要生产国。中国最早收集硅灰的企业是上海铁合金厂(1984 年),此后河北唐山、山西、青海、甘肃、新疆等地的铁合金企业陆续安装硅灰收尘系统,生产和供应硅灰产品。

1913 年,美国研制成功页岩陶粒(国外又称膨胀页岩),用它可以配制成抗压强度为 30 ~ 35 MPa 的轻骨料混凝土,应用在房屋建筑、船舶制造和桥梁工程中,至 1920 年,已用它建造了 10 多座桥梁。20 世纪 60 年代末,轻骨料混凝土在结构工程上的应用得到了巨大的发展,闻名于世的高 218 m 的贝壳广场塔楼就是用轻骨料混凝土建造的。80 年代初,美国的轻骨料混凝土已在 400 多座桥梁工程中应用。到了 80 年代轻骨料混凝土发展达到了鼎盛时期,目前采用堆积密度为 1 000 kg/m³ 左右的粉煤灰陶粒配制全轻混凝土,其抗压强度可达 70 MPa,采用高效外加剂配制的砂轻混凝土其强度可达 100 MPa。日本是在第二次世界大战后才大力发展人造轻骨料的,1970 年达最高峰。

吴中伟教授在其所著的《膨胀混凝土》一书中总结到,水泥混凝土科学历史上曾有过三次大突破:

①19 世纪中叶至 20 世纪初,钢筋和预应力钢筋混凝土的诞生。

②膨胀和自应力水泥混凝土的诞生。

③外加剂的广泛应用——有机和无机的复合。

黄大能教授在其著作中提出,水泥混凝土科学历史上曾有过三次大突破:

①19 世纪中叶法国首先出现的钢筋混凝土。

②1928 年法国 E. Freyssinet 提出了混凝土收缩徐变理论,采用了高强钢丝,发明了预应力锚具,成为预应力混凝土的鼻祖、奠基人。

③20 世纪 60 年代以来层出不穷的外加剂新技术——有机和无机的复合。

尽管各位专家的看法略有不同,总体来看材料科学在水泥混凝土科学中的表现可以看成如下三个阶段:

①金属、无机非金属、高分子材料的分别出现。

②19 世纪中叶至 20 世纪初无机非金属和金属的复合。

③20 世纪中叶金属、无机非金属、高分子的复合。

0.4　绿色高性能混凝土

1.绿色的含义

随着人口爆炸、生产发达,地球承受的负担剧增,以资源枯竭、环境破坏最为严重,人类生存受到威胁。1992 年里约热内卢世界环境与发展会议后,绿色事业受到全世界重视。绿色的含义随着认识的提高不断扩大,主要可概括为:

①节约资源、能源。

②不破坏环境,更应有利于环境。

③可持续发展,保证人类后代能健康、幸福地生存下去。

作为一种材料或一种产业,节约资源、能源也是为了本身能够持续存在和发展。水泥混凝土作为最大宗的人造材料,2011 年全世界水泥产量达到 36 亿 t 左右;混凝土用量超过 100 亿 m³(250 亿 t),对资源、能源的需求和对环境的影响十分巨大。混凝土能否长期维持作为最主要的建筑结构材料,关键在于能否成为绿色材料,因此提出“绿色高性能混凝土(Green High Performance Concrete,GHPC)”,它是混凝土的发展方向,是混凝土的未来。

2.绿色高性能混凝土

HPC 的含义和组成材料已能说明,它含有很多“绿色”要素,也可说是传统混凝土向绿色材料迈进了一步。现在提出 GHPC 作为今后发展方向,目的在于加强人们对绿色的重视,加强绿色意识,要求混凝土工作者更自觉地提高 HPC 的绿色含量,或加大其绿色度,节约更多的资源和能源,将对环境的破坏减到最少。这不仅是为了混凝土和建筑工程的继续健康发展,更是人类的生存和发展所必须,是大有可为的。

GHPC 应具有下列特征:

(1)更多地节约水泥熟料,减少环境污染。

作为混凝土中水泥主要成分的水泥熟料是一种不可持续发展的产品,是众所周知的污染源,不仅排出大量粉尘和有害气体,而且在水泥熟料生产过程中产生大量 CO_2,作为温室气体将严重影响地球变暖,造成气候反常,物种灭绝,疾病流行,给人类带来重大灾害。各国已规定 CO_2 排放限量,水泥工业的发展必将受到限制,水泥产量也不能再增加了。因此必须积极改变水泥品种和工艺,降低能耗和应用新技术。GHPC 用大量细掺料代替熟料,将是一条主要出路。GHPC 中,最大的胶凝组分将是磨细工业废渣而不是水泥熟料。

(2)更多地掺加工业废渣为主的细掺料。

工业废渣的应用不仅可以节约水泥熟料,而且能改善环境、减少二次污染。GHPC 将矿渣、粉煤灰或硅灰等复合掺加,达到多掺多代、节能节料、改善环境的目的。这种 GHPC 还具有降低水泥水化温升、改善体积稳定性和耐磨耐蚀等优点。

(3)更大地发挥高性能的优势,减少水泥与混凝土用量。

例如,利用高强度减少结构截面积、减轻自重;或提高耐久性,保证和延长安全使用期,以获得最大的经济与环境效益。

(4)扩大 GHPC 的应用范围。

将现行 HPC 的强度低限从 C50～C60 降到 C30 左右;将 GHPC 用于大体积水工建筑以及要求抗冻融、低温升等工程中,可获得更大的环境与技术经济效益。

0.5　混凝土技术标准简介

1. 技术标准的内容及作用

混凝土技术标准(规范)包括的内容很多,如原材料及混凝土的质量、规格、等级、性质要求以及检验方法;混凝土及产品的应用技术规范(或规程);混凝土生产及设计的技术规定;产品质量的评定标准等。可见,技术标准是针对原材料、产品以及工程的质量、规格、检验方法、评定方法、应用技术等所做出的技术规定。因此,技术标准是在从事产品生产、工程建设、科学研究以及商品流通领域中所需共同遵循的技术法规。

2. 技术标准的种类与类别

根据《标准化工作指南 第1部分:标准化和相关活动的通用术语》(GB/T 20000.1)规定,技术标准的常见的种类与类别如下:

(1)种类。

①国际标准(international standard)。它是由国际标准化组织或国际标准组织通过并公开发布的标准。ISO(international standard organization)是国际上范围与作用最大的标准化组织之一。它的宗旨是在世界范围内促进标准化工作的发展,以便于国际物质交流与互助,并扩大在知识、科学、技术与经济方面的合作。其主要任务是制定国际标准;协调世界范围内的标准化工作;报道国际标准化的交流情况以及其他国际性组织合作研究有关标准化问题等。我国是国际标准化协会成员之一,当前我国各种技术标准都正在向国际标准靠拢,以便于科学技术的交流与提高。

②国家标准(national standard)。它是由国家标准机构通过并公开发布的标准。它是指对全国范围的经济、技术及生产发展有重大意义的标准,它是由国家标准主管部门委托有关部门起草,或有关部委提出批报,经国家技术监督局会同各有关部委审批,并由有关部委和国家技术监督局联合发布实施。

③行业标准(industry standard)。它是由行业机构通过并公开发布的标准。它是指全国性的某行业范围的技术标准,该标准是由中央部委标准机构指定有关研究院所、大专院校、工厂等单位提出或联合提出,报请中央部委主管部门审批后发布,并报国家技术监督局备案。

④地方标准(provincial standard)。它是由国家的某个地区通过并公开发布的标准。它由相应的工厂、公司、院所等单位,根据生产厂能保证的产品质量水平所制定的技术标准,报请本地区或本行业有关主管部门审批后,在该地区的行业中执行。

⑤企业标准(company standard)。它是由企业通过供该企业实用的标准。

(2)类别。

①术语标准(terminology standard)。界定特定领域或学科中使用的概念的指称及其定义的标准。

②试验标准(testing standard)。在适合指定目的的精确度范围内和给定环境下,全面描述实验活动以及得出结论的方式的标准。

③产品标准 (product standard)。规定产品需要满足的要求以保证其适用性的标准。

④规程标准(code of practice standard)。为产品、过程或服务全生命周期的相关阶段推荐

良好惯例或程序的标准。

各种技术标准,在必要时可以分为试行标准与正式标准两大类。按其权威程度又可分为强制性标准和推荐性标准。一般来说,若某种产品同时存在国家、行业、地方和企业标准的话,其技术指标的严格程度是逐步增加的,也就是说,国家标准是某个(类)产品的最低标准。

3. 标准的代号、编号与名称

每个技术标准都有自己的代号、编号与名称。标准代号反映了该标准的等级是国家标准、行业标准还是企业标准。代号用汉语拼音字母表示,如国标 GB、建工 JG、建材 JC、交通 JT、石油 SY、冶金 YB、水电 SD 等。编号表示标准的顺序号和批准年代号,用阿拉伯数字表示。例如:产品标准,强制性:

G(Guo) B(Biao)

术语标准,推荐性:GB/T 8075—2005 混凝土外加剂定义、分类、命名与术语

试验标准,推荐性:GB/T 8077—2012 混凝土外加剂匀质性试验方法

规程标准,强制性:GB 50119—2013 混凝土外加剂应用技术规范

再比如:国家标准:GB/T 14684—2011 建设用砂

行业标准:JT/T 819—2011 公路工程水泥混凝土用机制砂

地方标准:DBJ 50/T-150—2012 混凝土用机制砂质量及检验方法标准

4. 标准的更新

标准是根据一个时期的技术水平制订的,因此它只能反映一个时期的技术水平,具有暂时相对稳定性。随着科学技术的发展,不变的标准不但不能满足技术飞速发展的需要,而且会对技术的发展起到限制和束缚的作用,所以应根据技术发展的速度与要求不断地进行修订。目前世界各国都确定为每五年左右修订一次。

第1章 组成材料

　　混凝土的组成材料是获得均匀密实混凝土结构、实现混凝土使用性能的基础。只有合理选择混凝土的组成材料,充分利用原材料,才能获得性能优良、成本低廉的混凝土。需要注意的是,混凝土的各种原材料具有各自不同的性能,也蕴藏有一定的潜能,只有创造条件发挥这些潜能,更有效地利用这些潜能来为混凝土的各种性能服务,才能以最低的成本获得最好性能的混凝土,使混凝土这种商品表现出更高的性价比。

　　当然,利用原材料的潜能首先必须认识原材料的各种潜能,认识原材料各种潜能发挥的条件,以及它对混凝土各种性能的作用。本章将注重分析原材料的各种潜能,特别是对矿物外加剂进行较详细的分析,以建立起一种新的思维方式。同时也为后续章节论述如何利用这些潜能来配制混凝土,如何采取有效的措施来发挥这些潜能的作用奠定基础。

1.1　水　泥

　　水泥(cement)是一种细磨材料,与水混合形成塑性浆体后,既能在空气中也能在水中凝结硬化保持强度和尺寸稳定性的无机水硬性胶凝材料。水泥是混凝土的最重要组成材料之一,也是决定混凝土性能的最重要部分。

　　水泥的种类很多,按《水泥的命名原则和术语》(GB/T 4131)规定,水泥根据用途和性能可分为通用水泥和特种水泥。通用水泥是指一般土木建筑工程通常采用的水泥,包括硅酸盐水泥、普通硅酸盐水泥、矿渣硅酸盐水泥、火山灰质硅酸盐水泥、粉煤灰硅酸盐水泥和复合硅酸盐水泥六大硅酸盐系水泥。特种水泥是指具有特殊性能或用途的水泥,主要用于特殊或专门的建筑工程,例如快硬硅酸盐水泥、中热/低热硅酸盐水泥、抗硫酸盐硅酸盐水泥、白色/彩色硅酸盐水泥、膨胀硫铝酸盐水泥、自应力铝酸盐水泥、油井水泥、砌筑水泥、道路水泥等。水泥也可按其组成分为硅酸盐水泥、铝酸盐水泥、硫铝酸盐水泥、氟铝酸盐水泥、铁铝酸盐水泥等类型。不同品种的水泥具有不同的特性,在选用时应予以注意。

1.1.1　通用水泥

　　根据《通用硅酸盐水泥》(GB 175)规定,以硅酸盐水泥熟料和适量的石膏及规定的混合材料制成的水硬性胶凝材料,称为通用硅酸盐水泥(common portland cement),简称通用水泥。该标准规定的通用硅酸盐水泥按混合材料的品种和掺量分为硅酸盐水泥、普通硅酸盐水泥、矿渣硅酸盐水泥、火山灰质硅酸盐水泥、粉煤灰硅酸盐水泥和复合硅酸盐水泥。其中,普通硅酸盐水泥、矿渣硅酸盐水泥、火山灰质硅酸盐水泥、粉煤灰硅酸盐水泥及复合硅酸盐水泥又称为掺混合材料的硅酸盐水泥。

1. 硅酸盐水泥

　　凡由硅酸盐水泥熟料、质量分数为 0 ~ 5% 石灰石或粒化高炉矿渣、适量石膏磨细制成的水硬性胶凝材料,称为硅酸盐水泥(国外通称为波特兰水泥,portland cement)。硅酸盐水泥分两类:不掺加混合材料的称Ⅰ型硅酸盐水泥,代号 P·Ⅰ;掺入不超过水泥质量5%的石灰石或粒化高炉矿渣的称Ⅱ型硅酸盐水泥,代号 P·Ⅱ。

(1)硅酸盐水泥熟料的矿物组成。

硅酸盐水泥熟料的矿物组成为硅酸三钙($3CaO \cdot SiO_2$,简写成 C_3S)、硅酸二钙($2CaO \cdot SiO_2$,简写成 C_2S)、铝酸三钙($3CaO \cdot Al_2O_3$,简写成 C_3A)和铁铝酸四钙($4CaO \cdot Al_2O_3 \cdot Fe_2O_3$,简写成 C_4AF)。其中,硅酸三钙和硅酸二钙合称为硅酸盐矿物,要求其含量不能小于熟料总量的66%(质量分数);铝酸三钙和铁铝酸四钙合称为溶剂矿物,约占整个矿物组成的22%(质量分数)。此外,还含有少量的方镁石、玻璃体和游离氧化钙等。硅酸盐水泥熟料主要矿物组成及性质见表1.1。

表 1.1　硅酸盐水泥熟料主要矿物组成及性质

矿物名称	硅酸三钙	硅酸二钙	铝酸三钙	铁铝酸四钙
水化反应速度	快	慢	最快	快
强度	高	早期强度低,后期强度发展速度超过硅酸三钙,强度绝对值等同于硅酸三钙	低	低(含量多时对抗折强度有利)
水化热	较高	低	最高	中

(2)硅酸盐水泥的水化与凝结硬化。

水泥加适量水拌和后,水泥中的熟料矿物与水发生化学反应(称为水化反应),生成多种水化产物。随着水化反应的不断进行,水泥浆体逐渐失去流动性和可塑性而凝结硬化。凝结和硬化是同一过程中的不同阶段,凝结标志着水泥浆体失去流动性而具有一定的塑性强度;硬化则表示水泥浆体固化后形成的结构具有一定的机械强度。

硅酸盐水泥的水化是复杂的物理化学过程,水化产物的组成和结构受很多因素的影响。C_3S、C_2S 与水反应生成水化硅酸钙和氢氧化钙,反应式为

$$3CaO \cdot SiO_2 + nH_2O = xCaO \cdot SiO_2 \cdot yH_2O + (3-x)Ca(OH)_2$$
$$2CaO \cdot SiO_2 + mH_2O = xCaO \cdot SiO_2 \cdot yH_2O + (2-x)Ca(OH)_2$$

式中　x——钙与硅摩尔比($n(C)/n(S)$)。

C_3A 与水反应形成水化铝酸钙,其反应式为

$$3CaO \cdot Al_2O_3 + 6H_2O = 3CaO \cdot Al_2O_3 \cdot 6H_2O$$

由于 C_3A 的反应快速,加之 C_3S 的水化反应会放出大量的热,使温度急剧上升,上述反应更加迅速地进行,导致水泥浆体加水搅拌后迅速失去流动性并硬化,同时放出大量的热,不加水情况下即使重新搅拌也不能恢复塑性,这种现象称为急凝或瞬凝。因此,水泥在粉磨时都需掺加一定量的石膏,目的是保证正常凝结时间,防止急凝的发生。其反应式如下:

$$3CaO \cdot Al_2O_3 \cdot 6H_2O + 3(CaSO_4 \cdot 2H_2O) + 19H_2O = 3CaO \cdot Al_2O_3 \cdot 3CaSO_4 \cdot 31H_2O$$
(三硫型水化硫铝酸钙)

铁铝酸四钙的水化反应及产物与 C_3A 极为相似。

硅酸盐水泥水化后的主要产物有水化硅酸钙、氢氧化钙、水化硫铝酸钙(三硫型水化硫铝酸钙也称钙矾石(AFt),在早期形成,当硫消耗后转化为单硫型水化硫铝酸钙,即 AFm)、水化

硫铁铝酸钙、水化铝酸钙、水化铁酸钙等。

硬化水泥石是由各种水化产物和残存熟料所构成的固相、孔隙、存在于孔隙中的水和空气组成的,具有较高的抗压强度和一定的抗折强度。

(3)硅酸盐水泥的技术要求。

为了控制水泥生产质量、方便用户选用,《通用硅酸盐水泥》(GB 175)对硅酸盐水泥技术性质的规定见表1.2。

表1.2　硅酸盐水泥的技术性质

技术性质	细度(比表面积)/(m²·kg⁻¹)	凝结时间		安定性(沸煮法)	MgO含量(质量分数)/%	SO₃含量(质量分数)/%	不溶物/%	烧失量/%	氯离子/%
		初凝/min	终凝/min						
P·I	≥300	≥45	≤390	合格	≤5.0①	≤3.5	≤0.75	≤3.0	≤0.06②
P·II							≤1.50	≤3.5	

强度等级	抗压强度/MPa		抗折强度/MPa	
	3 d	28 d	3 d	28 d
42.5	≥17.0	≥42.5	≥3.5	≥6.5
42.5R	≥22.0		≥4.0	
52.5	≥23.0	≥52.5	≥4.0	≥7.0
52.5R	≥27.0		≥4.5	
62.5	≥28.0	≥62.5	≥5.0	≥8.0
62.5R	≥32.0		≥5.5	

注:① 如果水泥压蒸安定性实验合格,则水泥中氧化镁含量允许放宽到6.0%(质量分数);

② 当有更低要求时,该指标由买卖双方协商确定;

③ 水泥中碱含量按 $Na_2O + 0.658K_2O$ 计算值表示。若使用活性骨料,用户要求提供低碱水泥时,水泥中的碱含量应不大于0.60%(质量分数)或由买卖双方协商确定;

④ 表中的"R"表示早强型水泥

(4)硅酸盐水泥的特性与应用。

① 凝结硬化快,早期及后期强度均高。适用于有早期强度要求的工程(如冬季施工、预制、现浇等工程)和高强度混凝土工程(如预应力钢筋混凝土、大坝溢流面部位混凝土)。

② 抗冻性好。适合水工混凝土和抗冻性要求高的工程。

③ 耐磨性好。适用于高速公路、道路和地面工程。

④ 抗碳化性好。因水化后氢氧化钙含量较多,故水泥石的碱度较高,对钢筋的保护作用强。适用于空气中二氧化碳浓度较高的环境。

⑤ 耐腐蚀性差。因水化后氢氧化钙和水化铝酸钙的含量较多,不宜用于有腐蚀性要求的工程,特别是硫酸盐浓度较高的环境。

⑥ 水化热高。不宜用于大体积混凝土工程(如采用硅酸盐水泥配制大体积混凝土时,需加入大量的矿物质掺合料),但有利于低温季节蓄热法施工。

⑦ 耐热性差。因水化后氢氧化钙含量高,不适用于承受高温作用的混凝土工程。

2. 掺混合材料的硅酸盐水泥

（1）普通硅酸盐水泥。

凡由硅酸盐水泥熟料,质量分数大于5%且不大于20%的活性混合材料和适量石膏磨细制成的水硬性胶凝材料称为普通硅酸盐水泥,简称普通水泥(ordinary portland cement),代号 P·O。其中允许用不超过水泥质量8%且符合规定的非活性混合材料或不超过水泥质量5%且符合规定的窑灰代替。

《通用硅酸盐水泥》(GB 175)规定,普通硅酸盐水泥分为42.5、42.5R、52.5、52.5R 四个强度等级,各等级水泥在不同龄期的性能要求见表1.3。

表1.3 普通硅酸盐水泥的技术性质

技术性质	细度(比表面积)/(m² · kg⁻¹)	凝结时间		安定性(沸煮法)	MgO 含量(质量分数/%)	SO₃含量(质量分数)/%	烧失量/%	氯离子/%
		初凝/min	终凝/min					
指标	≥300	≥45	≤600	合格	≤5.0①	≤3.5	≤5.0	≤0.06②

强度等级	抗压强度/MPa		抗折强度/MPa	
	3 d	28 d	3 d	28 d
42.5	≥17.0	≥42.5	≥3.5	≥6.5
42.5R	≥22.0		≥4.0	
52.5	≥23.0	≥52.5	≥4.0	≥7.0
52.5R	≥27.0		≥4.5	

注:① 如果水泥压蒸安定性实验合格,则水泥中氧化镁含量允许放宽到6.0%(质量分数)。

② 当有更低要求时,该指标由买卖双方协商确定。

③ 表中的"R"表示早强型水泥

普通硅酸盐水泥加水拌和后,首先是水泥熟料各矿物发生水化反应,其中硅酸盐矿物水化形成的 Ca(OH)₂作为激发剂有助于加速混合材料的溶解,显著提升混合材料的化学反应活性,还可与混合材料中的活性二氧化硅或氧化铝反应生成水化硅酸钙、水化铝酸钙、水化硫铝酸钙(石膏存在情况下)等水化产物。这一水化过程发生在熟料水化之后,因此称为"二次水化"。其作用可使水泥石的密实度、强度、抗渗性等有明显改善,但因二次水化发生在相对较晚的阶段,再加上水泥中熟料含量降低,对水泥的早期强度有一定影响。

与硅酸盐水泥相比,普通硅酸盐水泥的主要性能特点有:

①早期强度略低,后期强度较高。

②水化热略低。

③抗渗性好,抗冻性好,抗碳化能力强。

④抗侵蚀、抗腐蚀能力稍好。

⑤耐磨性、耐热性较好。

普通硅酸盐水泥的应用范围和硅酸盐水泥基本相同。

（2）矿渣硅酸盐水泥、火山灰硅酸盐水泥、粉煤灰硅酸盐水泥和复合硅酸盐水泥。

① 定义及组成。凡由硅酸盐水泥熟料、质量分数大于20%且不大于70%的粒化高炉矿渣和适量石膏磨细制成的水硬性胶凝材料,称为矿渣硅酸盐水泥(简称矿渣水泥),代号 P·S。

它分为 A 型和 B 型。矿渣掺量大于 20%（质量分数）且不大于 50%（质量分数）的称 A 型，代号 P·S·A；矿渣掺量大于 50%（质量分数）且不大于 70%（质量分数）的称 B 型，代号 P·S·B。其中允许用不超过水泥质量 8% 且符合规定的活性混合材料、非活性混合材料或窑灰代替。

凡由硅酸盐水泥熟料、质量分数大于 20% 且不大于 40% 的火山灰质混合材料和适量石膏磨细制成的水硬性胶凝材料，称为火山灰质硅酸盐水泥（简称火山灰水泥），代号 P·P。

凡由硅酸盐水泥熟料、质量分数大于 20% 且不大于 40% 的粉煤灰和适量石膏磨细制成的水硬性胶凝材料，称为粉煤灰硅酸盐水泥（简称粉煤灰水泥），代号 P·F。

凡由硅酸盐水泥熟料、两种或两种以上规定的活性混合材料和/或非活性混合材料（质量分数之和大于 20% 且不大于 50%）以及适量石膏磨细制成的水硬性胶凝材料，称为复合硅酸盐水泥（简称复合水泥），代号 P·C。其中允许用不超过水泥质量 8% 且符合规定的窑灰代替。

② 技术要求。细度、凝结时间和体积安定性要求与普通硅酸盐水泥相同。水泥中氧化镁的质量分数一般应不超过 6.0%，如超过 6.0%，需进行水泥压蒸安定性试验并合格。矿渣硅酸盐水泥中三氧化硫的质量分数不得超过 4.0%；火山灰质硅酸盐水泥、粉煤灰硅酸盐水泥和复合硅酸盐水泥中三氧化硫的质量分数不得超过 3.5%。水泥强度等级按规定龄期的抗压强度和抗折强度来划分，分为 32.5、32.5R、42.5、42.5R、52.5、52.5R。GB 175 对矿渣硅酸盐水泥、火山灰质硅酸盐水泥、粉煤灰硅酸盐水泥和复合硅酸盐水泥的技术性质见表 1.4。

表 1.4 矿渣硅酸盐水泥、火山灰质硅酸盐水泥、粉煤灰硅酸盐水泥和复合硅酸盐水泥的技术性质

技术性质	细度（0.08 mm 方孔筛筛余或45 μm方孔筛筛余）/%	凝结时间		安定性（沸煮法）	MgO 含量（质量分数）/%	SO₃ 含量(质量分数)/%		氯离子含量（质量分数）/%
		初凝/min	终凝/min			火山灰水泥 粉煤灰水泥 复合水泥	矿渣水泥	
指标	≤10.0 或≤30.0	≥45	≤600	合格	≤6.0	≤3.5	≤4.0	≤0.06

强度等级	抗压强度/MPa		抗折强度/MPa	
	3 d	28 d	3 d	28 d
32.5	≥10.0	≥32.5	≥2.5	≥5.5
32.5R	≥15.0		≥3.5	
42.5	≥15.0	≥42.5	≥3.5	≥6.5
42.5R	≥19.0		≥4.0	
52.5	≥21.0	≥52.5	≥4.0	≥7.0
52.5R	≥23.0		≥4.5	

③ 水化过程。矿渣硅酸盐水泥、火山灰质硅酸盐水泥、粉煤灰硅酸盐水泥和复合硅酸盐水泥的水化过程与普通硅酸盐水泥相似，均包括先后发生的水泥熟料水化和混合材料的"二次水化"过程，不过由于混合材料的掺量更高，熟料更少，因此相应水泥的水化反应速度更慢，早期强度更低，水化热也明显减少。

④ 性能与使用。矿渣硅酸盐水泥、火山灰质硅酸盐水泥、粉煤灰硅酸盐水泥和复合硅酸

盐水泥都是在硅酸盐水泥熟料基础上掺入较多的活性混合材料,再加上适量石膏共同磨细制成的。由于活性混合材料的掺量较多,且活性混合材料的化学成分基本相同(主要是活性氧化硅和氧化铝),因此,它们具有一些相似的性质。这些性质与硅酸盐水泥或普通水泥相比,有明显的不同。又由于每种混合材料结构上的不同,它们相互之间又具有一些不同的特性,这些性质决定了它们的特点和应用。

矿渣硅酸盐水泥、火山灰质硅酸盐水泥、粉煤灰硅酸盐水泥及复合硅酸盐水泥的共性是:

a. 密度较小。由于活性混合材料的密度较小,这些水泥的密度一般为 $2.70 \sim 3.10$ g/cm³。

b. 早期强度比较低,后期强度增长率大。由于这些水泥中水泥熟料含量相对减少,加水拌和以后,水泥熟料水化后析出的氢氧化钙作为碱性激发剂激发活性混合材料水化,生成水化硅酸钙、水化硫铝酸钙等水化产物。因此,早期强度比较低,后期由于二次水化的不断进行,水化产物不断增多,使得后期强度发展较快。

c. 对养护温度、湿度敏感,适合蒸气养护。这些水泥在温度较低时,水化速度小于硅酸盐水泥和普通硅酸盐水泥,强度增长慢。提高养护温度可以促进活性混合材料的水化,提高早期强度,且对后期强度发展影响不大。

d. 水化热小。由于这几种水泥掺入了大量混合材料,水泥熟料含量较少,放热量大的 C_3A、C_3S 相对减少。因此,水化热小且放热缓慢,适合于大体积混凝土施工。

e. 耐腐蚀性较好。由于熟料含量少,水化生成的 $Ca(OH)_2$ 少,而且二次水化还要进一步消耗 $Ca(OH)_2$,使水泥石结构中 $Ca(OH)_2$ 的含量更低。因此,抵抗海水、软水及硫酸盐腐蚀性介质的作用较强。但如果火山灰质混合材料中氧化铝含量较高,水化后生成的水化铝酸钙数量较多,则抵抗硫酸盐腐蚀的能力变差。

f. 抗冻性、耐磨性不及硅酸盐水泥或普通硅酸盐水泥。

矿渣硅酸盐水泥、火山灰质硅酸盐水泥、粉煤灰硅酸盐水泥及复合硅酸盐水泥的个性是:

a. 矿渣硅酸盐水泥:矿渣为高温炉渣在快速冷却条件下形成的玻璃态物质,致密坚固,难以磨细,对水的吸附能力差,因此,矿渣硅酸盐水泥的保水性差,泌水率高。在混凝土施工中由于泌水而形成毛细管通道及水囊,水分的蒸发又容易引起混凝土干缩,影响混凝土的抗渗性、抗冻性及耐磨性等。由于矿渣是在高温下形成的材料,矿渣硅酸盐水泥硬化后的 $Ca(OH)_2$ 含量也比较少,因此,矿渣硅酸盐水泥的耐热性比较好。

b. 火山灰质硅酸盐水泥:火山灰质混合材料的结构特点是疏松多孔,内比表面积大。火山灰水泥的特点是易吸水、易反应。在潮湿的条件下养护,可以形成较多的水化产物,水泥石结构比较致密,从而具有较高的抗渗性和耐水性。如处于干燥环境中,所吸收的水分会蒸发,体积收缩,产生裂缝。因此,火山灰质硅酸盐水泥不宜用于长期处于干燥环境和水位变化区的混凝土工程。火山灰质硅酸盐水泥抗硫酸盐性能随成分而异,如活性混合材料中氧化铝含量较多,熟料中又含有较多的 C_3A 时,其抗硫酸盐能力较差。

c. 粉煤灰硅酸盐水泥:粉煤灰与其他天然火山灰相比,结构较致密,内比表面积小,有很多球形颗粒,吸水能力较弱,所以粉煤灰硅酸盐水泥需水量比较低,抗裂性较好。尤其适合于大体积水工混凝土以及地下和海港工程等。

d. 复合硅酸盐水泥:复合硅酸盐水泥中掺用两种或两种以上的混合材料,其作用会相互补充、取长补短。如在矿渣硅酸盐水泥基础上掺入石灰石既能改善矿渣硅酸盐水泥的泌水性,提高早期强度,又能保证后期强度的增长。在需水性大的火山灰质硅酸盐水泥中掺入矿渣等,能有效减少水泥需水量。复合硅酸盐水泥在以矿渣为主要混合材料时,其性能与矿渣硅酸盐水泥接近。而当火山灰质为主要混合材料时,则接近火山灰质硅酸盐水泥的性能。所以,复合硅酸盐水泥的使用,应弄清楚所掺的主要混合材料。复合硅酸盐水泥包装袋上均标明了主要混合材料的名称。为了便于识别,硅酸盐水泥和普通硅酸盐水泥包装袋上要求采用红字印刷,矿渣硅酸盐水泥包装袋上要求采用绿字印刷,火山灰质硅酸盐水泥、粉煤灰硅酸盐水泥和复合硅酸盐水泥则要求采用黑字或蓝字印刷。

硅酸盐水泥、普通硅酸盐水泥、矿渣硅酸盐水泥、火山灰质硅酸盐水泥、粉煤灰硅酸盐水泥和复合硅酸盐水泥是建设工程中常用的水泥,它们的主要性能及应用见表1.5。

表 1.5　常用水泥的主要性能及应用

水泥	硅酸盐水泥	普通硅酸盐水泥	矿渣硅酸盐水泥	火山灰质硅酸盐水泥	粉煤灰硅酸盐水泥	复合硅酸盐水泥
特性	①强度高 ②快硬早强 ③抗冻、耐磨性好 ④水化热大 ⑤耐腐蚀性较差 ⑥耐热性较差	①早期强度较高 ②抗冻性较好 ③水化热较大 ④耐腐蚀性较差 ⑤耐热性较差	①强度早期低但后期增长快 ②强度发展对温度、湿度敏感 ③水化热低 ④耐软水、海水、硫酸盐腐蚀性较好 ⑤耐热性较好 ⑥抗冻抗渗性较差	①抗渗性较好,耐热不及矿渣水泥,干缩大,耐磨性差 ②其他同矿渣硅酸盐水泥	①干缩性较小,抗裂性较好 ②其他同矿渣硅酸盐水泥	①早期强度较高 ②其他性能与掺主要混合材料的水泥接近
适用范围	①高强度混凝土工程 ②预应力混凝土工程 ③快硬早强结构 ④抗冻混凝土工程	①一般混凝土工程 ②预应力混凝土工程 ③地下与水中结构 ④抗冻混凝土工程	①一般耐热要求的混凝土工程 ②大体积混凝土工程 ③蒸汽养护构件 ④一般混凝土构件 ⑤一般耐软水、海水、硫酸盐腐蚀要求的混凝土工程	①水中、地下、大体积混凝土工程,抗渗混凝土工程 ②其他同矿渣硅酸盐水泥	①地上、地下与水中大体积混凝土工程 ②其他同矿渣硅酸盐水泥	①早期强度较高的工程 ②其他与掺主要混合材料的水泥类似

续表 1.5

水泥	硅酸盐水泥	普通硅酸盐水泥	矿渣硅酸盐水泥	火山灰质硅酸盐水泥	粉煤灰硅酸盐水泥	复合硅酸盐水泥
不适用范围	①大体积混凝土工程 ②易受腐蚀的混凝土工程 ③耐热混凝土、高温养护混凝土工程		①早期强度要求较高的混凝土 ②严寒地区及处在水位升降范围内的混凝土 ③抗渗性要求高的混凝土	①干燥环境及处在水位变化混凝土 ②有耐磨要求的混凝土 ③其他同矿渣硅酸盐水泥	①有抗碳化要求的混凝土 ②有抗渗要求的混凝土 ③其他同火山灰质硅酸盐水泥	与掺主要混合材料的水泥类似

1.1.2　特种水泥

为了满足各种工程的施工要求,往往还需要一些具有特殊性能或用途的水泥,如中热/低热硅酸盐水泥、白色和彩色硅酸盐水泥、抗硫酸盐硅酸盐水泥、道路硅酸盐水泥、铝酸盐水泥、硫铝酸盐水泥等。

1. 白色硅酸盐水泥和彩色硅酸盐水泥

硅酸盐水泥呈暗灰色,主要原因是其含 Fe_2O_3 较多(Fe_2O_3 质量分数为 3% ~ 4%)。当 Fe_2O_3 质量分数在 0.5% 以下,则水泥接近白色。白色硅酸盐水泥的生产要求严格控制 Fe_2O_3 含量,主要是选用少含 Fe_2O_3 的原料,在水泥生产特别是粉磨过程中采用适当工艺措施,避免 Fe_2O_3 的混入,同时尽可能减少 MnO_2、TiO_2 等着色氧化物。白色硅酸盐水泥生产配料中,生料的铝率较高(可达 4.0 以上左右,正常为 1.4 ~ 1.7),熟料煅烧需要在更高温度下(> 1 600 ℃)进行,导致白水泥生产成本显著提高。

由氧化铁含量少的硅酸盐水泥熟料、适量石膏以及符合规定的混合材料,磨细制成水硬性胶凝材料,称为白色硅酸盐水泥(简称白水泥),代号 P·W。白水泥生产过程中允许加入占水泥质量 0 ~ 10% 的石灰石或窑灰作为混合材料,要求石灰石中 Al_2O_3 的质量分数应不超过 2.5%。《白色硅酸盐水泥》(GB/T 2015)规定,白色硅酸盐水泥划分为 32.5、42.5、52.5 三个强度等级,白色硅酸盐水泥的其他性能指标与掺混合材料水泥基本相同。白水泥的白度是将水泥样品装入标准压样器中,压成表面平整、无纹理、无疵点、无污点的白板,置于光谱测色仪或光电积分类测色仪中,测其三刺激值,以此计算出水泥的白度,要求不低于 87。

在白水泥熟料中加入适量石膏和着色剂,共同磨细后可制成彩色硅酸盐水泥,简称彩色水泥。为控制生产成本,也可采用颜色较浅的硅酸盐水泥熟料代替白水泥。《彩色硅酸盐水泥》(JC/T 870)对彩色硅酸盐水泥的技术指标做出了具体要求。彩色硅酸盐水泥中加入的着色剂(颜料)必须具有良好的抗碱性和大气稳定性,不溶于水,分散性好,不参与水泥的水化反应,对水泥的组成和特性无破坏作用等特点。常用的颜料有氧化铁(黑、红、褐、黄色)、二氧化锰(黑、褐色)、氧化铬(绿色)、氧化钴(蓝色)等。

白水泥和彩色水泥主要用于建筑物内外的装饰,如地面、楼面、墙柱、台阶,以及建筑立面的线条、装饰图案、雕塑等。配以彩色大理石、白云石石子和石英砂作为粗细骨料,可拌制成彩色砂浆和混凝土,做成水磨石、水刷石、斩假石等饰面,起到艺术装饰的效果。

2. 抗硫酸盐硅酸盐水泥

抗硫酸盐硅酸盐水泥按其抗硫酸盐侵蚀程度分为中抗硫酸盐硅酸盐水泥和高抗硫酸盐硅酸盐水泥两类。硫酸盐的侵蚀过程首先是环境中的 SO_4^{2-} 与水泥石中的 $Ca(OH)_2$ 作用,所产生的水合硫酸钙可进一步与单硫型水化硫铝酸钙或水化铝酸钙化合生成膨胀性的三硫型水化硫铝酸钙,即钙矾石,导致水泥石的削弱甚至破坏。因此,抗硫酸盐硅酸盐水泥的技术关键是控制水泥熟料中 C_3S 和 C_3A 的含量。

以适当成分的硅酸盐水泥熟料,加入石膏,共同磨细制成的具有抵抗中等浓度硫酸根离子侵蚀的水硬性胶凝材料,称为中抗硫酸盐硅酸盐水泥,简称中抗硫酸盐水泥,代号 P·MSR。中抗硫酸盐水泥中 C_3A 质量分数不得超过 5%, C_3S 的质量分数不得超过 55%。

以适当成分的硅酸盐水泥熟料,加入石膏,共同磨细制成的具有抵抗较高浓度硫酸根离子侵蚀的水硬性胶凝材料,称为高抗硫酸盐硅酸盐水泥,简称高抗硫酸盐水泥,代号 P·HSR。高抗硫酸盐水泥中 C_3A 质量分数不得超过 3%, C_3S 的质量分数不得超过 50%。

《抗硫酸盐硅酸盐水泥》(GB 748)规定,抗硫酸盐水泥中 SO_3 质量分数不大于 2.5%,比表面积不小于 280 $m^2 \cdot kg^{-1}$;抗硫酸盐性能要求:中抗硫酸盐水泥的 14 d 线膨胀率不高于 0.06%,高抗硫酸盐水泥的 14 d 线膨胀率不高于 0.04%;抗硫酸盐水泥分为 32.5、42.5 两个强度等级。

在抗硫酸盐水泥中,由于限制了水泥熟料中 C_3A 和 C_3S 的含量,使水泥的水化热较低,水化铝酸钙的含量较少,抗硫酸盐侵蚀的能力较强,适用于一般受硫酸盐侵蚀的海港、水利、地下、引水、隧道、道路和桥梁基础等大体积混凝土工程。

3. 道路硅酸盐水泥

随着经济建设的发展,高等级公路越来越多,水泥混凝土路面已成为主要路面之一。对专供公路、城市道路和机场跑道所用的道路水泥为专用水泥,并制定了标准《道路硅酸盐水泥》(GB 13693)。

以道路硅酸盐水泥熟料、适量石膏以及符合规定的混合材料,磨细制成的水硬性胶凝材料称为道路硅酸盐水泥,简称道路水泥,代号 P·R。所采用混合材料应为符合规定的 F 类粉煤灰、粒化高炉矿渣、粒化电炉磷渣或钢渣,掺量以水泥的质量分数计为 0~10%。

道路硅酸盐水泥熟料是以硅酸钙为主要成分并且含有较多的铁铝酸四钙的水泥熟料。在道路硅酸盐水泥中,熟料的化学组成和硅酸盐水泥是颇为类似的,只是水泥中的铝酸三钙的质量分数不得大于 5.0%,铁铝酸四钙的质量分数要大于 16.0%。

与其他水泥相比,道路硅酸盐水泥的技术特点有:

(1)细度:比表面积为 300~450 $m^2 \cdot kg^{-1}$。

(2)凝结时间:初凝时间不早于 1.5 h,终凝时间不得迟于 10 h。

(3)干缩性:根据国标规定水泥的干缩性试验方法,28 d 的干缩率不得大于 0.10%。

(4)耐磨性:根据国标规定试验方法,28 d 的磨耗值不得大于 3.00 $kg \cdot m^{-2}$。

(5)强度等级:道路硅酸盐水泥分 32.5、42.5、52.5 三个强度等级,各龄期的强度值不得低于表 1.6 中的要求。

表1.6　道路硅酸盐水泥的强度

强度等级	抗压强度/MPa		抗折强度/MPa	
	3 d	28 d	3 d	28 d
32.5	≥16.0	≥32.5	3.5	≥6.5
42.5	≥21.0	≥42.5	4.0	≥7.0
52.5	≥26.0	≥52.5	5.0	≥7.5

道路硅酸盐水泥的抗折强度高,干缩小,耐磨性强,抗冻性、抗冲击性、抗硫酸盐性能好,可减少混凝土路面的温度裂缝和磨耗,削减路面维修费用,延长使用年限,适用于公路路面、机场跑道、城市人流较多的广场等工程的面层混凝土。工程实践中也可以采用符合《钢渣道路水泥》(GB 25029)规定的钢渣道路水泥,其基本组成为20%～40%(质量分数)的钢渣、0～10%(质量分数)的矿渣、以及适量的硅酸盐水泥熟料和石膏。

4. 石灰石硅酸盐水泥、磷渣硅酸盐水泥和镁渣硅酸盐水泥

为充分利用工业灰渣,降低水泥的能耗与污染同时满足工程实践的需要,在硅酸盐水泥熟料中添加适量石膏和一定比例的石灰石、磷渣或镁渣作为混合材料,磨细制成水硬性胶凝材料,其成分及性能指标应符合建材行业标准《石灰石硅酸盐水泥》(JC/T 600)、《磷渣硅酸盐水泥》(JC/T 740)和《镁渣硅酸盐水泥》(GB/T 23933)要求。根据相关标准规定,石灰石硅酸盐水泥(代号 P·L)中石灰石的质量分数为10%～25%;磷渣硅酸盐水泥(代号 PPS)中粒化电炉磷渣的质量分数为20%～50%;镁渣硅酸盐水泥(代号 P.M)中镁渣的质量分数为12%～25%。

石灰石硅酸盐水泥分为32.5、32.5R、42.5、42.5R 四个强度等级,磷渣、镁渣硅酸盐水泥分为32.5、32.5R、42.5、42.5R、52.5、52.5R 六个强度等级。

5. 铝酸盐水泥

(1)定义。

以钙质和铝质材料为主要原料,按适当比例配制成生料,煅烧至完全或部分熔融,并经冷却所得以铝酸钙为主要矿物组成的产物,称为铝酸盐水泥熟料。铝酸盐水泥熟料磨细而制成的水硬性胶凝材料,称为铝酸盐水泥,代号CA。根据需要可以在磨制 Al_2O_3 质量分数大于68%的水泥时加入适量的 α-Al_2O_3。

(2)分类。

铝酸盐水泥按 Al_2O_3 含量分为四类:

① CA-50,50% ≤ $w(Al_2O_3)$ < 60%,根据强度分为 CA50-Ⅰ、CA50-Ⅱ、CA50-Ⅲ、CA50-Ⅳ;② CA-60,60% ≤ $w(Al_2O_3)$ < 68%,根据矿物成分分为 CA60-Ⅰ、CA60-Ⅱ;③ CA-70,68% ≤ $w(Al_2O_3)$ < 77%;④ CA-80,77% ≤ $w(Al_2O_3)$。

(3)技术性质。

铝酸盐水泥呈黄、褐或灰色,其密度和堆积密度与硅酸盐水泥接近。《铝酸盐水泥》(GB 201)规定:其细度要求比表面积不小于300 $m^2 \cdot kg^{-1}$ 或45 μm 方孔筛筛余不得超过20%。铝酸盐水泥各龄期强度见表1.7。

表 1.7　铝酸盐水泥各龄期强度

类型		抗压强度				抗折强度			
		6 h	1 d	3 d	28 d	6 h	1 d	3 d	28 d
CA50	CA50-Ⅰ	≥20	≥40	≥50	—	≥3	≥5.5	≥6.5	—
	CA50-Ⅱ		≥50	≥60	—		≥6.5	≥7.5	—
	CA50-Ⅲ		≥60	≥70	—		≥7.5	≥8.5	—
	CA50-Ⅳ		≥70	≥80	—		≥8.5	≥9.5	—
CA60	CA60-Ⅰ	—	≥65	≥85	—		≥7.0	≥10.0	—
	CA60-Ⅱ	—	≥20	≥45	≥85		≥2.5	≥5.0	≥10.0
CA70		—	≥30	≥40	—		≥5.0	≥6.0	—
CA80		—	≥25	≥30	—		≥4.0	≥5.0	—

（4）性能及应用。

铝酸盐水泥加水后,熟料矿物迅速与水发生水化反应,生成含水铝酸一钙（CAH_{10}）、含水铝酸二钙（C_2AH_8）和铝胶（AH_3）,使水泥获得较高的强度。其 1 d 强度可达 3 d 强度的 80% 以上,3 d 强度即可达到普通硅酸盐水泥 28 d 的强度。但由于 CAH_{10} 和 C_2AH_8 是不稳定的,在温度高于 30 ℃的潮湿环境中,会逐渐转化为比较稳定的含水铝酸三钙（C_3AH_6）,温度越高转化速度越快,并析出游离水,增大了孔隙体积。同时由于 C_3AH_6 晶体本身缺陷较多,强度较低,会降低水泥石的强度,使铝酸盐水泥混凝土的长期强度有降低的趋势。此外,铝酸盐水泥的初期水化热比较大,1 d 内即可放出水化热总量的 70% ~80% 。

因此,铝酸盐水泥主要用于早期强度要求高的特殊工程,如紧急军事工程、抢修工程等,也可用于寒冷地区冬季施工的混凝土工程,但不宜用于大体积混凝土工程及长期承重的结构和高温潮湿环境中的工程。

虽然铝酸盐水泥硬化时不宜在较高温度下进行,但硬化后的水泥石在高温下（1 000 ℃以上）仍能保持较高的强度。这是因为铝酸盐水泥在高温时水化物发生固相反应,以烧结结合取代水化结合的缘故。如果采用耐火的粗、细骨料（铬铁矿等）,可以配制使用温度达 1 300 ~ 1 400 ℃的耐火混凝土。

由于铝酸盐水泥水化时没有 $Ca(OH)_2$ 生成,水化生成的铝胶使水泥石结构致密,抗渗性好,同时具有良好的抗硫酸盐腐蚀等性能,因此可用于有抗渗、抗硫酸盐要求的混凝土工程。但铝酸盐水泥的抗碱性较差,不适于有碱溶液侵蚀的工程。此外,应严禁铝酸盐水泥与硅酸盐水泥、石灰等材料混用,以免产生瞬凝现象。

6. 硫铝酸盐水泥

（1）定义及技术指标。

以适当成分的生料,经煅烧所得以无水硫铝酸钙和硅酸二钙为主要矿物成分的熟料,掺加不同量的石灰石、适量石膏,共同磨细制成的具有水硬性的胶凝材料,称为硫铝酸盐水泥。《硫铝酸盐水泥》（GB 20472）规定,硫铝酸盐水泥熟料中 Al_2O_3 的质量分数应不小于 30.0% ,SiO_2 的质量分数应不大于 10.5% ,用于配制自应力硫铝酸盐水泥的熟料则进一步要求 Al_2O_3/SiO_2 质量比应不大于 6.0。以符合要求的硫铝酸盐水泥熟料为基础,加入不同掺量的石灰石

(要求 CaO 质量分数大于 50%，Al_2O_3 质量分数不大于 2.0%)，所得硫铝酸盐水泥的性能有一定改变。根据其成分和性能特点，硫铝酸盐水泥可分为快硬硫铝酸盐水泥(代号 R·SAC)、低碱度硫铝酸盐水泥(代号 L·SAC)和自应力硫铝酸盐水泥(代号 S·SAC)，其中快硬硫铝酸盐水泥以 3 d 抗压强度分为 42.5、52.5、62.5、72.5 四个强度等级，低碱度硫铝酸盐水泥以 7 d 抗压强度分为 32.5、42.5、52.5 三个强度等级，自应力硫铝酸盐水泥以 28 d 自应力值分为 3.0、3.5、4.0、4.5 四个自应力等级。

GB 20472 规定，硫铝酸盐水泥的技术性质应符合表 1.8 规定。

表 1.8 硫铝酸盐水泥的技术性质

项目		类型		
		快硬硫铝酸盐水泥	低碱度硫铝酸盐水泥	自应力硫铝酸盐水泥
比表面积/($m^2 \cdot kg^{-1}$)	≥	350	400	370
凝结时间/min	初凝 ≥	25		40
	终凝 ≤	180		240
碱度 pH	≤	—	10.5	—
28 d 自由膨胀率/%		—	0.00 ~ 0.15	—
自由膨胀率/%	7 d ≤	—	—	1.30
	28 d ≤	—	—	1.75
碱含量($Na_2O+0.658×K_2O$)/%	<	—	—	0.05
28 d 自应力增进率/($MPa \cdot d^{-1}$)	≤	—	—	0.010

各强度等级快硬硫铝酸盐水泥和低碱度硫铝酸盐水泥各龄期强度要求分别见表 1.9、表 1.10。自应力硫铝酸盐水泥所有自应力等级的水泥 7 d 抗压强度要求不低于 32.5 MPa，28 d 抗压强度要求不低于 42.5 MPa，各龄期的自应力值应符合表 1.11 要求。

表 1.9 快硬硫铝酸盐水泥各龄期强度

强度等级	抗压强度/MPa			抗折强度/MPa		
	1 d	3 d	28 d	1 d	3 d	28 d
42.5	≥33.0	≥42.5	≥45.0	≥6.0	≥6.5	≥7.0
52.5	≥42.0	≥52.5	≥55.0	≥6.5	≥7.0	≥7.5
62.5	≥50.0	≥62.5	≥65.0	≥7.0	≥7.5	≥8.0
72.5	≥56.0	≥72.5	≥75.0	≥7.5	≥8.0	≥8.5

表 1.10 低碱度硫铝酸盐水泥各龄期强度

强度等级	抗压强度/MPa		抗折强度/MPa	
	1 d	7 d	1 d	7 d
32.5	≥25.0	≥32.5	3.5	≥5.0
42.5	≥30.0	≥42.5	4.0	≥5.5
52.5	≥40.0	≥52.5	4.5	≥6.0

表 1.11　自应力硫铝酸盐水泥各龄期自应力值

级别	7 d/MPa	28 d/MPa	
	≥	≥	≤
3.0	2.0	3.0	4.0
3.5	2.5	3.5	4.5
4.0	3.0	4.0	5.0
4.5	3.5	4.5	5.5

（2）硫铝酸盐水泥的水化硬化特性及应用。

硫铝酸盐水泥熟料中的无水硫铝酸钙水化速度快,可与掺入的石膏反应迅速生成大量的钙矾石晶体和铝胶;所生成的钙矾石构建起坚硬的水泥石骨架,铝胶则填充于骨架空隙之中,浆体中的水分则因水化的进行而大量消耗,致使水泥快速发生凝结,并获得较高的早期强度。后续水化过程中,C_2S 也开始不断水化,生成水化硅酸钙凝胶和 $Ca(OH)_2$ 晶体,可使硫铝酸盐水泥的后期强度进一步增长。因此,各类型硫铝酸盐水泥均具有早期强度高,硬化后水泥石结构致密,孔隙率低,体积稳定、不收缩甚至微膨胀,抗渗性好,碱度低,抗硫酸盐腐蚀能力强,但耐热性差等特点。

快硬硫铝酸盐水泥中石灰石掺加量不大于水泥质量的 15%,因此水泥的早期强度高,主要用于配制早强、抗渗、抗硫酸盐腐蚀的混凝土工程,也可用于冬季施工、浆锚、喷锚支护、节点、抢修、堵漏等工程;低碱度硫铝酸盐水泥中石灰石的掺加量为水泥质量的 15%～35%,因此水泥石的碱度低,主要用于制作玻璃纤维增强水泥制品。

（3）其他品种硫铝酸盐水泥。

快凝快硬硫铝酸盐水泥,简称双快水泥,特点是凝结硬化快、小时强度高,同时具有微膨胀、长期强度稳定、低温下可正常硬化等优点,其具体技术指标应符合《快凝快硬硫铝酸盐水泥》(JC/T 2282)规定。双快水泥主要用于紧急抢修工程、地下工程、隧道工程、锚喷支护、截水堵漏、公路等。

1.2　骨　料

混凝土的骨料是指在混凝土或砂浆中起骨架和填充作用的岩石颗粒等散状颗粒材料,又称骨料。骨料的总体积约占混凝土体积的 70%～80%,对所配制的混凝土性能有重要影响。

1.2.1　骨料的来源

传统上,混凝土用骨料主要采用自然形成的各种岩石。根据成因不同,这些天然岩石可分为火成岩、水成岩和变质岩三大类。

（1）火成岩。

火成岩又称岩浆岩,是指岩浆冷却后形成的一种岩石。目前已发现的火成岩达 700 多种,常见的有花岗岩、安山岩及玄武岩等,其成分以硅酸盐为主。岩浆在地下冷却固结形成的岩石称为侵入岩,根据成岩深度可进一步分为浅成岩和深成岩。通常来说,成岩位置越深,则岩石的晶粒尺寸增大,结构更为致密,强度、硬度也越高。岩浆喷出地表后迅速冷却固结形成的岩石称为喷出岩或火山岩。由于冷却速度较快,因此喷出岩一般为玻璃质或者细粒的岩石,结构也相对疏松,甚至形成浮石、珍珠岩等轻质多孔岩石。

(2)水成岩。

水成岩又称沉积岩,指其他岩石的风化产物和一些火山喷发物,经过水流或冰川的搬运、沉积、成岩作用形成的岩石,是地表上最为常见的岩石(可达总量的75%)。沉积岩主要包括石灰岩、砂岩、页岩等,以页岩含量最多,但因其层状结构特点,并非全部适于拌制混凝土。

(3)变质岩。

变质岩是指受到地球温度、压力、应力、化学成分等内部因素作用,发生物质成分的迁移或再结晶而形成的新型岩石,较常见的如板岩、片岩、石英岩、大理岩、蛇纹岩等。

近年来,随着天然资源的日渐匮乏以及环保意识的提高,将工业废渣、尾矿回收后直接用作混凝土骨料,或者粉碎、烧结后制成人造骨料,已经成为工业利废的重要途径之一,也是建筑业健康可持续发展的基本方向。

1.2.2 骨料的分类

1. 按尺寸大小分类

按尺寸分类是最简单、最常见的混凝土骨料分类方法。根据粒径大小不同,混凝土骨料可分为细骨料和粗骨料:粒径小于 4.75 mm 的骨料称为细骨料或砂,粒径大于 4.75 mm 的骨料称为粗骨料或石子。

(1)细骨料(砂)。

混凝土的细骨料主要采用天然砂和人工砂,《建筑用砂》(GB 14684)规定,砂的表观密度应不小于 2 500 kg·m^{-3},松散密度不小于 1 400 kg·m^{-3},空隙率不大于44%。

天然砂是指自然生成的,经人工开采和筛分的粒径小于 5.00 mm 的岩石颗粒,包括河砂、湖砂、江沙、山砂和淡化海砂,但不包括软质岩或风化岩石的颗粒。河砂和海砂由于长期受水流的冲刷作用,颗粒表面比较圆滑、洁净,且产源较广,但海砂中常含有贝壳碎片及可溶性盐等有害杂质。山砂颗粒多具有棱角,表面粗糙,砂中含泥量及有机质等有害杂质较多。建筑工程中多采用河砂。

人工砂为机制砂和混合砂的统称。机制砂是由机械破碎、筛分制成的粒径小于 5.00 mm 的岩石、矿山尾矿或工业废渣颗粒,其颗粒形状尖锐,棱角丰富,较洁净,但片状颗粒及细粉含量较多,成本也相对较高。混合砂则是由机制砂和天然砂混合制成的。一般在当地天然砂源匮乏时,可采用人工砂。

(2)粗骨料(石子)。

《建筑用卵石碎石》(GB 14685)规定,粗骨料(石子)的表观密度应大于 2 600 kg·m^{-3},空隙率不大于47%。

普通混凝土常用的粗骨料可分为碎石和卵石两类。碎石大多数由天然岩石经破碎、筛分而得,而卵石则是由天然岩石经自然风化、崩裂、水流搬运所形成的。比较而言,碎石的表面更为粗糙,棱角多,比表面积大、孔隙率高,与水泥的黏结强度较高,因此在水灰比相同的条件下,用碎石拌制的混凝土,流动性较小,但强度较高;卵石则相反,流动性大,但强度较低。

2. 按加工方式分类

骨料按来源可分为天然骨料和人工骨料。

天然骨料是指自然形成的、未经任何加工处理(筛分、冲洗除外)的骨料。目前混凝土制备中所使用的天然骨料只包含天然砂和卵石,而碎石和机制砂由于采用了破碎加工,因此被习惯性归入人工骨料范畴。

人工骨料,除了碎石和机制砂之外,还包括可直接用作骨料的各种工业废渣、尾矿,以及利用天然岩石或工业废渣、尾矿烧制成的人造骨料。

3. 按密度分类

按密度大小不同,混凝土骨料又可分为重骨料、普通骨料及轻骨料。其中,普通骨料的堆积密度一般为 1 500 ~ 1 800 kg/m³,而堆积密度不大于 1 200 kg/m³ 的骨料称为轻骨料。

1.2.3 骨料的基本性质

骨料的基本性能指标包括颗粒级配与粗细程度、颗粒形态和表面特征、强度、坚固性、含泥量、泥块含量、有害物质以及碱骨料反应等。这些性能指标可直接影响混凝土的施工性能和使用性能,因此必须符合 GB 14684、GB 14685 和《普通混凝土用砂、石质量及检验方法标准》(JGJ 52)的相关规定。

1. 颗粒级配

颗粒级配是指骨料中不同大小颗粒的搭配情况。如果混凝土骨料是由大小相同的颗粒所组成的,其空隙率会保持在很高的水平,对于等大光滑球形颗粒来说,即使在最紧密堆积状态下,其空隙率也达到 0.26 左右,以其为骨料配制混凝土,则填充骨料空隙所需的水泥浆体积增多,对混凝土的经济性和体积稳定性不利。根据 Horsfield 填充理论,为降低骨料的空隙率,可将不同粒径的颗粒按一定比例搭配起来:以等大光滑球体为例,在初步形成最密堆积后,根据未被固体所占据的空隙体积逐步充填适当大小的球体,从而逐步形成更为紧密的填充结构,所采用的球体半径、数量以及充填后的空隙率见表 1.12,可以看到,经 6 次分级填充后系统孔隙率降低至 0.039。

表 1.12　Horsfield 填充模型

球序	球体半径	球数	空隙率
1 次球	1		0.260
2 次球	0.414	1	0.207
3 次球	0.225	2	0.190
4 次球	0.177	8	0.158
5 次球	0.116	8	0.149
最后填充球	极小	极多	0.039

需要指出的是,骨料颗粒的实际级配与 Horsfield 填充理论的前提假设存在较大出入:一方面,实际使用的骨料在形态上多种多样,即使是卵石或者天然砂也并非是理想的球形,因此空隙率相对更大;另一方面,骨料的大小也会在很大范围内连续波动,而且其粒径分布也多符合正态分布规律,即围绕某一平均粒径呈"钟形"分布,粒径越大或越小的颗粒其含量相对越少,而 Horsfield 填充理论所需颗粒大小、比例有严格规定,空间位置也是确定的。此外,Horsfield理论有助于获得最密实的填充结构,空隙率和比表面积降低,有助于提高混凝土的密

实度和力学强度,节约水泥,如图 1.1 所示,但从工作性角度,由于大颗粒间缺少小颗粒的"滚珠"减摩作用,影响混凝土混合料的流动性,因此混凝土生产实践中适当增大细颗粒含量仍是必要的。

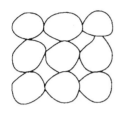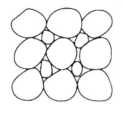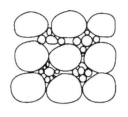

(a) 同样粒径砂的堆积　　(b) 两种粒径砂的搭配　　(c) 三种粒径砂的搭配

图 1.1　骨料颗粒级配示意图

拌制混凝土时,细骨料(砂)的颗粒级配常用筛分法进行测定。筛分法是采用一套标准的方孔筛,筛孔尺寸依次为 4.75 mm、2.36 mm、1.18 mm、0.60 mm、0.30 mm、0.15 mm,所对应的筛孔公称直径和砂的公称粒径见表 1.13。将 500 g 的干砂试样由粗到细依次过筛,然后称得余留在各筛上砂的筛余量,记为 m_1、m_2、m_3、m_4、m_5、m_6,计算各筛上的分计筛余百分率 a_1、a_2、a_3、a_4、a_5、a_6(各筛上的筛余量占砂样总量的百分率)及累计筛余百分率 A_1、A_2、A_3、A_4、A_5、A_6(各个筛和比该筛粗的所有分计筛余百分率之合),见表 1.14。

表 1.13　方孔筛筛孔边长尺寸、砂公称粒径和砂筛筛孔公称直径的对照关系

砂的公称粒径	砂筛筛孔的公称直径	方孔筛筛孔边长
5.00 mm	5.00 mm	4.75 mm
2.50 mm	2.50 mm	2.36 mm
1.25 mm	1.25 mm	1.18 mm
630 μm	630 μm	600 μm
315 μm	315 μm	300 μm
160 μm	160 μm	150 μm
80 μm	80 μm	75 μm

表 1.14　累计筛余与分计筛余的关系

筛孔尺寸/mm	筛余量/g	分计筛余百分率/%	累计筛余百分率/%
4.75	m_1	a_1	$A_1 = a_1$
2.36	m_2	a_2	$A_2 = a_1 + a_2$
1.18	m_3	a_3	$A_3 = a_1 + a_2 + a_3$
0.60	m_4	a_4	$A_4 = a_1 + a_2 + a_3 + a_4$
0.30	m_5	a_5	$A_5 = a_1 + a_2 + a_3 + a_4 + a_5$
0.15	m_6	a_6	$A_6 = a_1 + a_2 + a_3 + a_4 + a_5 + a_6$

砂的颗粒级配可按公称直径 630 μm 筛孔的累计筛余量(以质量百分率计,下同),分成三个级配区(见表 1.15),且砂的颗粒级配应处于表 1.15 中的某一区内。配制混凝土特别是泵

送混凝土时,宜优先选用Ⅱ区砂。当采用Ⅰ区砂时,应提高砂率,并保持足够的水泥用量,以满足混凝土的工作性要求;当采用Ⅲ区砂时,宜适当降低砂率;当采用特细砂时,应符合相应的规定。

表1.15　细骨料(砂)的颗粒级配区

公称粒径　累计筛余/%　级配区	Ⅰ区	Ⅱ区	Ⅲ区
5.00 mm	10～0	10～0	10～0
2.50 mm	35～5	25～0	15～0
1.25 mm	65～35	50～10	25～0
630 μm	85～71	70～41	40～16
315 μm	95～80	92～70	85～55
160 μm	100～90	100～90	100～90

为了更直观地反映砂的颗粒级配,可根据表1.15中的数值,以筛孔尺寸为横坐标、累计筛余为纵坐标,绘制砂的颗粒级配曲线图(图1.2)。测定实际用砂的筛分曲线并将其与图1.2进行比较,考察砂的筛分曲线是否完全落在三个级配区的任一区内,即可判定该砂是否合格。同时也可根据筛分曲线的偏向情况,大致判断砂的粗细程度。

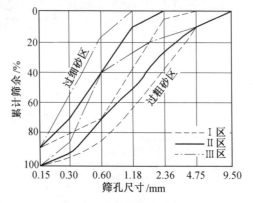

图1.2　砂的颗粒级配曲线

混凝土用粗骨料的颗粒级配也是通过筛分试验来确定的,所采用方孔标准筛的孔径分别为2.36 mm、4.75 mm、9.50 mm、16.0 mm、19.0 mm、26.5 mm、31.5 mm、37.5 mm、53.0 mm、63.0 mm、75.0 mm及90.0 mm,共12个。按筛分试验结果,粗骨料的颗粒级配可分为连续级配和单粒级两种,其中连续级配是按颗粒尺寸由小到大连续分级,每级骨料都占有一定的比例,而单粒级则是大部分颗粒粒径集中在某一种或两种粒径上。连续级配和单粒级粗骨料的筛分结果应符合表1.16要求,其中累计筛余百分率的计算方法与细骨料相同。

表 1.16　粗骨料的颗粒级配范围

级配情况	公称粒径/mm	累计筛余百分率/%											
		方孔筛筛孔边长尺寸/mm											
		2.36	4.75	9.5	16.0	19.0	26.5	31.5	37.5	53	63	75	90
连续级配	5~10	95~100	80~100	0~15	0	—	—	—	—	—	—	—	—
	5~16	95~100	85~100	30~60	0~10	0	—	—	—	—	—	—	—
	5~20	95~100	90~100	40~80	—	0~10	0	—	—	—	—	—	—
	5~25	95~100	90~100	—	30~70	—	0~5	0	—	—	—	—	—
	5~31.5	95~100	90~100	70~90	—	15~45	—	0~5	0	—	—	—	—
	5~40	—	95~100	70~90	—	30~65	—	—	0~5	0	—	—	—
单粒级	10~20	—	95~100	85~100	—	0~15	0	—	—	—	—	—	—
	16~31.5	—	95~100	—	85~100	—	—	0~10	0	—	—	—	—
	20~40	—	—	95~100	—	80~100	—	0~10	0	—	—	—	—
	31.5~63	—	—	—	95~100	—	—	75~100	45~75	—	0~10	0	—
	40~80	—	—	—	—	95~100	—	—	70~100	30~60	0~10	0	—

连续级配颗粒级差小,颗粒上、下限粒径之比接近 2,配制的混凝土混合料工作性好,不易发生离析,应用较为广泛。单粒级,也称为间断级配,相应骨料的空隙率小,运输过程中不易发生颗粒离析,便于分级储运,但不宜单独作为粗骨料配制混凝土,一般需要通过不同的组合,配制不同要求的骨料级配以满足混凝土流动性、强度、耐久性等质量要求;此外,单粒级骨料适用于无砂大孔混凝土、透水混凝土等。

2. 粗细程度

粗细程度是指不同粒径的骨料颗粒混合在一起后的总体的粗细程度。比较而言,骨料粒径越大,则比表面积相对越小,包裹骨料表面所需的水泥浆用量减少。在一定工作性和水泥用量条件下,则能减少用水量而提高混凝土强度。因此,配制混凝土时,在保证合理颗粒级配的情况下,可适当选择粒径更大的混凝土骨料。

细骨料(砂)的粗细程度可采用细度模数 μ_f 加以定量衡量,其计算公式如下:

$$\mu_f = \frac{(A_2 + A_3 + A_4 + A_5 + A_6) - 5A_1}{100 - A_1} \tag{1.1}$$

根据细度模数大小,细骨料(砂)分为粗、中、细三种规格,其中粗砂的细度模数 $\mu_f = 3.7 \sim 3.1$,中砂 $\mu_f = 3.0 \sim 2.3$,细砂 $\mu_f = 2.2 \sim 1.6$,特细砂 $\mu_f = 1.5 \sim 0.7$。

粗骨料的粗细程度则主要通过最大粒径加以控制。最大粒径是指骨料公称粒径的上限,即累计筛余不大于 10% 的方孔筛的最大公称边长。对中低强度的混凝土,尽量选择最大粒径较大的粗骨料,但通常不宜大于 40 mm。

混凝土用粗骨料的最大粒径不得大于结构截面最小尺寸的 1/4,同时不得大于钢筋最小净距的 3/4;对于混凝土实心板,可允许采用最大粒径达 1/3 板厚的骨料,但最大粒径不得超过 40 mm。对于泵送混凝土,碎石最大粒径与输送管道内径之比宜小于或等于 1∶3,一般取 25 mm;卵石宜小于或等于 1∶2.5。

3. 颗粒形态和表面特征

骨料颗粒形状一般有球形、多面体形、棱角形、针状和片状等多种形式,其中比较理想的是球形或正多面体形,而具有明显取向特征的针状和片状颗粒则对混凝土的工作性和强度都有不利影响。凡岩石颗粒的长度大于该颗粒所属粒级的平均粒径(即该粒级上、下限粒径的平均值)2.4 倍者为针状颗粒,厚度小于平均粒径 0.4 倍者为片状颗粒。当骨料中针、片状颗粒含量超过一定界限时,将使骨料空隙率增加,不仅影响混凝土混合料的拌和性能,而且还会不同程度地危害混凝土的强度和耐久性。混凝土用粗骨料中针、片状颗粒含量应符合表 1.17 的规定。

表 1.17　碎石或卵石中针、片状颗粒含量

混凝土强度等级	≥C60	C55 ~ C30	≤C25
针、片状颗粒含量(质量分数)/%	≤8	≤15	≤25

骨料的表面特征主要指表面的粗糙度和孔隙特征。它们将影响骨料和水泥浆之间的黏结力,从而影响到混凝土的强度,尤其是抗折强度,对于高强混凝土的影响更为显著。一般来说,表面粗糙多孔的骨料,其与水泥浆的黏结力较强。反之,表面圆滑的骨料,与水泥浆的黏结力较差。在水灰比较低的相同条件下,碎石混凝土较卵石混凝土的强度约高 10%。

4. 强度

骨料在混凝土中起骨架支撑作用,因此必须具有足够的强度。混凝土用碎石和卵石的强度采用岩石立方体抗压强度和压碎指标两种方法检验。岩石强度首先应由生产单位提供,通常要求岩石的抗压强度应比所配制的混凝土强度至少高 20%。当混凝土强度等级大于或等于 C60 时,应进行岩石抗压强度检验。碎石立方体强度检验是将碎石的母岩制成直径和高均为 50 mm 的圆柱体或边长为 50 mm 的立方体,测其水饱和状态的抗压强度值。

混凝土工程中也可采用压碎指标值进行粗骨料质量控制。具体操作步骤是将公称粒径 10.0 ~ 20.0 mm、气干状态下的粗骨料称重后(记为 m_0)装入标准圆模内,放在压力机上在 160 ~ 300 s 内均匀加荷至 200 kN,稳定 5 s 后卸荷。倒出筒中试样,用公称直径为 2.50 mm 的方孔筛筛除被压碎的细颗粒,称出余留在筛上的试样质量 m_1,按下式计算压碎指标 δ_a(精确至 0.1%):

$$\delta_a = \frac{m_0 - m_1}{m_0} \times 100\% \tag{1.2}$$

式中　δ_a ——压碎指标值,%;

　　　m_0 ——试样的质量,g;

　　　m_1 ——压碎试验后筛余的试样质量,g。

压碎指标值越小,表示石子抵抗受压破坏的能力越强。JGJ 52 规定,碎石和卵石的压碎指标值应符合表 1.18 和 1.19 的规定。

表 1.18　混凝土用碎石的压碎指标值

岩石品种	混凝土强度等级	碎石压碎指标值/%
沉积岩	C60 ~ C40	≤10
	≤C35	≤16
变质岩或深成的火成岩	C60 ~ C40	≤12
	≤C35	≤20
喷出的火成岩	C60 ~ C40	≤13
	≤C35	≤30

表 1.19　混凝土用卵石的压碎指标值

混凝土强度等级	C60 ~ C40	≤C35
压碎指标值/%	≤12	≤16

5. 坚固性

坚固性是指骨料在气候、环境变化或其他物理因素的作用下,抵抗破裂的能力。骨料由于干湿循环或冻融交替等作用引起体积变化导致混凝土破坏。骨料越密实、强度越高、吸水性越小,其坚固性越好,而结构越酥松、矿物成分越复杂、结构越不均匀,其坚固性越差。GB 14684、GB 14685 中规定,骨料的坚固性应采用硫酸钠溶液法进行检验,试样经 5 次循环后,其质量损失应符合表 1.20 的规定。

表 1.20　骨料的坚固性指标

混凝土所处的环境条件及其性能要求	5 次循环后的质量损失/%	
	细骨料(砂)	粗骨料(碎石或卵石)
在严寒及寒冷地区室外使用,并经常处于潮湿或干湿状态下使用的混凝土,对于有抗疲劳、耐磨、抗冲击使用要求的混凝土,有腐蚀介质作用或经常处于水位变化区的地下结构的混凝土	≤8	≤8
其他条件下使用的混凝土	≤10	≤12

机制砂除满足坚固性外,还应满足压碎指标表 1.21 的要求。

表 1.21　砂的压碎指标

类别	Ⅰ	Ⅱ	Ⅲ
单级最大压碎指标/%	≤20	≤25	≤30

6. 碱反应活性

碱活性骨料是指能在一定条件下与混凝土中的碱发生化学反应导致混凝土产生膨胀、开裂甚至破坏的骨料。

对于长期处于潮湿环境的重要结构混凝土,其所使用的碎石或卵石应进行碱活性检验。进行碱活性检验时,首先应采用岩相法检验碱活性骨料的品种、类型和数量。当检验出骨料中含有活性二氧化硅时,应采用快速砂浆棒法和砂浆长度法进行碱活性检验;当检验出骨料中含有活性碳酸盐时,应采用岩石柱法进行碱活性检验。

经上述检验,当判定骨料存在潜在碱-碳酸盐反应危害时,不宜用作混凝土骨料;否则,应通过专门的混凝土试验,做最后评定。

当判定骨料存在潜在碱-硅反应危害时,应控制混凝土中的碱含量不超过 $3\ kg\cdot m^{-3}$,或采用能抑制碱-骨料反应的有效措施。

7. 含泥量、泥块含量

含泥量是指骨料中公称粒径小于 $80\ \mu m$ 的颗粒的含量。而泥块尺寸的规定对于粗细骨料略有不同:细骨料(砂)中泥块含量则是指公称粒径大于 $1.25\ mm$,经水洗、手捏后变成小于公称粒径 $630\ \mu m$ 的颗粒的含量;对于粗骨料(石子)来说,泥块含量是指原粒径大于公称粒径 $5.00\ mm$,经水洗、手捏后变成小于公称粒径 $2.50\ mm$ 的颗粒含量。泥质颗粒通常包裹在骨料颗粒表面,妨碍水泥浆与骨料的黏结,使混凝土的强度、耐久性降低。GB 14684 规定,Ⅰ、Ⅱ、Ⅲ类砂的含泥量按质量计应不高于 1.0%、3.0% 和 5.0%,泥块含量按质量计应不高于 0、1.0% 和 2.0%。GB 14685 规定,Ⅰ、Ⅱ、Ⅲ类粗骨料的含泥量按质量计应小于 0.5%、1.0% 和 1.5%,泥块含量按质量计应不高于 0、0.5% 和 0.7%。

混凝土制备与施工过程中,为满足结构安全性需要,JGJ 52 中规定,砂以及碎石或卵石中的含泥量和泥块含量应符合表 1.22、表 1.23 的规定。

表 1.22　砂中含泥量和泥块含量

混凝土强度等级	≥C60	C55 ~ C30	≤C25
含泥量(按质量计)/%	≤2.0	≤3.0	≤5.0
泥块含量(按质量计)/%	≤0.5	≤1.0	≤2.0

表 1.23　碎石或卵石中含泥量和泥块含量

混凝土强度等级	≥C60	C55 ~ C30	≤C25
泥含量(按质量计)/%	≤0.5	≤1.0	≤2.0
泥块含量(按质量计)/%	≤0.2	≤0.5	≤0.7

8. 有害物质含量

配制混凝土时,要求用砂清洁、不含杂质,以保证混凝土的质量。当砂中含有云母、轻物质、有机物、硫化物及硫酸盐等有害物质时,其含量应符合表 1.24 的规定。

表 1.24　砂中有害物质含量

项　　目	质　量　指　标
云母含量(按质量计)/%	≤2.0
轻物质含量(按质量计)/%	≤1.0
硫化物及硫酸盐含量(折算成 SO_3,按质量计)/%	≤1.0
有机物含量(用比色法试验)	颜色不应深于标准色。当颜色深于标准色时,应按水泥胶砂强度试验方法进行强度对比试验,抗压强度比不应低于0.95

碎石或卵石中的硫化物和硫酸盐含量以及卵石中有机物等有害物质含量,应符合表1.25的规定。

表1.25 碎石或卵石中的有害物质含量

项 目	质 量 要 求
硫化物及硫酸盐含量(折算成SO_3,按质量计)/%	≤1.0
卵石中有机物含量(用比色法试验)	颜色应不深于标准色。当颜色深于标准色时,应配制成混凝土进行强度对比试验,抗压强度比应不低于0.95

9. 砂的其他指标

(1)石粉含量。

石粉含量是指人工砂中公称粒径小于80 μm,且其矿物组成和化学成分与被加工母岩相同的颗粒含量。过多的石粉含量妨碍水泥与骨料的黏结,影响混凝土的力学性能,但适量的石粉含量不仅可弥补人工砂颗粒多棱角对混凝土带来的不利,还可以完善砂子的级配,提高混凝土的密实性,进而提高混凝土的综合性能,对混凝土有益。人工砂中石粉含量要求可适当降低,见表1.26。

表1.26 人工砂中石粉含量

混凝土强度等级		≥C60	C55 ~ C30	≤C25
石粉含量/%	MB<1.4(合格)	≤5.0	≤7.0	≤10.0
	MB≥1.4(不合格)	≤2.0	≤3.0	≤5.0

注:MB是指机制砂中粒径小于75 μm的颗粒的亚甲基蓝吸附性能

(2)氯离子含量。

对于钢筋混凝土用砂,其氯离子含量不得大于0.06%(以干砂的质量百分率计);对于预应力混凝土用砂,其氯离子含量不得大于0.02%(以干砂的质量百分率计)。

(3)贝壳含量。

海砂中贝壳含量应符合表1.27要求。

表1.27 海砂中贝壳含量

混凝土强度等级	≥C60	C55 ~ C30	C25 ~ C15
贝壳含量(按质量计)/ %	≤3	≤5	≤8

1.2.4 轻骨料

凡堆积密度小于或等于1 200 kg·m⁻³的人工或天然多孔材料,具有一定力学强度且可以用作混凝土的骨料都称为轻骨料,包括轻粗骨料(公称粒径大于或等于5 mm)和轻细骨料(也称轻砂,公称粒径小于5 mm)。

按骨料来源不同,轻骨料可分为:

①天然轻骨料,主要有浮石(一种火山爆发岩浆喷出后,由于气体作用发生膨胀冷却后形成的多孔岩石),经破碎成一定粒度即可作为轻质骨料。

②人造轻骨料,主要有陶粒和膨胀珍珠岩等。陶粒是一种由黏土质材料(如黏土、页岩、

粉煤灰、煤矸石)经破碎、粉磨等工序制成生料,然后加适量水制成球,经 1 100 ℃煅烧而形成的具有陶瓷性能的多孔球粒,粒径一般为 2 ~ 20 mm,其中 5 mm 以下的为陶砂,5 mm 以上的为陶粒;膨胀珍珠岩是由天然珍珠岩矿经加热膨胀而成的多孔材料,密度很小,仅 200 ~ 300 kg·m^{-3},是一种优良的保温隔热材料,但强度较低,用作骨料时不能用于配制结构用轻质混凝土。

③工业废渣轻骨料,主要有矿渣、膨胀矿渣珠、自燃煤矸石等。

轻骨料的主要性能有颗粒级配、堆积密度、强度和软化系数等。《轻骨料及其试验方法 第一部分 轻骨料》(GB/T 17431.1)给出了相应的技术指标,《轻骨料及其试验方法 第 2 部分 轻骨料试验方法》(GB/T 17431.2)给出了相应的试验方法。轻粗骨料级配是用标准筛的筛余值控制的,而且用途不同,级配要求也不同,保温及结构保温轻骨料混凝土用的轻粗骨料其最大粒径不宜大于 40 mm,结构轻骨料混凝土用的轻粗骨料其最大粒径不宜大于 20 mm,轻粗骨料的级配应符合表 1.28 的要求,其自然级配的空隙率不应大于 50%。轻砂的细度模数应为 2.3 ~ 4.0,其大于 5 mm 的累计筛余量不宜大于 10% (按质量计)。

表 1.28　轻骨料的颗粒级配

轻骨料	级配类别	公称粒级/mm	各号筛的累计筛余(按质量计)/%											
			方孔筛孔径/mm											
			37.5	31.5	26.5	19.0	16.0	9.50	4.75	2.36	1.18	0.60	0.30	0.15
细骨料	—	0 ~ 5	—	—	—	—	—	0	0 ~ 10	0 ~ 35	20 ~ 60	—	—	—
粗骨料	连续粒级	5 ~ 40	0 ~ 10	—	—	40 ~ 60	—	50 ~ 85	90 ~ 100	95 ~ 100	—	—	—	—
		5 ~ 31.5	0 ~ 5	0 ~ 10	—	—	40 ~ 75	—	90 ~ 100	95 ~ 100	—	—	—	—
		5 ~ 25	0	0 ~ 5	0 ~ 10	—	30 ~ 70	—	90 ~ 100	95 ~ 100	—	—	—	—
		5 ~ 20	0	0 ~ 5	—	0 ~ 10	—	40 ~ 80	90 ~ 100	95 ~ 100	—	—	—	—
		5 ~ 16	—	—	0	0 ~ 5	0 ~ 10	20 ~ 60	85 ~ 100	95 ~ 100	—	—	—	—
		5 ~ 10	—	—	—	—	0	0 ~ 15	80 ~ 100	95 ~ 100	—	—	—	—
	单粒级	10 ~ 16	—	—	—	0	0 ~ 15	85 ~ 100	90 ~ 100	—	—	—	—	—

轻骨料的堆积密度等级按表 1.29 划分。

表 1.29　轻骨料密度等级

轻骨料种类	密度等级		堆积密度范围/(kg·m⁻³)
	轻粗骨料	轻细骨料	
人造轻骨料 天然轻骨料 工业废渣轻骨料	200	—	>100,≤200
	300	—	>200,≤300
	400	—	>300,≤400
	500	500	>400,≤500
	600	600	>500,≤600
	700	700	>600,≤700
	800	800	>700,≤800
	900	900	>800,≤900
	1 000	1 000	>900,≤1 000
	1 100	1 100	>1 000,≤1 100
	1 200	1 200	>1 100,≤1 200

轻骨料的强度不是以单颗粒强度来表征,而是以筒压强度和强度标号来衡量轻骨料的强度。筒压强度是指在专用承压筒内装满轻骨料,以 300～500 N/s 的速度匀速给冲压模加荷,以冲压模压入深度为 20 mm 时的压力值除以承压面积所得的强度。强度标号是指将轻骨料制成砂浆或混凝土试件,通过测定砂浆或混凝土强度而折算出的轻骨料强度。轻粗骨料的筒压强度和强度标号应不小于表 1.30、表 1.31 的规定值。

表 1.30　轻粗骨料的筒压强度

轻骨料种类	密度等级	筒压强度/MPa
人造轻骨料	200	0.2
	300	0.5
	400	1.0
	500	1.5
	600	2.0
	700	3.0
	800	4.0
	900	5.0
天然轻骨料 工业废渣轻骨料	600	0.8
	700	1.0
	800	1.2
	900	1.5
	1 000	1.5
工业废渣轻骨料中的自燃煤矸石	900	3.0
	1 000	3.5
	1 100～1 200	4.0

表 1.31　轻骨料的筒压强度与强度标号

密度等级	筒压强度/MPa	强度标号
600	4.0	25
700	5.0	30
800	6.0	35
900	7.0	40

轻骨料的孔隙率很高,因此吸水率比普通骨料大得多。不同轻骨料由于孔隙率及孔特征差别,吸水率也往往相差较多。现行标准中对轻砂和天然轻粗骨料的吸水率不做规定,其他轻粗骨料的吸水率见表 1.32。此外,人造轻粗骨料和天然废渣轻粗骨料的软化系数应不小于0.8,天然轻粗骨料的软化系数应不小于0.7。

表 1.32　轻粗骨料的吸水率

轻粗骨料种类	密度等级	1 h 吸水率/%
人造轻骨料 工业废渣轻骨料	200	30
	300	25
	400	20
	500	15
	600 ~ 1 200	10
烧结工艺生产的粉煤灰陶粒	600 ~ 900	20

1.3　混凝土用水

混凝土用水是混凝土拌和用水和混凝土养护用水的总称,包括饮用水、地表水、地下水、再生水、混凝土企业设备洗刷水和海水等。根据《混凝土用水标准》(JGJ 63)的规定,混凝土用水的水质应符合下列要求。

1.3.1　混凝土拌和用水

(1)混凝土拌和用水水质要求应符合表 1.33 的规定。对于设计使用年限为 100 年的结构混凝土,氯离子质量浓度不得超过 500 mg/L;对使用钢丝或经热处理钢筋的预应力混凝土,氯离子质量浓度不得超过 350 mg/L。

表 1.33　混凝土拌和用水水质要求

项　目	预应力混凝土	钢筋混凝土	素混凝土
pH	≥5.0	≥4.5	≥4.5
不溶物/(mg·L⁻¹)	≤2 000	≤2 000	≤5 000
可溶物/(mg·L⁻¹)	≤2 000	≤5 000	≤10 000
Cl^-/(mg·L⁻¹)	≤500	≤1 000	3 500
SO_4^{2-}/(mg·L⁻¹)	≤600	≤2 000	≤2 700
碱含量/(mg·L⁻¹)	≤1 500	≤1 500	≤1 500

注:碱含量按 $Na_2O+0.658K_2O$ 计算值来表示。采用非碱活性骨料时,可不检验碱含量

（2）地表水、地下水、再生水的放射性应符合现行《生活饮用水卫生标准》（GB 5749）的规定。

（3）被检验水样应与饮用水样进行水泥凝结时间对比试验。对比试验的水泥初凝时间差及终凝时间差不应大于 30 min；同时，初凝和终凝时间应符合现行 GB 175 的规定。

（4）被检验水样应与饮用水样进行水泥胶砂强度对比试验，被检验水样配制的水泥胶砂 3 d 和 28 d 强度不应低于饮用水配制的水泥胶砂 3 d 和 28 d 强度的 90%。

（5）混凝土拌和用水不应有漂浮明显的油脂和泡沫，不应有明显的颜色和异味。

（6）混凝土企业设备洗刷水不宜用于预应力混凝土、装饰混凝土、加气混凝土和暴露于腐蚀环境的混凝土；不得用于使用碱活性或潜在碱活性骨料的混凝土。

（7）未经处理的海水严禁用于钢筋混凝土和预应力混凝土。

（8）在无法获得水源的情况下，海水可用于素混凝土，但不宜用于装饰混凝土。

1.3.2　混凝土养护用水

（1）混凝土养护用水可不检验不溶物和可溶物，其他检验项目应符合本标准中"混凝土拌和用水"的（1）条和（2）条的规定。

（2）混凝土养护用水可不检验水泥凝结时间和水泥胶砂强度。

1.4　混凝土外加剂

混凝土外加剂是一种在混凝土搅拌之前或拌制过程中加入的、用以改善新拌混凝土和硬化混凝土性能的材料，其掺量通常不大于水泥质量的 5%。外加剂的掺量虽小，但其技术经济效果显著，因此，外加剂已成为混凝土的重要组成部分。

1.4.1　分类及技术要求

1. 外加剂的分类

根据《混凝土外加剂定义、分类、命名与术语》（GB/T 8075）的规定，混凝土外加剂按其主要功能分为四类：

（1）改善混凝土拌合物流动性能的外加剂，包括各种减水剂和泵送剂等。

（2）调节混凝土凝结时间、硬化性能的外加剂，包括缓凝剂和促凝剂和速凝剂等。

（3）改善混凝土耐久性的外加剂，包括引气剂、防水剂和阻锈剂等。

（4）改善混凝土其他性能的外加剂，包括防冻剂、膨胀剂和着色剂等。

2. 外加剂的主要技术要求

根据《混凝土外加剂》（GB 8076）要求，混凝土外加剂的主要技术要求如下：

（1）减水率。

减水率为坍落度基本相同时基准混凝土和掺外加剂混凝土单位用水量之差与基准混凝土单位用水量之比，其计算公式为

$$W_R = \frac{W_0 - W_1}{W_0} \times 100 \qquad (1.3)$$

式中　　W_R——减水率,%;

　　　　W_0——基准混凝土单位用水量,kg/m³;

　　　　W_1——掺外加剂混凝土单位用水量,kg/m³。

（2）泌水率比。

泌水率比为掺外加剂混凝土泌水率与基准混凝土泌水率之比,其计算公式为

$$B_R = \frac{B_t}{B_c} \times 100 \tag{1.4}$$

式中　　B_R——泌水率之比,%;

　　　　B_t——掺外加剂混凝土的泌水率,%;

　　　　B_c——基准混凝土的泌水率,%。

（3）含气量。

按《普通混凝土拌合物性能试验方法标准》(GB/T 50080)用气水混合式含气量测定仪进行操作,但混凝土混合料应一次装满并稍高于容器,用振动台振实 15 ~ 20 s,其他操作步骤参见 2.6 节。

（4）凝结时间差。

凝结时间差指掺外加剂混凝土的初凝或终凝时间与基准混凝土的初凝或终凝时间之差,其计算公式为

$$\Delta T = T_t - T_c \tag{1.5}$$

式中　　ΔT——凝结时间之差,min;

　　　　T_t——掺外加剂混凝土的初凝或终凝时间,min;

　　　　T_c——基准混凝土的初凝或终凝时间,min。

（5）抗压强度比。

抗压强度比为掺外加剂混凝土与基准混凝土同龄期抗压强度之比,其计算公式为

$$R_S = \frac{S_t}{S_c} \times 100 \tag{1.6}$$

式中　　R_S——抗压强度比,%;

　　　　S_t——掺外加剂混凝土的抗压强度,MPa;

　　　　S_c——基准混凝土的抗压强度,MPa。

（6）收缩率比。

收缩率比为龄期 28 d 掺外加剂混凝土与基准混凝土收缩率的比值,其计算公式为

$$R_\varepsilon = \frac{\varepsilon_t}{\varepsilon_c} \times 100 \tag{1.7}$$

式中　　R_ε——收缩率比,%;

　　　　ε_t——掺外加剂混凝土的收缩率,%;

　　　　ε_c——基准混凝土的收缩率,%。

（7）相对耐久性指标。

相对耐久性指标是以掺外加剂混凝土冻融 200 次后的动弹性模量的实际保留值降低至 80% 或 60% 以上评定外加剂质量。

混凝土外加剂的主要技术要求(即掺外加剂混凝土的性能指标)见表 1.34。在生产过程

中控制的项目有:含固量或含水量、密度、氯离子含量、细度、pH、表面张力、还原糖、总碱量（$Na_2O+0.658K_2O$）、硫酸钠、泡沫性能、水泥净浆流动度或砂浆减水率,其匀质性按《混凝土外加剂匀质性试验方法》(GB/T 8077)测试,应符合 GB 8076 的要求。

表1.34　掺外加剂混凝土的性能指标

项目		外加剂品种												
		高性能减水剂			高效减水剂		普通减水剂			引气减水剂	泵送剂	早强剂	缓凝剂	引气剂
		早强型	标准型	缓凝型	标准型	缓凝型	早强型	标准型	缓凝型					
减水率/%,不小于		25	25	25	14	14	8	8	8	10	12	—	—	6
泌水率/%,不大于		50	60	70	90	100	95	100	100	70	70	100	100	70
含气量/%		≤6.0	≤6.0	≤6.0	≤3.0	≤4.5	≤4.0	≤4.0	≤5.5	≥3.0	≤5.5	—	—	≥3.0
凝结时间之差/min	初凝	−90~	−90~	>+90	−90~	>+90	−90~	−90~	>+90	−90~	—	−90~+90	>+90	−90~
	终凝	+90	+120	—	+120	—	+90	+120	—	+120				+120
1h经时变化量	坍落度/mm	—	≤80	≤60	—	—	—	—	—	—	≤80	—	—	—
	含气量/%	—	—	—	—	—	—	—	—	−1.5~+1.5	—	—	—	−1.5~+1.5
抗压强度比/%,不小于	1 d	180	170	—	140	—	135	—	—	—	—	135	—	—
	3 d	170	160	—	130	—	130	115	—	115	—	130	—	95
	7 d	145	150	140	125	125	110	115	110	110	115	110	100	95
	28 d	130	140	130	120	120	100	110	110	100	110	100	100	90
收缩率比/%,不大于	28 d	110	110	110	135	135	135	135	135	135	135	135	135	135
相对耐久性（200次)/%,不小于		—	—	—	—	—	—	—	—	80	—	—	—	80

1.4.2 常用外加剂

1. 减水剂

减水剂是当前外加剂中品种最多、应用最广的一种外加剂,根据其功能分为普通减水剂(在混凝土坍落度基本相同的条件下,能减少拌和用水量的外加剂)、高效减水剂(在混凝土坍落度基本相同条件下,能大幅度减少拌和用水量的外加剂)、高性能减水剂(比高效减水剂具有更高减水率、更好坍落度保持性能、较小干燥收缩,且具有一定引气性能的减水剂)、早强减水剂(兼有早强和减水功能的外加剂)、缓凝减水剂(兼有缓凝和减水功能的外加剂)、引气减水剂(兼有引气和减水功能的外加剂)等。

减水剂按其主要化学成分分为木质素磺酸盐系、多环芳香族磺酸盐系、水溶性树脂磺酸盐系、糖钙、腐植酸盐、聚羧酸、脂肪族及氨基磺酸盐等。

各种减水剂尽管成分不同,但均为表面活性剂,所以其减水作用机理相似。表面活性剂是具有显著改变(通常为降低)液体表面张力或两相间界面张力的物质,其分子由亲水基团和憎水基团两个部分组成。表面活性剂加入水溶液中后,其分子中的亲水基团指向溶液,憎水基团指向空气、固体或非极性液体并做定向排列,形成定向吸附膜而降低水的表面张力和两相间的界面张力,在液体中显示出表面活性作用。

当水泥浆体中加入减水剂后,减水剂分子中的憎水基团定向吸附于水泥质点表面,亲水基团指向水溶液,在水泥颗粒表面形成单分子或多分子吸附膜,在电斥力作用下,使原来水泥加水后由于水泥颗粒间分子凝聚力等多种因素而形成的絮凝结构(图 1.3)打开,把被束缚在絮凝结构中的游离水释放出来,这就是由减水剂分子吸附产生的分散作用。

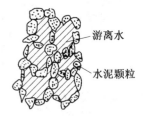

图1.3 水泥浆的絮凝结构

水泥加水后,水泥颗粒被水湿润,湿润越好,在具有同样工作性能的情况下所需的拌和水量也就越少,且水泥水化速度加快。当有表面活性剂存在时,降低了水的表面张力和水与水泥颗粒间的界面张力,这就使水泥颗粒易于湿润、利于水化。同时,减水剂分子定向吸附于水泥颗粒表面,亲水基团指向水溶液,使水泥颗粒表面的溶剂化层增厚,增加了水泥颗粒间的滑动能力,又起了润滑作用,如图 1.4 所示。若是引气型减水剂,则润滑作用更为明显。

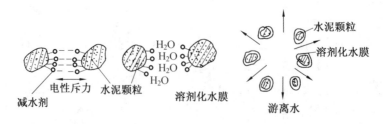

图1.4 减水剂作用示意图

综上所述,混凝土中掺加减水剂后可获得改善和易性或减水增强或节省水泥等多种效果,同时混凝土的耐久性也能得到显著改善。

（1）普通减水剂。

普通减水剂的主要成分为木质素磺酸盐,通常由亚硫酸盐法生产纸浆的副产品制得,常用的有木钙、木钠和木镁,其具有一定的缓凝、减水和引气作用。以其为原料,加入不同类型的调凝剂,可制得不同类型的减水剂,如早强型、标准型和缓凝型的减水剂。

（2）高效减水剂。

高效减水剂不同于普通减水剂,具有较高的减水率,较低引气量,是我国使用量大、面广的外加剂品种。目前,我国使用的高效减水剂品种较多,主要有下列几种：

①萘系减水剂。

②氨基磺酸盐系减水剂。

③脂肪族(醛酮缩合物)减水剂。

④密胺系及改性密胺系减水剂。

⑤蒽系减水剂。

⑥洗油系减水剂。

（3）缓凝型高效减水剂。

缓凝型高效减水剂是以上述各种高效减水剂为主要组分,再复合各种适量的缓凝组分或其他功能性组分而成的外加剂。

（4）高性能减水剂。

高性能减水剂是国内外近年来开发的新型外加剂品种,目前主要为聚羧酸盐类产品。它具有"梳状"的结构特点,由带有游离的羧酸阴离子团的主链和聚氧乙烯基侧链组成,改变单体的种类、比例和反应条件可生产具各种不同性能和特性的高性能减水剂。早强型、标准型和缓凝型高性能减水剂可由分子设计引入不同功能团而生产,也可掺入不同组分复配而成。

其主要特点为：

①掺量低(按照固体含量计算,一般为胶凝材料质量的 $0.15\% \sim 0.25\%$),减水率高。

②混凝土拌合物工作性及工作性保持性较好。

③外加剂中氯离子和碱含量较低。

④用其配制的混凝土收缩率较小,可改善混凝土的体积稳定性和耐久性。

⑤对水泥的适应性较好。

⑥生产和使用过程中不污染环境,是环保型的外加剂。

具体技术指标参见《聚羧酸系高性能减水剂》(JG/T 223)和《公路工程 聚羧酸系高性能减水剂》(JT/T 769)。

根据使用减水剂的目的不同,在混凝土中掺入减水剂后,可得到如下效果：

①提高流动性。在不改变配合比的情况下,减水剂加入混凝土后可以明显地提高拌合物的流动性,而且不影响混凝土的强度。

②提高强度。在保持流动性不变的情况下,掺入减水剂可以减少拌和用水量,若不改变水泥用量,可以降低水灰比,使混凝土的强度提高。

③节省水泥。

在保持混凝土的流动性和强度不变的情况下,可以减少水泥用量。

④改变混凝土性能。在拌合物中加入适量减水剂后,可以减少拌合物的泌水、离析现象;延缓拌合物的凝结时间;降低水泥水化放热速度;明显地提高混凝土的抗渗性及抗冻性,使耐

久性能得到提高。

2. 引气剂

引气剂是指在搅拌混凝土过程能引入大量均匀分布、稳定而封闭的微小气泡的外加剂。

引气剂也是表面活性物质，其界面活性作用与减水剂基本相同，区别在于减水剂的界面活性作用主要发生在液–固界面上，而引气剂的界面活性作用主要发生在气–液界面上。当搅拌混凝土拌合物时，会混入一些气体，掺入的引气剂溶于水中被吸附于气–液界面上，形成大量微小气泡。由于被吸附的引气剂离子对液膜的保护作用，因而液膜比较牢固，使气泡能稳定存在。这些气泡大小均匀（直径为 20 ~ 100 mm），在拌合物中均匀分散，互不连通，可改善混凝土的很多性能。

引气剂在混凝土中的主要作用：

（1）改善和易性。

在拌合物中，微小独立的气泡可起滚珠轴承作用，减少颗粒间的摩阻力，使拌合物的流动性大大提高。若使流动性不变，可减水 10% 左右，由于大量微小气泡的存在，使水分均匀地分布在气泡表面，从而使拌合物具有较好的保水性和黏聚性。

（2）提高耐久性。

混凝土硬化后，由于气泡隔断了混凝土中的毛细管渗水通道，改善了混凝土的孔隙特征，从而可显著提高混凝土的抗渗性和抗冻性。对抗侵蚀性也有所提高。

（3）对强度及变形的影响。

气泡的存在使混凝土的弹性模量略有下降，这对混凝土的抗裂性有利，但是气泡也减少了混凝土的有效受力面积，从而使混凝土的强度及耐磨性降低。一般，含气量每增加 1%，混凝土的强度下降 3% ~ 5%。

目前使用最多的是松香类、磺酸盐类、皂甙类等。适宜掺量为 0.002% ~ 0.005%（质量分数）。

引气剂多用于道路、水坝、港口、桥梁等有抗渗、抗冻要求的混凝土工程中。

3. 缓凝剂

缓凝剂是指能延长混凝土凝结时间的外加剂，主要种类有羟基羧酸及其盐类，如酒石酸、柠檬酸、葡萄糖酸及其盐类以及水杨酸；含糖碳水化合物类，如糖蜜、葡萄糖、蔗糖等；无机盐类，如硼酸盐、磷酸盐、锌盐等；木质素磺酸盐类，如木钙、木钠等。

缓凝剂能使混凝土拌合物在较长时间内保持塑性状态，以利于浇灌成型，提高施工质量，而且还可延缓水化放热时间，降低水化热。缓凝剂适用于长距离运输或长时间运输的混凝土、夏季和高温施工的混凝土、大体积混凝土等。不适用于 5 ℃ 以下的混凝土，也不适用于有早强要求的混凝土及蒸养混凝土，缓凝剂的掺量不宜过多，否则会引起强度降低，甚至长时间不凝结。

4. 早强剂

早强剂是能提高混凝土早期强度，并对后期强度无显著影响的外加剂。不加早强剂的混凝土从开始拌和到凝结硬化形成一定的强度，都需要一段较长的时间，为了缩短施工周期，例如加速模板的周转、缩短混凝土的养护时间、快速达到混凝土冬季施工的临界强度等，常需要掺入早强剂。目前常用的早强剂有氯盐、硫酸盐、有机醇胺三大类以及以它们为基础的复合早强剂。

混凝土早强剂的要求是:在其强度提高显著时凝结不应太快;不得含有会降低后期强度及破坏混凝土内部结构的有害物质;对钢筋无锈蚀危害(用于钢筋混凝土及预应力钢筋混凝土的外加剂);资源丰富,价格便宜;便于施工操作等。

(1)氯盐类早强剂。

氯盐加入水泥混凝土中促进其硬化和早强的机理可以从两方面加以分析。一是增加水泥颗粒的分散度。加入氯盐后,能使水泥在水中充分分解,增加水泥颗粒对水的吸附能力,使水泥的水化和硬化速度加快。二是与水泥熟料矿物发生化学反应。氯盐首先与 C_3S 水解析出的 $Ca(OH)_2$ 作用,形成氧氯化钙($CaCl_2 \cdot 3Ca(OH)_2 \cdot 12H_2O$ 和 $CaCl_2 \cdot Ca(OH)_2 \cdot H_2O$),并与水泥组分中的 C_3A 作用生成氯铝酸钙($3CaO \cdot Al_2O_3 \cdot 3CaCl_2 \cdot 32H_2O$)。这些复盐是不溶于水和 $CaCl_2$ 溶液的。氯盐与氢氧化钙的结合,就意味着水泥水化液相中石灰浓度的降低,导致 C_3S 水解的加速。而当水化氯铝酸钙形成时,则胶体膨胀,使水泥石孔隙减少,密实度增大,从而提高了混凝土的早期强度。

氯盐类早强剂主要有氯化钙、氯化钠、氯化钾、氯化铁、氯化铝等氯化物,均具有良好的早强作用,其中氯化钙早强效果好而成本低,应用最广。但氯盐的使用会显著加速混凝土中埋设钢筋的电化学腐蚀,进而影响混凝土的结构安全性,因此氯盐早强剂在钢筋混凝土中的应用必须慎重。氯化钙的适宜掺量为水泥质量的 0.5% ~3.0% ,能使混凝土 1 d 强度提高 70% ~140% ,3 d 强度提高 40% ~70% 。

(2)硫酸盐类早强剂。

硫酸盐类早强剂主要有硫酸钠(即元明粉)、硫代硫酸钠、硫酸钙、硫酸铝钾等,其中硫酸钠应用较多。硫酸钠为白色固体,一般掺量为水泥质量的 0.5% ~2.0% 。当掺量为 1% ~1.5% (质量分数)时,可使混凝土 3 d 强度提高 40% ~70% 。硫酸钠对矿渣水泥混凝土的早强效果优于普通水泥混凝土。

(3)有机胺类早强剂。

有机胺类早强剂主要有三乙醇胺(简称 TEA)、三异丙醇胺(简称 TP)、二乙醇胺等,其中早强效果以三乙醇胺为最佳。三乙醇胺是无色或淡黄色油状液体,能溶于水,呈碱性。掺量为水泥质量的 0.02% ~0.05% ,能使混凝土早期强度提高 50% 左右,28 d 强度不变或略有提高。三乙醇胺对水泥有一定缓凝作用,它对普通水泥混凝土的早强效果优于对矿渣水泥混凝土。

早强剂可加速混凝土硬化,缩短养护周期,加快施工进度,提高模板周转率,多用于冬季施工或紧急抢修工程。在实际应用中,早强剂单掺效果不如复合掺加。因此,较多使用由多种组分配成的复合早强剂,尤其是早强剂与早强减水剂同时复合使用,其效果更好。

(4)复合类早强剂。

复合早强剂往往比单组分早强剂具有更优良的早期效果,掺量也比单组分早强剂低。在水泥中加入微量的三乙醇胺,不会改变水泥的水化生成物,但对水泥的水化速度和强度有加速作用。当它与无机盐类复合时,不仅对水泥水化起催化作用,而且还能在无机盐与水泥的反应中起催化作用,故其作用效果要较单掺三乙醇胺显著,并有互补作用。

为确保混凝土早强剂的正确使用,防止早强剂的负面作用,《混凝土外加剂应用技术规范》(GB 50119)对常用早强剂掺量提出了最高限值。

5.膨胀剂

膨胀剂是指与水拌和后,经水化反应生成钙矾石、氢氧化钙或钙矾石和氢氧化钙等(还有其他),使混凝土产生体积膨胀的外加剂。《混凝土膨胀剂》(GB 23439)规定:膨胀剂按水化产物分为硫铝酸钙类(代号 A)、氧化钙类(代号 C)和硫铝酸钙-氧化钙类(代号 AC)。

上述各种膨胀剂的成分不同,引起膨胀的原理亦不尽相同。硫铝酸钙类膨胀剂加入水泥混凝土后,自身组成中的无水硫铝酸钙水化并参与水泥矿物的水化或与水泥水化产物反应,形成三硫型水化硫铝酸钙(钙矾石),钙矾石相的生成,使固相体积增加很大,而引起表观体积膨胀。氧化钙类膨胀剂的膨胀作用主要由氧化钙晶体水化形成氢氧化钙晶体,体积增大而导致的。硫铝酸钙-氧化钙类是上述两种情况的复合。

国标规定:混凝土膨胀剂中的氧化镁含量应不大于 5%(质量分数),碱含量(选择性指标)按 $Na_2O+0.658K_2O$ 计算值表示,用户要求提供低碱混凝土膨胀剂时,碱含量应不大于 0.75%(质量分数),或由供需双方协商确定。膨胀剂的限制膨胀率为水中 7 d,Ⅰ型、Ⅱ型分别大于 0.025%、0.05%;空气中 21 d,Ⅰ型、Ⅱ型分别大于-0.02%、-0.01%其他物理性能指标参见 GB 23439。

由于水化硫铝酸钙(钙矾石)在 80 ℃以上会分解,导致强度下降,故规定硫铝酸钙类膨胀剂和硫铝酸钙-氧化钙类膨胀剂,不得用于长期处于环境温度为 80 ℃以上的工程。氧化钙类膨胀剂水化产生的 $Ca(OH)_2$,其化学稳定性和胶凝性较差,它与 Cl^-、SO_4^{2-}、Na^+、M^{2+} 等离子发生置换反应,形成膨胀结晶体或被溶析出来,从耐久性角度,该膨胀剂不得用于海水和有侵蚀水的工程。

6.泵送剂

泵送剂是指能改善混凝土拌合物泵送性能的外加剂,通常由减水组分、缓凝组分、引气组分等复合而成。

泵送性能是指混凝土拌合物具有能顺利通过输送管道、不阻塞、不离析、黏聚性良好的性能。泵送剂匀质性、受检混凝土的性能指标应符合《混凝土泵送剂》(JC 473)标准规定。

(1)特点。

泵送剂是流化剂的一种,它除了能大大提高拌合物的流动性以外,还能使新拌混凝土在 60～180 min 保持其流动性,剩余坍落度不低于原始的 55%。此外,它不是缓凝剂更不应有缓强性,缓凝时间不宜超过 120 min(有特殊要求除外)。液体泵送剂与水一起加入搅拌机中,并应延长搅拌时间。

(2)适用范围。

泵送剂适用于各种需要采用泵送工艺的混凝土。缓凝泵送剂用于大体积混凝土、高层建筑、滑模施工、水下灌注桩等,含防冻组分的泵送剂适用于冬季施工混凝土,具体参见《混凝土防冻泵送剂》(JG/T 377)。

7.防冻剂

防冻剂是指能使混凝土在负温下硬化,并在规定养护条件下达到预期性能的外加剂。根据《混凝土防冻剂》(JC 475)标准规定,防冻剂按其成分可分为强电解质无机盐类(氯盐类、氯盐阻锈类、无氯盐类)、水溶性有机化合物类、有机化合物与无机盐复合类和复合型防冻剂。防冻剂的匀质性、掺防冻剂混凝土性能应符合 JC 475 的规定。

含有氨或氨基类的防冻剂释放氨量应符合《混凝土外加剂中释放氨限量》(GB 18588)的规定限值。我国常用的防冻剂为复合型防冻剂,其主要组分有防冻组分、减水组分、引气组分、早强组分等。

防冻组分是复合防冻剂中的重要组分,按其成分可分为以下三类。

(1)氯盐类。

常用为氯化钙、氯化钠。由于氯化钙参与水泥的水化反应,不能有效降低混凝土中液相的冰点,故常与氯化钠复合使用,通常采用配比为氯化钙与氯化钠质量比为2:1。

(2)氯盐阻锈类。

由氯盐与阻锈剂复合而成。阻锈剂有亚硝酸钠、铬酸盐、磷酸盐、聚磷酸盐等,其中亚硝酸钠阻锈效果最好,故被广泛应用。

(3)无氯盐类。

有硝酸盐、亚硝酸盐、碳酸盐、尿素、乙酸盐等。

引气组分如上述引气剂,含气量控制在3%~6%为宜。其他质量指标应符合GB 8076相关规定。

复合防冻剂中的减水组分、早强组分则分别采用前面所述的各类减水剂、早强剂。

防冻剂中各组分对混凝土的作用有改变混凝土中液相浓度、降低液相冰点,使水泥在负温下仍能继续水化;减少混凝土拌和用水量,减少混凝土中能成冰的水量;提高混凝土的早期强度,增强混凝土抵抗冰冻破坏的能力。

各类防冻剂具有不同的特性,因此防冻剂品种选择十分重要。氯盐类防冻剂适用于无筋混凝土。氯盐防锈类防冻剂可用于钢筋混凝土。无氯盐类防冻剂,可用于钢筋混凝土和预应力钢筋混凝土,但硝酸盐、亚硝酸盐、碳酸盐类则不得用于预应力混凝土以及镀锌钢材或与铝铁相接触部位的钢筋混凝土。含有六价铬盐、亚硝酸盐等有毒防冻剂,严禁用于饮水工程及与食品接触的部位。

1.4.3 外加剂的选择

(1)外加剂的品种应根据工程设计和施工要求选择,通过试验及技术经济比较确定。

(2)严禁使用对人体、对环境产生污染的外加剂。

(3)掺外加剂混凝土所用水泥,宜采用符合GB 175的水泥,并应检验外加剂与水泥的相容性,符合要求方可使用。

(4)掺外加剂混凝土所用材料,如水泥、砂、石、掺合料、外加剂均应符合国家现行的有关标准的规定。试配掺外加剂的混凝土时,应采用工程使用的原材料,检测项目应根据设计及施工要求确定,检测条件应与施工条件相同,当工程所用原材料或混凝土性能要求发生变化时,应再进行试配试验。

(5)不同品种外加剂复合使用时,应注意其相容性及对混凝土性能的影响,使用时应进行试验,满足要求方可使用。

(6)外加剂的掺量以胶凝材料总量的质量分数表示,外加剂的掺量应按供货生产单位推荐掺量、使用要求、施工条件、混凝土原材料等因素通过试验确定。

(7)对含有氯离子、硫酸根离子的外加剂应符合有关规范及标准的规定。

(8)处于与水相接触或潮湿环境中的混凝土,当使用碱活性骨料时,由外加剂带入的碱含量(以当量氧化钠计算)不宜超过1 kg/m³混凝土,混凝土总碱含量当应符号有关标准的规定。

其他要求详见《混凝土外加剂应用技术规范》(GB 50119)。

1.5 矿物掺合料

1.5.1 概述

在制备混凝土混合料时,为了节约水泥、改善混凝土性能、调节混凝土强度等级而加入的天然或人工的矿物材料,称为矿物掺合料。

矿物掺合料的掺量通常大于水泥用量的 5%(质量分数),细度与水泥细度相同或比水泥更细。掺合料与外加剂主要不同之处在于其参与了水泥的水化过程,对水化产物有所贡献。在配制混凝土时加入较大量的矿物掺合料(硅灰除外),可降低温升,改善工作性能,增进后期强度,并可改善混凝土的内部结构,提高混凝土耐久性和抗腐蚀能力。尤其是矿物掺合料对碱-骨料反应的抑制作用引起了人们的重视。因此,国外将这种材料称为辅助胶凝材料,已成为高性能混凝土不可缺少的一种组分。

矿物掺合料根据来源可分为天然类、人工类及工业废料类三大类,见表 1.35。

表 1.35　矿物掺合料的分类

类　　别	品　　　种
天然类	火山灰、凝灰岩、沸石粉、硅质页岩等
人工类	水淬高炉矿渣、煅烧页岩、偏高岭土等
工业废料类	粉煤灰、硅灰等

近年来,工业废渣矿物掺合料直接在混凝土中应用的技术有了新的进展,尤其是粉煤灰、磨细矿渣粉、硅灰等具有良好的活性,对节约水泥、节省能源、改善混凝土性能、扩大混凝土品种、减少环境污染等方面有显著的技术经济效果和社会效益。硅灰、磨细矿渣及分选超细粉煤灰可用来生产 C100 以上的超高强混凝土、超高耐久性混凝土、高抗渗混凝土。虽然水泥中也可以掺入一定数量的混合材料,但它对混凝土性能的影响与矿物掺合料对混凝土性能的影响并不完全相同。矿物掺合料的使用给混凝土生产商提供了更多的混凝土性能和经济效益的调整余掺合料地,因此成为与水泥、骨料、外加剂并列的混凝土组成材料。

矿物掺合料在混凝土中的作用主要体现在以下几个方面:

① 形态效应。利用矿物掺合料的颗粒形态在混凝土中起减水作用,例如优质粉煤灰中丰富的玻璃微珠可发挥"滚珠轴承"作用,提高混凝土和砂浆的流动性,有学者称为"矿物减水剂"。

② 微骨料效应。利用矿物掺合料中的微细颗粒填充到水泥颗粒填充不到的孔隙中,混凝土孔结构改善,致密性提高,大幅度提高混凝土的强度和抗渗性能。

③ 化学活性效应。利用矿物掺合料的胶凝性或火山灰性,将混凝土中尤其是浆体与骨料界面处大量的 $Ca(OH)_2$ 晶体转化成对强度及致密性更有利的 C-S-H 凝胶,改善界面缺陷,提高混凝土强度和耐久性。

④ 掺合料的密度通常小于水泥,等质量的掺合料替代水泥后,浆体体积增加,对混凝土的工作性有利。

不同种类矿物掺合料因其自身性质不同,在混凝土中所体现的效应各有侧重。

1.5.2　矿物掺合料的基本性质

1. 细度

混凝土生产用矿物掺合料的细度可采用比表面积或筛余百分率来表示。

（1）比表面积。

单位质量混合材料的表面积大小，称为比表面积，单位 $m^2 \cdot kg^{-1}$。通常采用勃式比表面积透气仪测定矿物掺合料的比表面积，必要时也可采用 BET 等温吸附法如硅灰比表面积的测定。比表面积越大，表示混合材料越细，活性也就越高。

（2）筛余。

采用负压筛析仪，利用气流作为筛分的动力和介质，通过旋转喷嘴喷出的气流作用使筛网上的待测粉状物料呈流态化，并在系统负压作用下将细颗粒通过筛网抽走，从而达到筛分的目的。筛分结果以筛余物质量与试样总质量之比表示，以百分数（％）计。

2. 需水性

按胶砂比 1∶3（质量的）配制试验胶砂和对比胶砂，并测定二者流动度达到 130～140 mm 时的加水量之比，以百分数（％）计，称为需水量比。

3. 含水量

将物料放入 105～110 ℃恒温的烘干箱内烘至恒重，以烘干前后的质量差与烘干前的质量之比确定矿物掺合料的含水量，以百分数（％）计。

4. 流动度比

试验样品与对比样品的流动度之比，称为混合材料的流动度比。

矿渣粉的流动度比按下式计算，计算结果保留至整数：

$$F = \frac{L}{L_m} \times 100 \qquad (1.8)$$

式中　F——流动度比，％；

　　　L_m——对比样品流动度，mm；

　　　L——试验样品流动度，mm。

5. 活性指数

活性指数是指试验样品与同龄期对比样品的抗压强度之比，以胶砂强度试验结果为准，胶砂比 1∶3，水灰比 0.5。对比样品为符合 GB 175 规定的 42.5 等级的硅酸盐水泥或普通硅酸盐水泥，试验样品则由矿物掺合料与对比水泥按一定比例混合而成，其中矿渣粉等量取代水泥的质量百分比为 50％，粉煤灰则采用 30％。

混合材料各龄期的活性指数按下式计算，计算结果保留至整数：

$$A_n = \frac{R_n}{R_{0n}} \times 100 \tag{1.9}$$

式中　A_n——n d 活性指数,%;

　　　n——试验龄期,一般取 7 d 或 28 d;

　　　R_{0n}——对比样品 n d 抗压强度,MPa;

　　　R_n——试验样品 n d 抗压强度,MPa。

1.5.3　粉煤灰

粉煤灰是从电厂煤粉炉烟道气体中收集的细粉末,其颗粒多呈球形,表面光滑,色灰或淡灰。平均粒径为 8~20 μm,比表面积为 300~600 m² · kg⁻¹。粉煤灰的主要化学成分为 SiO_2(质量分数为 45%~60%)、Al_2O_3(质量分数为 20%~30%)、Fe_2O_3(质量分数为 5%~10%),此外尚有一部分 CaO、MgO 和未燃炭。在碱性条件下,粉煤灰中的 SiO_2 和 Al_2O_3 会与水泥水化生成的 $Ca(OH)_2$ 发生反应,生成不溶性的水化硅酸钙和水化铝酸钙。粉煤灰的主要矿物组成为大部分直径以微米计的实心微珠和空心微珠以及少量的多孔玻璃体、玻璃体碎块、结晶体和未燃尽炭粒等。粉煤灰的扫描电子显微镜照片如图 1.5 所示。

2.8 μm

图 1.5　粉煤灰的扫描电子显微镜照片

1. 粉煤灰分类

粉煤灰按其排放方式的不同,分为干排灰与湿排灰两种。湿排灰含水量大、活性降低较多,质量不如干排灰。

根据现行规范,粉煤灰按煤种分为 F 类粉煤灰和 C 类粉煤灰两种。前者是由无烟煤或烟煤煅烧收集的粉煤灰,颜色为灰色或深灰色;后者是由褐煤或次烟煤煅烧收集的粉煤灰,其氧化钙质量分数一般大于 10%,为高钙粉煤灰,颜色为褐黄色。

2. 粉煤灰的品质要求

混凝土对粉煤灰的品质要求,除限制其有害组分含量和一定细度外,主要着重于其强度活性。在《用于水泥和混凝土中的粉煤灰》(GB/T 1596)中,将粉煤灰成品按细度、烧失量和需水量比(掺质量分数为 30% 粉煤灰的水泥浆标准稠度用水量和纯水泥浆标准稠度用水量之比)分为三个等级。粉煤灰的技术要求见表 1.36。

表1.36　粉煤灰的技术要求

项　目		技　术　要　求		
		Ⅰ	Ⅱ	Ⅲ
细度(0.045 mm方孔筛筛余)/%	F类粉煤灰	12	25	45
不大于	C类粉煤灰			
需水量比/%	F类粉煤灰	95	105	115
不大于	C类粉煤灰			
烧失量/%	F类粉煤灰	5	8	15
不大于	C类粉煤灰			
含水量(质量分数)/%	F类粉煤灰	1.0		
不大于	C类粉煤灰			
三氧化硫(质量分数)/%	F类粉煤灰	3.0		
不大于	C类粉煤灰			
游离氧化钙(质量分数)/%	F类粉煤灰	1.0		
不大于	C类粉煤灰	4.0		
安定性(雷氏夹沸煮后增加距离)/mm 不大于	C类粉煤灰	5.0		

　　粉煤灰的品质指标直接关系到其在混凝土中的作用效果。粉煤灰细度越细,其微骨料效应越显著,需水量比也越低,其矿物减水效应越显著;通常细度小、需水量比低的粉煤灰(Ⅰ级灰),其化学活性也较高。烧失量主要是含碳量,未燃尽的炭粒是粉煤灰中的有害成分,炭粒多孔,比表面积大,吸附性强,带入混凝土后,不但影响混凝土的需水量,还会导致外加剂用量大幅度增加;对硬化混凝土来说,炭粒影响了水泥浆与骨料之间的黏结强度,成为混凝土中强度的薄弱环节,还易增大混凝土的干缩值;它不仅自身是惰性颗粒,还是影响粉煤灰形态效应最不利的颗粒。因此,烧失量是粉煤灰品质中的一项重要指标。

　　根据经验通常认为,Ⅰ级粉煤灰适用于普通钢筋混凝土工程和跨度小于6 m的预应力混凝土构件;Ⅱ级粉煤灰主要用于普通钢筋混凝土及素混凝土;Ⅲ级粉煤灰主要用于中低强度等级的素混凝土或以代砂方式掺用的混凝土工程。

3. 粉煤灰掺入混凝土中的作用和效果

　　粉煤灰在混凝土中的作用归结为物理作用和化学作用两方面。正是由于粉煤灰具有玻璃微珠的颗粒特征,对减少新拌混凝土的用水量,改善混凝土的流动性和保水性、可泵性,提高混凝土的密实程度具有优良的物理作用效果。而其硅、铝玻璃体在常温常压条件下,可与水泥水化生成的$Ca(OH)_2$发生化学反应,生成具有胶凝作用的C-S-H水化产物。粉煤灰具有潜在的化学活性,这种潜在的活性效应只有在较长龄期才会明显地表现出来,对混凝土后期强度的增长较为有利,同时还可降低水化热,抑制碱-骨料反应,提高抗渗、抗化学腐蚀等耐久性能。但通常混凝土的凝结时间会有所延长、早期强度有所降低。

　　混凝土中掺入粉煤灰的效果与粉煤灰的掺入方法有关。混凝土中掺入粉煤灰的常用方法有等量取代法、超量取代法和外掺法。

等量取代法是以等质量粉煤灰取代混凝土中的水泥,但通常会降低混凝土的强度。

超量取代法是为达到掺粉煤灰后混凝土与基准混凝土等强度的目的,粉煤灰采用超量取代,其掺入量等于取代水泥的质量乘以粉煤灰超量系数。粉煤灰的品质越好,超量系数越小,通常Ⅰ级灰的超量系数为1.0~1.4,Ⅱ级灰为1.2~1.7,Ⅲ级灰为1.5~2.0。

外掺法是指保持混凝土中的水泥用量不变,外掺一定数量的粉煤灰,其目的是改善混凝土的和易性。

需要说明的是,从有利于发挥粉煤灰的特性和作用、有利于粉煤灰在工程中的应用角度出发,今后粉煤灰等掺合料应作为混凝土的单独组分来进行配比设计,而不仅仅是作为水泥的替代物来考虑。在配制混凝土时,粉煤灰一般可取代混凝土中水泥用量的20%~40%。其掺量大小与混凝土的原材料、配合比、工程部位及气候环境等密切相关。通常混凝土中掺入粉煤灰时应与减水剂、引气剂等同时掺用。

目前,粉煤灰混凝土已被广泛用于土木、水利建筑工程以及预制混凝土制品和构件等方面,如大坝、道路、隧道、港湾,工业和民用建筑的梁、板、柱、地面、基础、下水道,钢筋混凝土预制桩、管等。

1.5.4　粒化高炉矿渣粉

高炉炼铁时,作为熔剂矿物加入的石灰石或白云石在高温下分解成 CaO 和 MgO,并与铁矿石中的杂质及燃料灰分熔为一体,排渣时快速冷却(通常采用水冷)即可得到以硅酸盐(C_2S、CS)和铝硅酸盐(C_2AS 等)为主要矿物成分的粒化高炉矿渣。以粒化高炉矿渣为主要原料,可掺加少量石膏磨制成一定细度的粉体,称为粒化高炉矿渣粉,简称矿渣粉,如图 1.6 所示。

$30\,\mu m$

图 1.6　粒化高炉矿渣粉的扫描电子显微镜照片

矿渣粉的质量除与化学成分、矿物成分密切相关外,还与比表面积、活性指数、流动度比密切相关。从水化反应角度,矿渣粉的活性取决于矿渣的化学成分、矿物组成、冷却条件及粉磨细度。矿渣的化学成分与硅酸盐水泥相类似,若矿渣中 CaO、Al_2O_3 含量高,SiO_2 含量低时,矿渣活性高。活性指数越大,表明矿渣活性高,对混凝土强度贡献大。矿渣越细,通常早龄期的活性指数越大,但细度对后期活性指数的影响较小。另外,矿渣越细,混凝土的水化热和收缩加大。

根据《用于水泥和混凝土中的粒化高炉矿渣粉》(GB/T 18046),矿渣粉按技术要求分为三个等级,见表1.37。

表1.37 矿渣粉的技术指标和分级

项 目		级 别		
		S105	S95	S75
密度/(g·cm⁻³)	≥		2.8	
比表面积/(m²·kg⁻¹)	≥	500	400	300
活性指数/% 7 d	≥	95	75	55
28 d	≥	105	95	75
流动度比/%	≥		95	
含水量(质量分数)/%	≤		1.0	
三氧化硫(质量分数)/%	≤		4.0	
氯离子(质量分数)/%	≤		0.06	
烧失量(质量分数)/%	≤		3.0	
玻璃体含量(质量分数)/%	≥		85	
放射性			合格	

矿渣粉作为混凝土掺合料,不仅能取代水泥,取得较好的经济效益(其生产成本低于水泥),而且能显著改善和提高混凝土的综合性能,如改善和易性、降低水化热、减小干缩率、提高抗冻、提高抗渗性能、提高抗腐蚀能力、提高后期强度和改善耐久性等。

由于矿渣粉对混凝土性能具有良好的技术效果,所以不仅适用于配制高强、高性能混凝土,而且也十分适用于中强混凝土、大体积混凝土,以及各类地下和水下混凝土工程。根据国内外经验,使用矿渣粉配制高强或超高强混凝土(≥C100)是行之有效、比较经济实用的技术途径,是当今混凝土技术发展的趋势之一。

1.5.5 硅灰

硅灰,又称硅粉,是冶炼硅铁合金或工业硅时,通过烟道排出的粉尘,经收集得到的以无定形二氧化硅为主要成分的粉体材料。硅灰呈灰白色,无定形二氧化硅含量可达85%~96%(质量分数),颗粒呈球形、极细,如图1.7所示,粒径为0.1~1.0 μm,仅为水泥粒径的$\frac{1}{100}$~$\frac{1}{50}$,比表面积为20~25 m²·g⁻¹,因此活性很高,是一种理想的改善混凝土性能的掺合料。硅灰密度约为2.1~2.2 g·cm⁻³,松散堆积密度为250~300 kg·m⁻³。根据《砂浆和混凝土用硅灰》(GB/T 27690)规定,硅灰的技术要求应符合表1.38要求。

图 1.7　硅灰的扫描电子显微镜照片

表 1.38　硅灰的技术要求

项目	指标
总碱量(质量分数)	≤1.5%
SiO₂ 含量(质量分数)	≥85.0%
氯含量(质量分数)	≤0.1%
含水率(粉料)(质量分数)	≤3.0%
烧失量(质量分数)	≤4.0%
需水量比	≤125%
比表面积(BET 法)	$\geq 15\ \mathrm{m^2 \cdot g^{-1}}$
活性指数(7 d 快速法,10% 等量取代水泥)	≥105%
放射性	$I_{ra} \leq 1.0$ 或 $I_r \leq 1.0$
抑制碱骨料反应特性	14 d 膨胀率降低值≥35%
抗氯离子渗透性	28 d 电通量之比≤40%

　　硅灰可显著提高混凝土强度,主要用于配制高强、超高强混凝土。硅灰以 10%(质量分数)等量取代水泥,混凝土强度可提高 25% 以上。掺入水泥质量 5%～10% 的硅灰,可配制出 28 d 强度达 100 MPa 的超高强混凝土。掺入水泥质量 20%～30% 的硅灰,可配制出抗压强度达 200～800 MPa 的活性粉末混凝土。但是,随着硅灰掺量的增大,混凝土需水量增大,其自收缩性也会增大。因此,硅灰掺量一般为 5%～10%(质量分数),有时为了配制超高强混凝土,也可掺入 20%～30%(质量分数)。

　　硅灰还可改善混凝土的孔隙结构,提高耐久性。混凝土中掺入硅灰后,虽然水泥石的总孔隙与不掺时基本相同,但其大孔隙减少,微细孔隙增加,水泥石的孔隙结构显著改善。因此,掺硅灰混凝土耐久性显著提高。试验结果表明,硅灰掺量为 10%～20%(质量分数)时,抗渗性、抗冻性也明显提高。掺入水泥质量 4%～6% 的硅灰,还可有效抑制碱骨料反应。

　　硅灰混凝土的抗冲磨性随硅灰掺量的增加而提高,它比其他抗冲磨材料具有价廉、施工方便等优点,适用于水工建筑物的抗冲刷部位及高速公路路面。

　　硅灰混凝土抗侵蚀性较好,适用于要求抗溶出性侵蚀及抗硫酸盐侵蚀的工程。

　　硅灰颗料极细,比表面积大,其需水量为普通水泥的 130%～150%,因此混凝土混合料的流动性随硅灰掺量增加而减小。为了保持混凝土流动性,必须掺用高效减水剂。掺硅灰后,混凝土含气量略有减小。为了保持混凝土含气量不变,必须增加引气剂用量。当硅灰掺量为10%(质量分数)时,一般引气剂用量需增加。

硅灰作为混凝土掺合料取代部分水泥,能改善混凝土混合料的黏聚性和保水性,可提高混凝土抗渗、抗冻和抗侵蚀能力,尤其是大幅度提高混凝土的早期和后期强度。

目前,硅灰在国外被广泛应用于高强混凝土中。在我国,则因其产量很低,目前价格很高,出于经济考虑,一般混凝土强度低于 80 MPa 时,不考虑掺用硅灰。今后随着硅灰回收工作的开展,产量将逐渐提高,硅灰的应用将更加普遍。

1.5.6 沸石粉

沸石岩是一种经天然煅烧后的火山灰质铝硅酸盐矿物,经磨细制成的沸石粉含有一定量活性 SiO_2 和 Al_2O_3,能与水泥水化析出的 $Ca(OH)_2$ 作用,生成胶凝性物质。沸石粉具有很大的内表面积和开放性结构,其细度以 0.08 mm 方孔筛的筛余百分数计应小于 5%,平均粒径为 $5.0 \sim 6.5$ μm。《混凝土和砂浆用天然沸石粉》(JG/T 3048)规定,沸石粉的技术指标和质量等级应符合表 1.39 的要求。

表 1.39 天然沸石的技术指标和质量等级

技术指标		质量等级		
		I	II	III
吸铵值/(mmol · 100 g^{-1})	不小于	130	100	90
细度(80 μm 方孔筛筛余)/%	不大于	4	10	15
沸石粉水泥胶砂需水量比/%	不大于	125	120	120
沸石粉水泥胶砂 28 d 抗压强度比/%	不小于	75	70	62

沸石岩系有几十个品种,用作混凝土掺合料的主要为斜发灰沸石和丝光沸石。沸石粉用作混凝土掺合料主要有以下几点效果。

① 提高混凝土强度,配制高强混凝土。如用 42.5 级普通硅酸盐水泥,以等量取代法掺入10% ~15%(质量分数)的沸石粉,再加入适量的高效减水剂,可以配制出抗压强度为 70 MPa的高强混凝土。

② 改善混凝土和易性,配制流态混凝土及泵送混凝土。沸石粉与其他矿物掺合料一样,也具有改善混凝土和易性及可泵性的功能。例如,以沸石粉取代等量水泥配制坍落度为16 ~20 cm 的泵送混凝土,未发现离析现象及管道堵塞现象,同时还节约了 20% 左右的水泥。

1.5.7 其他矿物掺合料

1. 钢渣粉

钢渣粉是指由符合《用于水泥中的钢渣》(YB/T 022)标准规定的转炉或电炉钢渣,经磁选除铁后粉磨达到一定细度的产品,粉磨时允许加入适量符合规定要求的石膏和水泥粉磨工艺外加剂。钢渣粉的化学成分与水泥熟料存在类似之处,在 CaO 含量较高情况下还会含有一定量的 C_3S、C_2S 和铁铝酸盐,因此具有较高的反应活性。

《用于水泥和混凝土中的钢渣粉》(GB/T 20491)规定,混凝土用钢渣粉的质量应符合表

1.40 要求,其中碱度系数是指钢渣中碱性氧化物(CaO)和酸性氧化物($SiO_2+P_2O_5$)的质量分数之比,而活性指数、流动度比和安定性检测中受检样品是由基准水泥与钢渣粉按 7∶3 的质量比混合而成的。

表1.40　混凝土用钢渣粉技术要求

项目		一级	二级
比表面积/($m^2 \cdot kg^{-1}$)	不小于	400	
密度/($g \cdot cm^{-3}$)	不小于	2.8	
含水量(质量分数)/%	不大于	1.0	
游离 CaO 含量(质量分数)/%	不大于	3.0	
SO_3含量(质量分数)/%	不大于	4.0	
碱度系数	不小于	1.8	
活性指数/%　不小于	7 d	65	55
	28 d	80	65
流动度比%	不小于	90	
安定性	沸煮法	合格	
	压蒸法	当钢渣中 MgO 质量分数大于13%时应检验合格	

2. 粒化电炉磷渣粉

以粒化电炉磷渣为主,与少量石膏共同粉磨制成的一定细度的粉体,称为粒化电炉磷渣粉,简称磷渣粉。粉磨时可加入不超过磷渣粉总质量5%的助磨剂。

《用于水泥和混凝土中的粒化电炉磷渣粉》(GB/T2 6751)规定,混凝土用磷渣粉技术要求见表1.41。

表1.41　混凝土用磷渣粉技术要求

项目		L95	L85	L75
比表面积/($m^2 \cdot kg^{-1}$)	不小于	350		
活性指数/%　不小于	7 d	70	60	50
	28 d	95	85	70
流动度比%	不小于	95		
密度/($g \cdot cm^{-3}$)	不小于	2.8		
P_2O_5 含量(质量分数)/%	不大于	3.5		
碱含量($Na_2O+0.658 K_2O$)(质量分数)/%	不大于	1.0		
SO_3 含量(质量分数)/%	不大于	4.0		
氯离子含量(质量分数)/%	不大于	0.06		
烧失量(质量分数)/%	不大于	3.0		
含水量(质量分数)/%	不大于	1.0		
玻璃体含量(质量分数)/%	不小于	80		

3. 天然火山灰质材料

天然火山灰质材料是以具有火山灰性的天然矿物质为原料磨细制成的粉体材料,所指天然矿物质包括火山灰、火山渣、玄武岩、凝灰岩、天然沸石岩、天然浮石岩、安山岩等。

《水泥砂浆和混凝土用天然火山灰质材料》(JG/T 315)规定,用于混凝土的天然火山灰质材料应符合表 1.42 的规定。

表 1.42　混凝土用天然火山灰质材料的技术要求

项目		技术指标	
细度(45 μm 方孔筛筛余)/%		≤	20
流动度比/%	磨细火山灰	≥	85
	磨细玄武岩、安山岩或凝灰岩	≥	90
	浮石粉	≥	65
28 d 活性指数/%		≥	65
烧失量(质量分数)/%		≤	8.0
SO_3 含量(质量分数)/%		≤	3.5
氯离子含量(质量分数)/%		≤	0.06
含水量(质量分数)/%		≤	1.0
火山灰性(选择性指标)		合格	
放射性		符合 GB 6566 规定	

4. 石灰石粉

以一定纯度的石灰石为原料,经粉磨至规定细度的粉状材料,即为石灰石粉。掺加石灰石粉的混凝土应适当降低混凝土的水胶比,控制好混凝土拌合物的坍落度经时损失,加强混凝土的养护措施,防止早凝和速凝。

《石灰石粉在混凝土中应用技术规程》(JG/T 318)规定,混凝土用石灰石粉应符合表 1.43 的要求。

表 1.43　混凝土用石灰石粉技术要求

项目		技术指标
碳酸钙含量(质量分数)/%		≥75
细度(45 μm 方孔筛筛余)/%		≤25
活性指数/%	7 d	≥60
	28 d	≥60
流动度比/%		≥90
含水量(质量分数)/%		≤1.0
MB 值		≤1.4
安定性(压蒸法)		合格

1.5.8　复合矿物掺合料

复合矿物掺合料是指由两种或两种以上的矿物掺合料，按一定比例混合均匀的粉体材料，必要时可掺入适当石膏和助磨剂，在磨制规定细度的粉体材料。

《混凝土用复合掺合料》(JG/T 486)规定，复合矿物掺合料的每种组分质量分数不应少于10%，助磨剂质量分数不应超过 0.5%，且不应掺入除石膏、助磨剂以外的其他化学外加剂。目前适用于复合助磨剂的原料有粉煤灰、粒化高炉矿渣粉或粒化高炉矿渣、硅灰、磨细火山灰或火山渣、石灰石粉、粒化电炉磷渣粉或粒化电炉磷渣、钢渣粉或钢渣、石膏和助磨剂。

混凝土用复合掺合料性能指标要求参见 JG/T 486。

1.5.9　矿物外加剂

为满足高强高性能混凝土生产需要，《高强高性能混凝土用矿物外加剂》(GB/T 18736)规定，在混凝土搅拌过程中可加入具有一定细度和活性的某些矿物类产品，称为矿物外加剂，代号 MA，主要包括磨细矿渣、粉煤灰、磨细天然沸石、硅灰及偏高岭土，用于改善新拌和硬化混凝土性能，特别是耐久性。

矿物外加剂依据性能指标将磨细矿渣分为 3 级，其技术要求应符合表 1.44 的规定。

表 1.44　矿物外加剂的技术要求

试验项目			磨细矿渣 Ⅰ	磨细矿渣 Ⅱ	粉煤灰	磨细天然沸石	硅灰	偏高岭土
氧化镁(质量分数)/%		≤	14.0		—	—	—	4.0
三氧化硫(质量分数)/%		≤	4.0		3.0	—	—	1.0
烧失量(质量分数)/%		≤	3.0		5.0	—	6.0	4.0
氯离子(质量分数)/%		≤	0.06		0.06	0.06	0.10	0.06
二氧化硅(质量分数)/%		≥	—		—	—	85	50
三氧化二铝(质量分数)/%		≥	—		—	—	—	35
游离氧化钙(质量分数)/%		≤	—		—	1.0	—	1.0
吸铵值/(mmol/kg)		≥	—		—	1 000	—	—
含水率(质量分数)/%		≤	1.0		1.0	—	3.0	1.0
细度	比表面积/(m²·kg⁻¹)	≥	600	400	—	—	15 000	—
	45 μm 方孔筛筛余(质量分数)/%	≤	—		25.0	5.0	5.0	5.0
需水量比/%		≤	115	105	100	115	125	120
活性指数/% ≥	3 d		80	—			90	85
	7 d		100	75	—		95	90
	28 d		110	100	70	95	115	105

与普通混凝土中所使用的矿物掺合料相比，高强高性能混凝土生产所使用的矿物外加剂的细度更大，比表面积更高，因此也具有了更高的反应活性，尽管需水量有所增大，但以同龄期

强度对比得到的活性指数仍有明显提高。

1.6 混凝土用纤维

纤维混凝土是近年来迅速发展起来的一种新型复合材料,具有优良的抗裂、抗冻、抗弯曲、耐磨、耐冲刷等特性,纤维混凝土是在混凝土中掺入乱向均匀分布的短纤维材料,因此它不仅具有普通混凝土的优良特性,同时由于纤维的存在限制了混凝土裂缝的开展,从而使原来本质上是脆性的混凝土材料呈现出很高的韧性和延性,以及优良的抗冻耐磨等特性。

1.6.1 分类与性能

纤维增强材料分为天然和人工两大类,如图1.8所示。

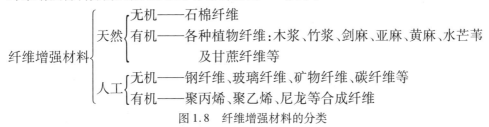

图1.8 纤维增强材料的分类

为了得到性能良好又经济的纤维增强混凝土,所采用的纤维一般应满足下列要求:

①有足够的抗拉强度。

②对基体材料有长期的耐腐蚀性。

③有足够的大气稳定性和一定的耐热性。

④有较高的弹性模量。

⑤来源广,价格便宜,使用方便,对人体健康无不良影响等。

目前应用最广的是钢纤维、玻璃纤维、合成纤维等,各种纤维的物理力学性能见表1.45。

表1.45 各种纤维的物理力学性能

纤维种类	抗拉强度/MPa	弹性模量/MPa	延伸率/%	相对密度
钢	280~4 200	210 000	0.5~3.5	7.8
碳	2 800	270 000		
玻璃	1 000~4 100	70 000	1.5~3.5	2.5
石棉	560~990	84 000~140 000	约0.6	3.2
尼龙	770~870	4 200	16~20	1.1
聚丙烯	560~770	3 500	约25	0.90
聚乙烯	约770	100~400	约10	0.95
丙烯酸	240~400	2 100	25~45	1.1
酰胺	420~840	2 400	15~25	
人造丝	400~650	7 000	10~25	

1.6.2 常用纤维增强材料

1. 钢纤维

钢纤维混凝土由于大量很细的钢纤维均匀地分散在混凝土中,钢纤维与混凝土的接触面积很大,与同样质量的钢筋相比,钢材表面积约增加 32 ~ 64 倍,因而在所有方向都能使混凝土得到增强,极大地改善了混凝土的各项性能。

用于配制钢纤维混凝土的钢纤维,根据生产工艺可分为冷拉钢丝切短型、薄板剪切型、钢锭铣削型、钢丝削刮型和熔抽型;按材质可分为碳钢型、低合金钢型和不锈钢型,仅当工程处于潮湿环境中才采用不锈钢型;按纤维形状分成平直性和异型,其中异形钢纤维可分为压痕形、波形、端钩型、大头型和不规则麻面形等。

钢纤维的技术指标应符合《混凝土用钢纤维》(YB/T 151)的要求,主要技术指标见表1.46。《钢纤维混凝土》(JG/T 472)中依据抗拉强度的大小将钢纤维分为5级,见表1.47。

表 1.46 钢纤维的主要技术性质

材料名称	密度 /(g·cm⁻³)	直径 /mm	长度 /mm	软化点/ 熔点/℃	弹性模量 /MPa	抗拉强度 /MPa	极限变形 /(%×10⁻²)	泊松比
低碳钢纤维	7.8	0.25 ~ 1.20	15 ~ 60	500/1 400	200 000	400 ~ 1 200	4 ~ 10	0.3 ~ 0.33
不锈钢纤维	7.8	0.25 ~ 1.20	15 ~ 60	550/1 400	200 000	500 ~ 1 600	4 ~ 10	—

表 1.47 钢纤维抗拉强度等级

钢纤维抗拉强度等级	钢纤维抗拉强度 f_{sl}/MPa
380 级	$600 > f_{sl} \geq 380$
600 级	$1\,000 > f_{sl} \geq 600$
1 000 级	$1\,300 > f_{sl} \geq 1\,000$
1 300 级	$1\,700 > f_{sl} \geq 1300$
1 700 级	$f_{sl} \geq 1\,700$

钢纤维的增强效果与钢纤维长度、直径(等效直径)及长径比有关。钢纤维增强作用随长径比增大而提高。钢纤维长度太短不起增强作用,太长施工较困难,影响拌合物的质量,直径过细在拌和过程中被弯折,过粗则在同样体积率时,其增强效果较差。

试验研究和工程实践表明,钢纤维的长度为 15 ~ 60 mm,直径或等效直径为 0.3 ~ 1.2 mm,长径比在 30 ~ 100 的范围内选用,其增强效果和施工性能满足要求。如果超出上述范围,经试验在其增强效果和施工性能方面能满足要求时,也可根据需要采用。

钢纤维混凝土中钢纤维的体积率小到一定程度时将不起增强作用,对于不同品种、不同长径比的钢纤维,其最小体积率略有不同,国内外一般以 0.5% 为最小体积率。钢纤维体积率超过 2% 时,拌合物的和易性变差,施工较困难,质量难以保证。但在特殊需要时,经试验和采取必要的施工措施,在保证质量和增强效果的情况下,可将钢纤维体积率增大。

2. 玻璃纤维

玻璃纤维是指由硅酸盐熔体制成的玻璃态纤维或丝状物。

配制混凝土所用的玻璃纤维一般为耐碱玻璃纤维。耐碱玻璃纤维是在玻璃纤维的基础上加入适量的锆、钛等耐碱性能较好的元素,从而提高玻璃纤维的耐碱腐蚀能力。耐碱玻璃纤维中加入的锆、钛等元素,使玻璃纤维的硅氧结构发生变化,结构更加完善,活性减小,当受碱侵蚀时减缓了化学反应,结构损失较小,相应的强度损失也小。

耐碱玻璃纤维单丝直径为 12 ~ 14 μm,常以 200 根单丝集成一束纱线。纱线断面为扁圆形,长轴为 0.6 mm,短轴为 0.15 mm。其单纤强度大于 1 800 MPa,一般在掺入混凝土时,切成短纤维或者织成网格布使用。它的相对密度为 2.7 ~ 2.8 g/cm^3,比钢的相对密度小得多。

由于玻璃纤维质地硬脆,在混凝土中难以形成均匀分散,加之即使是耐碱纤维,在混凝土中的高碱性环境中,其耐久性问题一直令人担忧,因此,在普通混凝土中应用很少,但用耐碱玻璃纤维织成网格布,必要时再涂上塑料,在低碱 GRC 条板、排烟道管及薄抹灰外墙外保温防护层上得到了较好的应用,其产品规格与质量应符合《耐碱玻璃纤维网格布》(JC/T 841)的要求。

3. 玄武岩纤维

玄武岩纤维是以天然火山岩为原料生产加工而成的无机纤维,具有高的拉伸强度、剪切强度和弹性模量,良好的化学稳定性和热稳定性,抗老化、耐酸碱,电绝缘性、热绝缘性强。

水泥混凝土和砂浆用短切玄武岩纤维是由连续玄武岩纤维短切而成,长度小于 50 mm,能均匀分散于水泥混凝土或砂浆中。根据《水泥混凝土用短切玄武岩纤维》(GB/T 23265),短切玄武岩纤维按其纤维类型可分为原丝和加捻合股纱,按用途可分为用于混凝土的防裂抗裂纤维(BF)和增韧增强纤维(BZ)以及用于砂浆的防裂抗裂纤维(BSF),其规则尺寸应符合表 1.48 规定。

表 1.48　短切玄武岩纤维的规格和尺寸

纤维类型	公称长度/mm		单丝公称直径/μm
	用于水泥混凝土	用于水泥砂浆	
原丝	15 ~ 30	6 ~ 15	9 ~ 25
加捻合股纱	6 ~ 50		7 ~ 13

短切玄武岩纤维的性能指标应符合表 1.49 要求,其中力学性能的变异系数不得大于 15%。

表 1.49　短切玄武岩纤维的性能指标

试验项目		用于混凝土的短切玄武岩纤维		用于砂浆的防裂抗裂短切玄武岩纤维(BSF)
		防裂抗裂纤维(BF)	增强增韧纤维(BZ)	
拉伸强度/MPa	≥	1 050	1 250	1 050
弹性模量/GPa	≥	34	40	34
断裂伸长率/%	≤	3.1		
耐碱性能(单丝断裂强度保留率)/%	≥	75		

短切玄武岩纤维的使用可以减少混凝土和砂浆的早期裂缝,提高混凝土或砂浆的抗渗、抗裂和抗冲击性能,改善耐久性和抗化学侵蚀性,目前已广泛应用于水利、交通、军工、建筑等重点工程中,取得了显著的社会效益和经济效益。

4. 合成纤维

以合成高分子化合物为原料制成的化学纤维,称为合成纤维。

(1)合成纤维的分类。

《水泥混凝土和砂浆用合成纤维》(GB/T 21120)规定,合成纤维按其材料组成可分为聚丙烯纤维(代号 PPF)、聚丙烯腈纤维(代号 PANF)、聚酰胺纤维(即尼龙 6 和尼龙 66,代号 PAF)、聚乙烯醇纤维(代号 PVAF)等。按其外形粗细可分为单丝纤维(代号 M)、膜裂网状纤维(代号 S)和粗纤维(代号 T)。按其用途可分为用于混凝土的防裂抗裂纤维(代号 HF)和增韧纤维(代号 HZ)、用于砂浆的防裂抗裂纤维(代号 SF)等。

合成纤维的规格根据需要确定,表 1.50 为合成纤维的规格指标。

表 1.50 合成纤维的规格指标

外形分类	公称长度/mm		当量直径/mm
	用于水泥砂浆	用于水泥混凝土	
单丝纤维	3 ~ 20	6 ~ 40	5 ~ 100
膜裂网状纤维	5 ~ 20	15 ~ 40	—
粗纤维	—	15 ~ 60	> 100

(2)合成纤维的技术要求。

根据 GB/T 21120 规定,合成纤维的技术指标应符合表 1.51 的要求。

表 1.51 合成纤维的技术指标

项 目		用于混凝土的合成纤维		用于砂浆的合成纤维
		防裂抗裂纤维(HF)	增韧纤维(HZ)	防裂抗裂纤维(SF)
断裂强度/MPa	≥	270	450	270
初始模量/MPa	≥	$3.0×10^3$	$5.0×10^3$	$3.0×10^3$
断裂伸长率/%	≤	40	30	50
耐碱性能(极限拉力保持率)/%	≥		95.0	

(3)聚丙烯纤维。

合成纤维中,耐碱性好的纤维有聚丙烯、聚乙烯和尼龙(聚酰胺),而适于制造增强混凝土的纤维,最引人注目的是聚丙烯纤维。

聚丙烯纤维(PPF)是由丙烯聚合成等规度97% ~98%聚丙烯树脂后经熔融挤压法纺丝制成的纤维。适量聚丙烯纤维可显著提高聚丙烯纤维混凝土的抗冲击性能,同时具有质轻、抗拉强度高、抗裂性好等优点。此外,聚丙烯纤维不锈蚀,其耐酸、耐碱性能也很好,且成本低。用于改善混凝土性能的聚丙烯纤维目前主要有两种:聚丙烯单丝纤维和聚丙烯网状纤维。

①聚丙烯单丝纤维。该纤维又通称聚丙烯纤维,是以聚丙烯为原料,通过添加功能母料改性并经特殊表面处理而成的单丝状纤维。具有分散性好、亲水性强,与水泥基体的握裹力强等特点,从而能有效提高混凝土的防裂性能。聚丙烯单丝纤维的掺量为通常 0.9 ~1.8 kg/m³。主要参数及质量要求见表 1.52。

表 1.52 聚丙烯纤维主要参数及质量要求

密度/(g·cm⁻³)		0.91	弹性模量/MPa	>	3 500
抗拉强度/MPa	≥	460	断裂延伸率/%	>	10
直径/mm	≥	0.015	熔点/℃		160~170
长度/mm		6、10、12、15、20、30			

②聚丙烯网状纤维。该纤维又称聚丙烯纤维网,是以聚丙烯为原料经特殊生产工艺制造而成的网状结构。在混凝土中具有良好的分散性和亲水性,在混凝土搅拌过程中网状结构充分展开,其粗糙的撕裂边缘使纤维与混凝土之间形成极佳的握裹性,从而改善了混凝土的性能,有效提高了混凝土的抗裂性。掺量为 $0.9 \sim 1.8$ kg/m³。主要参数及质量要求见表 1.53。

表 1.53 聚丙烯纤维主要参数及质量要求

密度/(g·cm⁻³)		0.91	弹性模量/MPa	>	3 500
抗拉强度/MPa	≥	350	断裂延伸率/%	>	5~10
直径/mm	≥	0.010	熔点/℃		160~170
长度/mm		6、10、12、15、20、30			

聚丙烯网状纤维与单丝纤维的不同之处是它在防止混凝土裂缝的同时还可以作为混凝土的次要加强筋提高混凝土的抗冲击能力、抗破碎能力、抗磨损能力,但它对混凝土抗折强度的提高并不显著。它一般用于公路或高速公路的路面和护栏(取代加强钢筋丝网)、飞机跑道和停机坪、隧道或矿井等墙面和顶部的喷射混凝土,水库运河港口等大型水工工程、楼房建筑中的复合楼板(取代钢筋网)、桥梁的主体结构和路面等。由于它的主要作用是作为次要加强筋来增强混凝土抗冲击能力,同时它的成本要比单丝纤维高出一倍多,因此没有特殊要求的工程应用并不多。

思考题

1.水泥熟料的矿物组成有哪些? 各种矿物单独与水作用时,表现出哪些不同的性能?

2.硅酸盐水泥生产时为什么必须掺入适量石膏? 石膏掺量过多或过少,会发生哪些状况?

3.现有甲、乙两厂生产的硅酸盐水泥熟料,其矿物组成见表 1.54。

表 1.54 矿物组成

熟料矿物组成(质量分数)/%	C_3S	C_2S	C_3A	C_4AF
甲	52	21	10	17
乙	45	30	7	18

试估计比较两种水泥的强度增长速度和水化热等性质上有哪些差异并分析其原因。

4.影响硅酸盐水泥水化热的因素有哪些? 水化热的高低对水泥的使用有什么影响?

5.水泥体积安定性不良的原因有哪些? 如何检测?

6.掺活性混合材料的硅酸盐水泥的共性和个性如何?

7.骨料的粗细程度和颗粒级配有何意义? 为什么?

8. 混凝土合理砂率的确定原则是什么?

9. 粗骨料最大粒径的限制条件有哪些?

10. 粗骨料最大粒径、针片状颗粒、压碎指标如何界定?

11. 减水剂的作用机理和使用效果是什么?

12. 简述引气剂对混凝土性能的影响及其作用机理。

13. 简述缓凝剂与石膏的作用机理有何不同?

14. 简述粉煤灰对混凝土性能的影响及其作用机理。

15. 总结分析混合材料的活性及其在水泥水化过程中的作用。

16. 讨论分析硅藻土、沸石等多孔性矿物作为混合材料在水泥使用过程中的作用。

第2章 混凝土混合料

混凝土各组成材料按一定比例配合,在搅拌均匀之后、未凝结硬化之前,称为混凝土混合料(concrete mixture),也称混凝土拌合物;英、美等西方国家则多采用"新拌混凝土"(fresh concrete)这一专用术语。从结构的角度,混凝土混合料可看作是由不同大小的固体颗粒与水共同形成的分散体系,固体颗粒之间保持一定距离。随着水化过程的进行,可自由移动的水分逐渐减少,而固体体积则有所增加,导致固、液相对含量发生明显改变,固体颗粒的间距减小,彼此之间逐渐形成牢固结合,最终得到坚固的硬化混凝土结构。在此过程中,混凝土混合料表现出弹性、黏性、塑性以及强度等特征且具有随时间演变的特性,因此可采用流变学原理来加以描述和研究。另一方面,硬化后混凝土的结构与性能不仅决定于混凝土混合料自身,还与搅拌、浇筑、成型、密实、养护等一系列施工过程有着密切关系。为考察、评价混凝土混合料在一定施工条件下形成均匀密实结构体的能力,目前较普遍地使用工作性(Workability)来描述混凝土混合料的相关性能。

2.1 流变学的基本理论

2.1.1 流变学基本原理

流变学是研究材料在应力、应变、环境温度/湿度等条件下与时间因素有关的变形和流动性质的科学。根据流变学观点,物体的力学行为决定于物体本身的微观物理结构,掌握了材料内部质点之间的相对运动规律,才能更好地阐释、预测材料的弹性、塑性、黏性、强度等力学性质及其随时间的演变规律。作为力学范畴的一个重要发展,流变学已逐步渗透到许多学科而形成相应的分支,例如高分子材料流变学、断裂流变学、岩土流变学、应用流变学等。

材料流变特性的模拟一般采用两种方法,即物理模型和力学模型。物理流变模型用于描述材料内部物理特性,如分子运动、位错运动、裂纹扩张等对材料流变性能的影响;力学流变模型则主要探讨简单情况下(单轴压缩或拉伸,单剪或纯剪)材料的应力-应变特性,可用来预测在任意应力历史和温度变化下的材料变形,且相对比较简便。

1. 流变学基本单元

流变学研究中通常采用流变模型来描述物体在受力状态下的流动和变形特征,而这些结构模型由三个基本单元构成,对应三种理想物体。

(1) 虎克(Hooke)弹性固体(H-模型)。

其形变符合虎克定律,特点是受力情况下立即发生变形,且变形大小与作用力成正比;撤除外力,物体能恢复原有形状。在应力-应变关系上,剪应力 τ 与位移梯度 γ 之间表现为可逆的线性关系,直线斜率即为弹性模量 E,如图 2.1 所示。方便起见,可用一个完全弹性的弹簧作为理想弹性体的模型原件。其流变方程为

$$\tau = E \cdot \gamma \tag{2.1}$$

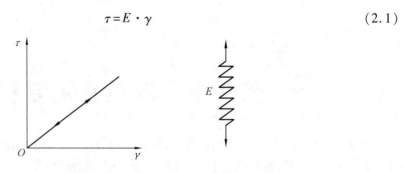

图 2.1　理想虎克弹性固体的流变曲线及模型

（2）圣·维南（St. Venant）塑性固体模型（St V-模型）。

所谓理想塑性固体，可设想为静置于平面上的重物，由于重物与平面之间存在的静摩擦力，当固体所承受的力未能克服静摩擦力（屈服应力 τ_0）时，塑性固体的流变特征表现为弹性；当外力达到屈服应力时，则变形随时间延长而增长，如图 2.2 所示。其流变方程为

$$\tau = \tau_0 \tag{2.2}$$

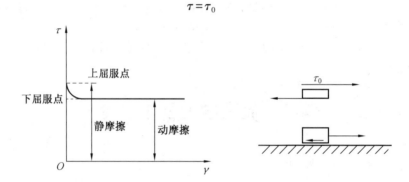

图 2.2　理想圣·维南塑性固体的流变曲线及模型

（3）牛顿（Newton）黏性液体模型（N-模型）。

黏性液体在流动过程中，由于各层流速不同而产生与流动方向相反的阻力，称为内摩擦力或黏性阻力。对于理想的牛顿黏性液体，其剪应力 τ 与应变速率（$\mathrm{d}\gamma/\mathrm{d}t$）之比为常数，这一常数称为黏性系数 η，如图 2.3 所示。牛顿黏性液体模型是用一个在装有黏性液体的圆筒形黏壶内运动的带孔活塞表示，其流变方程为

$$\tau = \eta \frac{\mathrm{d}\gamma}{\mathrm{d}t} \tag{2.3}$$

严格地说，以上三种单元所代表的理想物体并非实际存在，但现有材料的流变特性可认为都是弹、塑、黏性的复合，因此可以用不同弹性模量 E、黏性系数 η 和塑性屈服应力 τ_0 的基本流变单元按不同的形式组合成一定的流变模型来研究。

2. 宾汉姆体模型

1919 年，宾汉姆（E. C. Bingham）发现硅藻土、瓷土、油漆等物质同时具有塑性和黏性，具体表现为：外力较小情况下，所产生的应力小于屈服应力 τ_0（极限剪应力）时，物体不发生流动；只有当剪应力超过 τ_0，物体才产生流动变形，其流动规律符合牛顿理想液体流变方程。因此，相应的流变模型可通过圣·维南理想塑性体和牛顿理想液体合并而成，如图 2.4 所示，其流变方程为

$$\tau = \tau_0 + \eta \frac{d\gamma}{dt} \tag{2.4}$$

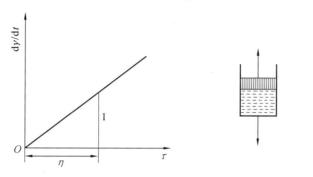

图 2.3　理想牛顿黏性液体的流变曲线及模型

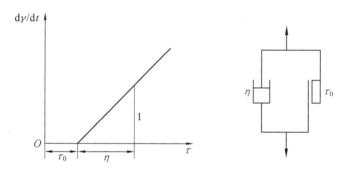

图 2.4　宾汉姆体的流变曲线与模型

2.1.2　混凝土混合料的流变特性

试验表明,水泥浆体、砂浆和混凝土混合料的流变特征接近于宾汉姆体模型。从流变学的观点,水泥浆体和砂浆在某种程度上可认为是均质的、连续的,而对于混凝土混合料而言,由于粗骨料颗粒粒度大、数量众多,在形态、密度、流动特性等方面与砂浆存在明显差异,因此其流变特性研究的难度更大,相对也更为复杂。

1. 混凝土混合料的流变模型

表征混凝土混合料流变特性的宾汉姆模型与流动曲线如图 2.5 所示。

当 $\tau < \tau_0$ 时,并联部分不发生运动,因此

$$\tau = E \cdot \gamma_e \tag{2.5}$$

式中　γ_e——虎克基元的位移,相对时间而言为常数。

当 $\tau > \tau_0$ 时,并联部分发生与应力 $\tau - \tau_0$ 成正比的黏性流动,即

$$\tau - \tau_0 = \eta \frac{d\gamma_v}{dt} \tag{2.6}$$

式中　γ_v——黏性体的位移。

总的变形 $\gamma = \gamma_e + \gamma_v$,且 $d\gamma/dt = d\gamma_v/dt$,则式(2.6)也可写为

$$\tau = \tau_0 + \eta \frac{d\gamma}{dt} \tag{2.7}$$

牛顿液体和宾汉姆体的流动方程中黏性系数 η 为常数,因此变形速度梯度 $\mathrm{d}\gamma/\mathrm{d}t$ 与剪切应力 τ 之间的关系曲线呈直线状(图2.5中(a)、(c))。如果液体中有分散粒子存在,则黏性系数 η 是 $\mathrm{d}\gamma/\mathrm{d}t$ 或 τ 的函数,相应流动曲线形状如图2.5中(b)、(d)所示,分别称为非牛顿液体和一般宾汉姆体。一般宾汉姆体在高应力状态下的流变曲线(直线段)的延长线与横坐标轴的交点所对应的特征值即为屈服应力 τ_0,如图2.6所示。一般而言,大流动性的混凝土混合料接近非牛顿液体,而普通混凝土混合料则接近一般宾汉姆体。

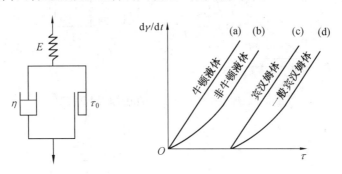

图2.5　混凝土混合料流变特性的宾汉姆模型与流动曲线

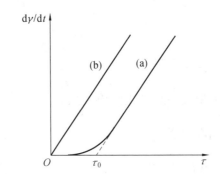

图2.6　一般宾汉姆体(a)与理想牛顿液体的流变曲线(b)

2. 混凝土混合料的流变参数

(1) 极限剪应力 τ_0(塑性强度 P_m)。

对于符合宾汉姆体模型的混凝土混合料而言,极限剪应力 τ_0 可以说是最重要的流变参数。极限剪应力(τ_0)是材料发生塑性变形的瞬间所能阻止的最大剪切应力,也称塑性强度(P_m)。材料内部在外力作用下所产生的剪应力小于极限剪应力时,混凝土混合料不发生流动;只有当剪应力高于极限剪应力时,混合料的流动变形才会发生,并形成一定形状的制品,且只有制品本身重量所产生的应力不超过极限剪应力时,这一形状才能长久保持不变。

混凝土混合料的极限剪应力是由其组成材料各粒子间的附着力和摩擦力引起的。影响混凝土混合料塑性强度 P_m 的主要因素为用水量和化学外加剂,一般情况下,混凝土的单位用水量越大,塑性强度 P_m 越小;掺入塑化剂也可使塑性强度 P_m 降低。

(2) 黏性系数 η。

黏性系数 η 反映了作用力与流动速度之间的关系。即使坍落度值相同,如果混凝土混合料的黏性系数 η 不同,则混合料的流动和变形速度也不相同,因此混合料从开始变形到停止坍落的时间(即变形时间)也会有较大差别。混凝土混合料的黏性系数 η 越大,变形时间越长,越不容易流动。

需要注意的是,由于水泥浆中分布有不同大小的固体颗粒并形成了一定的凝聚结构,因此混凝土混合料的黏性系数并非一个常数,而是会随剪切应力或速度梯度的不同而改变,其实质可归咎于凝聚结构的破坏程度 α 的影响,如图 2.7 所示。当剪应力小于 τ_1 时,凝聚结构未受实际破坏,相应黏性系数具有恒定的最大值(η_0);当接近 τ_0 时,黏性系数迅速降低,结构发生"雪崩"式破坏;当结构完全破坏时,黏性系数会达到最小值 η_{min},即黏度不再随应力的变化而变化。

一般,水泥用量多的混凝土,其黏性系数 η 有增大的趋势,特别是使用减水剂降低用水量的情况下。其他影响混凝土黏性系数的因素主要有水灰比、用水量及磨细掺合料用量等,影响机理则非常复杂。

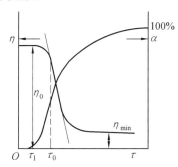
(a) 稳定流动条件下,黏性系数(η)和结构
破坏程度(α)与剪切应力(τ)的关系曲线

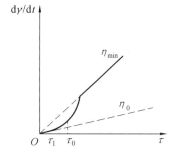
(b) 凝聚结构中,流动速度与剪切应力的关系曲线

图 2.7　黏性系数与剪切应力的关系曲线图

3. 混凝土混合料流变试验

混凝土混合料的流变性能测定存在很多技术难点,目前尚处于不完善状态,其中几种具有代表性的试验方法介绍如下:

(1) 回转黏度仪(流变仪)法。

所采用回转黏度仪多为双重圆筒形结构,直接测定多组转动力矩和相应的回转速度,再根据理论公式分别换算成剪切应力和剪切应变速率,在应力-应变速率坐标系内绘制曲线。通过直线部分的斜率和在应力轴上的截距,求解得到混合料的黏性系数和屈服应力。

(2) 提升球体型黏度计。

该试验方法是匀速向上提起浸没于混凝土混合料中的球体,测定提升速度和提升荷载,以此来衡量混合料的黏度。其特点是简单快捷,可广泛应用于砂浆和水泥浆的流变学常数测试。但该方法的理论基础是在球体周围产生层流,而混凝土混合料中存在数量众多的颗粒较大的粗骨料,该方法很难适应,因此只限于测定非常柔软的浆体试样。

(3) 两点式试验。

由于宾汉姆体模型的应力-应变速率曲线并不通过坐标系原点,因此为求得屈服应力和塑性黏度两个流变学参数,需要测试不同的两点以上的应力-应变速率关系,两点式试验即表示这个概念。所采用的设备是类似于搅拌机翼型的回转式黏度仪,为了防止测量过程中材料分离,一般在利用回转翼进行搅拌的同时,测定多个力矩-回转速度的关系,由此得到的流变学参数值分别称为表观屈服应力和表观塑性黏度。

（4）剪切法试验。

剪切法试验假设试样整体发生剪切变形，将试料装入上下分成两段的容器内，当改变垂直压力 P 时，可测得不同的使混凝土混合料发生运动的最大剪切应力 τ_{max}。所得 P-τ 曲线呈直线关系，延长后在 τ 轴上的截距即为 τ_0。改变剪切速度进行多次试验，可求出黏性系数。

（5）滑移阻力试验。

泵送施工已经成为现代混凝土施工中的常规技术手段，在泵送过程中泵管内壁面上所产生的滑移阻力在压力损失中占据很大比例，因此与混凝土混合料自身的流变特性相比，准确测量混凝土混合料与泵管内壁之间的滑移阻力，对于估测施工难易程度十分重要。其测试方法可分为两种，一种是改变滑移应力测定滑移阻力；另一种是改变滑移速度测定滑移黏性。

2.2 工作性的基本概念

2.2.1 工作性

混凝土的工作性，也称和易性，是指混凝土混合料易于各工序施工操作（搅拌、运输、浇筑、捣实、成型），并获得质量均匀、结构密实的混凝土的性能。作为一项综合技术性质，工作性主要包括流动性、黏聚性和保水性三方面的含义。

1. 流动性

流动性是指混合料在自重或机械振捣作用下，能流动并均匀密实地填满模板的性能。它主要反映混凝土混合料的稠度，关系着施工振捣的难易和浇筑的质量。

混凝土材料的性能优势之一是很容易浇筑到模板中并获得任何形状的构件，这一特性的实现主要通过混合料的流动性来完成。不同类型的混凝土在流动性上可存在显著差异，但均与相应的搅拌、运输、浇筑、捣实等施工操作工艺相适应，目标获得结构密实、耐久性好的混凝土结构。

2. 黏聚性

黏聚性是指混合料各组成材料之间具有一定的凝聚力，在运输和浇筑过程中不致发生分层离析现象，使混凝土保持整体均匀的性能。

对于混凝土而言，不同大小的固体颗粒与水所形成的分散体系在各施工操作以及凝结硬化过程中始终保持均匀分布状态，对于硬化后混凝土的密实性和强度、耐久性等性能均具有十分重要的意义。

3. 保水性

保水性是指混凝土混合料具有一定的保持内部水分的能力，在施工过程中不致产生严重的泌水现象。

保水性差的混凝土混合料易于在混凝土内部形成泌水通道，降低混凝土的密实度和抗渗性，使硬化混凝土的强度和耐久性受到影响。

应当指出，上述三种性能在某种程度上是相互矛盾的。通常情况下，黏聚性好则混凝土混合料在保水性方面表现较好，但如果混凝土混合料的流动性增大，则其保水性和黏聚性往往变差;反之亦然。工作性良好的混凝土是指既具有满足施工要求的流动性,又具有良好的黏聚性和保水性。因此,不能简单地将流动性大的混凝土称为工作性好,或者流动性减小说成工作性变差。混凝土技术人员应根据具体的施工要求,采取各种工艺手段对混合料的工作性加以调整和控制。良好的工作性既是施工的要求也是获得质量均匀密实混凝土的基本保证。

2.2.2 离析与泌水

在施工操作过程中,由于混合料自身原因,或者在施工条件、环境状况等因素作用下,混凝土混合料的工作性可能出现劣化,最为典型和普遍的就是离析与泌水现象的发生。混凝土混合料是由砂、石、水泥和水等密度、形态各不相同的物质混合在一起构成的,在运输、浇筑过程中难以维持其均一性,各种原材料发生分离,即发生混合料的离析或泌水,结果可导致混凝土的结构均匀性变差,硬化后混凝土的强度和耐久性也被明显削弱。探讨离析和泌水现象的产生原因,对于找出防止混凝土混合料出现离析和泌水的有效措施是十分必要的。

1. 离析

混凝土混合料各组分分离,造成不均匀和失去连续性的现象,称为离析。混凝土混合料的离析通常有两种方式,一种是粗骨料从混合料中分离,因为它们比细骨料更易于沿斜面下滑或在水泥浆内下沉;另一种是稀水泥浆从混合料中淌出,这主要发生在流动性大的混凝土混合料中。

(1)离析现象的产生原因。

静止状态下,由于同水泥砂浆在密度上的差异,粗骨料产生沉降或上浮(轻骨料)运动,降低混凝土混合料的均匀性和连续性。密度差越大,离析越严重。

在运输和装卸过程中,混凝土混合料所发生的离析现象则主要与粗骨料和砂浆在流动特性上的差异有关。当非干硬性混凝土混合料沿斜槽向下运动时,质量较大的颗粒移动速度快,混合料表面物料比底部物料的流动速度快,由此可导致离析现象发生;同样情况下,干硬性混凝土的运动状态却是沿槽面整体滑移,固体颗粒间的相对位置保持大致不变,因此不会发生离析。混凝土混合料从高处下落、堆积时,不同大小颗粒间的运动速度和相对位移不同,停止的位置也有所差异,引起混合料的离析。对于泵送混凝土而言,沿输送管道内壁存在的摩擦阻力导致沿输送方向存在一个压力梯度、沿管径方向存在一个速度梯度,结果导致流动性良好的砂浆优先行进,而粗骨料则明显滞后,由此导致的离析现象在严重情况下可导致泵送管道堵塞。

混凝土混合料在过度振捣如振捣时间过长时,由于颗粒沉降速度不同,从而导致离析现象发生;如果使用轻骨料则也可上浮。

当混凝土混合料中粗骨料尺寸与钢筋间距相当甚至更大时,在配筋部位仅允许砂浆通过而粗骨料被阻留,由此产生的空洞将严重影响混凝土的密实度并使混凝土的强度和钢筋握裹力显著下降。

水泥浆从混合料中分离的现象大多出现于混凝土混合料水灰比过大或减水剂含量过高的情况下,可导致混凝土粗骨料外露或混凝土表面浮浆、粉化等现象,不仅影响混凝土构件的外观,而且会产生微裂缝等结构缺陷,削弱混凝土的物理力学性能。

(2)防止离析的主要措施。

混凝土混合料的离析是难以完全避免的,但可以采取适当措施减轻离析现象的发生及其危害性。产生离析现象的原因很多,相应的防止措施也是多种多样,但最基本的要求是水泥浆或砂浆应具有较好的黏度,与粗骨料间黏结力大。减小单位用水量,降低水灰比和坍落度,适当掺加引气剂、粉煤灰等,可使混凝土的抗离析能力提高。具体列举如下:

①混凝土配合比设计中,水灰比不宜过大,砂率不宜过小,水泥用量不应过少,并尽量采用流动性较低的混凝土。

②使用级配好的骨料,特别是要保证细骨料中微粒成分的适当含量。粗骨料的最大粒径适当,且与钢筋最小间距比例适当;大粒径粗骨料的相对含量不宜过高。

③为防止漏浆,应使用能充分承受捣固作业、抗变形的坚固模板。

④不要使用已产生离析的混凝土,如发生离析,应重新搅拌充分后使用。

⑤浇筑过程中应尽量避免长距离的自由下落以及沿斜面或平面滑移,特别是水平方向的加速运动。

⑥振捣器类型与混凝土混合料的工作性应匹配,过长时间的振捣也可能导致离析现象的发生。

2. 泌水

浇筑入模的混凝土在凝固前,因固体颗粒下沉、水上升并在混凝土表面析出的现象,称为泌水。表面水分的形成与蒸发将导致硬化后混凝土的体积比刚浇筑成型的混凝土小,即所谓的沉降收缩现象。当水分蒸发速度大于泌水速度时,水面会收缩于固体颗粒层的表面或深入颗粒层内部,形成凹液面;由此产生的毛细管压力可使固体颗粒形成团聚,如混凝土尚未充分硬化,在拉应力作用下就会产生裂缝,称为塑性收缩裂缝。

(1)泌水的危害。

施工期间,为防止混凝土表面干燥、便于表面整修作业并阻止塑性开裂的发生,适量的未受扰动的泌水现象还是有益的。但如果泌水量过大,则会导致如下后果。

①泌水使位于上层部位的混凝土混合料含水量上升,水灰比加大,导致硬化后混凝土面层的强度低、耐磨性差,影响混凝土质量均匀性和使用效果。随泌水过程进行,部分水泥颗粒上升并堆积在混凝土表面,称为浮浆,最终形成疏松层。对于分层浇筑的混凝土工程,疏松层的存在将大大降低水平施工缝处两层混凝土间的黏结强度,削弱构件的整体性,影响工程质量。

②泌水停留在粗骨料下方可形成水囊,在混凝土硬化后形成孔隙,将严重削弱粗骨料与水泥石之间的黏结强度,致使混凝土构件强度和耐久性下降。

③泌水停留在钢筋下方所形成的薄弱间层,可明显降低钢筋与混凝土之间的界面结合程度和握裹力,导致混凝土护筋能力降低,力学强度下降,还可导致先张法预应力混凝土构件的自应力损失。

④泌水上升所形成的连通孔道,在水分蒸发后变为混凝土结构内部的连通孔隙,可成为外界水分和侵蚀性物质的出入通道,严重削弱混凝土的抗渗性和耐侵蚀能力。

(2)减少泌水的措施。

①提高水泥细度,相应增大水泥的比表面积和需水量,可有效减少泌水现象的发生。

②提高水泥凝结硬化速度,有助于减少泌水现象。

③掺入粉煤灰、火山灰等磨细掺料,可提高混凝土的保水性而减少泌水。

④使用减水剂、引气剂等外加剂减少混凝土的单位用水量。

2.3 工作性的评定方法

混凝土混合料工作性是一项复杂的综合技术性质,到目前为止尚无法用单一指标全面反映混凝土混合料的工作性,通常是以定量测定混合料的流动性(稠度)为主,再辅以其他直观观察或经验综合评定混凝土的黏聚性和保水性。针对混合料的离析和泌水现象,则可采用粗骨料冲洗试验以及泌水率试验进行评定。

2.3.1 流动性(稠度)的评定

流动性的测定方法多达十余种,我国则根据混凝土混合料流动性的大小,分别采用适当的流动性评定方法。

1. 塑性混凝土流动性的评定——坍落度法与坍落扩展度法

《普通混凝土混合料性能试验方法》(GB/T 50080)规定,对于骨料最大粒径不大于40 mm、坍落度不小于 10 mm 的混凝土混合料,适合采用坍落度法定量测定流动性。坍落度值越大,混合料的流动性越好,同时目测观察混合料的黏聚性和保水性。三者结合起来综合评价塑性混凝土的工作性。该方法操作简便快捷,实用性强,适用于实验室检测和现场施工质量控制。

坍落度法测试所需主要仪器设备包括:标准坍落度筒,截头圆锥形,由薄钢板或其他金属板制成(图 2.8(a));捣棒,端部应磨圆,直径 16 mm,长度 650 mm;刚性不吸水平板、装料漏斗、刚直尺等。

将按要求取得的混凝土试样分三层装入预先湿润好的坍落度筒内,每层均匀插捣 25 次(图 2.8(b))。装满抹平后,垂直平稳迅速地提起坍落度筒(图 2.8(c))。混凝土混合料在自重作用下产生坍落现象,测量筒高与坍落后混合料试体最高点之间的高度差(图 2.8(d)),以单位 mm 表示,即为该混凝土混合料的坍落度值,精确至 1 mm,结果表达修约至 5 mm。如果混凝土发生崩塌或一边剪坏(图 2.8(e)、(f)),重新取样试验仍出现同样现象,则表示该混凝土的工作性不好,应记录备查。

从流变学原理而言,坍落度越小,表明混凝土混合料的塑性强度 P_m 越大,在较小的应力作用下越不易变形;而坍落度值较大的混凝土混合料不能支持自重,为了分散由重量所产生的应力,则发生坍落、流动。从混合料试锥顶部端面开始,深度越大,剪应力也越高。变形仅在 $\tau = \tau_0$ 的位置以下才可发生,且随深度的增大而增加,同时由于底面摩擦力的影响,致使试锥呈现如图 2.8(d)所示的形状。随锥体坍落、高度降低,锥体中 τ 的最大值即底部的剪应力减小,变形速度随之降低;当剪应力值等于 τ_0,坍落停止。理论上,混凝土混合料的坍落度仅仅取决于混合料的密度和极限剪应力的大小,黏度系数则与变形速度有关,对坍落度的影响较小。具体分析时还应考虑流动惯性及内摩擦力的影响,流动惯性的存在导致坍落度增大,内摩擦力大则具有降低混合料流动变形幅度和速度的作用。

坍落度试验中还可根据所观察到的混凝土状态,评定保水性和黏聚性是否良好。

黏聚性评定方法:观察坍落度测试后混凝土所保持的形状,或用捣棒侧面敲打已坍落的混合料锥体侧面,如果锥体逐渐下沉,则表示黏聚性良好;若锥体倒塌、部分崩裂或出现离析现象,则表示黏聚性不良。

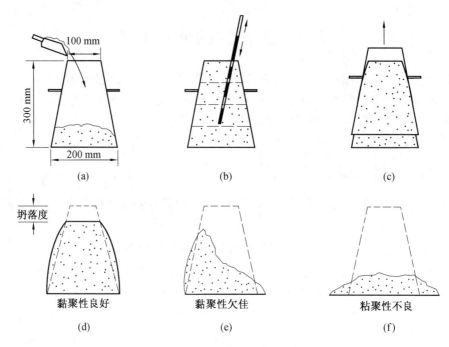

图 2.8　混凝土混合料工作性测定

保水性评定方法:坍落度筒提起后如果有较多的稀水泥浆从底部析出,锥体部分的混凝土也因失浆而骨料外露,则表示保水性不佳;如果无稀水泥浆或仅有少量稀水泥浆自底部析出,则表示此混凝土混合料的保水性良好。

根据《混凝土质量控制标准》(GB 50164)规定,依据坍落度的不同,可将混凝土混合料分为五级,见表 2.1。

表 2.1　普通混凝土混合料按坍落度的分级

级别	坍落度/mm
S1	10 ~ 40
S2	50 ~ 90
S3	100 ~ 150
S4	160 ~ 210
S5	≥220

注:在分级判定时,坍落度检验结果值,取舍到邻近的 10 mm

实际施工过程中,根据具体施工条件和使用环境,所使用混凝土混合料的流动性应满足最小坍落度值要求,见表 2.2,同时应考虑以下诸因素的影响。

①构件截面尺寸:截面尺寸大,则易于振捣成型,坍落度可适当选小些;反之亦然。

②钢筋疏密:钢筋较密或结构复杂,则坍落度选大些;反之亦然。

③捣实方式:人工捣实,则坍落度选大些;机械振捣则可选小些。

④运输距离:从搅拌机出口至浇捣现场运输距离较长,则应考虑途中坍落度损失,坍落度应适当选大些。

⑤气候条件:气温高、空气湿度小时,因水泥水化速度加快及水分挥发加速,坍落度损失

大,则坍落度宜选大些;反之亦然。

表 2.2　混凝土浇筑时的坍落度

构件种类	坍落度/mm
基础或地面等的垫层、无配筋的大体积结构(挡土墙、基础等)或配筋稀疏的结构	10 ~ 30
板、梁和大型及中型截面的柱子等	30 ~ 50
配筋密列的结构(薄壁、斗仓、筒仓、细柱等)	50 ~ 70
配筋特密的结构	70 ~ 90

此外,在不妨碍施工操作并能保证振捣密实的条件下,应尽可能采用较小的坍落度,以节约水泥并获得质量高的混凝土。

坍落扩展度试验所需仪器设备包括:坍落度筒,平截圆锥状,形状与大小符合现行国标 GB/T 50080 规定;光滑钢质平板,表面绘有直径 500 mm 的圆环;游标卡尺或钢制卷尺、水桶等。

将混凝土连续一次填满预先润湿的坍落度筒,且不施以任何捣实或振动。刮刀刮平后,将坍落度筒沿铅直方向连续向上提起。待混凝土停止流动后,测量展开圆形的最大直径,以及与最大直径呈垂直方向的直径。两者之差如果小于 50 mm,则用其算术平均值作为坍落扩展度值;否则此次试验无效。如果发现粗骨料在中央堆集或边缘有水泥浆析出,则表示此混凝土混合料抗离析性不好,应予记录。坍落扩展度也以单位 mm 表示,精确至 1 mm,结果表达修约至 5 mm。国标 GB 50164 中,依据坍落扩展度的不同,将泵送高强混凝土混合料和自密实混凝土混合料分为六级,见表 2.3。

表 2.3　混凝土混合料的坍落扩展度等级划分

级别	坍落扩展度/mm	级别	坍落扩展度/mm
F1	≤340	F4	490 ~ 550
F2	350 ~ 410	F5	560 ~ 620
F3	420 ~ 480	F6	≥630

2. 干硬性混凝土流动性的评定——维勃稠度法

对坍落度值小于 10 mm 的干硬性混凝土,坍落度值已不能准确反映其流动性大小,可采用施加一定外力的方法促使混凝土混合物发生变形。GB/T 50080 规定,干硬性混凝土的稠度测定采用维勃稠度法,适用于骨料最大粒径不大于 40 mm、维勃稠度为 5 ~ 30 s 的混凝土混合料。

维勃稠度法测试所需主要仪器设备包括维勃稠度试验仪(图 2.9)、标准捣棒、秒表等。将维勃稠度仪置于坚实水平面上,充分润湿后,将混凝土试样分三层均匀装入坍落度筒内,每层插捣 25 次。转离喂料斗,垂直提起坍落度筒;在试体顶面放一透明圆盘,开启振动台,施加一振动外力,测试混凝土混合料在外力作用下完全布满透明圆盘底面所需时间(单位:s)代表混凝土稠度。时间越短,流动性越好;时间越长,流动性越差。根据维勃稠度值的大小,可将干硬性混凝土混合料分为五级,见表 2.4。

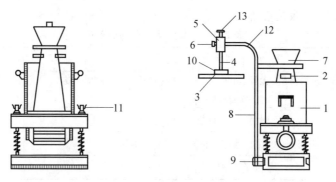

图 2.9　维勃稠度试验仪

1—容器;2—坍落度筒;3—圆盘;4—滑棒;5—套筒;6—螺栓;7—漏斗;8—支柱;
9—定位螺丝;10—荷重;11—元宝螺丝;12—旋转架;13—螺栓

表 2.4　干硬性混凝土混合料按维勃稠度值的分级

级别	维勃稠度值/s	级别	维勃稠度值/s
V0	≥31	V3	10 ~ 6
V1	30 ~ 21	V4	5 ~ 3
V2	20 ~ 11		

3. 混凝土混合料的工作性评定——增实因数法

坍落度不大于 50 mm 或干硬性混凝土和维勃稠度大于 30 s 的特干硬性混凝土混合料的稠度也可采用跳桌增实法(增实因数法)来测定。根据 GB/T 50080 规定,增实因数法可用于骨料最大粒径不大于 40mm、增实因数大于 1.05 的混凝土混合料稠度测定。

试验用仪器设备包括:跳桌,符合《水泥胶砂流动度试验方法》(GB 2419)要求;钢制圆筒及盖板,形状尺寸如图 2.10 所示;特制量尺,如图 2.11 所示;台秤、圆勺、量筒等。将混合料装入圆筒,不加任何振动与扰动,直至装入所需用料量,表面拨平。将圆筒轻轻置于跳桌台面中

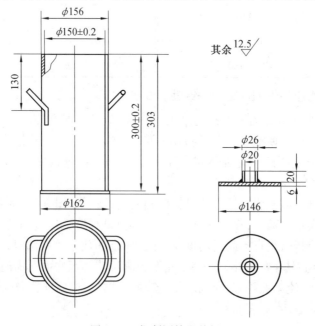

图 2.10　钢制圆筒及盖板

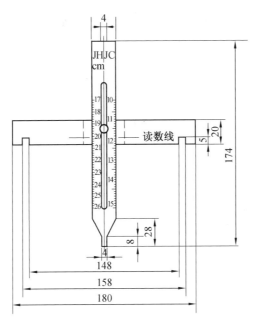

图 2.11　特制量尺

央,以每秒钟一次的速度连续跳动 15 次。用特制量尺,读取混凝土增实因数 JC,精确至 0.01。

中华人民共和国铁道行业标准《混凝土混合料稠度试验》(TB/T 2181)中规定,除增实因数外,还可测量筒内混合料增实后的高度 JH。JC 与 JH 的关系为:$JH/JC = 169.8$。

普通混凝土混合料按增实因数法测定的稠度可按表 2.5 划分等级。

表 2.5　增实因数法测定的混凝土混合料稠度等级

等 级	名 称	JC/mm	JH/mm
K0	干硬混凝土	1.400 ~ 1.305	240 ~ 220
K1	干稠混凝土	1.300 ~ 1.185	219 ~ 200
K2	塑性混凝土	1.180 ~ 1.055	199 ~ 180
K3	流态混凝土	≤1.050	<180

(4)自密实混凝土的工作性评定。

自密实混凝土的工作评定方法参见第 8 章。

2.3.2　离析与泌水的评定

混凝土混合料离析程度的评定目前还没有一个较为成熟、能为各方所普遍接受的方法,以下所介绍几种离析评定方法都能在一定程度上体现混凝土混合料的抗离析性能,只是所适用的混合料类型有所不同,具体抗离析性能方法参见本书第 8 章自密实混凝土。

GB/T 50080 中规定了骨料最大粒径不大于 40 mm 的混凝土混合料泌水测定和压力泌水测定方法。

1. 泌水试验

泌水试验所用主要仪器装置为容量筒,由金属制成,两旁装有提手并配盖,内径、内高均为(186±2) mm,筒壁厚 3 mm;辅助设备包括振动台、台秤、量筒、捣棒、秒表等。在表面泌水测试过程中,容量筒应保持水平、不受振动;除吸水操作外,应始终盖好盖子;测试过程中室温应保持在 20±2 ℃。

用湿布润湿试样筒内壁后立即称重,再将混凝土试样装入试样筒,用振动台或人工捣实。使用振动台情况下,应避免过振。装料并捣实后,混凝土混合料表面略低于试验筒口,抹刀抹平并立即计时、称量。

从计时开始后 60 min 内,每隔 10 min 吸取一次试样表面渗出的水;60 min 后,每隔 30 min 吸一次水,直至不再泌水为止。吸出的水放入量筒中,记录每次吸水的水量和总水量。泌水量的计算公式为

$$B_a = \frac{V}{A} \tag{2.8}$$

式中　B_a——泌水量,mL/mm²,精确至 0.01 mL/mm²;

　　　V——累计的总泌水量,mL;

　　　A——试样外露的表面面积,mm²。

泌水率的计算式为

$$B = \frac{V_w}{(W/G)G_w} \times 100 \tag{2.9}$$

$$G_w = G_1 - G_0 \tag{2.10}$$

式中　B——泌水率,%;

　　　V_w——泌水总量,mL;

　　　G_w——试样质量,g;

　　　W——混凝土混合料总用水量,mL;

　　　G——混凝土混合料总质量,g;

　　　G_1——试样筒及试样总质量,g;

　　　G_0——试样筒质量,g。

2. 压力泌水试验

压力泌水试验采用压力泌水仪测定,其主要部件包括压力表、缸体、工作活塞、筛网等(图 2.12)。压力表最大量程 6 MPa,最小分度值不大于 0.1 MPa;缸体内径(125 ±0.02) mm,内高(200 ±0.2) mm;工作活塞压强为 3.2 MPa,公称直径为 125 mm;筛网孔径为 0.315 mm。其他仪器包括捣棒和量筒等。

混凝土混合料分两层装入压力泌水仪中,每层均匀插捣 20 次,用橡皮锤沿外壁轻敲 5 ~ 10 次,直至插捣孔消失且不见大气泡为止。混合料表面应低于试验筒口约 30 mm,抹刀抹平后,立即向混凝土试样施加压力至 3.2 MPa。打开泌水阀门同时开始计时,保持恒压,泌出的水接入 200 mL 量筒中;加压至 10 s 时读取泌水量 V_{10},加压至 140 s 时读取泌水量 V_{140}。压力泌水率应按下式计算,精确至 1% :

$$B_V = \frac{V_{10}}{V_{140}} \times 100 \tag{2.11}$$

式中　B_V——压力泌水率,%;

　　　V_{10}——加压至 10 s 时的泌水量,mL;

　　　V_{140}——加压至 140 s 时的泌水量,mL。

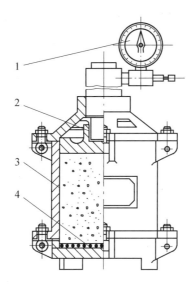

图 2.12　压力泌水仪
1— 压力表;2— 工作活塞;3— 缸体;4— 筛网

2.4　影响工作性的主要因素

2.4.1　组成材料的性质

1. 水泥品种及细度

不同品种水泥对混凝土混合料流动性的影响主要表现在水泥的需水性上,即达到相同流动性所需的单位用水量。水泥需水量越大,相应混合料的流动性就越小。对于硅酸盐水泥和普通硅酸盐水泥,熟料中 C_3A 含量越高,水泥需水量越大,在相同水灰比情况,则水泥浆的塑性黏度和极限剪应力也将有所提高,进而影响混凝土混合料的流动性。这种影响趋势在水化数小时后表现得更加明显。另一方面,硅酸盐水泥熟料矿物中 C_3A 含量越多,则其早期水化作用越剧烈,所形成的胶体粒子数量越多,水泥浆体中固体组分的表面积增加,所形成凝聚结构的接触点增多,能大大增加吸附水的量,因此水泥的保水能力有所提高,有利于改善混凝土混合料的泌水性。同理,相同品种水泥的细度越大,则需水量越大,同样水灰比条件下的流动性越差,但黏聚性和保水性相对较好。

火山灰水泥标准稠度用水量与矿物混合材料结构与性质有关,通常情况下所配制的混凝土流动性比普通水泥小,特别是采用硅藻土、硅藻石等作为混合材料时,但混合料的黏聚性和保水性较好。在流动性相同的情况下,矿渣水泥的保水性能和黏聚性均较差。粉煤灰水泥拌制的混凝土流动性最好,保水性和黏聚性也比较好。

2. 骨料的品种和粗细程度

粗骨料的颗粒较大、粒形较圆、表面光滑、级配较好时,混凝土混合料的流动性相对较大。卵石表面光滑,碎石粗糙且多棱角,因此卵石配制的混凝土流动性较好,但黏聚性和保水性则相对较差。河砂与山砂的差异与上述相似。

级配良好的砂石骨料总表面积和空隙率小,包裹骨料表面和填充空隙所需的水泥浆用量少,对混合料的流动性有利。对级配符合要求的砂石料来说,粗骨料粒径越大,砂子的细度模数越大,则流动性越大,但黏聚性和保水性有所下降,特别是砂的粗细,在砂率不变的情况下,影响更加显著。使用人工砂时,由于棱角的大量存在,流动性较差。

2.4.2　配合比

1. 单位用水量

单位用水量是混凝土流动性的决定因素。用水量增大,流动性随之增大。但用水量过高会导致保水性和黏聚性变差,产生泌水或分层离析现象,从而影响混凝土的匀质性、强度和耐久性。

在混凝土混合料较为干硬的情况下,少量加水对流动性的影响很小;流动性较大时,即使少量加水也可导致坍落度的大幅度增加。考虑到实践过程中混凝土的常用加水量和流动性范围,可以认为流动性的变化率与单位用水量的变化率成正比关系。在此范围内,如果保持单位用水量不变,在原材料品质一定的条件下,即使单位水泥用量增减 $50 \sim 100 \text{ kg/m}^3$,混凝土的流动性也基本保持不变,这一规律称为固定用水量定则。这一定则对普通混凝土的配合比设计带来极大便利,即可通过固定用水量保证混凝土坍落度的同时,调整水泥用量,即调整水灰比,来满足强度和耐久性要求。在进行混凝土配合比设计时,单位用水量可根据施工要求的坍落度和粗骨料的种类、规格,根据《普通混凝土配合比设计规程》(JGJ 55)选用,再通过试配调整,最终确定单位用水量。

2. 水灰比和集灰比

混凝土混合料的流动性与集灰比和水灰比之间存在一定关系:水灰比不变的情况下,减小集灰比,则流动性增大;集灰比不变的情况下,减小水灰比,则流动性降低。如果固定流动性不变,则任何集灰比的变化都会引起水灰比 W/C 的相应改变,如图 2.13 所示。从图中可以看到,当骨料体积率很大时,要求水灰比趋近于无穷大,即水泥浆要稀释到像水一样,才能满足流动性要求;此时骨料的体积含量称为骨料的极限值,其大小决定于所要求的混合料流动性。在骨料体积为零的一端,则表示能达到所规定流动性的纯水泥浆的水灰比,即水泥浆极限值,其大小同样决定于混合料的流动性要求。

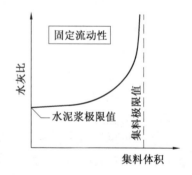

图 2.13　固定流动性情况下,集灰比与水灰比的关系

从水泥浆体和混凝土混合料结构组成的角度,水灰比大小首先决定了水泥浆的稠度,在水泥用量不变的情况下,水灰比增大可使水泥浆和混合料流动性增大。但水灰比过高会严重降低混凝土的保水性和黏聚性,产生流浆、离析等现象;另一方面,水灰比也不宜太小,否则水泥浆过稠,会导致混凝土混合料流动性过低,进而影响混凝土的振捣密实,产生麻面和空洞等缺陷。合理的水灰比是混凝土混合料流动性、保水性和黏聚性的良好保证,一般应根据混凝土强度和耐久性要求合理选用。

在工程实践上,对集灰比的考察和控制通常采用"浆骨比"这一指标。浆骨比是指水泥浆与砂石骨料的体积比。流动性良好的混凝土混合料中,水泥浆的数量应足以包裹粗细骨料表面并填充骨料颗粒间的空隙。由于水泥浆的润滑作用,骨料间摩擦阻力减小,相对运动更易进行,因此水泥浆用量对混凝土混合料的流动性好坏有决定性作用。

在水灰比一定的前提下,浆骨比越大,即水泥浆量越大,混凝土混合料的流动性越好。通过调整浆骨比大小,既可以满足流动性要求,又能保证良好的黏聚性和保水性。浆骨比不宜太大,否则易产生流浆现象,使混合料黏聚性下降,同时对混凝土的强度和耐久性也会产生一定影响;且水泥用量增加,提高了生产成本。浆骨比也不宜太小,否则水泥浆不能填满骨料空隙甚至无法完全包裹骨料表面,骨料间缺少黏结体,混合料黏聚性变差,将发生崩塌现象。因此,合理的浆骨比是混凝土混合料工作性的良好保证。

3. 砂率

砂率 β_s 是指混凝土中砂的质量占砂、石总质量的百分率。砂率的变动会使骨料的空隙率和总表面积有显著改变,因此对混凝土混合料的工作性产生显著影响。

混凝土混合料中砂与水泥浆组成的砂浆在粗骨料间起到润滑和"滚珠"作用,可减小粗骨料间的机械摩擦,因此在水泥用量和水灰比一定的条件下,砂率在一定范围内增大,有助于提高混凝土混合料的流动性。砂率增大,黏聚性和保水性增加;如果砂率过大,骨料的总表面积和空隙率都会增大,在水泥浆含量不变的情况下,水泥浆的相对量变小,骨料表面包裹的水泥浆量减薄,减弱了水泥浆的润滑作用,结果导致混凝土混合料的流动性变小,黏聚性也有所下降。另一方面,砂率减小,则混凝土的黏聚性和保水性均下降,易产生泌水、离析和流浆现象。

合理砂率是指砂子填满石子空隙并有一定的富余量,能在石子间形成一定厚度的砂浆层,以减少粗骨料间的摩擦阻力,使混凝土混合料的流动性(坍落度)达最大值;或者在保持流动性不变及良好的黏聚性与保水性的情况下,使水泥浆用量达最小值。合理砂率的确定方法如图 2.14 所示。

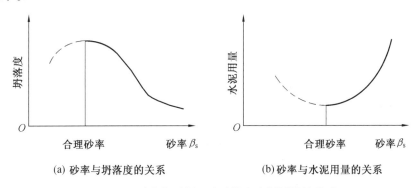

(a) 砂率与坍落度的关系　　　　(b) 砂率与水泥用量的关系

图 2.14　砂率与混凝土流动性和水泥用量的关系

合理砂率的确定可根据上述两原则通过试验确定。影响合理砂率大小的因素很多,具体可概括为以下几方面:

①石子最大粒径大、级配良好、表面较光滑时,由于粗骨料的表面积和空隙率较小,可采用较小的砂率。

②砂的细度模数较小时,由于砂中细颗粒多,混凝土的黏聚性容易得到保证,可采用较小的砂率。

③水灰比小、水泥浆较稠时,由于混凝土的黏聚性容易得到保证,可采用较小的砂率。

④施工要求的流动性较大时,粗骨料常出现离析,为保证混合料的黏聚性,需采用较大的砂率。

⑤当掺用引气剂或减水剂等外加剂时,可适当减少砂率。

⑥一般情况下,在保证混合料不离析、能很好浇灌捣实的前提下,应尽量选用较小的砂率以节约水泥。

对普通混凝土工程可根据经验或根据 JGJ 55 参照表 2.6 选用砂率。

表 2.6　混凝土砂率选用表

水灰比(W/C)	卵石最大粒径/mm			碎石最大粒径/mm		
	10	20	40	16	20	40
0.40	26 ~ 32	25 ~ 31	24 ~ 30	30 ~ 35	29 ~ 34	27 ~ 32

注:① 表中数值系中砂的选用砂率。对细砂或粗砂,可相应地减少或增大砂率;

② 本砂率适用于坍落度为 10 ~ 60 mm 的混凝土。坍落度如大于 60 mm 或小于 10 mm 时,应相应增大或减小砂率;按每增大 20 mm,砂率增大 1% 的幅度予以调整;

③ 只用一个单粒级粗骨料配制混凝土时,砂率值应适当增大;

④ 掺有各种外加剂或掺合料时,其合理砂率值应经试验或参照其他有关规定选用;

⑤对薄壁构件砂率取偏大值

2.4.3　外加剂

改善混凝土工作性的外加剂主要有减水剂和引气剂,它们能使混凝土在不增加用水量的条件下增加流动性,并具有良好的黏聚性和保水性。

1.减水剂

混凝土混合料中掺用适量减水剂,可起到促进水泥颗粒有效分散、增加水泥颗粒水化面积、减小水泥颗粒间摩擦等作用,因此在单位用水量和水灰比不变的情况下,可显著提高混凝土混合料的流动能力,改善混凝土的工作性。例如在水灰比不变情况下,木质素磺酸盐减水剂可使混合料的坍落度增加 6 ~ 8 cm;减水率越高,混合料流动性的提高幅度越大。

在相同流动性条件下,减水剂可提高水泥-水体系的稳定性,减缓水泥颗粒的沉降速度,因此可减少泌水现象的发生。另一方面,减水剂可提高水泥的分散度,增大表面润湿水的含量,也有利于泌水量的减少。

减水剂对混凝土工作性的改善作用取决于诸多因素,如外加剂掺量与工艺、水泥品种与用量、骨料种类、环境温度湿度等。需要注意的是,多数减水剂在改善混凝土工作性的同时,可能会使混凝土凝结时间延长,坍落度经时损失增大(详见 2.5 节),含气量增加,故在使用时应予以重视。高效减水剂具有更高的减水率,但含气量并不增大,因此更有利于混凝土工作性的改善,但坍落度经时损失现象更加显著。

2.引气剂

少量引气剂可在混凝土混合料中引入大量的微小气泡,对水泥与骨料颗粒具有浮托、隔离及"滚珠"润滑作用,可起到分散、润湿的双重效果,使得混凝土混合料的工作性得到显著改善,特别是在骨料粒形不佳的碎石或人工砂混凝土中使用效果更为显著。此外,引气剂可改善混合料中骨料与水泥浆的黏聚性,提高混合料的均质状态,延长拌和用水的停留时间,减小混合料的泌水性。

2.4.4 磨细掺合料

1. 粉煤灰

一般而言,掺入适当比例的粉煤灰可显著改善混凝土混合料的工作性,其原因主要是源于粉煤灰的形态效应。形态效应是指粉煤灰颗粒形貌、粗细、表面粗糙度、级配、内外结构等几何特征以及密度等特征在混凝土中产生的效应。粉煤灰中富含铝硅玻璃体微珠,表面光滑,颗粒细小,因此有助于解散水泥颗粒的絮凝结构、促进颗粒扩散,同时可使混凝土混合料黏度降低,减小颗粒之间的摩擦力。此外,粉煤灰主要成分的密度除少量富铁微珠外均小于水泥颗粒,即使等量取代水泥,也能使混凝土中浆体的体积增大,因此可显著增加润滑作用,改善混凝土的工作性。由此原因,低碳型细粉煤灰也称矿物型减水剂,具有类似于普通化学减水剂的减水效果,而且其扩散和减水作用相对更稳定。形态效应还能改善混凝土混合料的均匀性和稳定性,有利于改善硬化混凝土初始结构。

需要注意的是,如果粉煤灰中形态不良、疏松多孔的颗粒含量过多,则会明显削弱粉煤灰的形态效应,甚至会因需水量上升等原因导致混凝土质量的恶化。

2. 硅灰、沸石粉及硅藻土

此类矿物掺合料具有极高的外比表面积(硅灰)或内比表面积(沸石),因此会导致所生产混凝土混合料的需水量显著提高,低掺量时能减少混凝土离析泌水,增加黏聚性;但掺量过高则会导致混凝土混合料变得干硬而无法正常施工操作。

2.4.5 时间和气候条件

搅拌完的混凝土混合料,随着时间的延长而逐渐变得干稠,工作性变差。其原因是一部分水供水泥水化,一部分水被骨料吸收,一部分水蒸发以及凝聚结构的逐渐形成,致使混凝土混合料中可自由流动的水量减少,稠度增大。

气温高、湿度小、风速大将加速流动性的损失,原因是相应条件下,水分蒸发及水化反应加快,坍落度损失也变快。因此施工中为保证一定的工作性,必须注意环境温度的变化,采取相应的措施。

2.4.6 工作性的调整和改善措施

(1)当混凝土流动性小于设计要求时,为了保证混凝土的强度和耐久性,不能单独加水,必须保持水灰比不变,增加水泥浆用量。但水泥浆用量过多,则混凝土成本提高,且将增大混凝土的收缩和水化热等,混凝土的黏聚性和保水性也可能下降。

(2)当坍落度大于设计要求时,可在保持砂率不变的前提下,增加砂石用量,实际上相当于减少水泥浆数量。

(3)改善骨料级配,既可增加混凝土流动性,也能改善黏聚性和保水性。但骨料占混凝土用量的75%左右,实际操作难度往往较大。

(4)掺减水剂或引气剂,是改善混凝土和易性的最有效措施。

(5)尽可能选用最优砂率,当黏聚性不足时可适当增大砂率。

（6）采用磨细矿物掺合料取代水泥，可在一定程度上改善混合料的工作性，特别是黏聚性和保水性，但应注意混凝土早期强度可能受到影响。

2.5　凝结时间

混凝土产生凝结的根本原因是水泥的水化反应，但水泥的凝结时间与相应配制出的混凝土混合料的凝结时间并不一定完全一致。造成这种现象的主要原因是水泥水化硬化的环境不同，特别是用水量不同：水泥的初凝、终凝时间是按标准稠度用水量配制水泥净浆并使其在湿气养护条件下进行水化反应的试验结果，但该水泥用于配制混凝土混合料时所使用的水灰比则可能有所不同，在相应空间内填充并形成凝聚结构所需的水化产物数量也随之发生变化，因此所表现出的凝结硬化时间也发生改变。

2.5.1　凝结时间的测定方法

根据国家标准 GB/T 50080 规定，混凝土混合料凝结时间可采用贯入阻力仪进行测定，适用于坍落度值不为零的混凝土混合料。测试过程中环境温度应始终保持（20±2）℃或与施工现场条件相同。

贯入阻力仪为手动、自动均可，由加荷装置、测针、砂浆试样筒和标准筛组成（图 2.15）。加荷装置，最大测量值应不小于 1 000 N，精度±10 N；测针，长 100 mm，承压面积有 100 mm²、50 mm² 和 20 mm² 三种；砂浆试样筒，上口径 160 mm，下口径 150 mm，净高 150 mm 的刚性不透水的金属圆筒，并配有盖子；标准筛，筛孔为 5 mm 的金属圆孔筛。

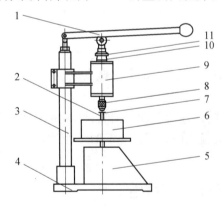

图 2.15　手动型贯入阻力仪
1—手柄；2—试针；3—立柱；4—底座；5—压力显示器；
6—试模；7—接触片；8—钻夹头；9—支架；10—主轴；11—限位螺母

用 5 mm 标准筛筛分待测混凝土试样，得到的砂浆拌和均匀后，依次装入三个试样筒中。取样混凝土坍落度不大于 70 mm，宜用振动台振实砂浆；取样混凝土坍落度大于 70 mm，则用捣棒人工捣实。振实或插捣后应立即加盖，砂浆表面应低于试样筒口约 10 mm。

凝结时间测定从水泥与水接触瞬间开始计时，根据混合料的性能，确定测针试验时间，以后每隔 0.5 h 测试一次，临近初、终凝时可增加测定次数。每次测试前应吸去表面泌水。测试时将砂浆试样筒置于贯入阻力仪上，测针端部与砂浆表面接触，在（10±2）s 内均匀地使测针贯入砂浆(25±2)mm 深度,记录贯入压力和测试时间。

贯入阻力测试在 0.2 ~ 28 MPa 之间应至少进行 6 次,直至贯入阻力大于 28 MPa 为止。各测试点的间距应大于测针直径的两倍且不小于 15 mm,测点与试样筒壁的距离应不小于 25 mm。在测试过程中应根据砂浆凝结状况,适时更换测针,见表 2.7。

表 2.7　测针选用规定表

贯入阻力/MPa	0.2 ~ 3.5	3.5 ~ 20	20 ~ 28
测针面积/mm²	100	50	20

贯入阻力的计算式为

$$f_{PR} = \frac{P}{A} \tag{2.12}$$

式中　f_{PR}——贯入阻力,MPa;

　　　P——贯入压力,N;

　　　A——测针面积,mm²。

计算贯入阻力 f_{PR} 和时间 t 的自然对数,以 $\ln f_{PR}$ 为自变量,$\ln t$ 为因变量,作线性回归得到回归方程式:

$$\ln t = A + B\ln f_{PR} \tag{2.13}$$

式中　A、B——线性回归系数。

根据式(2.13)求得贯入阻力为 3.5 MPa 时为初凝时间 t_s,贯入阻力为 28 MPa 时为终凝时间 t_e。

凝结时间也可用绘图拟合方法确定,即以贯入压力为纵坐标,经过时间为横坐标,绘制贯入阻力与时间之间的关系曲线,以曲线上 3.5 MPa 和 28 MPa 所对应的时间分别作为混凝土混合料的初凝时间和终凝时间,用 h∶min 表示,并修约至 5 min。

2.5.2　混凝土混合料的流动性经时损失

混凝土混合料流动性的经时损失也称坍落度经时损失,是指混凝土混合料的坍落度值随拌和后时间的延长而逐渐减小的性质。随着商品混凝土的普及应用,搅拌形成的混凝土混合料不能立即浇筑,而是需要从搅拌站运输至工地,一般要经过 1 ~ 2 h 的运输时间。因此,损失是反映混凝土混合料在一定时间延长的条件下能否保持所需工作性的性质。

2.5.3　流动性经时损失的主要影响因素

实际上,可以认为流动性经时损失是混合料凝结特性在流动性质上的具体表现,即两者之间存在明显的因果关系,所涉及的影响因素及其作用机理基本相同,如水泥成分与细度、水灰比、矿物掺合料、减水剂种类与掺入方式、环境温度、湿度搅拌工艺等。

1. 水泥种类与细度

水泥性能对混合料坍落度经时损失的影响首先表现在对水泥凝结时间的影响,对于以硅酸盐水泥熟料为主要成分的水泥来说,C_3A、C_3S 的含量越高,细度越大,则水泥的水化速率越快,相应流变参数 τ_0、λ 随时间的提高速率越大,导致混合料的坍落度损失增大。

此外,水泥水化产物可吸附液相中的减水剂,导致液相中减水剂浓度降低,影响减水剂的使用效果。例如对絮凝结构的分散作用,结果导致坍落度减小。试验表明,不同的水泥熟料矿物对减水剂的吸附作用强弱也有所差异,其中以 C_3A 和 C_4AF 对减水剂的吸附量最大,特别是在石膏用量较大的情况下,也由此产生了水泥与减水剂的相容性问题。

2. 水灰比

随着水灰比的提高,尽管水泥水化速率有所提高,但由于水化产物的相对浓度较低,形成絮凝结构的难度较大或结构较为松散,因此混合料的坍落度大,且随时间的延长降低速度较慢。

3. 矿物掺合料

磨细矿物掺合料的使用降低了水泥的相对用量,降低了水泥水化速率,因此有助于减小混凝土混合料的坍落度经时损失。但也应注意磨细掺合料与外加剂的相容性问题。

4. 外加剂种类及其掺入方式

(1)减水剂。

一般情况下,掺入减水剂的混凝土混合料的坍落度经时损失增大,如图 2.16 所示,如使用高效减水剂的情况下则效果更加明显,一般经 30~60 min 就失去了流动性。

具体原因包括如下几个方面:

①减水剂的使用提高了水泥粒子的分散度,水泥早期水化速度加快,水泥浆和混合料的稠度随之增大,导致坍落度加快降低。

②引气型减水剂所产生的气泡在搅拌、运输过程中不断溢出或合并,丧失了原有的润滑作用,导致坍落度降低。

③水泥熟料矿物对减水剂的吸附作用导致液相中减水剂浓度降低,对水泥起分散作用的减水剂用量不足,也可造成坍落度减小。

采用后掺法、多次掺入法或在浇筑前掺入减水剂的方法,可减少坍落度经时损失对混凝土工作性的影响。但由于施工条件、材料来源、施工成本等因素的影响,上述措施在实际施工中难以采用。

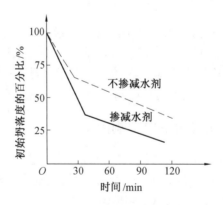

图 2.16 掺减水剂时混凝土的坍落度经时损失

(2)引气剂。

引气剂在混合料中引入的细小气泡起到分散和润湿作用,可显著改善混凝土的工作性。但在混合料搅拌、运输过程中,混凝土含气量减小,"滚珠"效应降低,导致坍落度损失增大。

（3）缓凝剂与保塑剂。

现代商品混凝土配合比设计中经常采用缓凝剂和保塑剂与减水剂复配,目的是改善混凝土的工作性和坍落度经时损失现象,其机理是降低水泥的水化速率。

5. 环境温度和湿度

环境温度高,则水泥水化速率提高,水分蒸发速度加快,致使混合料的坍落度损失增大。

混合料周围干燥,湿度小,则水分的蒸发速度也增大,也会增大混合料的坍落度损失,且会导致混合料易抹平性下降甚至表面开裂。

6. 搅拌、运输方式

与人工搅拌、静态运输相比,采用机械搅拌、边搅拌边运输的方式有助于减少混凝土混合料的坍落度损失。

2.6　含气量

2.6.1　混凝土混合料中的气体

混合料中的空气可以气泡形式存在于水泥浆中,或溶解于拌和水中,或存在于水泥和骨料颗粒的孔隙中。在不使用引气剂的情况下,普通混凝土混合料往往由于浆体本身太薄而无法持有空气,但一定量的空气可被骨料截留,对于塑性混凝土混合料,这些空气主要以气泡形式存在,即使捣固良好的塑性混凝土混合料,其截留空气量通常为基体体积的5%甚至更多。

通过适度的搅拌或揉捏工艺,即使不使用引气剂,也可在混凝土混合料中引入气泡。搅拌过程中,表面混合料旋转进入内部并携入一定量的空气,但气泡的存在方式多呈离散、不连续的状态。材料如因太稠或黏度太大而不能搅拌,则可通过揉捏过程引入空气。

通过剧烈的机械运动所引入的气泡很容易合并以降低系统自由能,加入适量引气剂则可有效避免这种现象的发生。如果使用引气剂或加气剂,则混合料中含气量可达基体体积的20%以上,且气孔呈球状,尺寸小($100 \sim 1\ 000\ \mu m$),形状规则,结构稳定。这些气泡拉大了固体颗粒之间的距离,同时还可增加浆体的黏度和屈服应力,因此可显著改善混凝土的工作性,如增大流动性、减少离析泌水等。

不掺引气剂的情况下,混凝土混合料的含气量随单位加水量的增大而降低,原因可能是气泡更易于上浮。但是,掺入适当引气剂时情况则恰好相反,即坍落度越大,流动水越多,则含气量越高。

2.6.2　混凝土混合料含气量的测定方法

该方法适用于骨料最大粒径不大于 40 mm 的混凝土混合料含气量测定。

试验所用含气量测定仪由容器及盖体两部分组成(图 2.17)。容器应由硬质、耐腐蚀的金属制成,内表面光滑,内径与深度相等,容积为 7 L。盖体所用材料与容器相同,由气室、水找平室、加水阀、排水阀、操作阀、进气阀、排气阀及压力表等部分构成。压力表量程 0 ～ 0.25 MPa,精度 0.01 MPa。容器与盖体之间密封良好,连接处不得有空气存留。

在容器中先注入1/3 高度的水,将预先筛分、称重、拌匀的粗细骨料慢慢倒入。水面每升高 25 mm 左右,轻轻插捣 10 次,并轻轻搅动以排除夹杂的空气。加料过程中始终保持水面高出骨料的顶面。骨料全部加入后,浸泡数分钟,再用橡皮锤轻敲容器外壁,使气泡排净后,加水至满。装好密封圈,加盖拧紧螺栓后关闭操作阀和加气阀,通过加水阀向容器内注入水;当排水阀流出的水流不含气泡时,在注水的状态下,同时关闭加水阀和排水阀。

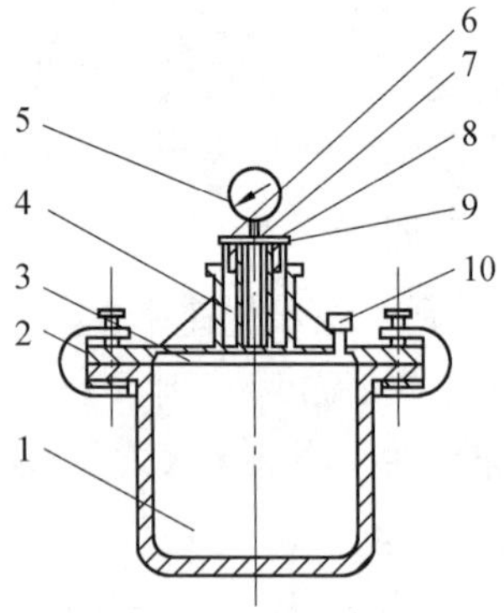

图 2.17 含气量测定仪
1—容器;2—盖体;3—水找平室;4—气室;5—压力表;6—排气阀;7—操作阀;8—排水阀;9—进气阀;10—加水阀

开启进气阀,用气泵向气室内注入空气并用排气阀调整,使气室压力稳定为 0.1 MPa,然后关紧排气阀。开启操作阀,使气室内的压缩空气进入容器,待压力表显示值稳定后记录示值 P_g(MPa),然后开启排气阀,压力表显示值应回零。

用湿布擦净容器和盖的内表面,装入混凝土试样。捣实可采用手工或机械方法,坍落度不大于 70 mm 的混凝土可采用振动台或插入式振捣器等振实混凝土,但应避免过度振捣;混凝土坍落度大于 70 mm 的宜用手工插捣。捣实完毕后立即用刮尺刮平,表面如有凹陷应予填平抹光,然后在正对操作阀孔的混凝土混合料表面贴一小片塑料薄膜。擦净容器上口边缘,装好密封垫圈、盖体并拧紧螺栓。依照前述步骤依次注水、注气,测量、记录压力表显示值稳定后的压力值 P_0(MPa),然后开启排气阀,压力表显示值应回零。

参考含气量测定仪含气量-压力值的标准曲线,根据试验测定值 P_g 和 P_0,可以分别得到骨料含气量和试样的含气量,则混凝土混合料的含气量可按下式计算,精确至 0.1%:

$$A = A_0 - A_g \tag{2.14}$$

式中　A——混凝土混合料的含气量,%;

　　　A_0——两次含气量测定的平均值,%;

　　　A_g——骨料含气量,%。

2.6.3　影响含气量的主要因素

通常情况下,混凝土混合料的含气量不超过 1%;为改善混凝土的抗冻性,可通过引气剂的掺用,在混合料中引入 4%~6% 的细小、封闭气泡,同时还有利于改善混凝土混合料的工作性。国标《混凝土结构耐久性设计规范》(GBT 50476—2008)给出了掺引气剂或引气型外加剂情况下混凝土混合料的含气量指标要求,见表 2.8。在此情况下,水泥、粉煤灰、砂石料、减水剂、水灰比、搅拌工艺、环境温度等因素对引气量的影响不能忽视。

表 2.8　引气混凝土含气量

含气量　环境条件　骨料最大粒径/mm	混凝土高度饱水	混凝土中度饱水	盐或化学腐蚀下冻融
10	6.5	5.5	6.5
15	6.5	5.0	6.5
25	6.0	4.5	6.0
40	5.5	4.0	5.5

（1）水泥。

通常而言,水泥用量和引气剂掺量相同情况下,硅酸盐水泥的引气量依次大于普通水泥、矿渣水泥、火山灰水泥。对于同品种水泥,水泥的细度或含碱量提高,也可导致引气量减小。

（2）骨料。

骨料对混凝土混合料含气量的影响主要由骨料性质决定,卵石混凝土的引气量一般比碎石混凝土大。同品种粗骨料,则随着粗骨料最大粒径的增大,含气量迅速减小。对于细骨料而言,天然砂的引气量大于人造砂,且粒径为 0.15~0.6 mm 的细颗粒越多,引气量越大。此外,骨料的颗粒级配、石粉含量、炭质含量等对混凝土混合料的含气量也有一定影响。

（3）矿物掺合料。

掺粉煤灰或矿渣细粉、沸石粉等磨细掺合料时,往往引气量有明显降低。

（4）水灰比。

水灰比太小,则拌合物过于黏稠,不利于气泡的产生;水灰比过大,则气泡易于合并长大,并上浮逸出。因此混凝土的水灰比(单位用水量)不宜过大或过小,可通过混合料的坍落度加以控制。

（5）搅拌和密实工艺。

机械搅拌比人工搅拌引气量大,且随着搅拌速度的提高,或搅拌时间的延长,含气量明显提高,但搅拌速度过快,时间过长,反而会因气泡逸出而导致含气量的降低。

机械振捣特别是高频振捣也会引起气泡的逸出,从而导致含气量的减小,特别是混合料经过较长时间运输或静停的情况下。一般机械振捣时间不超过 20 s。

（6）环境温度。

温度对引气量的影响很大,温度越高,含气量越小。一般认为,环境温度每升高 10 ℃,含气量可减少 20%~30%,其原因可能是气泡体积增大及砂浆黏稠度降低所导致的气泡逸出现象。

（7）外加剂。

某些减水剂与引气剂复合使用,会降低混凝土的含气量。

思 考 题

1. 简述混凝土流变学的基本模型和特点

2. 混凝土混合料的流变性能指标有哪些? 如何测试?

3. 什么是混凝土混合料的工作性? 怎样检测?

4. 简述混凝土的离析及其产生原因。

5. 简述混凝土的泌水及其产生原因。

6. 影响含气量的因素有哪些?

7. 影响水泥凝结硬化的因素有哪些? 简述其影响原理。

8. 什么是水泥的初凝时间和终凝时间? 实验中如何测定? 为什么要规定凝结时间?

9. 试举出三种既可以提高流动性又不影响强度的方法? 并解释原因。

10. 什么是混凝土的可泵性? 泵送混凝土对原材料有哪些要求?

11. 某工地施工人员拟采用下述方案提高混合料的流动性,是否可行? 分析其原因。

(1)多加水。

(2)保持水灰比不变,适当增加水泥浆量。

(3)加入氯化钙。

(4)掺加减水剂。

(5)适当加强机械振捣。

第3章 硬化混凝土结构

任何材料的宏观性能均与内部结构存在着密切联系。随着现代混凝土技术的发展,混凝土中的原材料种类、化学成分更加复杂,混凝土施工工艺和环境条件也各不相同,从而导致针对不同工程要求而制备的混凝土各项宏观技术指标也千差万别,但所有这些看似随机变化的宏观性能表现都直接取决于混凝土的内部组织结构。因此了解和掌握混凝土结构特征对于根据要求设计和控制实际混凝土性能参数,解释各种混凝土宏观性能现象,进而采取措施保证混凝土工程质量均具有重要意义。

混凝土的宏观组织呈堆聚状,是由各种形状和大小的粗、细骨料颗粒(通常占65%~75%体积)和水泥石(通常占25%~35%体积)所组成的复合材料,如图3.1所示。因此混凝土的宏观性能主要取决于水泥石性能、骨料性能、水泥石-骨料相对含量及其之间的界面过渡区,界面过渡区将两个性能完全不同的材料联系在一起,因而它的性质对混凝土性能起到决定性作用;界面受水泥石和骨料共同影响,但水泥石起主导作用;因此,在普通水泥混凝土中,水泥石对混凝土性能起非常关键的作用。

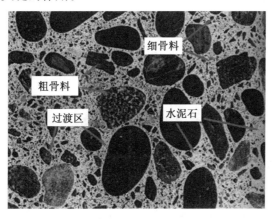

图3.1 混凝土的宏观组织结构

3.1 水泥石结构及形成过程

水泥与水反应形成的水泥石是一个极其复杂的非均质多相体,是一种多孔的固、液、气三相共存体,如图3.2所示。水泥石中的固相组成主要由未充分水化的胶凝材料颗粒(包括少量水泥颗粒和矿物掺合料,如粉煤灰、矿渣颗粒等)和水化产物组成。对于硅酸盐水泥来说,完全水化后的硬化水泥石中固相组成(质量分数)为:水化硅酸钙(C-S-H)约占70%,氢氧化钙(CH)晶体约占20%,钙矾石和AFm等硫铝酸盐共约7%,未水化熟料的残留物和其他杂质约占3%。当掺加矿物掺合料时,水泥石中的CH晶体量会明显减少,C-S-H所占比例有所增加,但大多数矿物掺合料(硅灰、偏高岭土除外)水化活性通常较低、水化速度很慢,在若干年甚至几十年后仍有较多颗粒没有水化完全。

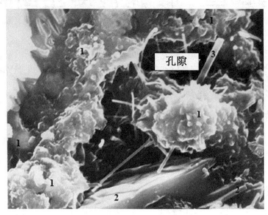

图3.2 水泥石组织结构

1—C-S-H凝胶体;2—Ca(OH)₂晶体;3—钙矾石($C_6A\bar{S}_3H_{32}$)晶体

3.1.1 水泥石中的固相组成

水泥石的结构主要包括固相、孔(气相)和水(液相)。

1. C-S-H

C-S-H是水化硅酸钙的分子式缩写,由于其结晶程度差,具有胶体的性质,因而常称为C-S-H凝胶体。它是硬化水泥石中所占比例最多的固相物质,其强度也最高,是水泥石中最主要的强度来源。C-S-H的化学组分多变,其$(Ca)/n(Si)$为1.5~2.0,其分子式中结构水的含量变化更大;对于硅酸盐水泥来说,常用$C_3S_2H_3$来表示,当掺加矿物掺合料时其$n(Ca)/n(Si)$会有所降低;水化硅酸钙的溶解度极低,是水泥石中最为稳定的组分。通过电子显微镜观察,C-S-H的形貌常变动于结构很差的纤维和错综复杂的网状或席状组织之间,并有成簇的倾向,如图3.3所示。

C-S-H的结构非常复杂,目前对于其真实结构还没有完全搞清楚,有很多模型解释这种材料的性质。最为典型的是Powers-Brunauer模型,如图3.4所示。T. C. Powers认为:C-S-H是一种具有很高比表面积的层状多孔结构物质,其结构类似于天然黏土矿物蒙脱石;C-S-H的表面积的具体大小与所用测量方法有关,有文献证明其比表面积可高达400 m²/g以上,甚至更高;C-S-H的强度主要来源于如此巨大表面积的薄层之间的范德瓦耳斯力。C-S-H层片之间均有一定距离,约为1.8 nm,其体积约占整个C-S-H体积的28%,层与层之间空间形成的孔隙称为凝胶孔,其中填充着的水为层间水或凝胶水,还有一部分由C-S-H表面张力所保持的水称为吸附水。凝胶孔和凝胶水在凝胶体中所占比例,与水灰比、水泥水化程度等无关。

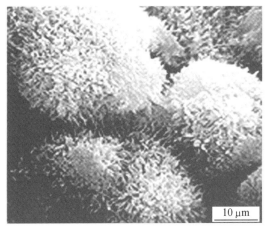

图 3.3　C-S-H 的典型 SEM 照片

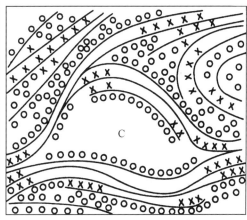

图 3.4　C-S-H 的结构模型
×粒子内孔;○粒子间孔;C 毛细孔;—C-S-H 层

2. 氢氧化钙

与 C-S-H 相对比,氢氧化钙是具有固定化学组成的化合物 Ca(OH)$_2$(常简写为 CH),它是一种六方薄板层状的晶体,在硬化水泥石中常形成六方柱状的大晶体,其典型的完整晶体结构常见于硬化水泥石的裂缝或大孔隙中,如图 3.5 所示。CH 的微观形貌通常还受有效空间、水化程度、存在于系统中的杂质、矿物掺合料等影响,因而也可能表现为不太规则的形状甚至大的板状堆积形状。与 C-S-H 相比,氢氧化钙由于表面积非常小,由范德瓦耳斯力所提供的强度潜力也很有限;CH 的溶解度相对于 C-S-H 来说较高,因而它是水泥石中最薄弱也是最容易受到外界化学侵蚀的成分。但是,水泥石中必须存在大量的氢氧化钙以维持孔隙溶液碱度,这对于保证 C-S-H 的稳定存在和防止钢筋锈蚀具有积极作用。

图 3.5　硬化水泥石中的氢氧化钙晶体

3. 硫铝酸钙

硫铝酸钙在水化产物固相体积中所占比例不高,因而对水泥石性能仅起次要作用。研究表明,在水泥水化早期,当液相中硫酸盐/氧化铝离子较高时,有利于三硫型水化硫铝酸钙(3CaO·Al$_2$O$_3$·3CaSO$_4$·31H$_2$O),即钙矾石(AFt)的形成,它呈六方棱柱状、针棒状晶体、棱面清晰,如图 3.6(a)所示。在水泥水化后期,当液相中硫酸盐/氧化铝离子含量降低到一定程度,钙矾石转化为六方板状的单硫型水化硫铝酸钙($3CaO \cdot Al_2O_3 \cdot CaSO_4 \cdot 12H_2O$),如图3.6(b)所示。单硫型水化硫铝酸钙(AFm)在有足够硫酸盐和水条件下又会反应生成钙矾石,这也是单硫型水化硫铝酸钙含量较高的硬化水泥石抗硫酸盐侵蚀性差的主要原因。另外,钙矾石或单硫型水化硫铝酸钙中的氧化铝可全部或部分被氧化铁代替。

(a) 钙矾石晶体(AFt)   (b)单硫型水化硫铝酸钙(AFm)

图3.6 硬化水泥石中的硫铝酸钙晶体

4. 未水化熟料颗粒

未水化水泥颗粒的多少,取决于水泥颗粒尺寸和水化程度。现代水泥熟料粒径通常为1~50 μm,随着水泥水化的进行,最小的颗粒首先溶解反应消失,然后是较大的颗粒。水泥水化速率随着水化龄期增长而变慢,据研究报道,9个月的水泥熟料水化深度为5~9 mm,对于较大的水泥颗粒可能若干年后仍然存在,如图3.7所示。

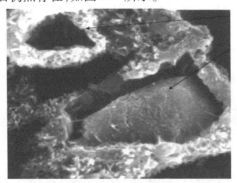

图3.7 未水化熟料颗粒

3.1.2 水泥石的孔隙结构

孔是水泥石微结构中的重要组成部分,对水泥石宏观性能起重要影响。描述水泥石中孔隙状态通常采用孔隙结构,它包括总孔隙率、不同尺寸大小的孔的级配(或称孔径分布)、孔的形貌(几何特征)及孔在空间排列的状况等,其中使用最多的是孔隙率和孔径分布这两个参数。根据孔隙尺寸及其对水泥石宏观性能的影响,通常可将孔分为以下几类。

(1)凝胶孔。

凝胶孔是水泥水化产物 C-S-H 的固有特性,认为其孔径为 C-S-H 层片之间的距离,约为1.8 nm;但是,Feldman 和 Sered 建议此距离为0.8~2.5 nm,可见不同研究者对其认识还存在一定争议。凝胶孔约占凝胶体总体积的 28%。该类孔隙不会对水泥石强度和渗透性等宏观性能产生不良影响。

（2）毛细孔。

由于水泥水化产物的平均密度比未水化水泥的密度低得多，1 cm³ 水泥完全水化大约可产生 2 cm³ 的水化产物。水泥水化过程中，水泥颗粒不断膨胀长大，占据了原先充水的空间；随着水化过程的不断进行，原来充水的空间逐渐减少，而没有被水化物填充的空间，则被分割成形状不规则的毛细孔；因而毛细孔代表了水泥石中没有被水化产物填充的那部分空间，其体积和尺寸主要取决于水泥颗粒组成、水灰比和水泥水化程度等。水化良好的低水灰比水泥石中，毛细孔尺寸主要为 10 ~ 50 nm；高水灰比水泥石中，水化早期毛细孔尺寸可高达 3 ~ 5 μm。

美国著名学者 Mehta 教授按孔径大小将水泥混凝土中的孔大体分成小于 4.5 nm、4.5 ~ 50 nm、50 ~ 100 nm、大于 100 nm 4 级。他认为，只有其中大于 100 nm 的孔才影响混凝土的强度和渗透性。日本学者寺村悟和板井悦郎则认为，影响混凝土强度和渗透性的是孔径为 10 ~ 50 nm 的中毛细孔和孔径为 50 ~ 100 nm 的大毛细孔。1973 年，中国工程院院士吴中伟教授综合孔级配和孔隙率两个因素，提出了不同尺寸孔的分孔隙率 ε 和该孔隙影响系数 γ 的概念，并根据对宏观性能的影响程度对毛细孔进行分级，如图 3.8 所示。其中孔径大于 50 nm 以上的孔隙对混凝土强度和耐久性危害较大，小于 20 nm 的孔隙对混凝土性能影响极微。

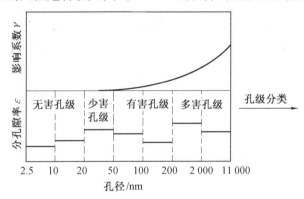

图 3.8　吴中伟对水泥石中孔的分类

尽管目前关于不同尺寸孔对影响水泥石和混凝土宏观性能的程度还存在不同观点，但一致的看法是水泥石中孔隙细化对于提高其强度和耐久性至关重要。为达到细化孔隙结构的目的，通常主要采取改善水泥颗粒级配、掺细矿物掺合料、使用减水剂以降低水灰比、加强度养护等措施实现。

（3）气孔。

气孔一般呈圆形，而毛细孔则呈不规则形状。在水泥混凝土搅拌过程中可引入一定量（体积分数 1% 左右）气泡形成气孔；另外，为了提高混凝土工作性和抗冻性，加入引气型的外加剂可在水泥混凝土中形成大量的非常细小的气孔。在水泥混凝土搅拌过程中，带入的气孔可大至 3 mm，而掺引气外加剂形成的往往是 50 ~ 200 μm 的小气泡，气泡含量还与制作工艺、养护工艺以及所用外加剂等有关。可见，气孔比毛细孔尺寸大得多，因而对水泥石强度不利，但是圆形、孤立的气孔对于提高混凝土抗冻性和阻止裂缝扩展具有重要意义。

3.1.3 水泥石中的水

水泥石中的水对于水泥石宏观性能来说非常重要。水的存在形态和含量的变化直接反映了水泥水化与结构变化过程,同时也影响着水泥石的体积稳定性和其他力学性能。水以多种形式存在于水泥石结构中,根据水从水泥石中失去的难易程度,可以将水划分为毛细管水、吸附水、层间水和化学结合水。当相对湿度降低时,水从饱和的水泥石中失去具有连续性,故对于不同状态的水的界限并不是很严格。

(1)毛细管水。

毛细管水存在于 5 nm 以上尺寸的毛细孔隙中,它是不受固体表面力作用的重力水。实际上,根据硬化水泥石中毛细管水的行为,又可把毛细管水分为两类:在大于 50 nm 尺寸的大孔中的水,被视为自由水,因为失去这种水不会造成任何体积变化;在细毛细管(5～50 nm)中毛细管张力所固定的水,结合力较弱,但失去这种水可导致系统的干燥收缩。毛细管水含量的多少与毛细孔含量、孔径分布和环境湿度等相关。

毛细管水并不是纯水,而是含有 Ca^{2+}、OH^-、K^+、Na^+、SO_4^{2-} 等多种离子的稀溶液,通常以 0.6 mol/L KOH+0.2 mol/L NaOH+饱和 $Ca(OH)_2$ 溶液模拟混凝土孔隙溶液,实质上不同混凝土因水泥碱含量、外加剂、龄期、所处环境条件的不同,其孔隙溶液组成也有所不同。

(2)吸附水。

吸附水以中性水分子的形式存在,并不参与组成水化产物的分子结构,而是物理吸附于水化水泥石固相颗粒的表面。已有研究证明,水泥水化产物表面可以通过氢键吸附 6 个水分子层(1.5 nm)。当环境湿度降低到 30% 左右时,吸附水将失去大部分,而吸附水失去是造成水泥石干燥收缩的主要原因。

(3)层间水。

层间水与 C–S–H 的层状结构有关。在 C–S–H 层间单分子水为氢键牢牢地固定。层间水只有在强烈干燥环境(11% 相对湿度以下)下才会失去,当层间水失去时,C–S–H 结构会产生明显收缩。

(4)化学结合水。

化学结合水又称结晶水或结构水,它直接参与各组成水化物晶体结构,并不是真正意义上的水,而是以 OH^- 状态或结晶水 H_2O 形式存在。对于不同水化产物,化学结合水与其他元素有确定的分子数量比,它在晶格中的结合强度远远高于物理吸附水,在常温常压下干燥不会失去,只有在温度高于 105 ℃条件下使晶格破坏时才能释放出来。不同水泥矿物与水反应生成的水化产物不同时所结合的化学水量是不一样的,水泥完全水化时的化学结合水与其矿物组成的关系大致为

$$W_n/C = a_1 w_{C_3S} + a_2 w_{C_2S} + a_3 w_{C_3A} + a_4 w_{C_4AF}$$

式中　　W_n/C——单位质量水泥完全水化时的化学结合水量,g/g;

　　w_{C_3S}、w_{C_2S}、w_{C_3A}、w_{C_4AF}——水泥中各矿物质质量分数,g/g;

　　$a_1 \sim a_4$——各矿物完全水化时的结合水量,分别取值为 0.234、0.178、0.504、0.158。

根据 Powers 水化理论,每克硅酸盐水泥完全水化时会有 0.227 g 水成为结合水,还会有 0.19 g 水被物理吸附在凝胶孔中(即凝胶水),这部分水通常不会自由地参与水泥水化反应但属于物理吸附,在相对湿度小于 30% 的干燥条件下会转入毛细孔中往外蒸发。

以上 4 种不同形式的水,很难定量测定。因此从实用观点出发,可将硬化水泥石中的水分为蒸发水和非蒸发水两类。非蒸发水主要指化学结合水;蒸发水主要指毛细管水、吸附水和层间水,指在固定条件下能除去的水,包括 105 ℃加热干燥、干冰干燥(又称 D-干燥法)等方法。通常可通过测试水泥石在 1 000 ℃左右下烧灼,测出非蒸发水来推算出水泥的水化程度。

3.1.4　水泥石结构形成过程

水泥与水拌和后,就会立即发生化学反应,水泥颗粒表面各组分开始溶解,当水溶液中离子浓度达到饱和或过饱和时,部分水化产物结晶析出;未溶解的活性矿物组分接着继续溶解、析出,如此反复便形成了水泥水化全过程。经过一系列复杂的水化反应,水泥浆体中固相体积不断增加,导致水泥颗粒不断膨胀长大,相互接触连接,从而失去流动性,并逐渐硬化具有强度,如图 3.9 所示。

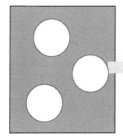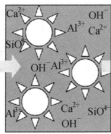

图 3.9　水泥水化硬化过程示意图

在不考虑掺加化学外加剂的情况下,根据水泥水化速率可将水泥石结构形成过程分为以下 5 个阶段,如图 3.10 所示。

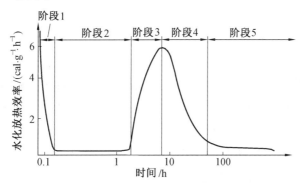

图 3.10　水泥水化过程的 5 个阶段

①第 1 阶段,初始水解期:水泥与水接触后立即发生急剧反应,时间很短,十几分钟内结束,又称诱导前期。在此阶段主要是 C_3A 与石膏反应生成钙矾石晶体。

②第 2 阶段,诱导期:在诱导前期水泥与水快速发生反应,在水泥颗粒表面形成了一薄层致密的水化产物,阻止了水泥的继续水化,从而导致水泥水化进入诱导期,又称静止期,一般持续 2 ~ 4 h。这一阶段水泥水化反应速率极其缓慢,这也是硅酸盐水泥浆体能在几个小时内保持塑性的原因。初凝时间基本上相当于诱导期的结束。

③第3阶段,加速期:反应重新加快,反应速率随时间而增长,出现第二个放热峰,在到达顶峰时本阶段即结束(4~8 h),此时终凝已过,水泥浆体开始硬化。在此阶段主要是C_3A、C_3S水化阶段。

④第4阶段,衰退期:反应速率随时间下降阶段,又称减速期,持续12~24 h,此阶段的水泥水化速率受扩散控制。

⑤第5阶段,稳定期:反应速率很慢,基本稳定的阶段。

从水化产物形成及其发展的角度,可将整个硬化过程分为如图3.11所示的三个阶段。该图概括地表明了各主要水化产物的生成情况,也有助于形象地了解浆体内结构的形成过程。

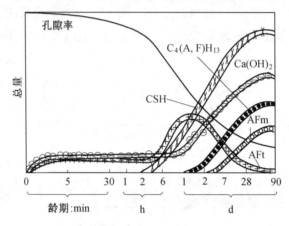

图3.11 水泥水化过程中各水化产物形成过程

①第一阶段,大约在水泥拌水起到初凝时为止,C_3S、C_3A与水迅速反应,在这一阶段,由于水化产物尺寸细小,数量又少,不足以在各颗粒间形成架桥,网状结构未能形成,水泥浆呈塑性状态。

②第二阶段,大约从初凝到24 h为止,水泥水化开始加速,生成较多的CH晶体、钙矾石,同时水泥颗粒表面长出纤维状C—S—H,由于钙矾石晶体的长大及C—S—H的大量形成,产生强、弱不等的接触点,将各颗粒初步连接成网,使水泥浆凝结。随着接触点数目的增加,网状结构不断加强,水泥石强度相应增长。原先剩留在颗粒间空间中的非结合水,就逐渐被分割成各种尺寸的水滴,填充在相应大小的孔隙之中。

③第三阶段,24 h以后,直到水化结束。在此阶段,石膏已耗尽,钙矾石开始转化成AFm,还形成了$C_4(A,F)H_{13}$。随着水化的进行,C—S—H、CH、AFm、$C_4(A,F)H_{13}$等水化产物的数量不断增多,水泥石结构更趋致密,强度稳步提高。

图3.12所示为水泥石中各组成的体积随龄期变化示意图,随着水化龄期的延长,未水化水泥量减少,水化产物和凝胶孔(凝胶水)体积增多,毛细孔及其中所含的毛细孔水量逐渐减少,这种体积变化速率也随着龄期增长不断减缓。

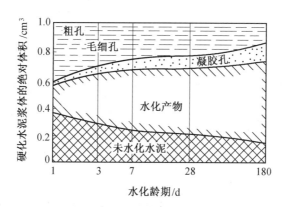

图 3.12 水泥石中各组成的体积随龄期变化示意图

3.1.5 水泥石结构与宏观性能间关系

混凝土的宏观性能如强度、尺寸稳定性和耐久性等的好坏从表面上看是受原材料和配合比的影响,但实质上是由混凝土和水泥石微观结构决定的。

1. 强度

水泥石中各水化产物强度的主要来源是分子间存在的范德瓦耳斯引力,因而水泥石强度大小直接与所涉及的表面积有关,具有很大比表面积的 C-S-H 凝胶体、水化硫铝酸钙及水化铝酸钙是水泥石中主要强度来源。正是这些物质之间的彼此牢固黏结,而且与低比表面积的固体牢固黏结,如氢氧化钙、未水化水泥颗粒、粗细骨料等,才形成具有强度的混凝土结构,因而水泥石中这些水化物含量直接决定了混凝土的强度。

众所周知,固体的强度与孔隙率间成反比关系。在硬化水泥石中,C-S-H 层状结构中的空间以及在范德瓦耳斯力作用范围内的小孔隙,可以认为对强度无害,因为在荷载作用下的应力集中和破坏开始于混凝土中的大孔隙及微裂缝。水泥石中的毛细孔体积取决于水灰比和水泥水化程度。假定 1 cm³ 水泥完全水化后产生 2 cm³ 水化产物,Powers 计算了水泥石毛细孔隙率随不同水灰比的水泥石中水化程度而变化。

情况 A:水灰比为 0.63 的水泥石中含有 100 cm³ 水泥,大约需要 200 cm³ 的水,总计 300 cm³ 浆体可得的总体积。水泥的水化程度决定于养护条件和龄期,假设在标准养护条件下,水泥在 7 d、28 d 和 365 d 时的水化程度分别为 50%、75% 和 100%,固体的计算体积(未水化水泥加上水化产物)为 150 cm³、175 cm³ 和 200 cm³。毛细孔体积可以从总体积和固体总体之差求得,分别为 50%、42% 和 33%。

情况 B:分别制备水灰比为 0.7、0.6、0.5 和 0.4 的 4 种水泥浆体,假定其水化程度为 100%。同样 100 cm³ 水泥全部水化可产生 200 cm³ 固体水化产物;而水灰比为 0.7、0.6、0.5 和 0.4 的浆体的初始总体积分别为 320 cm³、288 cm³、257 cm³ 和 225 cm³,可计算出毛细管孔隙率分别为 37%、30%、22% 和 11%。

对于正常水化的硅酸盐水泥砂浆,Powers 给出了其抗压强度 f 与胶空比 x 间存在指数关系:$f = kx^3$,式中 k 为常数,如图 3.13 所示。

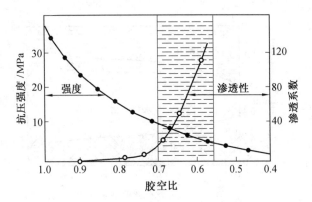

图 3.13 水泥石强度与胶空比的关系

2. 尺寸稳定性

在保持相对湿度 100% 条件下, 成熟水泥石不会发生宏观尺寸变化。当暴露于湿度低于 100% 的外界环境时, 水泥石将开始失水收缩。饱水水泥石失水过程与相对湿度有关, 从而导致不同程度的干燥收缩, 如图 3.14 所示。当相对湿度低于 100% 时, 较大孔隙(大于 50 nm)内的水开始蒸发到周围环境中, 因为这部分水为自由水, 并不产生明显收缩, 如图中曲线 AB 段所示。因此, 饱水水泥石置于稍低于 100% 相对湿度下, 在发生收缩前就已失去大量可蒸发水。

当已经失去大部分自由水后, 再继续干燥下可发现进一步失水开始导致明显收缩, 如图中曲线 BC 段, 这主要归结于细小毛细管中表面吸附水开始散失。再进一步降低湿度, C-S-H 层状结构中以单分子水膜存在的层间水也会失去。同时, 孔隙水的迁移也被认为是引起水泥石徐变的主要原因, 在外力持续作用下, 混凝土中水泥石中的物理吸附水和细毛细管中水向大孔隙中的迁移就会引起宏观体积变形, 即徐变变形。

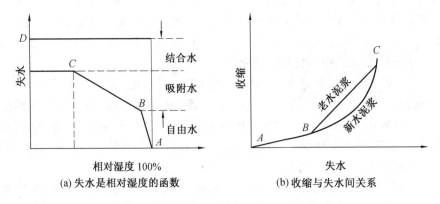

图 3.14 水泥石失水-相对湿度-收缩间关系

3. 耐久性

渗透性是决定混凝土耐久性的主要因素, 它主要取决于水泥石中孔隙的尺寸和连续性。如图 3.15 所示, 孤立、封闭的孔, 即使大孔隙率也可达到低渗透性;连通的孔隙, 即使很小孔隙率, 也会导致高渗透性。

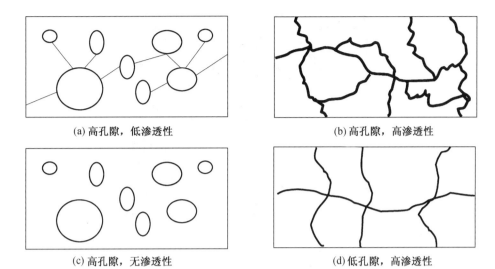

(a) 高孔隙，低渗透性　　　　(b) 高孔隙，高渗透性

(c) 高孔隙，无渗透性　　　　(d) 低孔隙，高渗透性

图 3.15　水泥石孔隙与渗透性间关系

3.2　过渡区结构

混凝土中骨料和水泥石通过过渡区相连,过渡区对于混凝土性能的影响程度与骨料、水泥石同样重要。界面问题之所以引起人们的关注,是因为在宏观现象上,普通混凝土的劣化或破坏往往首先出现在过渡区处。这是因为水泥石和骨料的弹性模量不同,当温度、湿度发生变化时,水泥石和骨料变形不一致,致使在过渡区处形成细微的裂缝;另外,在混凝土硬化前,水泥浆体中的水分向亲水的骨料表面迁移,在骨料表面形成一层水膜,从而在硬化的混凝土中留下细小的缝隙;此外,浆体泌水也会在骨料下表面形成水囊。这样,混凝土在承受荷载作用以前,过渡区处就充满微裂缝;受荷载作用以后,随着应力的增长,这些微裂缝不断扩展并伸向水泥石;水泥石中微裂缝的开展,最终将导致水泥混凝土的断裂和破坏。

3.2.1　过渡区的特征

从细观尺度上看,水泥石和骨料的界面并不是一个"面",而是一个有不定厚度的"区"(或称"层""带")。这个特殊的"区"的结构和性质与水泥石本体有较大区别,在厚度方向从骨料表面向水泥石逐渐过渡,因此被称为"过渡区"。根据水泥石与骨料间结合情况不同,"过渡区"厚度可在 $0 \sim 100~\mu m$ 范围内变化。

"过渡区"是由于水泥浆体中的水在向骨料表面迁移的方向形成水灰比的梯度差而产生的。在骨料表面处水灰比最大,随着向水泥石本体方向靠近,水灰比逐渐降低,直到水泥石本体的水灰比;由于水灰比的差别,离骨料表面越近,结晶体水化物越容易生成,而且尺寸越大;六方薄片结晶的 $Ca(OH)_2$ 以层状平行于骨料表面取向生长,其取向程度随着与骨料表面距离的增加而下降。国内外有很多学者根据自己试验结果提出了混凝土过渡区的模型,尽管因试验条件差异建立的模型不尽相同,但对混凝土中过渡区结构的描述具有以下共同特点:①W/C 高;②孔隙率大;③$Ca(OH)_2$ 和钙矾石含量多,水化硅酸钙的钙与硅摩尔比大;④$Ca(OH)_2$ 和钙矾石结晶颗粒大;⑤$Ca(OH)_2$ 取向生长。图 3.16 所示为一个典型的混凝土过渡区结构模型。

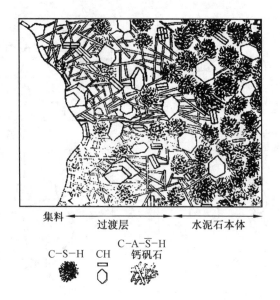

图 3.16　典型的混凝土过渡区结构模型

3.2.2　影响过渡区的主要因素

1. 骨料的性质

不同性质的骨料和水泥浆体之间的过渡区会有不同的性质,不仅水泥浆体会受到骨料的影响,而且骨料也会在一定程度上受到水泥浆体的影响。苏联学者 Lyubinmova 和 Pinus 测定了不同骨料和水泥浆体过渡区两侧显微硬度的变化,以说明不同骨料和水泥浆体之间的作用(图 3.17)。尽管骨料性质不同,对水泥浆体有不同的影响,但因骨料是非活性的,故骨料一侧的显微硬度是不变的常量,水泥石一侧的显微硬度随着与界面距离的增加而变化,并有一个较深的低谷,这是普通混凝土界面的典型特征。

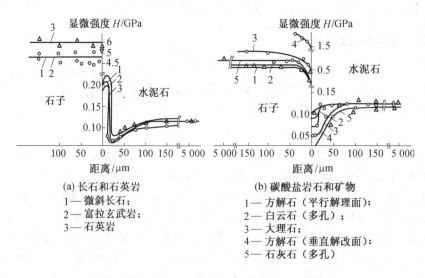

图 3.17　普通骨料混凝土过渡区显微硬度

如果骨料吸水,则可以降低骨料周围浆体的水灰比,并因此而减小界面对混凝土性能的不利影响。例如用陶粒作为粗骨料的轻质高强混凝土,其强度可以远高于陶粒本身的强度,主要是因为陶粒吸水后不但降低了过渡区处的水灰比;而且随着水泥水化的进行,当浆体中水分不足时,陶粒中所吸收的水分又被释放出来,对界面水泥石进行自养护,因而形成加强的界面过渡区。

有水硬活性或潜在水硬活性的骨料可在界面处参与水化反应而改善过渡区结构。例如选择适当的水泥熟料球作为混凝土的粗骨料,熟料固有的化学组成与其多孔性质结合,可促使界面区显微结构明显地表现出反应活性,使浆体与骨料间在很早龄期就产生较强的黏结强度。实验测定具有火山灰活性的沸石凝灰岩骨料和水泥浆体界面的显微硬度,可知界面两侧的显微硬度显然不同于普通骨料与水泥浆体界面两侧的显微硬度,如图 3.18 所示。可见,界面两侧的显微硬度都随龄期增长而变化,说明由于骨料存在活性,在界面处会发生化学反应,使界面产生相互影响。

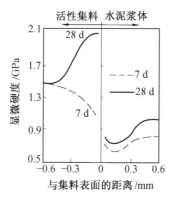

图 3.18　沸石凝灰岩骨料与水泥浆体显微硬度

其他条件相同时,单个骨料和浆体过渡区的厚度随骨料表面积的大小不同而变化,粒径小的骨料过渡层厚度小。骨料表面粗糙程度也直接影响过渡层性能,粗糙的表面可降低 $Ca(OH)_2$ 的取向度,提高界面结合强度。

2. 胶凝材料

混凝土中掺入活性矿物掺合料,减少了水泥熟料用量,相应地也就减少了 $Ca(OH)_2$ 的生成量。活性矿物细掺料在水泥浆体中可与水泥水化释放的 $Ca(OH)_2$ 反应,生成水化硅酸钙 C–S–H,能减少过渡区处 $Ca(OH)_2$ 的含量,并限制 $Ca(OH)_2$ 的取向,从而改善过渡层的性能;掺合料的活性越高,这种改善作用效果越明显。矿物掺合料的微细颗粒的填充作用还可降低过渡层中的孔隙率,改善过渡层结构。

3. 混凝土水灰比

混凝土的水灰比越大,界面处水灰比也越大,孔隙率也越高,因而 $Ca(OH)_2$ 在较宽松的环境下越容易沉积,结晶颗粒越大,界面过渡区性能就越差。所以,可通过掺减水剂降低水灰比来改善界面过渡区的性质。

4. 混凝土制作工艺

混凝土的搅拌、成型和养护等工艺过程均可影响过渡区的结构和性质。例如,常规搅拌投料顺序为:砂+石子+水泥先干拌均匀,再加水拌和出料;如采用另一种搅拌投料顺序如图3.19所示。

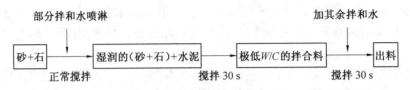

图3.19　水泥裹砂、石搅拌工艺

　　或者用部分水泥以极低水灰比(比如0.15～0.2)的净浆和石子进行第一次搅拌,然后再加入砂子,用其余的水泥和正常水灰比进行第二次搅拌,则第一次搅拌时,首先在砂石表面形成一层水灰比很低的水泥浆薄层,经二次搅拌后的混凝土的界面过渡层中 Ca(OH)$_2$ 生成量不再富集,取向性降低,孔隙也明显减小,因此混凝土性能有较大幅度的提高。如图3.20所示,不同搅拌工艺表现出混凝土界面显微硬度的不同,改进的搅拌工艺对界面区强化作用影响显著。

　　在电子显微镜下观察,采用"净浆裹石"工艺的混凝土过渡区处 Ca(OH)$_2$ 的数量显著减少,且结晶颗粒尺寸减小,界面过渡区处已经没有明显的"薄弱"区。

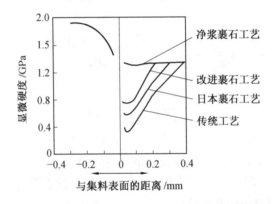

图3.20　不同搅拌工艺对混凝土过渡区显微硬度的影响

3.3　混凝土的内外分层结构

3.3.1　混凝土的外分层现象

　　在混凝土拌合物浇筑后至初凝期间约几个小时里,拌合物呈塑性和半流动状态,各组分间由于密度、颗粒尺寸不同,在重力作用下相对运动,骨料与水泥下沉、水上浮,从而发生不同程度的分层,称为外分层现象。如图3.21所示,图(a)表示不同粒径的骨料颗粒在黏性水泥砂浆中的沉降速度不同;图(b)表示混凝土浇筑后分层开始发生,骨料和水泥颗粒向下运动,水向上迁移;图(c)表示最终分层现象的结果,导致混凝土沿着浇筑方向的材料组成不均匀。

　　外分层现象的发生会对新浇筑混凝土产生三种不利影响:泌水、塑性沉降开裂和塑性收缩开裂。

　　泌水易发生于大水灰比、大流动性混凝土的现场施工中。这种拌合物在浇筑与捣实以后、凝结(不再发生沉降)之前,表面会出现一层水分或浮浆,可达混凝土浇筑高度的 2%～3% 或更大,这些水或向外蒸发,或因水泥继续水化被吸回。由于泌水现象,在结构浇筑面顶部的混凝土含水量多,水灰比大,形成疏松的水化物结构,对表层混凝土的强度、耐磨性和抗冻性等十分不利。

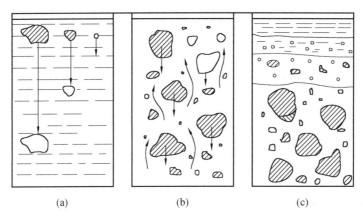

(a)　　　　　　　(b)　　　　　　　(c)

图 3.21　水泥石中各组成的体积随龄期变化示意图

对于浇筑深度较大的结构物,混凝土在发生外分层产生的整体往下沉降,如果受到钢筋、预埋件等的阻碍,相当于在钢筋处表层混凝土受到往上的反作用力,则会在沉降钢筋方向产生由表面往下发展的塑性沉降裂缝(图 3.22)。

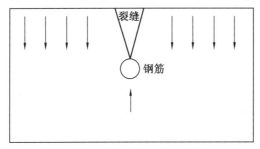

图 3.22　混凝土塑性沉降与塑性收缩开裂示意图

在干燥环境中,混凝土表面泌水会逐渐蒸发,当泌出水的速度低于表面水的蒸发速度时,表面混凝土将由于失水产生明显收缩,从而导致混凝土早期塑性收缩开裂。这是由于混凝土表面区域受下部混凝土和钢筋的约束产生拉应力,而这时混凝土的抗拉强度几乎为零。这种裂缝与沉降裂缝明显不同,它与环境条件有密切关系:当混凝土受环境温度高、相对湿度小、风速大、太阳辐射强烈以及以上几种因素的组合作用,更容易出现这种开裂现象。

3.3.2　混凝土内分层现象

新拌混凝土在发生外分层的同时,也会在混凝土中粗骨料的下方发生内分层现象。如图 3.23 所示,混凝土内分层可分为 3 个区域:区域 1 位于粗骨料的下方,如在砂浆中则位于粗砂粒的下方,此区域也称为充水区域,含水量最大,在其往外迁移蒸发后则形成孔穴,是混凝土中最薄弱的部分,也是外界有害介质侵入混凝土的主要通道和裂缝的发源地;区域 2 为正常区域,其砂浆属正常砂浆;区域 3 为密实区,此部分是混凝土中最密实和强度最高的部位。由于混凝土的内分层,使混凝土具有各向异性的特征,具体表现为在沿着浇灌方向的抗拉强度较垂直该方向的低。

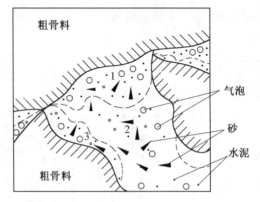

图 3.23　混凝土的内分层

3.3.3　混凝土分层现象的主要影响因素

1. 工作性

现代混凝土基本上采用泵送施工技术,因而混凝土坍落度一般要求较高,有的甚至达到自流平,大坍落度混凝土容易出现分层现象。因此,在满足工程要求条件下,尽可能使坍落度较小;对于大坍落度混凝土来说,要求混凝土适当增加塑性黏度以减轻分层现象。实际工程中,要注意控制用水量、外加剂掺量,适当提高胶凝材料用量;还可通过加入增稠组分,如羧甲基纤维素、羟乙基或羟丙基纤维素等改善混凝土分层现象。

2. 骨料

骨料级配对于混凝土拌合物的分层现象起着十分关键的作用。粗骨料级配不良,中间断档,例如在常用的 5~30 mm 或 5~40 mm 石子中很少甚至根本没有 5~10 mm 颗粒(这种现象非常普遍,严重的时候甚至只有 15 mm 或 20 mm 以上的颗粒),常会引起混凝土产生泌水、沉降等分层现象。在实际工程中,一定要控制粗骨料最大粒径,保证骨料级配连续,同时要控制骨料中针片状含量以减少内分层。

提高砂率也可减轻混凝土分层现象,如欧盟一些国家在预制混凝土业已获得较广泛应用的自密实混凝土,其水泥等胶凝材料用量仅 400~450 kg/m³,其组分材料的重要特点就是砂率大(超过 60%)且砂子的级配良好。这种自密实混凝土的塑性黏度与普通混凝土接近,因此具有易于泵送、浇筑速度快、不会形成施工冷缝的特点。

3. 成型振捣

施工时的振捣操作不当,是成型时出现泌水、沉降离析等分层现象的重要因素。实际工程中,漏振(没有振捣)、过振(振捣时间过长)、拖振(在拌合物表面连续拖动振捣棒)等现象十分普遍,这些均会加重混凝土的分层现象。

3.4　混凝土的宏观堆聚结构

　　如上所述,混凝土可以看作由水泥石、骨料和过渡区三部分构成的宏观堆聚结构复合材料。粗骨料在混凝土中杂乱、随机取向分布,并构成了混凝土的骨架结构,细骨料填充于粗骨料骨架中的空隙中,水泥浆体再进一步填充于粗、细骨料堆聚体中空隙中,随着矿物外加剂的应用,超细矿物外加剂又进一步填充了水泥颗粒间隙,进一步增加了水泥石的密度,并通过过渡区将骨料黏结在一起,从而构成宏观上的混凝土块体。

　　水泥石和过渡区是决定混凝土性质的两个主要因素,水泥石是一种多孔多相的复杂体系,且其微观结构随着水化龄期不断变化;界面过渡区往往是混凝土中结构疏松和最薄弱环节,它是混凝土中固有的原始缺陷,也是混凝土破坏的开始点。在考虑混凝土内外分层条件下,混凝土可视为一种非均质、各向异性的材料。

　　混凝土的宏观结构(或亚微观结构)可按骨料含量分为三类:第一类结构中骨料相互不接触,好像“飘浮”在基材中,即砂浆含量较大,超过骨料间的空隙体积,特点是骨料性能对混凝土性能影响不大,混凝土性能主要由砂浆性能决定,有人称为飘浮集结型结构;随着骨料用量的增加,水泥砂浆层厚度变薄,但骨料颗粒尚未相互接触,形成了相当紧密的骨架(即第二类结构,有人称为骨架集结型结构),如传统现场搅拌的混凝土;第三类结构中,骨料间的空隙未被砂浆或水泥石完全填满,骨料和骨料完全接触,形成大孔结构,即所谓的大孔混凝土,从应用角度又称为透水混凝土。

思 考 题

1. 简述过渡区的结构与水泥浆本体的结构区别。
2. 过渡区对混凝土性能有什么影响?
3. 比较 C-S-H 和 C-H 的性质,及其在硬化水泥浆体性质中所起的作用。
4. 水泥石中的空隙有哪几种? 对水泥的性能各有何影响?
5. 水泥石中的水有哪几种? 各有何特征?
6. 水泥结构形成过程分为哪几个阶段,各阶段水泥水化速率有何变化?
7. 混凝土的内外分层结构是如何形成的? 对混凝土的性能有何影响?
8. 从两个角度讨论混凝土的宏观堆聚结构。

第 4 章　混凝土力学性能

4.1　混凝土的强度

强度是混凝土最重要的力学性质,这是因为任何混凝土结构物主要是用以承受荷载或抵抗各种作用力。同时,混凝土的其他性能,如弹性模量、抗渗性、抗冻性等都与混凝土强度之间存在密切联系。混凝土强度的测试相对来说比较简单,因而经常用混凝土强度来评定和控制混凝土的质量以及作为评价各种因素(如原材料、配合比、制造方法和养护条件等)对混凝土性能影响程度的指标。

材料的强度被定义为抵抗外力不受破坏的能力。混凝土的强度主要有抗压强度、抗折强度、抗拉强度、抗剪强度、混凝土与钢筋的黏结强度等。在钢筋混凝土结构中,混凝土主要用来抵抗压力,同时考虑到混凝土抗压强度试验简单易行,因此,抗压强度是最主要最常用的强度指标。

1. 混凝土的立方体抗压强度和强度等级

根据《普通混凝土力学性能试验方法标准》(GB/T 50081)规定,立方体试件的标准尺寸为 150 mm×150 mm×150 mm;标准养护条件为温度(20±2)℃,相对湿度为 95% 以上;标准龄期为 28 d。在上述条件下测得的抗压强度值称为混凝土立方体抗压强度,以 f_{cu} 表示。因大量试验表明:混凝土的强度随着试件的尺寸增加而变小,试件尺寸减小而增大,这种现象称为尺寸效应。因此标准规定:混凝土强度等级小于 C60 时,用非标准试件测得的强度值均应乘以尺寸换算系数,对 200 mm×200 mm×200 mm 试件乘以系数 1.05;对 100 mm×100 mm×100 mm 试件乘以系数 0.95;当混凝土强度等级大于等于 C60 时,采用非标准试件的尺寸换算系数应由试验确定。

根据《混凝土结构设计规范》(GB 50010),混凝土的强度等级应按立方体抗压强度标准值确定,混凝土立方体抗压强度标准值是指用标准方法制作、养护的边长为 150 mm 的立方体试件,在 28 d 龄期用标准方法测得的具有 95% 保证率的抗压强度。混凝土强度等级采用符号 C 和相应的立方体抗压强度标准值表示,可分为 C10、C15、C20、C25、C30、C35、C40、C45、C50、C55、C60、C65、C70、C75、C80、C85、C90、C95、C100 共 19 个强度等级。如 C30 表示立方体抗压强度标准值为 30 MPa,亦即混凝土立方体抗压强度不小于 30 MPa 的概率要求在 95% 以上。

2. 轴心抗压强度

轴心抗压强度也称为棱柱体抗压强度。由于实际结构物(如梁、柱)多为棱柱体构件,因此采用棱柱体抗压强度更有实际意义。标准试件尺寸为 150 mm×150 mm×300 mm 的棱柱体试件,经标准条件养护到 28 d 测试而得。同一材料的轴心抗压强度 f_{cp} 小于立方体抗压强度 f_{cu},$f_{cp} = (0.7 \sim 0.8)f_{cu}$。这是因为抗压强度试验时,试件在上下两块钢压板的摩擦力约束下,侧向变形受到限制,即"环箍效应",此效应的影响高度大约为试件边长的 0.866 倍,如图 4.1 所示。因此立方体试件几乎整体受到环箍效应的限制,测得的强度相对较高。而棱柱体试件的中间区域未受到"环箍效应"的影响,属纯受压区,测得的强度相对较低。当钢压板与试件之间涂上润滑剂后,摩擦阻力减小,环箍效应减弱,立方体抗压强度与棱柱体抗压强度趋于相等。

混凝土强度等级小于 C60 时,用非标准试件测得的强度值均应乘以尺寸换算系数,对 200 mm×200 mm×400 mm 试件乘以系数 1.05;对 100 mm×100 mm×300 mm 试件乘以系数 0.95;当混凝土强度等级大于等于 C60 时,采用非标准试件的尺寸换算系数应由试验确定。

3. 抗拉强度

混凝土的抗拉强度很小,只有抗压强度的 1/10 ～ 1/20,混凝土强度等级越高,其比值越小。因此,在钢筋混凝土结构设计中,一般不考虑承受拉力,而是通过配置钢筋,由钢筋来承受结构的拉力。但抗拉强度对混凝土的抗裂性具有重要作用,它是结构设计中裂缝宽度和裂缝间距计算控制的主要指标,也是抵抗由于收缩和温度变形而导致开裂的主要指标。

用轴向拉伸试验测定混凝土的抗拉强度,由于荷载不易对准轴线而产生偏拉,且夹具处由于应力集中常发生局部破坏,因此试验测试非常困难,测试值的准确度也较差,故国内外普遍采用劈裂法间接测定混凝土的抗拉强度,即劈裂抗拉强度。

劈裂抗拉强度试验的标准试件尺寸为 150 mm×150 mm×150 mm 的立方体,在上下两相对面的中心线上施加均布线荷载,使试件内竖向平面上产生均匀拉应力,如图 4.2 所示。

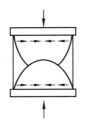
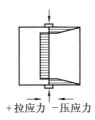

+拉应力 −压应力

图 4.1　钢压板对试件的约束作用　　图 4.2　劈裂抗拉强度试验装置示意图

此拉应力可通过弹性理论计算得出,计算式为

$$f_{ts} = \frac{2F}{\pi A} = 0.637\frac{F}{A} \tag{4.1}$$

式中　f_{ts}——混凝土劈裂抗拉强度,MPa;

　　　F——破坏荷载,N;

　　　A——试件劈裂面积,mm^2。

采用 100 mm×100 mm×100 mm 的非标准试件测得的强度值应乘以尺寸换算系数 0.85;当混凝土强度等级大于等于 C60 时,采用非标准试件的尺寸换算系数应由试验确定。

劈拉法不但大大简化了试验过程,而且能较准确地反映混凝土的抗拉强度。试验研究表明,轴心抗拉强度低于劈裂抗拉强度,两者的比值为 0.8 ～ 0.9。在没有试验数据资料可参考时,劈裂抗拉强度也可通过立方体抗压强度由下式估算:

$$f_{ts} = 0.35 f_{cu}^{3/4} \tag{4.3}$$

4. 抗折强度

道路路面或机场路面用水泥混凝土通常以抗折强度为主要强度指标,抗压强度仅作为参考指标。标准试件尺寸为 150 mm×150 mm×550 mm(或 600 mm)的棱柱体试件,经标准条件下养护到 28 d 进行测试,按三分点加荷方式(图 4.3)测定抗折破坏荷载 F,抗折强度f_f(MPa)的计算式为

$$f_f = \frac{Fl}{bh^2} \qquad (4.3)$$

式中　F——破坏荷载,N;

　　　l——支座间跨度,mm;

　　　b、h——试件截面的宽度和高度,mm。

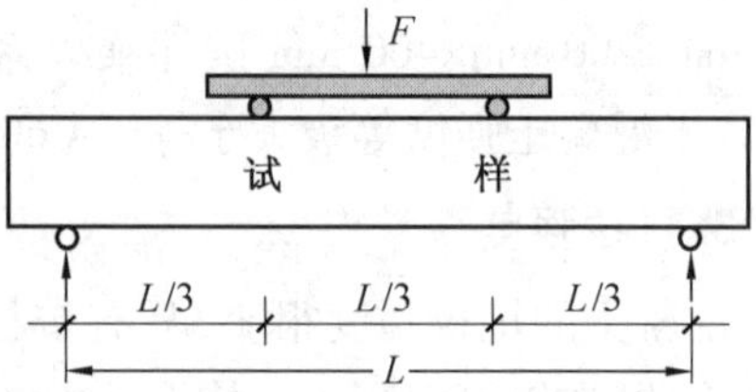

采用 100 mm×100 mm×400 mm 的非标准试件测得的强度值应乘以尺寸换算系数 0.85;当混凝土强度等级大于等于 C60 时,采用非标准试件的尺寸换算系数应由试验确定。

图 4.3　混凝土三分点抗折强度试验示意图

5. 混凝土与钢筋的黏结强度

钢筋混凝土结构中,钢筋与混凝土这两种物质特性完全不同的材料之所以能够共同作用,成为一个整体,主要是依靠钢筋与混凝土之间的黏结力。这种黏结力实际上是由三部分作用构成:①混凝土中水泥颗粒的水化作用形成的水化产物对钢筋表面产生的化学胶结力;②混凝土硬化时体积收缩,将钢筋握裹而产生的摩阻力;③由于钢筋表面凸凹不平或变形肋与混凝土之间形成的机械咬合作用而形成的挤压力。对于光圆钢筋,黏结强度主要由化学胶结力与摩阻力两部分组合而成,而变形钢筋由于肋的存在极大改善了黏结作用,当过渡区的胶结层破坏后,钢筋凸肋对混凝土的挤压力和钢筋与周围混凝土之间的摩擦力构成了黏结滑动阻力。肋的斜向挤压对混凝土产生楔胀作用,导致混凝土齿状突起部分的折角处因应力集中而出现斜裂缝和径向裂缝,如图 4.4 所示。

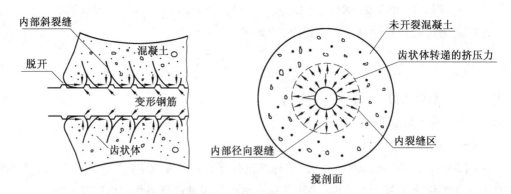

图 4.4　钢筋横肋处的挤压力与内裂缝区

一般来说,黏结强度与混凝土质量有关,它与混凝土抗压强度成正比关系,如图 4.5 所示。随着混凝土抗压强度的提高,黏结强度的增加值逐渐减小,对于高强混凝土,黏结强度的增加值则很小,可以忽略不计。由于混凝土的内分层,水平钢筋的黏结强度较垂直钢筋的低。由于

混凝土的体积收缩使混凝土与钢筋黏结面更加紧密,干燥混凝土的黏结强度较潮湿混凝土的高。经受干湿循环、冻融循环和交变荷载的作用后,混凝土与钢筋的黏结强度会有所降低;温度升高会降低混凝土的黏结强度,温度为 200～300 ℃时黏结强度约为室温条件时的一半。

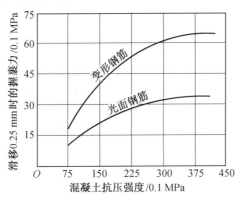

图 4.5　混凝土强度对黏结强度的影响

4.2　混凝土强度理论

4.2.1　固体材料的理想强度

固体材料由无数个原子或分子组成,各原子之间均存在引力 f_a 和斥力 f_t,材料宏观稳定状态就是其内部各原子间相互作用平衡的结果。如图 4.6 所示,当原子之间距离为平衡距离,即 $r = r_0$ 时,原子之间的引力与斥力相等,原子之间总的作用力 f_1 为 0,即图中的 A 点;当 $r < r_0$ 时,原子之间的斥力大于引力,即 $f_a > f_t$,原子之间总的作用力 f_1 表现为斥力;当 $r > r_0$ 时,原子之间的斥力小于引力,即 $f_a < f_t$,原子之间总的作用力 f_1 表现为引力。因此,要使处于平衡状态的距离为 r_0 的原子拉近或拉远,都相应的要对斥力或引力做功,从而导致体系的能量升高。

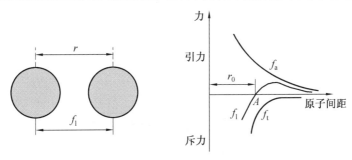

图 4.6　原子之间的距离与作用力的关系

固体材料的受力破坏过程就是外力作用下使材料中原子离开平衡距离的过程,并且外力大于原子间相互作用力。从以上分析可见:当 $r < r_0$,且 $r \to 0$ 时,$f_1 \to \infty$;而当 $r > r_0$,且 $r \to \infty$ 时,f_1 存在一个最大值 f_m,之后趋向于 0;当原子所受拉力超过这个最大值 f_m 时,就使原子完全拉开,因而这个最大值就是固体材料的宏观理想强度值。因此,固体材料的破坏都是拉力造成的,均为拉应力破坏。

在没有任何缺陷时,固体材料的理论抗拉强度 σ_m 可表示为

$$\sigma_m = \sqrt{\frac{E\gamma}{r_0}} \qquad (4.4)$$

式中　E——材料的弹性模量;

　　　　γ——材料单位面积的表面能;

　　　　r_0——原子间平衡距离。

式(4.4)也可粗略地估计为: $\sigma_m \approx 0.1E$。然而,普通固体材料的强度远远小于此值,这种现象可以用格雷菲斯(Griffith)脆性断裂理论来解释:在一定应力状态下,固体材料中裂缝到达临界宽度后,处于不稳定状态,会自发地扩展,以至断裂。而断裂拉应力和裂缝宽度的关系基本服从以下关系:

$$\sigma_c = \sqrt{\frac{2E\gamma}{\pi(1-\mu^2)c}} \approx \sqrt{\frac{E\gamma}{c}} \qquad (4.5)$$

式中　σ_c——材料的断裂拉应力;

　　　　c——裂缝临界宽度的一半;

　　　　μ——泊松比。

当与理论抗拉强度计算式相对比,可得

$$\frac{\sigma_c}{\sigma_m} = \sqrt{\frac{r_0}{c}} \qquad (4.6)$$

此结果可以解释为:裂缝在其两端引起了应力集中,将外加应力放大了 $\sqrt{\dfrac{c}{r_0}}$ 倍,从而使局部区域应力达到了理论强度,导致材料提前断裂。如 $r_0 = 2 \times 10^{-8} \mathrm{cm} = 0.2 \mathrm{\ nm}$,在材料中存在一个 $c = 2 \times 10^{-4} \mathrm{cm} = 2 \mathrm{\ \mu m}$ 的裂缝,即该裂缝的存在使材料的断裂强度降低到理论值的1%。

E. Orowan 在 Griffith 理论基础上研究了在双向应力作用下的固体材料的断裂条件。如图4.7所示,图中 x 表示单向(直接)抗拉强度, σ_1 和 σ_2 为两个主应力,拉应力为正,压应力为负。当作用应力超出图中阴影范围时则材料发生破坏。当 σ_1 或 σ_2 为零时,单向抗压强度为 $8x$,亦即抗压强度为直接抗拉强度的8倍。这个理论分析很好地与玻璃、混凝土等脆性材料的试验结果相符。

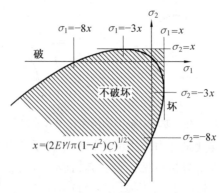

图4.7　Orowan 双向应力理论断裂条件曲线

4.2.2　混凝土强度理论

混凝土的强度理论有细观力学和宏观力学之分。混凝土强度的细观力学理论,是根据混凝土细观非匀质性的特征,研究组成材料对混凝土强度所起的作用。混凝土强度的宏观力学理论,则是假定混凝土为宏观均质且各向同性的材料,研究混凝土在复杂应力作用下的普适化破坏条件。虽然两种强度理论目前还不成熟,但是,从发展的观点来看,前者应为混凝土材料设计的主要理论依据,而后者则对混凝土结构设计很重要。

组成材料对混凝土强度有下列几个方面的影响:水泥石的性能、骨料的性能、水泥石与骨料之间的过渡区结合能力以及它们的相对体积含量。研究混凝土细观力学强度理论,是以水泥石性能作为主要影响因素,建立一系列的表征水泥石孔隙率或密实度与混凝土强度之间关系的计算公式。众所周知,根据水灰比或灰水比计算混凝土强度的公式,就是一个最典型的例子,它在混凝土配合比设计中起着重要指导作用。另外,有多位学者提出类似关系式。

Fagerlund 提出水泥石强度 f 与孔隙率 V_p 间关系:

$$f = f_0 (1 - V_p)^n \tag{4.7}$$

式中　f_0、n—— 参数,分别取值为 500 MPa 和 3。

G. Wishers 提出的水泥石抗压强度 f 与孔隙率 V_p 的经验公式为

$$f = 3\,100 (1 - V_p)^{2.7} \tag{4.8}$$

T. C. Hansen 研究多孔固体材料的抗压强度 f 与孔隙率 V_p 的关系,采用单位立方体中包含一个半径为 r 的球形孔隙的简单强度模型(图 4.8),提出如下关系式:

$$f = f_0(1 - \pi r^2) \tag{4.9}$$

式中　f_0—— 无孔隙时固体材料的强度。

由于强度模型的孔隙率为 $V_p = 4/3\pi r^3$,因此可得出孔隙率对强度的影响关系式为

$$f = f_0(1 - 1.2 V_p^{2/3}) \tag{4.10}$$

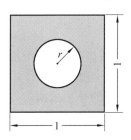

图 4.8　多孔固体材料强度模型

按照以上几种理论公式计算的 f/f_0 比值,与一些试验结果偏离较大。可见,普适的表征多孔材料强度与孔隙关系的理论公式目前尚未建立。但是,总体来讲,孔隙或裂缝直接决定着混凝土强度的大小,孔隙率越低,强度越高(图 4.9),这为混凝土强度设计提供了理论指导。

按照断裂力学的观点,决定断裂强度的是某处存在的临界宽度裂缝,它与孔隙的形状及尺寸有关,而不是总的孔隙率。因此,要实现混凝土的高强度,除了降低孔隙率外,更重要的是减小孔隙尺寸,使孔隙细化。

近年来出现的无宏观缺陷水泥(macro-defect free cement ,MDF)基复合材料就是以水泥、

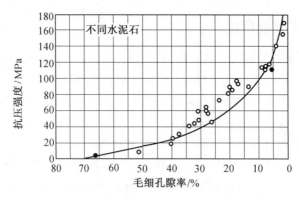

图 4.9　水泥石强度与孔隙率间关系

超塑化剂、聚乙烯醇、少量水为原料,经过剪切混炼、热压成型、干热养护而成的一种高强度水泥基材料。通过特殊材料配方与成型养护技术,使材料中的毛细孔隙率明显降低,特别是基本消除了大于 20 nm 的较大孔隙,因而水泥石强度非常高,抗压强度可以达到 200 ～ 300 MPa,抗折强度可以达到 150 MPa 左右。

4.2.3　混凝土的裂缝扩展

混凝土的破坏过程实质上就是内部裂缝的发生、扩展直至连通的过程,也是混凝土内部固体相结构从连续到不连续的发展过程;混凝土中裂缝的扩展开始到失稳过程速度很快,时间短暂,呈现出明显的脆性断裂特征。

混凝土在任何应力状态下,加荷至极限强度的 40% ～60% 前,不会发现明显的破坏迹象。高于这个应力水平时,可以听到内部破坏的声音;加荷至 70% ～90% 的极限强度荷载时,表面上即出现裂缝。荷载再增加,裂缝逐步蔓延并相互连通,加荷到极限荷载时,试件便破裂成碎块。

混凝土在压力荷载作用下的裂缝扩展可分为以下几个阶段:

1. 收缩裂缝

收缩裂缝在混凝土加荷之前即已存在,主要是由于水泥石干燥收缩时受到刚性骨料的约束而引起的。在加载初期,一些收缩裂缝会由于荷载作用而部分闭合,使混凝土更加密实,因而可以观察到应力–应变曲线上原点附近的一小段向上弯曲现象,如图 4.10(b)所示,这时混凝土的弹性模量有所提高。

2. 裂缝的受力引发

加荷初期,当荷载达到一定程度(20% ～40% 极限荷载)时,在拉应变高度集中的各点上会出现新的微裂缝。这种微裂缝在一定荷载时的增加数目,随着荷载的增加有如图 4.10(a)中稳定裂缝引发阶段所示的变化规律。

3. 稳定的裂缝扩展

随着荷载继续增加到 50% 极限荷载以后,发生裂缝的扩展和连通,裂缝数量反而减小;但是,这时如果保持应力水平不变,则裂缝的扩展也就停止。

4. 不稳定的裂缝扩展

当荷载增长到 80% 极限荷载后,便进入不稳定的裂缝扩展阶段。这时,即使在荷载不变

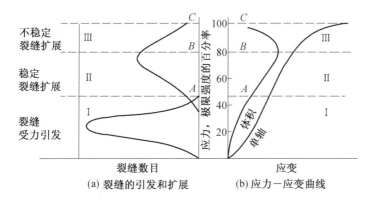

图 4.10　混凝土在压力作用下的裂缝扩展过程

的情况下,裂缝的扩展也会自发进行。因此,这时不管荷载增加与否,均会导致混凝土的破坏,并伴随着混凝土体积的膨胀,这可从体积变化曲线的规律看出,如图 4.10(b)所示。在图中 A 点以下,混凝土表现为准弹性性状;在 B 点以上时,裂缝自发扩展,而破坏则发生于 C 点。

通常用"非连续点"这个名词来表示应力水平 A,此时裂缝开始扩展,并在单向应力-应变曲线上开始出现明显的非线性。在承受拉应力时,非连续点比较典型的可在高至极限强度的 70% 的应力水平出现。混凝土受拉时,开裂一经引发,立即导致快速破坏;但在受压时,开裂主要改变裂缝的形状,使局部应力重新分配,并得到较为稳定的裂缝状态,因此使破坏延迟发生。

对于理想的脆性材料,当某一裂缝达到临界尺寸时,就会在材料中自发地扩展起来,以致断裂。对于像混凝土这样的非均质材料,裂缝会因扩展到阻力大的区域(如骨料)而停止,然后随着应力的增加而再继续扩展。这样,在应力-应变曲线上就表现为非线性特征。这种非线性的应力-应变关系也被称为假塑性,它与金属的塑性变形不同,金属在整个塑性变形区域内仍保持其结构的连续性。

混凝土在压缩疲劳情况下,循环次数为 10^6 次时的疲劳强度(在最小应力为零时),一般为静态抗压强度的 55%;在最小应力为零最大应力不超过静态抗压强度 40% 时,混凝土一般可以经受得起无限次的交变荷载的作用。在长期荷载情况下,当荷载超过抗压强度的 40% ~ 60% 时,混凝土会发生徐变性能的改变;当荷载约为抗压强度的 75% ~ 90% 时,混凝土会发生徐变破坏。这些都说明混凝土在不同应力状态下的破坏规律间具有内在的联系性。

在荷载作用下,混凝土中的裂缝扩展会发生在三个区域:①水泥石-骨料的过渡区上;②水泥石或砂浆基体内;③骨料颗粒内。在单向压缩情况下,如果骨料颗粒的弹性模量小于连续相,则在骨料颗粒上下部位产生拉应力,而在侧边产生压应力。弹性模量低的骨料一般强度也低,这样,在骨料颗粒内就会发生与荷载作用方向相平行的拉伸破坏面。显然,这种混凝土的强度随着骨料体积率的增加而降低(例如轻骨料混凝土)。如果骨料颗粒的弹性模量大于连续相,则在骨料颗粒上下部位产生压应力,而在侧边产生拉应力。弹性模量高的骨料强度也高,这样,裂缝在连续相中或在较大颗粒的侧边过渡区上发生,而不是通过骨料颗粒(如普通混凝土)。当两相的模量相近时,在骨料颗粒内外裂纹都会发生(如高强混凝土)。

图 4.11 表示在单向拉伸、单向压缩和双向压缩的情况下,埋于砂浆内的单个骨料的理想破坏模型。普通混凝土的试验结果表明:在单向压缩情况下,在骨料颗粒的两端上会黏附着砂浆小锥体,其取向与压应力方向相一致;在双向压缩的情况下,锥体扩展成围绕骨料颗粒的完

善的晕轮。但是,对于高强混凝土也会发生骨料颗粒破坏的情况。

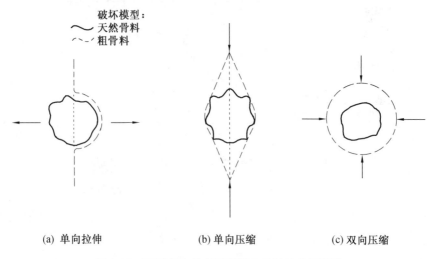

(a) 单向拉伸　　　　　(b) 单向压缩　　　　　(c) 双向压缩

图 4.11　不同应力状态下混凝土骨料的破坏模型

4.3　影响混凝土强度的因素

影响混凝土强度的因素很多,从内因来说,主要有水泥强度、矿物掺合料、水灰比、骨料质量和外加剂等;从外因来说,主要有施工条件、养护温度、湿度、龄期、试验条件等。

4.3.1　水泥强度和水灰比

混凝土的强度主要来自水泥石以及与骨料之间的黏结强度。水泥强度越高,则水泥石自身强度及其与骨料的黏结强度就越高,混凝土强度也越高。试验证明,在其他条件相同情况下,混凝土强度与水泥强度成正比关系。

1918 年,美国 Illinois 大学的 Duff Abrams 经过大量研究发现水灰比(W/C)与混凝土强度(f_c)间的关系,也就是现在广为人知的 Abrams 水灰比定则:

$$f_c = \frac{k_1}{k_2^{W/C}} \tag{4.11}$$

式中　k_1、k_2——经验常数。

水泥完全水化的理论需水量约为水泥质量的 23%,但实际拌制混凝土时,为获得良好的和易性,水灰比为 0.30~0.65,多余水分蒸发后,在混凝土内部留下孔隙,且水灰比越大,留下的孔隙越多,使有效承压面积减少,混凝土强度也就越小。另一方面,多余水分在混凝土内的迁移过程中遇到粗骨料时,由于受到粗骨料的阻碍,水分往往在其底部积聚,形成水泡,极大地削弱砂浆与骨料的黏结强度,使混凝土强度下降。因此,在水泥强度和其他条件相同的情况下,水灰比越小,混凝土强度越高,水灰比越大,混凝土强度越低。但水灰比太小,混凝土过于干稠,使得不能保证振捣均匀密实,强度反而降低。在相同制备工艺情况下,混凝土的强度(f_{cu})与水灰比呈有规律的曲线关系,而与灰水比则呈线性关系,如图 4.12 所示。Abrams 水灰比定则也有其局限性,不完全密实的混凝土将含有大的空隙,这些空隙使其孔隙率增大。因此,在难以充分密实的低水灰比下,Abrams 水灰比定则不再适用。另外,超塑化剂的使用使得有可能用配制普通混凝土的水泥用量制得高强混凝土,这就是说,若能充分捣实混凝土,则甚至在水灰比很低时也服从于 Abrams 水灰比定则。

通过大量试验资料的数理统计分析,建立了混凝土强度经验公式(又称鲍罗米公式),这也是目前混凝土配合比设计的基础公式。

$$f_{cu,0} = \alpha_a f_{ce} \left(\frac{C}{W} - \alpha_b \right) \tag{4.12}$$

式中　$f_{cu,0}$——混凝土在标准养护下 28 d 龄期时的抗压强度;

　　　　f_{ce}——水泥 28 d 抗压强度;

　　　　α_a、α_b——经验常数,主要与骨料种类有关;

　　　　C、W——单位体积混凝土中的水泥和水质量。

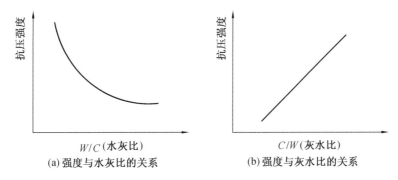

(a) 强度与水灰比的关系　　　　(b) 强度与灰水比的关系

图 4.12　混凝土强度与水灰比及灰水比的关系

在此必须指出:这里指的水灰比应是有效的或净水灰比。由于骨料的吸水作用,会降低原始水灰比,因此实际的有效水灰比较原始的小,特别是对于吸水率较大的骨料(如轻骨料)来说,应以饱和面干骨料进行试验。

4.3.2　矿物掺合料

对于现代混凝土来说,矿物掺合料几乎成了必不可少的一个重要组分。使用矿物掺合料可以改善硬化水泥浆体的结构和导致过渡区发生变化。对于普通强度的混凝土,不同矿物掺合料由于其矿物组成、水化活性和颗粒细度不同,对混凝土强度发展的影响也不同。如粉煤灰和高炉矿渣可用来替代硅酸盐水泥,而对强度影响较小。

粉煤灰和矿渣中含有大量的活性 SiO_2、Al_2O_3,因而具有较强的与水泥水化产物 $Ca(OH)_2$ 发生二次水化反应的潜在活性,但其活性远低于水泥熟料,水化速率慢,因而掺矿渣、粉煤灰混凝土的早期强度明显低于纯水泥混凝土,如图 4.13、4.14 所示。但由于矿渣、粉煤灰的二次水化反应持续时间长,消耗 $Ca(OH)_2$ 可明显改善水泥石微结构,因而其长期强度不断增长,90 d 后强度通常会赶上甚至超过基准混凝土。矿渣、粉煤灰对混凝土强度的影响还与其细度、掺量有很大关系,当矿渣细度超过 400 m^2/kg 时,它对混凝土早期强度并不降低,后期强度还会高于基准混凝土。

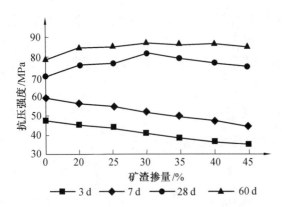

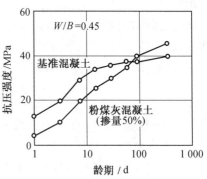

图 4.13　掺矿渣对混凝土强度的影响　　　　图 4.14　掺粉煤灰对混凝土强度的影响

硅灰的细度是水泥细度的 100 倍左右,掺入后由于物理紧密填充作用使水泥石密实性和过渡区明显改善;硅灰中主要含 90% 以上的活性 SiO_2,它可以与水泥水化释放出来的 $Ca(OH)_2$ 发生二次水化反应,生成更多的水化硅酸钙,使混凝土的水化产物更加优化,因此掺硅灰混凝土强度在整个龄期均明显高于基准混凝土,如图 4.15 所示。

通过与掺相同细度的炭黑混凝土强度的对比,如图 4.16 所示,硅灰(矿物掺合料或外加剂)对混凝土强度的作用机理为火山灰效应和微骨料效应。

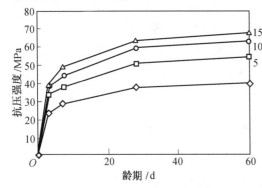

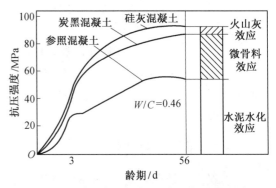

图 4.15　掺硅灰对混凝土强度的影响　　　图 4.16　掺硅灰、炭黑对混凝土强度的影响

4.3.3　外加剂

在混凝土中掺入减水剂,可在保证相同流动性前提下,减少用水量,降低水灰比,根据水灰比定则混凝土的强度得到提高,如图 4.17 所示,参照Ⅱ和参照Ⅰ的对比,同时可以看出硅灰(矿物掺合料或外加剂)和减水剂共同作用的增强效果。即使保持水灰比一定时,由于减水剂使水泥浆体分散更均匀,水泥水化速率和早期强度发展也有所加快。通过调整减水剂的品种和掺量可以在提高混凝土流动性的同时,显著提高混凝土的强度。掺入早强剂,则可有效加速水泥水化速度,提高混凝土早期强度,但对 28 d 强度不一定有利,后期

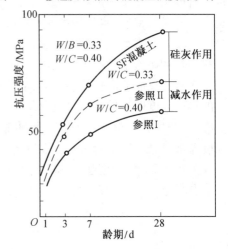

图 4.17　减水剂和硅灰对混凝土强度的作用

强度还有可能下降。通常认为,缓凝剂使混凝土早期强度发展缓慢,但混凝土的后期强度会稳步增长甚至超过不掺外加剂混凝土,这可能是由于早期水化速率降低有利于水泥石结构密实、水化热裂缝减小而引起的。一般认为,掺引气剂使混凝土强度降低,含气量每增加 1% ,混凝土抗压强度降低 5% ~6% 。然而,通过利用引气剂得到的用水量的实际减少,可导致按等工作性设计的相同水泥用量混凝土强度增大。另外,对于轻骨料混凝土,在小掺量范围内加入引气剂,会因改善混凝土的和易性,使混凝土密实度增加,导致混凝土强度提高。

4.3.4　骨料

对于普通混凝土,骨料强度对混凝土强度的影响很小,因而骨料颗粒强度可能是水泥石基体和过渡区强度的好几倍,但对于轻骨料混凝土和高强度混凝土,骨料强度与基体强度相差不多,甚至低于基体强度,这时骨料自身的强度会直接影响混凝土整体强度。

对于普通混凝土,界面过渡区是最薄弱区域,破坏最先发生在过渡区。因而,骨料的颗粒形状和表面粗糙度对强度影响较为显著,如碎石表面较粗糙、多棱角,与水泥砂浆的机械啮合力(即黏结强度)提高,混凝土强度较高。相反,卵石表面光洁,强度也较低,这一点在混凝土强度公式中的骨料系数已有所反映。但若保持流动性相等,水泥用量相等时,由于卵石混凝土可比碎石混凝土适当少用部分水,即水灰比略小,此时,两者强度相差不大。

级配良好的粗骨料改变其最大粒径对混凝土强度的影响可能有两种相反的影响。骨料粒径越大,混凝土需水量越小,但较大骨料容易形成疏松、多孔的过渡区(内分层现象明显)。实验研究表明,增大骨料粒径对低水灰比的高强混凝土产生不利影响,但对大水灰比混凝土来说影响不大,如图 4.18 所示。

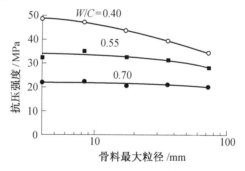

图 4.18　对不同水灰比的混凝土,骨料最大粒径对其强度的影响

由于界面过渡区对抗拉强度的影响比抗压强度显著,因而可以说,在水灰比一定时,混凝土的抗拉强度与抗压强度比随着骨料粒径的增大而降低。

骨料中的有害物质含量高,则混凝土强度低。当粗骨料中针片状含量较高时,将降低混凝土强度,对抗折强度的影响更显著,所以在骨料选择时要尽量选用接近球状体的颗粒。

4.3.5　集灰比

对于普通强度等级混凝土来说,集灰比对强度的影响并不明显。但对于强度较高的混凝土,集灰比的影响便明显地表现出来。在相同水灰比情况下,混凝土的强度有随着集灰比的增大而提高的趋势。这可能与骨料数量增多,吸水量也增大,因此有效水灰比降低有关;也可能与混凝土内孔隙总体积减小有关。

在水泥用量较多而水灰比很小的情况下,会表现出混凝土后期强度的衰退现象,这种反常现象特别在采用大尺寸骨料的情况下出现。这种现象的产生原因是:由于骨料颗粒限制水泥石收缩而产生的约束应力使水泥石开裂或水泥石-骨料之间失去黏结性。

4.3.6 施工条件

施工条件主要指搅拌和振捣成型。一般来说,机械搅拌比人工搅拌均匀,因此混凝土强度也相对较高,如图4.19所示;搅拌时间越长,混凝土强度越高,如图4.20所示。但考虑到能耗、施工进度等,搅拌时间一般要求控制在2~3 min;投料方式对强度也有一定影响,如先投入粗骨料、水泥和适量水搅拌一定时间,再加入砂和其余水,能比一次全部投料搅拌提高强度10%左右。

一般情况下,采用机械振捣比人工振捣均匀密实,强度也略高;而且机械振捣允许采用更小的水灰比,获得更高的强度。此外,高频振捣、多频振捣和二次振捣工艺等,均有利于提高强度。

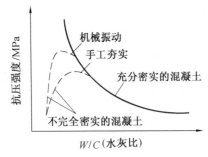

图4.19　振捣方式对混凝土强度的影响　　　图4.20　搅拌时间对混凝土强度的影响

4.3.7 养护条件

混凝土浇筑成型后的养护温度、湿度是决定强度发展的主要外部因素。养护环境温度高,水泥水化速度加快,混凝土强度发展也快,早期强度高,反之亦然。但是,当养护温度超过40 ℃时,虽然能提高混凝土的早期强度,但28 d以后的强度通常比20 ℃标准养护的低。若温度降低到混凝土孔溶液冰点以下,不但水泥水化停止,而且有可能因冰冻导致混凝土结构疏松,强度严重降低,尤其是早期混凝土应特别加强防冻措施。

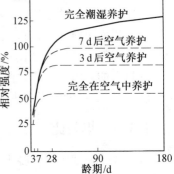

湿度通常指的是空气相对湿度。相对湿度低,空气干燥,混凝土中的水分挥发加快,致使混凝土缺水而停止水化,混凝土强度发展受阻。另一方面,混凝土在强度较低时失水过快,极易引起干缩,影响混凝土耐久性。如图4.21所示,在一定水灰比下养护180 d后,连续潮湿养护混凝土的强度比连续空气养护混凝土的强度大3倍;先潮湿养护7 d再空气养护的混凝土强度,明显高于先3 d潮湿养护再空气养护的混凝土强度,几乎是完全空气养护混凝土强度的两倍。因此,应特别加强混凝土早期的潮湿养护,确保混凝土内部有足够的水分使水泥充分水化。根据有关规定和经验,在混凝土浇筑完毕后

图4.21　养护条件对混凝土强度的影响

12 h 内应开始对混凝土加以覆盖或浇水,对硅酸盐水泥、普通硅酸盐水泥和矿渣水泥配制的混凝土浇水养护不得少于 7 d;对掺有缓凝剂、膨胀剂、大量掺合料或有防水抗渗要求的混凝土浇水养护不得少于 14 d。现场施工中可采用喷水、蓄水,用湿砂、锯末或棉毯进行表面覆盖,或者用塑料薄膜表面覆盖进行早期保湿养护。

4.3.8 龄期

龄期是指混凝土在正常养护下所经历的时间。随着养护龄期增长,水泥水化程度提高,水化产物量增多,自由水和孔隙率减少,密实度提高,混凝土强度也随之提高。对于普通混凝土,最初的 7 d 内强度增长较快,而后期增幅变慢,28 d 以后,强度增长更趋缓慢,但如果养护条件得当,则在数十年内仍将以缓慢的速率增长。

普通硅酸盐水泥配制的混凝土,在标准养护下,混凝土强度的发展大致与龄期(天)的对数成正比关系,因此可根据某一龄期的强度推定另一龄期的强度。特别是以早期强度推算 28 d 龄期强度,即

$$f_{cu,28} = \frac{\lg 28}{\lg n} f'_{cu,n} \tag{4.13}$$

式中 $f_{cu,28}$、$f'_{cu,n}$——28 d 和第 n d 时的混凝土抗压强度,但必须是 $n \geq 3$ d。

当采用早强型普通硅酸盐水泥时,由 3 ~ 7 d 强度推算 28 d 强度会偏大。即使在同一养护条件下由于水泥品种、水泥硬化速度的波动,以及水灰比、外加剂都会影响混凝土强度的发展速度,因而难以得到一个可以普遍适用的推算公式,上述推算方法只能作为一个参考。

混凝土的强度不仅取决于时间,还取决于温度。混凝土所经历的时间和温度的乘积的总和,称为混凝土的成熟度,单位为度·小时或度·天。混凝土的强度与成熟度之间的关系很复杂,它不仅取决于水泥的性质和混凝土的强度等级,而且与养护温度和养护制度有关。只有在混凝土的初始温度为 16 ~ 27 ℃,并且在所经历的时间内不发生干燥失水,成熟度规则才能很好地适用,即混凝土的强度和成熟度的对数呈线性关系。

在实际工程中,可根据温度、龄期对混凝土强度的影响曲线,从已知龄期的强度估计另一龄期的强度,如图 4.22 所示。

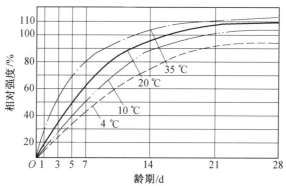

图 4.22 温度、龄期对混凝土强度的影响曲线

4.3.9 试验条件

试验条件对混凝土强度测试结果的影响主要指混凝土试件的尺寸、形状、表面状态和加载

速度等。

（1）试件尺寸。

大量的试验研究结果表明，试件的尺寸越小，测得的强度相对越高，这是由于大试件内存在孔隙、裂缝或局部缺陷的概率增大，使强度降低。因此，当采用非标准尺寸试件时，要乘以尺寸换算系数。边长 100 mm 立方体试件换算成 150 mm 标准立方体试件时，应乘以系数0.95；200 mm 的立方体试件的尺寸换算系数则为 1.05。

（2）试件形状。

首先是棱柱体和立方体试件之间的强度差异，由于"环箍效应"的影响，棱柱体强度较低。试件长径比的改变对混凝土强度的影响如图 4.23 所示。通常试件长径比越大，测得的混凝土强度越低。如与标准试件（长径比等于2）的强度相比较，试件长径比为 1 的强度约高出 15%。

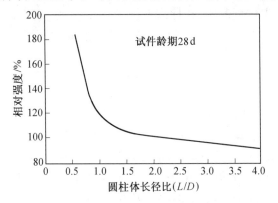

图 4.23　试件长径比的改变对混凝土强度的影响

（3）表面状态。

表面平整，则受力均匀，强度测试值较高；而表面粗糙或凹凸不平，则受力不均匀，强度偏低。若试件表面涂润滑剂及其他油脂物质时，"环箍效应"减弱，强度较低。

（4）含水状态。

混凝土含水率较高时，由于软化作用，强度较低；而混凝土干燥时，则强度较高。且混凝土强度等级越低，这种差异越大。

4.4　混凝土实现高强的技术途径

从上节关于混凝土强度影响因素的综合分析可知，对于普通混凝土来说，水泥石-骨料界面结构是最薄弱和最容易破坏的部位，此区域的水灰比较高，孔隙含量较多，晶体物质定向分布，因此改善界面结构是提高混凝土强度的关键。提高混凝土强度，配制高强混凝土的主要技术途径包括以下几方面：

（1）使用高效减水剂以降低水灰比。从配合比角度，水灰比是影响混凝土强度的最关键因素，因而降低水灰比是提高混凝土强度的主要措施。在保持工作性不变情况下，水灰比降低势必要求更多的水泥用量，从而造成混凝土成本提高，同时带来混凝土早期水化热大和收缩开裂严重等不利影响。掺高效减水剂可在不提高水泥用量、不影响工作性的情况下，降低水灰比，从而达到混凝土的高强度和其他性能要求。

（2）使用矿物掺合料。不同矿物混合材料在改善混凝土工作性能与耐久性的同时，对混凝土强度有不同程度的贡献。根据混凝土强度发展要求，合理选用、匹配使用矿物掺合料就可以提高混凝土不同龄期的强度，例如掺硅灰可明显改善混凝土早期强度；掺磨细矿渣、粉煤灰可提高混凝土的长期强度；硅灰和磨细矿渣、硅灰和粉煤灰、超细矿渣和粉煤灰复合使用时，既可改善混凝土的早期强度，也可使混凝土长期强度稳步发展。

（3）优化砂石粗细级配，选择合理砂率，优化水泥种类和颗粒级配，从而提高混凝土密实度，提高混凝土强度。

（4）采用改善骨料粒形、骨料表面状态、降低骨料中有害物质等措施，改善水泥石-骨料界面结构。提高界面黏结强度。

（5）加强养护，使水泥充分水化，从而提高混凝土的强度。

4.5 混凝土的受力变形

4.5.1 混凝土的弹性和塑性

混凝土是由水泥石、骨料和界面过渡区组成的复杂结构体，它是一种多孔多相结构，因而混凝土并不是完全的弹性体，而是具有黏性、弹性、塑性特征。混凝土在外力作用下的变形包括弹性变形和塑性变形两部分。塑性变形主要由水泥凝胶体的塑性流动和各组分间的滑移产生。混凝土在较小外力作用下主要表现为弹性变形，此部分变形在卸载后可完全恢复；当荷载增加到一定程度时，表现出明显的塑性变形，此塑性变形在荷载卸除后仍有部分不能恢复，因而反复多次加载卸载后，可大大消除混凝土的塑性变形，混凝土弹性模量的测量正是基于这一原理。

4.5.1 应力-应变曲线

应力-应变曲线是混凝土最基本的力学性能，它是研究混凝土结构强度、变形、延性和受力全过程分析的依据。图 4.24 是棱柱体混凝土试件在受压破坏过程中的应力-应变曲线，整个曲线大体呈上升段和下降段两大部分。

（1）上升段。

起初压应力较小，当应力 $\sigma < 0.3\sigma_{max}$ 时，变形主要取决于混凝土内部骨料和水泥石的弹性变形，应力 - 应变关系呈直线变化。当应力 $\sigma = (0.3 \sim 0.8)\sigma_{max}$ 时，由

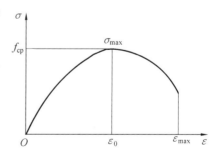

图 4.24　混凝土受压时的应力-应变曲线

于混凝土内部水泥凝胶体的黏性流动，以及各种原因形成的微裂缝亦渐处于稳态的发展中，致使应变的增长较应力快，表现了材料的弹塑性性质。当应力 $\sigma > 0.8\sigma_{max}$ 时，混凝土内部微裂缝进入非稳态发展阶段，塑性变形急剧增大，曲线斜率显著变小。当应力到达峰值时，混凝土内部黏结力破坏，随着微裂缝的延伸和扩展，试件形成若干贯通的纵裂缝，混凝土应力达到受压时最大承压应力 σ_{max}，即轴心抗压强度 f_{cp}。

（2）下降段。

当试件应力达到 σ_{max} 后，随着裂缝的贯通，试件的承载能力将开始下降。如果测试时使用的是一般性的试验机，则由于机器的刚度小，试验机在释放加荷过程中积累起来的应变能所产生的压缩量将大于试件可能的变形，于是试件在一瞬间即被压碎，从而测不出应力 - 应变曲线的下降段。故而必须使用刚度较大的试验机，或者在试验时采用附加控制装置以等应变速度加载，或者减慢试验机释放应变能时变形的恢复速度，使试件承受的压力稳定下降，试件不致破坏，才能测出下降段，得到混凝土受压时的应力 - 应变全曲线。

强度等级不同的混凝土，有着相似的应力 - 应变曲线。一般来说，随着 f_{cp} 的提高，其相应的峰值应变 ε_0 也略有增加。曲线的上升段形状都是相似的，但曲线的下降段形状迥异，强度等级高的混凝土下降段顶部陡峭，应力急剧下降，曲线较短，残余应力相对较低；而强度等级低的混凝土，其下降段顶部宽坦，应力下降甚缓，曲线较长，残余应力相对较高，其延性较好。

另外，如果加荷速度不同，虽然混凝土的强度等级相同，而所得应力 - 应变曲线也是不同的。随着加荷应变速度的降低，应力峰值 σ_{max} 也略有降低，相应于峰值的应变 ε_0 却增加了，而下降段曲线的坡度更趋缓和。

4.5.2　混凝土的弹性模量

弹性模量分为静弹性模量和动弹性模量，通常不特别说明时均指静弹性模量。弹性模量为应力与应变之比值，对纯弹性材料来说，弹性模量是一个定值，而对混凝土这一弹塑性材料来说，不同应力水平的应力与应变之比值为变数。如图 4.25 所示，根据混凝土应力 - 应变曲线，可分为初始切线弹性模量、切线弹性模量和割线弹性模量。初始切线模量是应力 - 应变曲线原点上切线的斜率，不易测准，其实用价值也不大。切线模量是应力 - 应变曲线上任一点的切线的斜率，仅适用于很小的荷载变化范围。割线模量是应力 - 应变曲线上任一点与原点的连接线的斜率，表示所选择点的实际变形，并且较容易测准，有实际工程价值。由于割线模量与所选应力水平有关，应力越高，塑性变形所占比例越大，测得弹性模量值越小。为达到统一，国家标准中规定，混凝土的弹性模量是以棱柱体（150 mm × 150 mm × 300 mm）试件轴心抗压强度的 1/3 作为控制值，在此应力水平下重复加荷 - 卸荷 3 次以上，以基本消除塑性变形后测得的应力与应变的比值，它实质上是一个割线模量，数值表达式为

$$E_c = \frac{F_a - F_0}{A} \times \frac{L}{\Delta \varepsilon} \tag{4.14}$$

式中　　E_c —— 混凝土静力抗压弹性模量，MPa；

$\quad\quad\quad F_a$ —— 应力为 1/3 轴心抗压强度时的荷载值，N；

$\quad\quad\quad F_0$ —— 应力为 0.5 MPa 时的初始荷载，N；

$\quad\quad\quad A$ —— 试件承压面积，mm^2；

$\quad\quad\quad L$ —— 测量标距，mm；

$\quad\quad\quad \Delta \varepsilon$ —— 最后一次从 F_0 加荷到 F_a 时试件的变形值，mm。

混凝土弹性模量与强度密切相关，通常可以用强度来估算弹性模量。

国家标准《混凝土结构设计规范》（GB 50010），给出了以混凝土抗压强度标准值 f（MPa）计算弹性模量 E 的公式，即

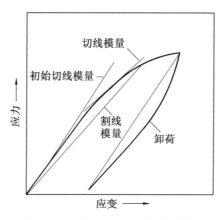

图 4.25　混凝土的几种弹性模量

$$E = \frac{10^2}{2.2 + \dfrac{34.7}{f}} \tag{4.15}$$

英国标准 BS 8110 中给出计算弹性模量的公式为

$$E = 9.1f^{0.33} \tag{4.16}$$

美国 ACI 318 给出如下通过圆柱体抗压强度 f_{xyl} 来计算弹性模量的公式：

$$E = 4.7f_{xyl}^{0.5} \tag{4.17}$$

图 4.26 和图 4.27 分别为我国和英国规范中弹性模量与强度的关系曲线图。

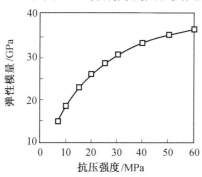

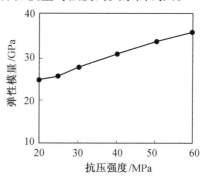

图 4.26　我国规范中弹性模量与强度关系　　图 4.27　英国规范中弹性模量与强度关系

影响弹性模量的因素主要有：

① 混凝土强度越高,弹性模量越大。

② 骨料含量越高,骨料自身的弹性模量越大,则混凝土弹性模量越大。

③ 混凝土水灰比越小,混凝土越密实,弹性模量越大。

④ 混凝土养护龄期越长,弹性模量也越大。

⑤ 早期养护温度较低时,弹性模量较大,亦即蒸汽养护混凝土的弹性模量较小。

⑥ 掺入引气剂将使混凝土弹性模量下降。

混凝土的弹性模量还可根据试件的自振频率或超声脉冲传播速度来确定,这种弹性模量称为动弹性模量。动弹性模量不受徐变的影响,它近似地等于用静力试验测定的初始切线模量,因此较割线模量高。动力和静力模量的差异,还会由于混凝土的非匀质性引起。

动弹性模量一般是通过测量棱柱体试件的横向基振频率 f (Hz),并按式(4.18)计算而得

$$E_{d} = 9.46 \times 10^{-4} \frac{WL^3 f^2}{a^4} \times K \qquad (4.18)$$

式中　　E_d—— 混凝土动弹性模量,MPa;

　　　　a—— 正方形截面试件边长,mm;

　　　　L—— 试件长度,mm;

　　　　W—— 试件质量,kg;

　　　　f—— 试件横向振动时的基振频率,Hz;

　　　　K—— 试件尺寸修正系数,$L/a = 4$ 时,$K = 1.40$。

混凝土的动弹性模量几乎是单纯的弹性效应,不受徐变的影响,因而其接近静力试验所得的初始切线模量,因此较割线模量偏高。由于混凝土的静弹性模量随强度的增加而增加,故其对动弹性模量之比也随强度而增加,如图 4.28 所示。

混凝土的抗拉弹性模量略小于抗压弹性模量,为了实用上的简化通常取二者相等。

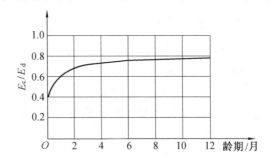

图 4.28　混凝土静弹性横量与动弹性模量之比随时间变化

4.5.3　弹性模量的细观力学分析

混凝土是一种颗粒堆聚型多相复合材料,具体包含粗骨料、砂、未水化水泥和矿物掺合料颗粒、水泥产物(包括胶凝体和晶体)、毛细孔隙、气孔、孔隙水等。为了简化细观力学分析,可以把混凝土看作是一种粗骨料或粗细骨料颗粒分散镶嵌于砂浆或水泥石基体的二相复合材料。同样,砂浆和水泥石也可以被看作是这种类似的二相复合材料,前者的粒子相和基体相分别为砂和水泥石,后者分别为毛细孔和水化凝胶体。这样,在不同考虑过渡区的影响条件下,可以利用二相分布模型,进行弹性模量的细观力学分析,推导出二相复合材料的弹性模量与构成相弹性模量及体积含量之间的函数关系式。

在此假设:复合材料的弹性模量为 E_c,泊松比为 μ_c;颗粒相的弹性模量为 E_p,泊松比为 μ_p;基体相的弹性模量为 E_m,泊松比为 μ_m;颗粒相的体积率为 V_p,基体相的体积率为 V_m,$V_p + V_m = 1$。

不考虑泊松比的影响,假定 $\mu_c = \mu_p = \mu_m$ 情况下,应用材料力学原理,假定复合材料体系符合并联模型,如图 4.29(a) 所示,颗粒相和基体相具有相同的应变,即用刚度表示的混合律,可推算出复合材料的弹性模量为

$$E_c = E_m V_m + E_p V_p \qquad (4.19)$$

假定复合材料体系符合串联模型,如图 4.29(b) 所示,颗粒相和基体相承受相同的应力,即用柔度表示的混合律,可推算出复合材料的弹性模量为

$$E_c = \frac{E_m E_p}{E_m V_p + E_p V_m} \tag{4.20}$$

上述两种模型计算出的弹性模量就是二相复合材料弹性模量在不考虑泊松比情况下的理论上限值和下限值:

$$E_m V_m + E_p V_p \geqslant E_c \geqslant \frac{E_m E_p}{E_m V_p + E_p V_m} \tag{4.21}$$

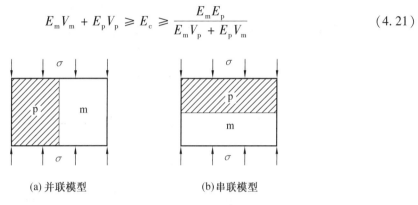

(a) 并联模型　　　　　　　(b) 串联模型

图 4.29　二相复合材料的并联模型和串联模型

T. C. 享逊认为,这种上、下限适用于像混凝土这样的分散体系复合材料的弹性模量。对于普通混凝土,基相弹性模量小于骨料弹性模量,即 $E_m < E_p$,假定二相承受相同的应力较为合理,其弹性模量接近于下限;而对于轻骨料混凝土,基相弹性模量大于骨料弹性模量,即 $E_p < E_m$,假定二相承受相同的应变更为合理,则其弹性模量接近于上限。

T. J. Hirsch 提出将串联和并联两种模型组合起来的模型,如图 4.30 所示,只要利用一个加权因素 x 就可以把上述两个公式联系起来:

$$\frac{1}{E_c} = x \frac{1}{E_m V_m + E_p V_p} + (1 - x)\left(\frac{V_m}{E_m} + \frac{V_p}{E_p}\right) \tag{4.22}$$

在粒子与基体之间不存在黏结情况下,不能传递剪功应力,则 $x = 0$,得到混合律柔度公式,这说明基体和粒子所受应力相同;当 $x = 1$,得到混合律刚度公式,相当于基体与粒子间存在最大的结合力,两者变形相同。普通混凝土的 x 接近于 0.5。

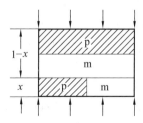

图 4.30　Hirsch 提出的串并联组合模型

在分散粒子相为孔隙的情况下,则 $E_p = 0$,则式(4.22)计算得到 $E_c = 0$,这显然是不符合实际情况的。为此 U. J. Counto 提出如图 4.31 所示的模型:一个边长为单位长度的立方体,中心

有一个立方体形的粒子 p,边长为 d,$d = V_p^{1/3}$。当基体相弹性模量高于粒子相时,用图 4.31(a) 中虚线部分按并联模型推导,可得

$$E_c = E_m \left[1 + \frac{V_p}{\frac{E_p}{E_p - E_m} - V_p^{1/3}} \right]$$

在分散相为孔隙情况下,$E_p = 0$,可得

$$E_c = E_m (1 - V_p^{1/3}) \quad (V_p \text{ 为孔隙率})$$

对于软基体复合材料,则可将图 4.31(b) 中虚线部分按串联模型进行推导,可得

$$E_c = E_m \frac{E_m + (E_p - E_m) V_p^{2/3}}{E_m + (E_p - E_m) V_p^{2/3} (1 - V_p^{1/3})} \tag{4.23}$$

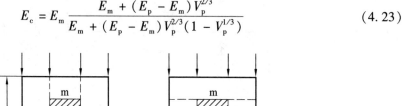

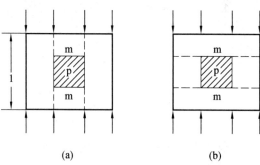

图 4.31 Counto 模型

以上各模型中,均不考虑基体相与粒子相间的泊松比差异。Z. J. Hashin 提出了如图 4.32 所示的模型,后经享逊修正,克服了这方面的局限性。该模型是由一个球形骨料颗粒外包一层水泥石或砂浆的球形外壳所组成的。则可得以下享逊关系式:

$$\frac{E_p}{1 - 2\mu_c} = \frac{E_m}{1 - 2\mu_m} \left[\frac{\frac{V_m E_m}{1 - 2\mu_m} + \left\{ \frac{1 + \mu_m}{2(1 - 2\mu_m)} + V_p \right\} \frac{E_p}{1 - 2\mu_p}}{\left\{ 1 + \frac{1 + \mu_m}{2(1 - 2\mu_m)} V_p \right\} \frac{E_m}{1 - 2\mu_m} + \left\{ \frac{1 + \mu_m}{2(1 - 2\mu_m)} V_m \right\} \frac{E_p}{1 - 2\mu_p}} \right] \tag{4.24}$$

根据理论分析,各向同性材料的泊松比可在 $-1.0 \sim +0.5$ 的范围内变化。当 $\mu_c = \mu_p = \mu_m = -1.0$ 时,则上式转化为混合律刚度公式;当 $\mu_c = \mu_p = \mu_m = +0.5$ 时,则上式转化为混合律柔度公式。对于普通混凝土,假定 $\mu_c \approx \mu_p \approx \mu_m \approx 0.2$,代入享逊公式可得

$$E_c = E_m \frac{V_m E_m + (1 + V_p) E_p}{(1 + V_p) E_m + V_m E_p} \tag{4.25}$$

上式假定粒子相与基体相之间黏结完好,不符合混凝土中存在骨料 – 水泥砂浆过渡区的实际情况。对于轻骨料混凝土和砂浆来说,由于过渡区黏结良好,其弹性模量实测值与上式计算结果比较吻合。Hashin – Hansen 模型是在考虑骨料 – 水泥砂浆过渡区的影响而提出的(图 4.33),可得

$$E_c = E_m \frac{V_m E_m + (1 + V_p) k' E_p}{(1 + V_p) E_m + V_m k' E_p} \tag{4.26}$$

式中　k'——考虑到过渡区的修正系数,取 0.7。

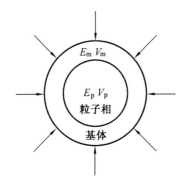
图 4.32　Hashin 模型

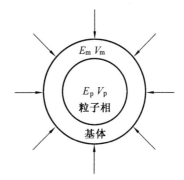
图 4.33　Hashin – Hansen 模型

在分散相为孔隙的情况下，$E_p = 0$，代入享逊公式可得

$$E_c = E_m \frac{2(1 - 2\mu_c)V_m}{2(1 - 2\mu_m) + (1 + \mu_m)V_p} \tag{4.27}$$

式中　　V_p——孔隙率。

对于水泥石，V_m 则为胶空比，即固相物质和水泥石的体积之比，假定水泥石和水泥石中的固相物质的泊松比为 0.2 ~ 0.33，代入式(4.27) 可得到水泥石的弹性模量计算公式。

当 $\mu_c = \mu_m = 0.2$ 时，$E_c = E_m \dfrac{V_m}{1 + V_p}$；当 $\mu_c = \mu_m = 0.33$ 时，$E_c = E_m \dfrac{V_m}{1 + 2V_p}$；试验结果表明，后者更接近实际测量结果。

当混凝土中存在由于不密实而形成的孔隙时，用下列经验公式计算得到的弹性模量更接近于实际混凝土测试结果，即

$$E_c = E_m V_m^4$$

4.6　徐　　变

早在 19 世纪以前，混凝土就作为结构材料得到应用。当时混凝土结构设计和钢结构设计相类似，假定混凝土是弹性材料。1905 年，威尔逊(I. H. Woolson) 发现，在高轴向应力作用下，钢管中的混凝土有流动现象。1907 年，美国材料试验学会(ASTM) 首先报道了钢筋混凝土梁的徐变特性，结果表明，混凝土除了具备弹性性质外，还有一定的塑性。1915 年，姆克米莱(F. R. Mcmillan) 进行了混凝土加荷与不加荷时变形的试验。1917 年，史密斯(E. B. Smith) 在美国混凝土学会(ACI) 杂志上发表了混凝土徐变与徐变恢复的试验研究成果。直到 1931 年戴维斯(R. E. Davis) 等人对混凝土的徐变性能进行了系统研究之后，才对徐变性能有了较明确的认识，前后历经近 30 年之久。

4.6.1　徐变的定义

混凝土在一定的应力水平下保持荷载不变，随着时间的延续而增加的变形称为徐变。混凝土在受外部荷载作用时瞬间产生的变形为近似弹性变形，之后随持载时间延长而增加的徐变变形通常比瞬时弹性变形大 1 ~ 3 倍，因此在结构设计中徐变是一个不可忽略的重要因素。徐变对混凝土结构的影响有不利影响：如徐变可以引起预应力混凝土结构的预应力损失；在大跨度梁构件中，徐变增加了梁的挠度。在某些情况下徐变也会产生有利作用：如在大体积混凝

土结构中,徐变能降低温度应力,减少收缩裂缝;在结构应力集中区和因基础不均匀沉陷引起局部应力的结构中,徐变能够削弱结构中的应力峰值。

实际工程中,混凝土徐变变形受干燥环境和荷载条件共同作用,徐变变形与收缩变形同时发生。通常将荷载作用下混凝土的总变形减去无荷载混凝土的体积变形(干燥收缩)即为总徐变变形。混凝土在密封条件下(与周围介质无湿度交换)受持续荷载产生的徐变称为基本徐变,从总徐变值中减去基本徐变后的变形部分称为干燥徐变,如图 4.34 所示,存在如下关系:

总变形 = 总徐变 + 干燥收缩 =(基本徐变 + 干燥徐变)+ 干燥收缩

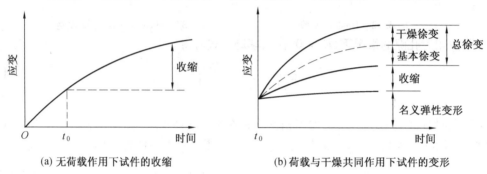

(a) 无荷载作用下试件的收缩　　(b) 荷载与干燥共同作用下试件的变形

图 4.34　混凝土在荷载与干燥共同作用下的徐变

在外部荷载作用下,混凝土立即产生瞬时弹性变形,随着时间的增长,混凝土产生徐变变形,徐变变形速率在加载早期较快,然后逐渐减慢,如图 4.35 所示。一般在加载的第一个月内完成全部徐变量的 40%,3 个月完成 60% 左右,一年到一年半约完成 80%,在 3 ~ 5 年后徐变基本达到稳定。在荷载除去后,部分变形瞬时恢复,即为弹性恢复变形,此恢复变形小于加荷初期产生的瞬时弹性变形;随着卸载时间的增长,还会逐渐产生一部分恢复变形,此过程为徐变恢复;最后还会有大部分的变形不能恢复,这部分变形为残余变形。恢复性徐变约在加荷后1 ~ 2 个月就趋于稳定,而非恢复性徐变则在相当长的时间内仍继续增加,如图 4.36 所示。

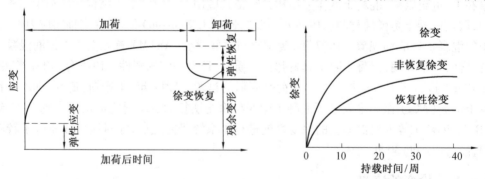

图 4.35　混凝土的徐变与恢复　　　　图 4.36　混凝土的恢复性和非恢复性徐变

混凝土的徐变与所加荷载大小有关,《普通混凝土长期性能和耐久性能试验方法标准》(GB/T 50082—2009)中规定徐变应力为混凝土棱柱体抗压强度的 40%。为了方便起见,定义单位应力下混凝土的徐变变形为比徐变,或称徐变度,即

$$C_t = \frac{\varepsilon_{ct}}{\sigma} \tag{4.28}$$

式中　C_t——加荷 t d 时的混凝土徐变度,1/MPa;

　　　　ε_{ct}——加荷 t d 的混凝土徐变;

　　　　σ——混凝土的徐变应力,MPa。

而混凝土徐变值与加荷时产生的瞬时弹性变形值之比,称为混凝土的徐变系数,即

$$\varphi_t = \frac{\varepsilon_{ct}}{\varepsilon_0} = \frac{\varepsilon_{ct}}{\dfrac{\sigma}{E_h}} \tag{4.29}$$

式中　φ_t——加荷 t d 的混凝土徐变系数;

　　　　ε_0——混凝土在加荷时的瞬时弹性应变值;

　　　　E_h——混凝土的弹性模量。

当荷载持续时间无限延长时,徐变值将趋向于一恒定极限值,这时徐变系数用 φ_∞ 表示,这时在应力 σ 作用下混凝土产生的全部变形 ε_∞ 为

$$\varepsilon_\infty = \frac{\sigma}{E_c}(1 + \varphi_\infty) \tag{4.30}$$

4.6.2　徐变机理

混凝土是由各种形状和尺寸的粗、细骨料颗粒和水泥石所组成的复合材料,混凝土徐变主要取决于水泥石的物质组成与微观结构。由第 3 章可知,硬化水泥石是一种多孔的固、液、气三相共存体,其中所含的固相物质主要包括:水化硅酸钙凝胶体、氢氧化钙晶体、钙矾石和 AFm 等硫铝酸盐晶体、未水化水泥或矿物掺合料颗粒;液相包括毛细管水、吸附水、层间水等;孔隙包括凝胶孔、毛细孔和气孔。

混凝土的徐变机理,目前尚未完全搞清楚,有多种理论进行解释,主要包括黏弹性理论、渗出理论、黏性流动理论、塑性流动理论、内力平衡理论及微裂缝理论等,它们都是基于水泥石的微观结构特征而建立的。

1. 黏弹性理论

把水泥石看成是由弹性的水泥凝胶作为骨架,其中的空隙充满了黏弹性液体构成的复合体,可用伏克脱单元模型来表示。混凝土受外力作用下,荷载一部分开始被固体空隙中的水所承受,这样就推迟了固体的瞬时弹性变形;当水从压力高处向低处流动时,固体承受的荷载就逐渐加大,增大了弹性变形。荷载卸除后,水就流向相反方向,引起徐变恢复。与这过程有关的水,仅是毛细管空隙和凝胶空隙中的水,而不是凝胶体颗粒表面的吸附水。

2. 渗出理论

渗出理论是由 C. G. Lynam 于 1934 年首先提出。认为混凝土徐变是由于凝胶体颗粒表面吸附水和这些粒子之间的层间水在荷载作用下的流动而产生的。水泥浆体承受压缩荷载后,凝胶体微粒之间的吸附水和层间水就缓慢地排出而产生变形(图 4.37(a)),水渗出速度取决于压应力和毛细管通道的阻力;作用应力越大,水分的渗出速率和变形速度也越大,混凝土徐变越大;混凝土的强度取决于水泥石的密实度,密实度大的水泥石的毛细管通道阻力也大,水渗出速度和变形速率则减小,混凝土徐变也小。当水被挤出后,凝胶微粒承受的应力增加,而作用于水的压力相应减小,结果导致水渗出速率变慢,因而混凝土的徐变变形发展随着加荷龄期延长而减慢。此理论认为,混凝土徐变是在凝胶与周围介质达到新的湿度平衡时的一种现

象。这时必须强调该理论渗出的水是凝胶水(包括吸附水和层间水),而不是毛细管水和化学结合水。

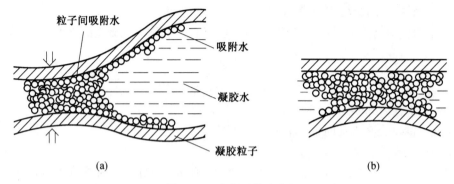

图4.37　水泥石的渗出机理

由于凝胶水被挤出,使微粒之间距离缩短而处于微粒间力的作用范围内。在外荷载作用下,水分子进一步接近,使微粒之间的表面能降低,而且引起一部分化学结合,这就增加了凝胶的稳定性。因此,在卸荷以后,凝胶不会恢复到加荷前的状态,由这种过程引起的徐变就是非恢复性徐变。将长时间受荷的混凝土试件卸荷后浸入水中,同时也将未受荷的对比试件也放入水中,湿胀试验结果表明,试件湿胀率前者比后者大3倍左右。这就说明受荷试件在徐变过程中水分被挤出,导致其吸水和膨胀较大,也证明了渗出理论的正确性。

3. 黏性流动理论

黏性流动理论是由 F. G. Thomas 于 1937 年首先提出,他认为,混凝土可分成两部分,一部分是在荷载作用下产生黏性流动的水泥浆体;另一部分是在荷载作用下不产生流动的惰性骨料。在混凝土受荷时,水泥浆体的流动受到骨料的阻碍,结果使骨料承受较高的应力,而水泥浆体承受的应力随时间而减小。由于水泥浆体的徐变与加荷应力成正比,因此,随着加荷应力逐渐从水泥浆体转移到骨料来承受,从而徐变速率将逐渐减缓。

苏联学者谢依金认为,由结晶的连生接触点联结起来的结晶水化物,组成了结晶连生体,它是完全弹性的,并具有很高的塑性抗剪强度。而水化硅酸钙凝胶体的弹性极限低,随时间而增加,在外力作用下这种凝胶具有黏性流动的性质。因此,当水泥石受荷时,一开始结晶连生体和水化凝胶体都同时承受荷载;其后,随时间的推移,凝胶体由于产生黏性流动而逐渐卸荷,此时结晶连生体承受了更多的外力,并产生弹性变形。水化凝胶体的黏性流动速率与加荷应力成正比。由于凝胶体所承受的应力随时间的增长而逐渐减小,因此混凝土的徐变速率具有逐渐衰减的特性。

4. 塑性流动理论

塑性流动理论认为,混凝土的徐变类似于金属材料晶格滑动的塑性变形。当加荷应力超过金属材料的屈服点后,塑性变形就会发生。F. Vogt 观测到混凝土变形某些方面类似于铸铁和其他易碎金属。金属材料塑性变形是晶格沿最大剪切面移动的结果,是没有体积变形的;而混凝土的抗剪切能力比抗拉伸能力强,因此,混凝土不是因剪切而是因拉伸发生破坏。混凝土徐变导致体积的减小,这与金属的塑性变形不同。

较实用的晶格滑动理论是由 W. H. Glanville 等人于 1939 年建立的。他们认为,在低应力作用下混凝土徐变是黏性流动,而在高应力作用下,混凝土徐变则是塑性流动(晶格滑移)。这是因为,当加荷应力小于分子结构内部结合力时,材料表现为黏性;当加荷应力大于分子结构内部结合力时,材料表现为塑性。

混凝土材料在高应力作用下所表现出来的塑性实际上是"假塑性",这是因为金属材料和混凝土材料的化学结合力不同。金属的化学结合力是金属化学键,它很容易形成、破裂和恢复,从而决定了金属材料具有能引起晶体延展的更大的流动性和可塑性;而混凝土中的水泥石,主要起作用的是具有很大刚性的化学离子键,从而决定了其主要发生脆性破坏,根本就没有真正的塑性。混凝土应力 – 应变关系的非线性所表现的"塑性",是由其组成材料过渡区上黏结微裂缝扩展而引起的。

5. 微裂缝理论

在多相混凝土组成材料的过渡区上,受荷载前就有黏结微裂缝存在,这是由混凝土硬化过程中骨料沉降、拌和水析出及收缩应力引起的。

在正常工作应力范围,裂缝过渡区通过摩擦连续传递荷载,微裂缝仅稍微增加一些徐变;当荷载超过正常工作应力时,过渡区上黏结微裂缝就会扩展并逐渐产生新的微裂缝;当荷载再增加,还会产生少量穿越砂浆的裂缝,甚至产生穿越骨料的裂缝,最后各种裂缝迅速发展并逐渐贯通。

苏联学者别尔格是最早用裂缝的产生和发展来解释徐变的研究者之一,他认为,只有当加荷应力大于抗裂强度时,微裂缝才会对混凝土的徐变有明显影响,他用声学方法取得了一系列试验数据。结果表明:当加荷应力小于抗裂强度时,超声波脉冲在混凝土中的传播时间就不断下降,从而说明混凝土结构继续变得密实;当加荷应力大于抗裂强度时,由于微裂缝的产生和发展,在长期荷载作用下便产生了附加变形,这使混凝土徐变与应力间的关系表现为明显的非线性关系。

以上所介绍的几种理论没有一种对徐变的解释能得到满意的结果,但把几种理论结合起来解释可能会得到比较好的结果。在加荷初期,混凝土徐变速率很快,之后随时间增长而减缓,且产生可恢复徐变,这可用黏弹性理论和黏性流动理论来解释;这期间还会产生不可恢复徐变,可用渗出理论来解释;继续加荷,主要产生不可恢复徐变,这可用黏性流动理论来解释;当加荷应力超过正常工作应力时,徐变速率又会迅速增大,应力 – 应变呈非线性关系,这可用塑性理论和微裂缝理论来解释。

4.6.3　徐变的影响因素

混凝土中产生徐变的物质主要是水泥石,骨料对水泥石的徐变有一定的限制作用。影响混凝土徐变的因素很多,外部因素主要有加荷龄期、加荷应力、持荷时间、湿度、温度、试件尺寸等;内部因素主要有水泥、骨料、水胶比、外加剂以及掺合料等。

1. 加荷龄期

混凝土徐变随加荷龄期的增长而减小,在早龄期,由于水泥水化仍在进行中,混凝土强度较低,故徐变较大;随着龄期的增长,水泥不断水化,强度不断提高,故加荷龄期越晚的混凝土徐变越小。根据国家标准规定,做对比或检验混凝土的徐变性能时,试件应在 28 d 龄期时加荷。图 4.39 所示为同一配合比混凝土自成型之日起分别在龄期 3 d、7 d、28 d、90 d、180 d 加荷后的徐变度数据,总持荷时间为 360 d。以 28 d 龄期加荷徐变为基准,则 3 d、7 d、90 d、180d 加荷龄期徐变是 28 d 的 1.5 ~ 5 倍、1.3 ~ 2.7 倍、75% 和 60% 左右。

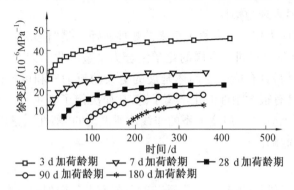

图 4.38　不同加荷龄期对混凝土徐变度的影响

2. 加荷应力和持荷时间

现有的徐变数据绝大部分是在单轴压应力状态下取得的,这是因为混凝土结构主要用来承受压力,并且因为在受压状态的徐变试验要比受拉或其他应力状态下的徐变试验容易做。国家标准规定徐变应力取混凝土棱柱体抗压强度的 40%。当应力不超过强度的 0.4 倍时,一般假定混凝土徐变和应力成正比;当超过 0.4 倍时,则徐变随应力比的增长而急剧增大,表现出明显的非线性关系。

拉应力作用下的徐变 – 时间曲线的形状与压应力作用下的情况相似。大体积混凝土的单向张拉徐变较同样大小压应力产生的徐变大 20% ~ 30%;在环境相对湿度为 50% 的情况下,拉力徐变较压力徐变要高 100%。扭转徐变 – 时间曲线也具有相似的形状。应力、水灰比和环境相对湿度等对扭转徐变具有与压缩徐变相似的影响。扭转的徐变和弹性变形比与压力时的相同。实际上,在单向压应力作用下,混凝土不仅产生压力徐变还产生侧向受拉徐变,其泊松比与弹性变形的相同。在三向压应力作用下的混凝土徐变小于单向压应力作用下的压缩徐变。在交变荷载作用下混凝土的变形,大于在相同静荷载作用下在相同时间时的徐变。

混凝土徐变随持荷时间的增长而增加,但徐变速率随持荷时间的增长而降低。混凝土的徐变可以持续非常长的时间,但大部分徐变在 1 ~ 3 年内完成。

3. 环境条件

混凝土徐变与试件所处环境的相对湿度和温度直接相关,这是由于干燥收缩有增大徐变的作用。图 4.39 所示为经潮湿养护 28 d 的混凝土在不同相对湿度下的徐变。可见,相对湿度越低,混凝土徐变越大,特别在加载初期影响最为显著。在荷载作用时干燥环境可以增大混凝土的徐变,这种由于干燥而增加的徐变称为干燥徐变。如果在加荷之前使试件与周围环境就已建立起湿度平衡,则相对湿度对徐变的影响很小,甚至可忽略不计。雷尔密特(L′ Hermite)提出下列考虑到干燥对徐变影响的表达式:

$$C = C_1(1 + QS) \tag{4.31}$$

式中　　C——干燥条件下混凝土的总徐变;

C_1——无干燥条件下的基本徐变;

S——在给定相对湿度条件下的干燥收缩;

Q—— 取决于混凝土的常数。

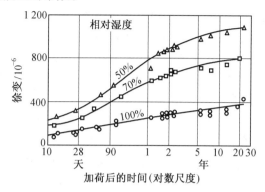

图 4.39　不同相对湿度下的混凝土徐变

研究表明:在 50 ~ 70 ℃,温度越高时混凝土的徐变速度越快;但超过 70 ℃ 时,徐变速度则反而减小,如图 4.40 所示。这主要是由于凝胶体表面水分的解吸作用,在较高温度环境下,凝胶体逐渐变为受分子扩散和剪切流动支配的唯一物相,使徐变速度减小。对于预先干燥过的混凝土,则不出现上述现象,徐变速度随着温度的提高而增大。

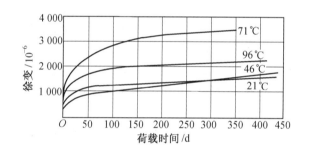

图 4.40　温度对混凝土徐变的影响(应力与强度比为 0.7)

考虑环境温湿度对混凝土徐变的影响,国家标准要求徐变试验时的环境条件为:温度为 (20 ± 2) ℃,相对湿度保持在 $(60 \pm 5)\%$。

4. 成型质量与尺寸效应

在正常情况下混凝土总是充分捣实而没有离析的,否则内部残余的空隙将使徐变增大。实验表明:空气含量 5.4% 的混凝土在 28 d 龄期时开始加载,一年时的徐变比空气含量 1.7% 的混凝土在同条件下的徐变高 40% 左右。任何捣实不足都将在强度的下降上反映出来,空隙率高还将增加干燥徐变,从而导致徐变增大。

构件尺寸决定了环境湿度和温度与混凝土内部的平衡过程,因而也影响混凝土徐变性能。混凝土试件尺寸越大,徐变越小,这是由于试件尺寸大增加了内部水分往外迁移的阻力,从而减小干燥徐变。由于干燥,试件表面徐变较中心部位的大,当干燥深入混凝土内部时,内部水泥水化程度已增大且具有较高强度,因而徐变较小。当混凝土与周围环境的湿度达到平衡以后,则构件尺寸的影响亦将消失。

5. 水泥品种和水灰比

水泥品种对混凝土徐变的影响在于其影响混凝土加载时的强度。当加荷龄期、应力及其他条件相同条件下,混凝土强度发展较快的水泥将导致较低的徐变。据此可以得知:早强水泥、普通水泥及低热水泥制备的混凝土的徐变依次递增。但如不以"相同应力"作为比较的基础,而以"加载时应力与强度比"相同作为比较的基础,则在加荷后强度的相对增加较大的混凝土具有较小的徐变。这样,徐变递增的顺序变为:低热水泥、普通水泥、早强水泥。

现代混凝土常采用矿物掺合料取代水泥,使混凝土的工作性和后期性能满足结构使用要求。而掺合料对徐变的影响的研究结果不尽相同。李建勇和姚燕等人的研究发现掺有30%(质量分数)比表面积大于600 m²/kg的超细矿渣的高性能混凝土的徐变比空白混凝土大幅度减小。赵庆新等人研究磨细矿渣掺量为30%(质量分数)和50%(质量分数)时,发现其对高性能混凝土的徐变性能的影响不大,当矿渣掺量达到80%(质量分数)时,其对高性能混凝土的徐变性能有显著的负面效应,1年的徐变度为空白混凝土的1.74倍;粉煤灰掺量为12%(质量分数)和30%(质量分数)时,明显改善了高性能混凝土抵抗徐变的能力,其1年的徐变度分别为基准混凝土的0.76倍和0.465倍;当粉煤灰掺量达到50%(质量分数)时,其对高性能混凝土的徐变性能影响很小,1年的徐变度为基准混凝土的1.02倍。

近年来,采用膨胀水泥以生产无收缩混凝土的趋势日渐增多。日本东京大学冈村等人的研究结果表明:在膨胀水泥混凝土中,徐变及预应力的损失均有所减少。由于在钢筋未施加预应力之前,对早期膨胀的约束已经产生了先期徐变,从而降低了后期徐变的倾向。但是,也有试验结果表明,膨胀水泥制备的钢筋混凝土,在常规应力作用下,徐变值比普通水泥制备的钢筋混凝土要大得多。这可能与混凝土潮湿养护时间及加载应力等不同有关。

一般情况下,当水灰比改变时,混凝土的水泥浆含量亦将改变。但在比较不同水灰比对混凝土徐变的影响时,应以相同的其他条件,包括同样的水泥浆含量和同样的初应力作为比较的基础,在此基础上,水灰比越低则徐变亦越低。

另一方面,如果混凝土的初应力与强度比值相同,而具有不同的水灰比时,水灰比越小使混凝土的徐变反而越大。这一现象可以解释为:具有低水灰比的混凝土,其早期强度发展快,后期相对强度的发展速度小于高水灰比的混凝土。而在荷载作用下,强度增加率低的混凝土将导致高的徐变,故当初应力与强度比值相同时,低水灰比的混凝土反而导致较大的徐变。

6. 骨料种类和含量

混凝土中的骨料一般是不发生收缩、徐变的,对水泥石的变形起约束作用,约束的程度则取决于骨料的弹性模量及其所占混凝土体积的百分数。A. M. Neville 就骨料对混凝土徐变的影响提出如下表达式:

$$C = C_p (1 - g - u)^a \tag{4.32}$$

式中　　C——混凝土的徐变;

　　　　C_p——水泥石的徐变;

　　　　g——骨料的体积率;

　　　　u——未水化水泥的体积率;

　　　　a——取决于材料弹性模量的参数,表达式为

$$a = \frac{3(1 - \mu)}{1 + \mu + 2(1 - 2\mu_a)\frac{E}{E_a}} \tag{4.33}$$

式中　　μ_a、μ——骨料、骨料周围水泥石的泊松比;

E_a、E—— 骨料、骨料周围水泥石的弹性模量。

可见,混凝土徐变随着骨料含量的增多和水泥浆量的减少而降低。试验表明:骨料所占混凝土体积从 60% 增加到 75% 时,徐变可降低 50% 左右。在配制混凝土时,骨料的级配、最大粒径和形状对混凝土中骨料体积率有着直接或间接的影响,因此这些性质对混凝土徐变的影响也主要体现在骨料体积率上。

骨料的弹性模量越大,对水泥石变形的约束越大,混凝土的徐变就越小,当骨料弹性模量大于 7.0×10^4 MPa 时,对混凝土徐变值的影响则趋于稳定。不同骨料除了弹性模量不同外,还可能具有不同的空隙率、吸水性、压缩性等。

不同岩石种类对混凝土徐变的影响,有试验结果得出以下的徐变增大次序:石灰石、石英岩、花岗岩、卵石、玄武岩和砂岩。但有的试验结果却得出玄武岩骨料做成的混凝土徐变最小的结论,其次序为:玄武岩、石英岩、卵石、大理石、花岗岩和砂岩。试验表明,当其他条件相同时,加载 20 年后,由砂岩为骨料的混凝土的徐变,约为以石灰石为骨料的混凝土的徐变的 2.5 倍。这说明不同的骨料可能对徐变产生影响,但并不表示普遍的规律。轻骨料混凝土的徐变大,反映了轻骨料的弹性模量低;此外,轻骨料混凝土的弹性模量比普通混凝土低,如以徐变对初始弹性应变之比来衡量,则轻骨料混凝土和普通骨料混凝土的徐变性能是相近的。

7. 外加剂

减水剂一般具有分散水泥颗料和调节凝结时间的作用,使用减水剂可以改善混凝土的和易性,节约水泥用量,或降低水灰比以提高强度。因此,减水剂对混凝土徐变的影响与其是否降低水灰比,改变混凝土硬化与强度发展过程有关。

试验表明:氯化钙、三乙醇胺、木质磺酸盐加氯化钙以及木质磺酸钙加三乙醇胺等促凝剂都将增大混凝土徐变。

各种纤维砂浆、纤维混凝土的徐变与不掺纤维的水泥砂浆、素混凝土的徐变比较起来,要小得多。

4.6.4　徐变的估算模型

建立数学方程式以便确定混凝土的徐变发展过程及最终徐变值,对于实际工程的时效分析计算具有重要意义。由于混凝土材料组成复杂,影响徐变的因素较多,国内外有多种混凝土徐变估算模式,在此作以简单介绍。

1. CEB – FIP 模型

CEB – FIP 模型是欧洲混凝土协会和国际预应力混凝土协会于 1978 年建议采用的,它将徐变分成可恢复徐变(弹性变形)和不可恢复徐变(塑性变形)两部分。塑性变形又分为加荷时的初期流变和延迟塑性变形两部分。28 d 龄期的徐变系数表达式为

$$\varphi_{28}(t,\tau) = \beta_a(\tau) + \varphi_d \beta_d(t-\tau) + \varphi_f[\beta_f(t) - \beta_f(\tau)] \qquad (4.34)$$

式中　$\beta_a(\tau)$—— 初期流变,计算式为

$$\beta_a(\tau) = 0.8 \left[1 - \frac{f_c(\tau)}{f_\infty}\right] = 0.8 \left[1 - \frac{1}{1.276}\left(\frac{\tau}{4.2 + 0.85\tau}\right)^{3/2}\right]$$

β_d—— 延迟弹性变形,可在相应图表中查到;

φ_d—— 最终延迟弹性变形与初始弹性变形之比(28 d 龄期),其值为 0.4。这两个参数

也可由以下公式计算而得:

$$\varphi_d\beta_d(t-\tau) = 0.4\{0.73[1-e^{-0.01(t-\tau)}] + 0.27\} \tag{4.35}$$

φ_f—— 流动系数，$\varphi_f = \varphi_{f1} \times \varphi_{f2}$，其中 φ_{f1} 为环境湿度系数，由表4.1查得;

φ_{f2}—— 名义厚度系数(考虑到构件尺寸)，名义厚度计算式为 $h_0 = \lambda\dfrac{2A_c}{l}$;

$\beta_f(t)$—— 塑性流动变形，即延迟塑性变形，取决于名义厚度 h_0，可由已知图表查到;

$\beta_f(\tau)$—— 考虑加荷龄期的一个函数。

表 4.1 环境湿度系数取值

环境条件	相对湿度/%	φ/l	λ
水中	—	0.8	30
很潮湿的大气	90	1.0	5
室外	70	2.0	1.5
很干大气	40	3.0	1

注: φ/l 值是对正常稠度的混凝土而言，对于低稠度的混凝土，φ/l 值要降低 25%;对于高稠度的混凝土，φ/l 值要增加 25%

2. ACI 模型(1978 年)

$$C(t,\tau) = \frac{1}{E(\tau)}\phi(t,\tau) \tag{4.36}$$

其中

$$\phi(t,\tau) = \frac{(t-\tau)^{0.6}}{10+(t-\tau)^{0.6}}\phi(\tau)$$

$$\varphi_\infty(\tau) = 2.35k_1k_2k_3k_4k_6k_7$$

式中　k_1—— 环境湿度修正系数，$k_1 = 1.27 - 0.006H$(相对湿度 $H \geqslant 40\%$);

k_2—— 加荷龄期修正系数，湿养护时 $k_2 = 1.25\tau^{-0.118}$($\tau \geqslant 7$ d)，蒸汽养护时 $k_2 = 1.13\tau^{-0.095}$;

k_3—— 混凝土坍落度修正系数，$k_3 = 0.82 + 0.002\,64SL$(SL 为坍落度,mm);

k_4—— 构件尺寸修正系数，当构件平均厚度 h_0 小于150 mm 时，k_4 取值见表4.2。当构件平均厚度 h_0 为 150~380 mm 时，持荷时间小于1年，$k_4 = 1.14 - 0.000\,91h_0$，持荷时间大于1年，$k_4 = 1.10 - 0.000\,67h_0$;当构件平均厚度 h_0 为大于等于380 mm 时，$k_4 = \dfrac{2}{3}[1 + 1.13e^{-(0.021\,2(V/S))}]$，$V/S$ 为体积与表面积之比;

k_6—— 混凝土砂率修正系数，$k_6 = 0.88 + 0.0024S_p$(S_p 为砂率);

k_7—— 混凝土含气量修正系数，$k_7 = 0.46 + 0.09A'$(A' 为混凝土含气量,%)。

表 4.2 k_4 取值

h_a/mm	50	75	100	125	150
k_4	1.30	1.17	1.11	1.04	1.00

3. 中国建筑科学研究院(86) 模型

$$\varphi(t,\tau) = \frac{(t-\tau)^{0.6}}{3.803 + 0.265(t-\tau)^{0.6}}\beta_1\beta_2\beta_3\beta_4 \tag{4.37}$$

式中　β_1—— 混凝土加荷龄期影响系数,当 $\tau = 28$ d 时,$\beta_1 = 1$,当 $\tau = 90$ d 时,$\beta_1 = 0.88$;

　　　β_2—— 环境相对湿度影响系数,当相对湿度大于 80% 时取 0.7;

　　　β_3—— 混凝土成分影响系数,通常取 1;

　　　β_4—— 截面尺寸影响系数,当构件体积与表面积比小于 2.5 时取 1.15。

4.6.5　徐变的理论分析

混凝土的徐变理论虽然尚未完全清楚,但从其徐变性状上看,可以利用徐变模型进行分析,并研究徐变计算方法。混凝土徐变包含恢复性徐变和非恢复性徐变两部分。恢复性徐变是一种滞弹性现象,而非恢复性徐变则可能是黏性变形和塑性变形。黏性变形速度与作用应力成正比,而塑性变形则不存在这种正比关系。

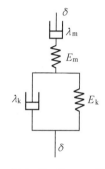

图 4.41　Burger 模型

T. C. 亨逊利用 Burger 模型进行了混凝土基本徐变的分析和计算公式的推导。Burger 模型是麦克斯韦体和开尔文体的串联模型,如图 4.41 所示。E_m 为混凝土的弹性模量,反映了混凝土的瞬间弹性变形;λ_m 为麦克斯韦体的混凝土黏性系数,表示徐变的黏性部分 —— 非恢复性徐变;E_k 和 λ_k 表示徐变的滞弹性部分 —— 恢复性徐变;E_k 为混凝土的滞弹性模量;λ_k 为开尔芬体的混凝土黏性模数。Burger 模型的结构式为

$$Bu = M - K = (N - H) - (N \mid H)$$

设作用应力为 σ,则在持荷时间 t 内的总变形 ε 为

$$\varepsilon = \frac{\sigma}{E_m} + \frac{\sigma}{\lambda_m} + \frac{\sigma}{E_k}\left[1 - \exp\left(-\frac{E_k}{\lambda_k}t\right)\right]$$

可得

$$\frac{\mathrm{d}\left(\frac{\varepsilon}{\sigma}\right)}{\mathrm{d}t} = \frac{1}{\lambda^m} + \frac{1}{\lambda_k}\exp\left(-\frac{E_k}{\lambda_k}t\right)$$

由于 $\frac{\varepsilon}{\sigma} = C$($C$ 为比徐变),因此可得

$$C = \int_0^t \frac{1}{\lambda_m(t)}\mathrm{d}t + \int_0^t \frac{1}{\lambda_k(t)}\exp\left(-\frac{E_k(t)}{\lambda_k(t)}t\right)\mathrm{d}t$$

式中的第一项为滞弹性徐变 C_1,第二项为黏性徐变 C_2。

亨逊在推导时假定混凝土的徐变取决于水泥石的质量和体积率,而不考虑骨料质量的影响,并应用了细观力学混合律进行推导,得

$$\frac{1}{\lambda_m} = \frac{V_C}{x\lambda_m^0} = \alpha\,\frac{V_C}{x}$$

$$\frac{1}{E_k} = \frac{V_C}{xE_k^0} = \beta\,\frac{V_C}{x}$$

$$\frac{1}{\lambda_k} = \frac{V_C}{x\lambda_k^0} = \gamma\,\frac{V_C}{x}$$

式中　V_C—— 水泥石在混凝土中的体积率;

　　　x—— 胶空比;

　　　λ_m^0, λ_k^0—— 麦克斯韦体和开尔芬体的水泥凝胶黏性系数;

E_k^0—— 水泥凝胶的滞弹性模量；

α、β、γ—— 常参数。

由于滞弹性变形发生时间短，在此期间持荷时间对 $\lambda_k(t)$ 和 $E_k(t)$ 的影响相同而且不大，因此，第一项 C_1 可写为

$$C_1 = \frac{1}{E_k}(1 - e^{-mt})$$

其中 m 为系数。则可得

$$C_1 = \beta \frac{V_C}{x_0}(1 - e^{-mt})$$

式中　x_0—— 加荷时水泥石的胶空比。

第二项黏性徐变 C_2 可写为

$$C_2 = \int_0^t \alpha(t) \frac{V_C}{x(t)} dt$$

此函数中 $\alpha(t)$ 和 $x(t)$ 均为未知，上式无法求解。为此，亨逊采用了另一个混凝土徐变规律，即在滞弹性徐变终了后，在较后阶段徐变与龄期的对数近似地呈线性关系，并且对于同时制作的混凝土，加荷时龄期不同所得到的徐变曲线在较后阶段时是互相平行的。并且考虑到混凝土配合比的影响，可写为

$$C_2 = \alpha_1 \frac{W}{C} V_C \ln \frac{t + t_1}{t_1}$$

式中　t_1—— 加荷时混凝土的龄期，以天计；

$\dfrac{W}{C}$—— 经过泌水校正的水灰比。

因此可得

$$C = \beta \frac{V_C}{x_0}(1 - e^{-mt}) + \alpha_1 \frac{W}{C} V_C \ln \frac{t + t_1}{t_1} \tag{4.37}$$

式中，$\beta = 0.06 \times 10^{-6}$，$\alpha = 5.7 \times 10^{-6}$，$m = 0.033\ 3$。

思考题

1. 叙述承受压力荷载的混凝土的破坏过程。
2. 影响混凝土强度的因素有哪些？
3. 提高混凝土强度的措施有哪些？
4. 影响混凝土徐变的因素有哪些，怎么影响的？
5. 何为混凝土弹性模量，影响弹性模量的因素主要有哪些？
6. 钢筋与混凝土之间的黏结力是如何产生的？

第 5 章　混凝土的尺寸稳定性

混凝土的尺寸稳定性一般是指在物理因素(非受力的作用)、化学因素或二者共同作用下混凝土尺寸变化情况,传统将其统称为变形性能。近年来,随着国内外混凝土的高性能化,混凝土的非受力变形出现了很多新情况,因此成为近些年的研究热点。变形性能包括受力和非受力两种情况,受力变形性能已在混凝土的力学性能中讨论,本章只讨论混凝土非受力变形性能即混凝土的尺寸稳定性能。

5.1　塑性收缩

5.1.1　定义

在混凝土浇筑数小时后,其表面开始沉降,常出现水平的小裂纹,这种在塑性阶段出现的体积收缩常称为塑性收缩,常在钢筋或粗骨料的周围出现小裂纹称为塑性收缩裂缝。

典型的水泥浆、砂浆和混凝土的塑性收缩如图 5.1 所示。典型的新浇筑混凝土的塑性收缩裂纹如图 5.2 所示,一般间隔 0.3 ~ 1 m,深度为 25 ~ 50 mm。

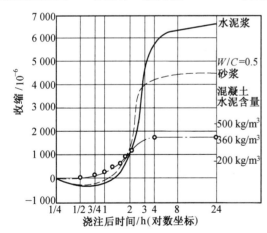

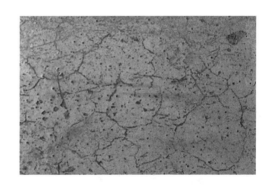

图 5.1　水泥浆、砂浆和混凝土的塑性收缩　　　　图 5.2　新浇筑混凝土的塑性收缩裂纹

垂直方向上所表现出的塑性收缩又称为塑性沉降。沉降收缩不仅表现为宏观体积的收缩,也表现为混凝土粗骨料或钢筋底部出现水囊,进而形成较大的孔隙。

5.1.2　塑性收缩机理

塑性收缩主要是由于两方面的作用:一方面,混凝土浇筑密实后,由于混凝土原材料存在密度、质量、形状等差异,在重力作用下必然要出现粗大的骨料下沉和密度较小的水的上浮,即沉降和泌水同时进行,对于大水灰比或明显泌水的混凝土,上表面的水分蒸发后,混凝土的体积比未发生沉降和泌水前的体积有所减少;另一方面,当混凝土表面失水速率大于从混凝土内部泌出速率时,在混凝土的表面及一定深度内就会出现毛细孔,就会出现凹月面,根据 Young 方程:

$$\Delta p = \frac{2\sigma}{r} \tag{5.1}$$

式中　Δp——附加压力;

　　σ——液体表面张力;

　　r——液体曲率半径。

根据取值规则,附加压力为负值,即附加重力指向毛细管的空气中,附加压力的作用使水泥颗料产生相互靠近的趋势,宏观上混凝土产生体积收缩的力,而此时混凝土尚未硬化,弹性模量很低,因此开始出现塑性收缩,同时若混凝土表面的抗拉强度低于限制收缩导致的拉应力时,开始出现塑性收缩裂纹。

5.1.3　混凝土早期抗裂性的测试与评价

混凝土早期是否开裂,开裂达到何种程度,不仅影响混凝土早期的性能,更主要会影响混凝土的各种耐久性能,为此《混凝土质量控制标准》(GB 50164)和《混凝土耐久性检验评定标准》(JGJ/T 193)规定,按《普通混凝土长期性能和耐久性能试验方法标准》(GB/T 50082)规定的标准方法测定单位面积上的总开裂面积为指标,将混凝土早期抗裂性划分为五个等级,见表5.1。

表 5.1　混凝土早期抗裂性的等级划分

等级	L-Ⅰ	L-Ⅱ	L-Ⅲ	L-Ⅳ	L-Ⅴ
单位面积上的总开裂面积 $c(\mathrm{mm^2/m^2})$	$c \geqslant 1\,000$	$700 \leqslant c < 1\,000$	$400 \leqslant c < 700$	$100 \leqslant c < 400$	$c < 100$

5.1.4　影响混凝土塑性收缩的因素

导致塑性收缩原因很多,有混凝土自身的一些因素,如水泥的水化导致的放热、混凝土泌水蒸发、骨料吸水和自身的沉降收缩等;还有混凝土所处的环境因素,如基础或模板吸水、水分的快速蒸发等。影响塑性收缩的主要因素如下:

1.混凝土自身因素

混凝土温度越高,混凝土中的水分越容易蒸发,越容易导致塑性收缩;为此通过选择合适的水泥品种,优化混凝土配合比,以防混凝土在塑性阶段出现较高的混凝土温度,大体积混凝土尤为突出,可通过降低骨料含量或拌和水温度降低混凝土温度,详见温度变形。

随着混凝土强度等级的提高,混凝土的胶凝材料量的不断增大,混凝土中胶凝材料的早期水化速率在明显加快,也就是说混凝土内部消耗水的速率也在加快,因此《混凝土结构工程施工规范》(GB 50666)规定:混凝土浇筑后应采用洒水、覆盖、喷涂养护剂等方式及时进行保湿养护。

在预拌混凝土中,为改善混凝土性能和降低成本,常掺入相当数量的矿物掺合料,虽然活性矿物掺合料具有一定活性可参与水化反应,但其速率较慢,混凝土混合料中的水分不能及时消耗,会导致不同程度的泌水。

2. 环境因素

环境因素包括润湿基础、模板、骨料,必要的遮阳措施以防止快速吸走混凝土中的水分;风速对水泥石塑性收缩的影响(相对湿度50%,环境温度20 ℃)见表5.1。

表 5.1　风速对水泥石塑性收缩的影响

风速/(m·s⁻¹)	浇注后 8 h 收缩/10⁻⁶
0	1 700
0.6	6 000
1.0	7 300
7~8	14 000

由表5.1可见,风速对水泥石的塑性收缩起到决定性的作用,因此对有一定风速条件下的施工,挡风棚是十分必要的;支护临时挡风棚,覆盖临时性塑料薄膜,在支护临时挡风棚不是很方便的情况下,覆盖临时性塑料薄膜也是有效的。

较高的环境温度,较低的环境湿度,较高的风速,必须采取有效措施防止塑性收缩开裂。为此 GB 50666 规定:当蒸发速率超过 1 kg/(m²·h)时,应在施工作业面采取挡风、遮阳、喷雾等措施。

无论何种原因导致的塑性收缩,都会导致混凝土上表面出现塑性裂纹,钢筋和骨料下面出现水囊,为提高混凝土的强度、钢筋与混凝土之间的黏结,防止局部混凝土渗漏导致混凝土上表面串水,为有效克服上述情况的发生,GB50496规定在混凝土终凝前宜采取二次振捣或二次抹压措施。

5.2　温度变形

通常,无机材料均有热胀冷缩的特性。与温度变化有关的应变决定于材料的热膨胀系数以及温度升高和下降的速率。混凝土是抗拉强度低的脆性材料,温度降低时的收缩应变比较重要,所导致的拉应力随弹性模量和约束程度而定,完全可能造成开裂。

在一些超静定结构、大体积混凝土、耐高温混凝土结构中,必须计算由温度变化引起的应力、应变。混凝土的温度变形实际上可分为两种情况,一种是硬化混凝土结构的温度变形,另一种是混凝土硬化过程中的温度变形,前者属结构设计问题,本节重点讨论后者。又由于混凝土在升温过程中尚处于塑性阶段,产生的膨胀一般对混凝土的性能影响不大,因此本节重点讨论由于温度降低导致的收缩。

5.2.1　定义

温度变形主要是指混凝土浇筑后随着水泥水化放热而开始出现膨胀,峰值温度后的降温过程中产生的收缩。温度收缩又称冷缩,实际指的是混凝土随温度降低而发生的体积收缩,在相同温度变化条件下,温度变形取决于混凝土的温度变形系数,即单位温度变化条件下混凝土的线收缩系数,通常为$(6~12)×10^{-6}/℃$。

对于大体积混凝土或体积稍小、强度等级较高的混凝土,水泥在早期水化过程中将放出大量的热,一般每克水泥可放出 350~500 J热量。在绝热条件下,每 45 kg 水泥水化将使温度升

高 5 ~ 8 ℃,在没有缓凝剂的条件下,通常在开始浇筑后的 12 h 左右出现温度峰值,如图 5.3
所示。

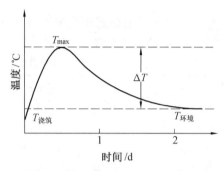

图 5.3 　混凝土内部温升曲线

在水化的后期,水化速度减慢,放热速率降低。随后水化放热的速率低于在与外界环境热
交换中热量散失的速率,温度开始下降并最终达到与环境温度达到平衡。

5.2.2　温度变形机理

混凝土内都含有一定量的空气,对非引气混凝土一般密实后含 1% 左右,空气的温度变形
系数($3 661×10^{-6}/℃$)远大于液体或固体,因此,水泥水化放热使混凝土开始升温,空气将发生
明显的膨胀。而此时由于混凝土处于塑性状态或强度很低,对气体膨胀的约束作用较弱,因此
早期表现出较大的膨胀。

水分受热时,既有本身受热膨胀,又有增加湿胀压力的作用。一方面水的膨胀系数远比凝
胶体的大,所以温度上升,凝胶水就产生膨胀应力使凝胶体膨胀,或使一部分水迁移到毛细孔
中;另一方面,毛细管水的表面张力随温度上升而减小,加之毛细孔水本身受热膨胀和凝胶水
的迁入,结果水的体积增加,毛细管中水面上升,弯月面的曲率变小,使毛细孔内收缩压力减
小,水泥石膨胀。但是这种湿胀压力的作用,在试件处于干燥状态或饱水状态时并不发生,因
为这时无水的曲面存在。所以,水泥石的热膨胀系数也是湿度的函数,在相对湿度为 100% 或
0 时为最小,大约相对湿度为 70% 时最大。水泥石的热膨胀系数随龄期的增加而减小,原因是
继续水化使水泥石中凝胶体逐渐转化为结晶物质,减少了凝胶体的湿胀压力。因此,对于高压
蒸养的水泥石,由于含凝胶体很少,其膨胀系数随温度的变化而变化很小。

混凝土中的骨料遵循一般固体材料的热胀冷缩。

由于混凝土内、外散热条件的不一致,表层混凝土温度降低得快,沿混凝土截面出现温度
梯度,使收缩在降温过程中沿截面产生不均匀变化。在大体积混凝土中,由于表层混凝土的收
缩值较内部混凝土的收缩值大。如果把内部混凝土看作是相对不变形的,它就对表层混凝土
的收缩形成约束。当混凝土的收缩或温度变形受到外界约束条件的限制而不能自由发生时,
将在结构构件中产生“约束应力”,从而将导致表层混凝土受拉。根据其起因不同也可以把这
种应力称为“收缩应力”或“温度应力”。事实上,在最初水化的过程中也会因温度的升高而产
生温度膨胀,但由于此时混凝土通常还是黏塑性状态且温升过程迅速,因而沿截面相对均匀。
因此温升膨胀过程对混凝土的抗裂影响不大,而随后的散热降温过程由于较为缓慢,均匀性又
较差,且混凝土逐渐硬化,往往在这一过程中出现温度收缩裂缝。这在大体积混凝土中(温升
可高达 60 ~ 90 ℃)造成的危害更显著,因为大体积混凝土中本身水化放热很大,而散热又很

慢,因此它是造成这类混凝土早期裂缝的主要因素。为此《大体积混凝土施工规范》(GB 50496)规定:混凝土浇注体在入模温度基础上的温升值不应超过50 ℃。

5.2.3 影响混凝土温度变形的因素

对混凝土性能影响最大的温度变形主要是温度下降时产生的收缩变形。由于收缩在混凝土结构中引起的冷却应力表现为拉应力,可使得微裂缝引发和扩展,甚至造成结构体开裂和破坏,这种现象在大体积混凝土和高温环境中使用的混凝土构件中更为常见。混凝土的温度变形决定于温度的变化范围及线性热膨胀系数,因此为控制混凝土的温度变形,尤其是降低大体积混凝土中的冷却应力,可从以下几个方面加以考虑。

1. 水泥品种与用量

水泥品种与用量决定着水泥水化期的水化热。不同水泥矿物成分的放热量见表5.2,不同品种水泥对净浆和混凝土温度变形系数的影响见表5.3。

表5.2 不同水泥矿物成分的放热量

矿物	放热量/$(MJ \cdot kg^{-1})$
C_3S	0.5
C_2S	0.26
C_3A	0.87
C_4AF	0.42

表5.3 不同品种水泥对净浆和混凝土温度变形系数的影响

水泥品种	水泥净浆/$(\times10^{-6}℃)$		混凝土/$(\times10^{-6}℃)$	
	气干状态	含水状态	气干状态	含水状态
普通硅酸盐水泥	22.6	14.7	13.1	12.2
矿渣水泥	23.2	18.2	14.2	12.4
高铝水泥	14.2	12.0	13.5	10.6
中热水泥	—	—	—	8.8~9.4

可见,不同矿物组成的不同种类的水泥水化热是不同的,对净浆和混凝土温度变形系数影响也是不同的。与硅酸盐水泥相比,中热、低热矿渣硅酸盐水泥的水化放热量和水化速率要低得多,掺加粉煤灰、粒化高炉矿渣等矿物掺合料也可以取得同样的效果,如图5.4所示。

可见,水泥品种对混凝土的温度变形的影响是明显的。水泥净浆的温度变形系数比骨料的温度变形系数大,因此水泥用量多的混凝土温度变形系数一般较大;反之,骨料用量多的混凝土温度变形系数一般较小。

2. 骨料的种类

混凝土作为多孔的材料,其温度变形性能不仅取决于水泥石和骨料,而且还取决于孔隙中的含水状态。为研究方便,混凝土的热膨胀系数大致可以表示为水泥石和骨料的膨胀系数的加权平均值。水泥石的热膨胀系数为$(10 \sim 20)\times10^{-6}℃$,比骨料的热膨胀系数$(6 \sim 12)\times10^{-6}℃$大,而混凝土的膨胀系数通常为$(6 \sim 10)\times10^{-6}℃$。因此,一般可以说混凝土的膨胀系数

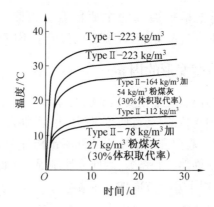

图 5.4　水泥和粉煤灰含量对混凝土温升的影响

（注：图中为 ASTM 标准水泥）

是骨料含量的函数，也是骨料本身膨胀系数的函数。骨料的热膨胀系数见表 5.4。

表 5.4　骨料的热膨胀系数

骨料种类	温度变形系数/(×10⁻⁶℃)
石英岩	$10.2 \sim 13.4$
砂岩	$6.1 \sim 11.7$
玄武岩	$6.1 \sim 7.5$
花岗岩	$5.5 \sim 8.5$
石灰岩	$3.6 \sim 6.0$

可见，选择热膨胀系数低的骨料在某些情况下可成为大体积混凝土中防止裂缝的关键因素之一。

3. 浇筑温度

浇筑温度对混凝土的绝热温升的影响如图 5.5 所示，浇筑温度越低，达到峰温的时间越长，混凝土的结构发展越成熟，降温出现不利情况带来开裂的概率越小。

新拌混凝土的预冷是一种控制温度下降的惯用方法。常常规定以冷却骨料或以刨冰作为拌和水的方法来制备大体积混凝土，可用于拌合物温度为 10 ℃ 甚至更低的工程施工，但需注意在拌合物浇筑之前刨冰必须已完全融化。

4. 养护

养护对大体积混凝土温度变形问题最为重要，大体积混凝土温度开裂在很大程度上取决于养护，假如大体积混凝土能够整体均匀地升温或降温，就不会出现温度开裂问题。

一方面养护过程如何控制混凝土内部和表面的温差。大体积混凝土内部必然出现温度梯度，即内部温度高表面温度低，表面散热使得内部温升幅度大于表面温升的幅度，表面膨胀量小于内部膨胀量，加之此时的混凝土尚处于强度很低的状态，抗拉强度很低，拉应力一旦高于抗拉强度，混凝土表面就会出现开裂，因此在工程上有效的措施之一就是控制温差，《大体积混凝土施工规范》(GB 50496) 要求里表温差不超过 25 ℃，混凝土表面与大气温差不超过 20 ℃，混凝土的降温速率不大于 2.0 ℃/d。

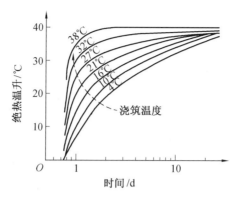

图 5.5　浇筑温度对混凝土绝热温升的影响

（ASTM 标准 I 型水泥 223 kg/m³）

另一方面养护过程如何控制混凝土内部和表面的湿度差。与温度梯度一样，大体积混凝土内部必然出现湿度梯度，即内部湿度高表面湿度低，相对来讲表面混凝土由于失水而发生干缩，也会产生拉应力，加之大体积混凝土温度升高又加剧了表面干缩，温度、湿度导致的拉应力叠加使开裂的问题更加恶化，大体积混凝土表面增湿也是防止开裂的有效措施。

需要说明的是，对于一般低强度等级混凝土而言，蓄水养护是保湿养护的有效措施，但对于强度稍高的大体积混凝土来讲应注意蓄水增湿的同时又带来了增大内外温差的新问题，因此对于大体积混凝土而言应视具体工程情况决定是否采用蓄水养护的措施。

养护条件对温度变形的影响还包括环境条件，如环境温度、风速。昼夜温差大，夜间表面降温快，温度应力增大，大风影响类似。

5. 约束度

混凝土的构件若能够自由移动，混凝土内部不会产生与温度变化相关的应力。然而，在实际工程中，混凝土总会受到或来自外界的如基础或内部的如钢筋、温度梯度的作用，结果必然导致不同部位的混凝土产生不同变形。

如图 5.6 所示，混凝土在一刚性基础上浇筑，在紧贴岩石层混凝土受到完全约束（$K_r = 1.0$），随着远离岩石层，混凝土受到的约束逐渐降低。美国 ACI-207.2R 委员会推荐如下计算公式：

$$K_r = \frac{1}{1 + \dfrac{A_g E}{A_f E_f}} \tag{5.2}$$

式中　K_r——约束度；

　　　A_g——混凝土横断面面积；

　　　A_f——基础或其他约束构件的面积（大体积岩石，$A_f = 2.5\ A_g$）；

　　　E_f——基础或其他约束构件弹性模量；

　　　E——混凝土弹性模量。

由式（5.2）、图 5.6 可见，约束面积越大，约束体的弹性模量越大，对混凝土构件的约束度越大，对混凝土的自由变形越不利，会导致混凝土的拉应力增大，可能导致混凝土开裂。

减小约束度是大体积混凝土防止开裂的有效措施之一，为此 GB 50496 规定：大体积混凝土置于岩石类地基上时，宜在混凝土垫层上设置滑动层；同时宜采取减少大体积混凝土外部约

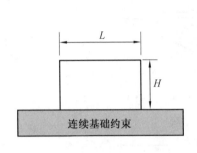 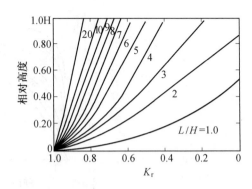

图 5.6 中心部位的约束度

束的技术措施。例如有防水要求的大型筏型基础,防水层就是很好的滑动层;若没有防水要求,可以加设一层砂垫层,同样能够起到减小约束度的作用,防止温度开裂都是有效的。

5.3 自收缩

混凝土的自收缩现象早在 60 年前就由 Lyman 和 Davis 提出了,当时发现混凝土自身能够收缩,同时质量和温度没有任何变化。从 20 世纪 90 年代开始,随着高强混凝土的广泛应用,混凝土的自收缩现象越来越引起人们的关注。在工程实践中,发现高强混凝土、自密实混凝土和大体积混凝土的自收缩现象是非常显著的,例如混凝土在恒温水养的条件下仍然开裂,密封的高强混凝土的抗折强度随着养护龄期的增加而降低等。这些现象不能仅通过冷缩开裂或干缩开裂来解释,而只能通过自收缩来解释。研究表明,水胶比低于 0.30 的高强混凝土的自收缩率高达 $(200 \sim 400) \times 10^{-6}$;任何类型自密实混凝土的自收缩值都会随着单位体积中粉料量的增加而增加,单位体积粉料量为 500 kg/m^3 自密实混凝土的自收缩值为 $(100 \sim 400) \times 10^{-6}$;含有大量磨细矿渣的大体积混凝土自收缩率可以达到 500×10^{-6}。因此对于具有低水胶比、高胶凝材料量或者磨细矿渣置换率较高的混凝土,研究它们的自收缩是非常重要的。

5.3.1 定义

Lyman 在 1934 年提出,并定义如下:"通常认为,随着凝胶水化铝酸钙与水化硅酸钙的生成,其服从凝胶形成规律产生体积减缩。自收缩这种类型的收缩很容易同其他因热因素或空气中湿度的损失引起的收缩区别开来。"

1940 年,H. E. Davis 定义自收缩为"混凝土的自身体积变形应定义为因其内部本身的物理和化学转化而引起的体积变形,而非下列因素引起:① 与周围大气的湿度侵入与蒸发;② 温度的升降;③ 因外部荷载或限制物造成的应力。"

1998 年,日本技术委员会对自收缩定义为"混凝土初凝后水泥水化引起胶凝材料宏观体积的减小。自收缩不包括因物质的损失或侵入,温度的变化或外部力量或限制物的应用引起的体积变形。"

普通混凝土自收缩 1 个月约为 40×10^{-6},5 年约为 100×10^{-6},但在很低的水胶比条件下,自收缩可达 700×10^{-6},自收缩与干缩的对比如图 5.7 所示。

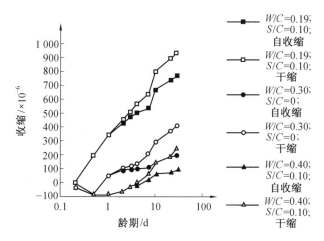

图 5.7　掺入硅灰低水胶比混凝土自收缩与干缩

5.3.2　自收缩机理

自收缩是指水泥基胶凝材料在水泥初凝之后恒温恒重下产生的宏观体积降低。自收缩不包括由于沉降、温度变化、遭受外力等原因所造成的体积变化。如果混凝土本身同时经受干缩或冷缩,那么实际得到的应变是在相应环境条件下包括自收缩和干缩或冷缩的总应变。化学收缩是指水化产物的绝对体积小于未水化之前水的体积和未水化水泥的体积之和,它是造成自收缩的根本原因。化学收缩和自收缩是不同的,前者是化学反应导致的,而后者是化学反应和自干燥的物理作用综合导致的。化学收缩虽然是自收缩产生的主要原因,但两者之间没有直接关系。当认为硬化水泥石是由固相、气相和液相所组成时,化学收缩被认为是反应物绝对体积的降低,而自收缩被认为是固相体积形成

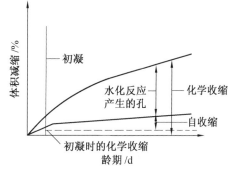

图 5.8　化学收缩与自收缩的关系

后外观体积的降低,因此自收缩是远远小于化学收缩的。在没有水分蒸发和外部水源的条件下,自收缩和化学收缩的关系如图 5.8 所示。

自收缩作用机理可以通过混凝土的自干燥现象得到很好的解释。随着水泥水化的进行,在硬化水泥石中形成大量微细孔,自由水量逐渐降低,水的饱和蒸气压也随之降低,即水泥石内部相对湿度降低,但同时水泥石质量没有任何损失,这种现象称为自干燥。许多试验结果都证实了混凝土内部能够产生自干燥现象。产生自干燥现象的结果是使毛细孔中的水由饱和状态变为不饱和状态,于是在毛细孔水中产生弯月面,造成硬化水泥石受负压的作用而产生收缩。自收缩作用机理类似于干缩机理,都是靠毛细管应力来说明问题的,但自收缩与干缩在相对湿度降低的机理上不同。造成干缩的原因是由于水分扩散到外部环境中,因此可以通过浆体密实化或者阻止水分向外扩散的方法来降低干缩;而自收缩是由于内部水分被水化反应所消耗而形成的,因此通过阻止水分扩散到外部环境中的方法来降低自收缩并不见效。然而在一点上它们是相同的:都是因为硬化水泥浆体内部相对湿度的降低。因此适用于干缩的一些

机理,如毛细管理论也同样适用于自收缩。

5.3.3 影响混凝土自收缩的因素

1. 水泥

水泥水化是混凝土产生自收缩的最根本原因,水泥水化产生化学减缩,而水化反应消耗水分产生自干燥收缩。水泥熟料中各矿物水化反应时引起的减缩各不相同,一般从大到小排序为:$C_3A>C_3S>C_2S$;因此早强型水泥、铝酸盐水泥、高强度等级水泥因 C_3A、C_4AF 含量高,自收缩都较大。低热水泥和中热水泥因 C_2S 含量高而自收缩值较小;对矿渣水泥,则水化后期的自收缩值较高。

水泥细度越细,化学活性越高,水化速率越快,水化程度越高,水泥的自收缩越大,工程上对抗裂要求较高的混凝土所用的水泥的比表面积不宜超过 350 m^2/kg。

2. 矿物掺合料

一般硅灰掺量越大,自收缩越大;由于掺入硅灰后,提高了水泥水化程度,使水化产物数量增加,混凝土中孔隙细化,因此掺入硅灰后不但增加了混凝土的干燥收缩,也大大增加了混凝土的自收缩。

当矿渣粉细度小于 400 m^2/kg 时,对减小混凝土自收缩有利,随矿渣掺量的增大,自收缩减小;但当细度大于 400 m^2/kg 时,矿渣活性明显提高,引起自收缩增大,混凝土自收缩随其掺量的增大而增大;当掺量大于 75%(质量分数)时,自收缩因胶凝材料活性减低而使得混凝土自收缩减小;粉煤灰、石灰石粉、憎水石英粉,随其掺量的增大,混凝土自收缩减小。

3. 胶凝材料含量

单位体积水泥用量加大,既增加了混凝土中产生自收缩的水泥石部分,又相应地减少了混凝土中限制收缩作用的骨料部分,因此单位体积水泥用量越多,混凝土各龄期的自收缩就越大,且自收缩的增加大于水泥用量的增加幅度。

4. 水胶比

水胶比越低,混凝土密实度越高,混凝土因环境干燥散失的水分就越少,因而混凝土干燥收缩降低。而相对于干燥收缩,混凝土自收缩随水胶比的减小和水泥石微结构的致密而增加。根据宫泽伸吾等人的试验结果,水灰比为 0.4 时混凝土自收缩占总收缩的 40%,水灰比为 0.3 时自收缩占总收缩的 50%,而水胶比为 0.17 时(掺入质量分数为 10% 硅灰)则占 100%。普通混凝土的自收缩一般为 $(40\sim100)\times10^{-6}$,而通过使用超塑化剂和硅灰,水胶比降到 0.17 时,从初凝时开始测量,混凝土到 28 d 时自生收缩值可达 700×10^{-6}。由此可见,低水胶比在给混凝土以高强、高密实度、低渗透性等优良性能的同时,也带来了自身体积稳定性方面的问题。

另外,水胶比越低,混凝土中可供水泥水化的自由水就越少,使混凝土在早期就可能产生自干燥而引起自收缩。因而水胶比降低,还使混凝土自收缩发生得更早,且早期自收缩占最终自收缩的比重越大。不同水灰比的混凝土的自收缩曲线如图 5.9 所示。

5. 养护条件

养护温度对自收缩的影响规律如下:①不掺矿物掺合料的普通混凝土在较高的环境温度下,自收缩值较低;②当普通混凝土中掺加比表面积为 800 m^2/kg 的磨细矿渣时,较高温度下

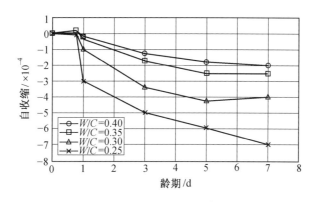

图 5.9　不同水灰比的混凝土的自收缩曲线

的早期自收缩应变发展很快,而后期的自收缩应变要低于低温下的自收缩值;③当普通混凝土中掺加硅灰时,较高的环境温度将导致较高的自收缩值。40 ℃下自收缩在 1 周时就达到稳定状态,而 15 ℃下自收缩随龄期稳步增长,到 1 个月后才达到稳定状态。

此外,近些年又有人研究减缩剂、内养护等外加剂对减少混凝土的自收缩是有效的,下文中将详细讨论。

5.4　干缩和湿胀

硬化后混凝土在湿度变化时发生体积变化即干缩、湿胀,由于骨料与水泥石在湿度变化时的变形系数不同,结果在混凝土结构中产生内应力,通常是粗骨料变压,而水泥石受拉,甚至在水泥石中生成微裂缝。由此产生的微裂缝是混凝土干微裂缝的主要来源,对混凝土结构尤其是界面区的结构,产生显著的破坏作用。

5.4.1　定义

混凝土在干燥的空气中因失水引起收缩的现象称为干缩;混凝土在潮湿的空气中因吸水引起体积增加的现象称为湿胀。

典型的混凝土的干缩曲线如图 5.10 所示,典型的硬化水泥石在不同湿度下失水量与干缩的关系如图 5.11 所示。

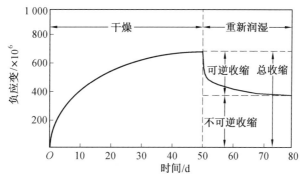

图 5.10　混凝土的干缩曲线

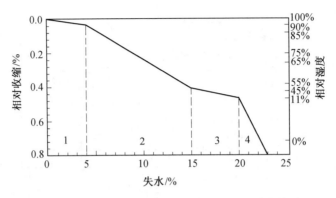

图 5.11　硬化水泥石在不同湿度下失水量与干缩的关系

　　水养护后的水泥石在相对湿度为 50% 的空气中干燥,其收缩值约为 $(2\ 000 \sim 3\ 000) \times 10^{-6}$,完全干燥时的收缩值为 $(5\ 000 \sim 6\ 000) \times 10^{-6}$。混凝土由于水泥石量少及骨料的限制作用,干缩值要小得多。水养护后的混凝土完全干燥时的收缩量为 $(600 \sim 900) \times 10^{-6}$。在研究中发现,湿水泥石(混凝土)的全部(最大)收缩只有在准静态干燥条件下才会出现,所谓准静态干燥条件是指试件内部与表面之间的湿度差为无限小的状态。此时收缩变形完全与水泥石(混凝土)的含湿量变化相适应,沿整个体积均匀地发生。

　　水泥石线膨胀的代表性数据为:$100\ \mathrm{d}, 1\ 300 \times 10^{-6}$;$1\ 000\ \mathrm{d}, 2\ 000 \times 10^{-6}$;$2\ 000\ \mathrm{d}, 2\ 200 \times 10^{-6}$。相比之下,混凝土的线膨胀值要小得多:对于水泥用量为 $300\ \mathrm{kg/m^3}$ 的混凝土,在水中 $6 \sim 12$ 个月其线膨胀为 $(100 \sim 150) \times 10^{-6}$,其后湿胀增加很小。

　　混凝土的湿胀同时也引起混凝土质量的增加(为 2% ~ 3%),可见质量的增加比体积的增加大得多。原因是相当一部分的水占据了硬化水泥石中的孔隙体积,这一现象在混凝土干燥过程中也有所表现,即干缩的体积要小于所失水的体积。

5.4.2　干缩、湿胀机理

　　干燥和吸湿引起混凝土中含水量的变化,同时也引起混凝土的体积变化——干缩和湿胀。干缩和湿胀是两个相反的过程,但如果在一定外界条件下反复进行干燥和吸湿,两者会逐渐接近于可逆的,即平衡态。混凝土的干缩与湿胀主要取决于水泥石干缩与湿胀,与骨料的性能尤其是弹性模量有很大的关系,此外和过渡区也有密切的关系,下面主要讨论水泥石干缩与湿胀机理。

　　代表性的干缩、湿胀机理有如下几种:

1. 分离压力(膨胀压力)机理

　　水分子在固体颗粒表面的吸附导致固体颗粒表面分子与水分子之间产生相互吸引(图5.12)。吸附水被认为是以一种切线压力(扩散力)沿着固体表面被垂直压缩到表面。在一定温度下,吸附水层的厚度是由环境相对湿度确定的(图5.13),厚度随相对湿度不断增加,并达到最大值,相当于 5 个分子厚(约 1.3 nm),在有些情况下,两相邻固体颗粒之间的距离小于2.6 nm,因此,就会产生膨胀或分离压力。

　　分离压力机理是基于吸附水具有推开相邻固体表面以获得热动力平衡的趋势。随着相对湿度增加,颗粒间的分离压力增加,所以,水泥石在干燥时收缩,湿润时膨胀。固体的抵抗收缩在水中产生压应力,这种情况下的水也被称为"受阻吸附水"或"承载水"。

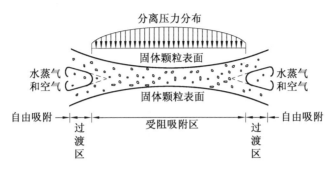

图 5.12　受阻吸附区示意

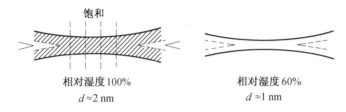

图 5.13　分离压力机理示意

在较高的相对湿度下,分离压力较强,凝聚力较弱。在 100% RH(Relative Humidity,相对湿度)时,距离小于 2.6 nm 的两邻近表面将促进被阻碍吸附,50% RH 和 10% RH 的下限分别为 1.0 nm、0.5 nm。气体压力降低时,分离压力将减小,表面将更加靠近。这种机理在相对湿度大于 50% 时是主要的。有人对这种机理提出了质疑,因为其假设水的吸附永远不会打破颗粒之间的结合。有试验结果表明:收缩并非简单的源自分离压力的减少。首先,当相对湿度较低时,膨胀速度也较低,这是本机理无法解释的;其次,用甲醇置换水,然后用 N-戊烷置换甲醇,并没有导致任何显著的收缩。而 Derjaguin 和 Churaev(1974)指出,用非极性分子(N-戊烷)替换极性分子(水或甲醇),分离压力将发生相当大的变化。

2.毛细管张力机理

环境湿度小于 100% 时,毛细管内形成弯月面,在水的表面张力作用下,便会产生毛细管张力,这种毛细管张力对毛细管管壁产生压力,随着毛细管水的蒸发,水泥石处于不断增强的压缩状态中,从而引起水泥石的体积收缩。毛细管张力 ΔP 可由拉普拉斯方程计算。由于水泥的失水是从大毛细孔开始的,因此早期失水引起的毛细管张力较小;随着失水的进行,较细的毛细孔失水,其引起的毛细孔张力也逐渐增大;当在毛细孔中不能形成弯月面的时候,毛细孔张力消失。

因为这种机理认为收缩是由于水泥石固体中产生压应力导致的,因而,浆体的弹性模量将影响由这种机理引起的收缩。弹性模量越高,收缩总量越小。若水泥石被重新润湿,孔重新被水填满,应力释放,硬化浆体膨胀(湿张)。这种机理可以解释干燥对水泥石孔的粗化效应,即如果硬化浆体在孔的所有方向上受压,孔径就会增大。如果应变达到水泥石的非弹性范围,孔重新被水填满,应力释放后,孔也无法恢复其最初形状,孔径也增大了,即产生了不可逆收缩。

在早期,大量的水从相对较大的孔中被干燥除去,而相对较大的孔对应的毛细管张力很小。在后期,水分从较小的孔里蒸发,很小的失水量就导致显著的收缩。毛细管张力机理被认为在相对湿度较大的情况下是有效的,但对相对湿度的下限存在争议。毛细管应力在相对湿度为 $40\% \sim 45\%$ 可能不再存在,因为这时弯月面不再稳定存在。所以,这种机理难以回答相对湿度很低时干燥收缩的产生机理。

3. 表面张力机理

表面张力理论认为在固体表面上吸附液体、气体或蒸气将减少固体表面张力,所以吸附水一旦从水泥凝胶上脱离,表面张力就要增加,胶粒被压缩。由于这种表面张力变化而引起固体颗粒的体积变化,当颗粒大时就等于零,但对于比表面积约为 $1\ 000\ m^2/kg$ 的极微小颗粒,其体积变化就不容忽视。

表面张力机理只有在相对湿度小于 50% 时才变得非常明显,如图 5.14 所示。当相对湿度为 50% 时,水分子层厚度不超过 2 个分子(约 $0.6\ nm$);当相对湿度低于 30% 时,最后的单分子层吸附水将被干燥除去,此时,表面张力效应达到最大。

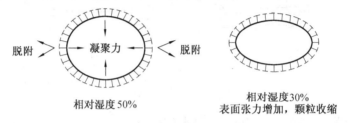

图 5.14　表面张力机理示意

有人根据试验认为,固体的相对线膨胀(或收缩)率与表面张力的改变成正比,即

$$\frac{\Delta l}{l} = \lambda \cdot \Delta \gamma \tag{5.3}$$

式中　　$\dfrac{\Delta l}{l}$——线膨胀(或收缩)率;

　　　　$\Delta \gamma$——表面张力的变化;

　　　　λ——常数。

$$\lambda = \frac{S_s \rho}{3 \cdot E}$$

式中　　S_s——比表面积;

　　　　E——多孔材料的弹性模量;

　　　　ρ——水泥凝胶的密度。

但是,这一机理主要适用于低相对湿度时(小于 40%),因为高于某一个相对湿度,全部固体表面被吸附水分子覆盖,相对湿度的变化不再改变表面张力。

4. 层间水移动机理

有学者认为层间水作用也是干缩的一个重要原因。水化硅酸钙(C-S-H)被认为是一种具有层状结构的材料,而层间水的变化是其体积变化的主要原因。该学说与表面张力理论相似。

层间水移动理论认为水泥水化产物 C-S-H(I)和托勃莫来石等具有层状结构,水分子能够进入层间使晶格膨胀,当水分失去时,则收缩,从而导致整个固体材料发生变形。相对湿度低于 35% 时,层间水的可逆移动是引起收缩的主要原因。但是,其他一些 C-S-H 模型则认为,层间水一旦跑出就不可再重新进入结构,因此,在干燥时的层间水的损失仅只能说明不可逆收缩,所以,此理论有待进一步研究。

从上述的分析及图 5.15 可见,前述 4 个机理都一致认为,收缩具有多个机理,而且,控制收缩的主导机理随系统的相对湿度而改变。但是,这些机理对应的特征相对湿度与图 5.11 的分段直线中的斜率变化点却并不完全吻合,是相互交叠的,这在合理性上很难解释,该问题有待更进一步深入研究。

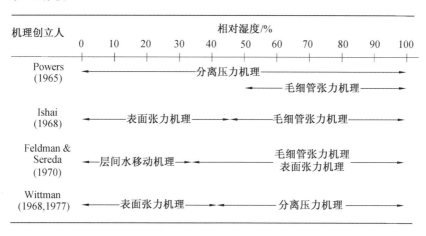

图 5.15　干缩、湿胀微观机理的几种权威观点

5.4.3　影响普通混凝土干缩、湿胀的因素

混凝土干缩的影响因素很多,诸如组成材料的品种、质量及配合比等内因,介质温度、湿度、约束钢筋等外因,其中后者的影响比前者大得多。

1. 水泥品种及用量

混凝土中发生干缩的主要组分是水泥石,因此减少水泥石的相对含量可以减少混凝土的收缩。水泥的性能,如细度、化学组成、矿物组成等对水泥的干缩虽有影响,但由于混凝土中水泥石含量较少及骨料的限制作用,水泥性能的变化对混凝土的收缩影响不大。例如,高铝水泥混凝土的收缩较快,但最终的收缩值与普通硅酸盐水泥混凝土基本相同。

2. 单位用水量或水灰比

混凝土的收缩随单位用水量的增加而增大。在混凝土的制备过程中,单位加水量或水灰比越大,制得的混凝土孔隙率越高,增加了吸附水量,也使得材料的干缩值(ε_y)增大。图 5.16 所示为水泥用量和水灰比对混凝土收缩的影响。

3. 粗骨料种类及含量

混凝土中粗骨料的存在对混凝土的收缩起限制作用。具有不同弹性模量的粗骨料对混凝土干缩的影响也不同,弹性模量大的骨料配制成的混凝土干缩小。同时,混凝土中粗骨料相对体积含量的提高对混凝土弹性模量的提高起积极作用,一般来讲,骨料含量越多,混凝土的收缩越小,如图 5.17 所示。但应注意的是,骨料中黏土和泥块等杂质的存在使其对收缩的限制作用减弱,同时黏土及泥块本身又容易失水收缩,骨料中含有黏土和泥块可使收缩增加达 70%。

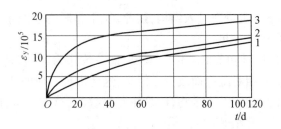

图 5.16　水泥用量和水灰比对混凝土收缩的影响

1—水泥用量 350 kg/m³,水灰比 0.45;2—水泥用量 450 kg/m³,水灰比 0.35;

3—水泥用量 450 kg/m³,水灰比 0.45

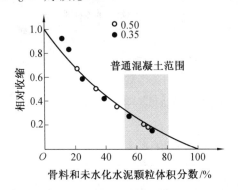

图 5.17　骨料含量对收缩比的影响

4. 化学外加剂与矿物掺合料

诸如氯化钙、粒化高炉矿渣、火山灰、粉煤灰等材料易于增加水泥水化产物中细孔体积,而混凝土的干缩直接与 3 ~ 20 nm 范围内细孔所保持的水分有关,因此含有上述材料的混凝土通常呈现较高的干缩和徐变。

5. 养护方法及龄期

延长潮湿养护龄期可推迟干缩的发生和发展,同时收缩的速度随养护时间的延长而迅速减慢,但对最终的干缩值影响不大。蒸气养护和蒸压养护对混凝土的收缩影响较为显著。原因是蒸气养护和蒸压养护使得水泥石中的凝胶体向结晶体转化程度增大,因此导致干缩值减小。

6. 环境条件

周围介质的相对湿度对混凝土的收缩影响很大。空气相对湿度越低,混凝土收缩值越大,而在空气相对湿度为 100% 或水中,混凝土干缩值为负值,即湿胀。

5.5　碳化收缩

混凝土除干缩外,还经受碳化作用而收缩。实际上干缩和碳化收缩总是相伴发生,而且碳化收缩还对混凝土的长期收缩起主要影响。

5.5.1　定义

混凝土的碳化作用主要是大气中的二氧化碳在水分存在的条件下与水泥水化产物发生化学反应,产生碳酸钙、硅胶、铝胶和游离水,并产生收缩。由于二氧化碳主要与碱性物质发生反应,结果导致混凝土的碱性降低,因此混凝土的碳化过程又称中性化过程。

由于各种水泥水化产物的碱度、结晶度及结晶水的数目等性质各不相同,碳化后的收缩值也不同,以氢氧化钙的碳化作用最为显著。

混凝土的碳化作用除引起收缩外,它同时也直接影响混凝土对钢筋的保护作用(称为护筋性)。硬化后的混凝土,由于水泥水化生成氢氧化钙,因此形成的碱性环境使钢筋表面生成难溶的 $Fe(OH)_2$ 层(称为钝化膜),对钢筋有良好的保护作用。但在混凝土的碳化过程中,由于空气中的二氧化碳与碱性物质发生作用,使混凝土碱度不断降低,破坏了混凝土对钢筋的保护作用,并加速钢筋的锈蚀。

碳化收缩增加了不可逆收缩部分的数量,并可能产生混凝土表面裂缝,但碳化作用也有增加混凝土强度和降低渗透性的作用。

5.5.2　碳化收缩机理

碳化收缩机理目前尚不十分统一,可根据如下两方面对此问题进行分析:

$$Ca(OH)_2+H_2O+CO_2 \longrightarrow CaCO_3+2H_2O$$

上述反应就固相体积来看,$Ca(OH)_2$、$CaCO_3$ 密度分别为:2.24 和 2.71,体积分别为:74/2.24=33,100/2.71=36.9,固相体积约膨胀 10%,体积是增加的。但碳酸钙生成后沉积于孔隙,不占有原氢氧化钙的体积,因此不会导致膨胀,只会使表层更加密实,硬度加大。$Ca(OH)_2$ 的溶解改变了凝胶体的结构,T. C. Powers 认为:水泥石中的 $Ca(OH)_2$ 是有压力作用的,而 $CaCO_3$ 的生成是在无压力的空间中,为此导致了收缩。

碳化除了上述反应外,还存在如下的反应:

$3CaO \cdot 2SiO_2 \cdot 3H_2O+3H_2CO_3 \longrightarrow 3CaCO_3+2SiO_2+6H_2O$

($\Delta G_{298}^{\ominus}=-7\,417\,J/mol$)

$3CaO \cdot Al_2O_3 \cdot 3CaSO_4 \cdot 32H_2O+3H_2CO_3 \longrightarrow 3CaCO_3+2Al(OH)_3+3CaSO_4+32H_2O$

($\Delta G_{298}^{\ominus}=-4\,818\,J/mol$)

$3CaO \cdot Al_2O_3 \cdot CaSO_4 \cdot 12H_2O+3H_2CO_3 \longrightarrow 3CaCO_3+2Al(OH)_3+CaSO_4+12H_2O$

($\Delta G_{298}^{\ominus}=-6\,314\,J/mol$)

$3CaO \cdot (Al_2O_3 \cdot Fe_2O_3) \cdot 3CaSO_4 \cdot 32H_2O+3H_2CO_3 \longrightarrow 3CaCO_3+2Al(OH)_3+2Fe(OH)_3+$
$$3CaSO_4+29H_2O$$

$C_3A \cdot CaCl_2 \cdot 10H_2O+3CO_2 \longrightarrow 3CaCO_3+2Al(OH)_3+CaCl_2+7H_2O$

从热力学角度,自由焓越小,化学反应越易进行;当自由焓为正值时,化学反应则逆向进行。从上述碳化反应式可以看出:暴露于空气中的硬化水泥石中 $Ca(OH)_2$ 与 C-S-H 的自由焓最小,因此最易碳化。试验也证明了 $Ca(OH)_2$ 和 C-S-H 的碳化反应几乎最早同时进行,而凝胶的碳化反应使其体积一定是收缩的。

关于混凝土碳化的影响因素参见本书第 6 章。

5.6 提高混凝土尺寸稳定性的技术途径

如前所述,混凝土产生收缩主要是塑性收缩、温度收缩、自收缩、干缩和碳化收缩,每种收缩随着混凝土龄期发展大致发生的阶段和收缩量如图 5.23 所示。

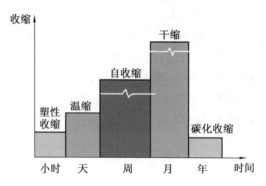

图 5.23　混凝土收缩时间和收缩量

除上述讨论的影响混凝土尺寸稳定性的因素外,近些年来在工程上采取的提高混凝土尺寸稳定性的有效措施有减缩剂、膨胀剂、纤维、内养护等。

5.6.1　减缩剂

混凝土减缩剂(Shrinkage Reducing Admixture,SRA)于 1982 年由日产水泥公司和三洋化学工业公司首先研制成功。日本、美国的众多学者对此进行过广泛深入的研究,取得了丰硕的成果。SRA 的化学组成为聚醚或聚醇类有机物或它们的衍生物,干缩试验证实,SRA 能显著减少混凝土的干缩,减缩的幅度与其掺量成正比。一般 28 d 干燥收缩减缩率为 20% ~ 50% 。

减缩剂的作用机理:减缩剂通常为表面活性剂,可降低混凝土孔隙水的表面张力及凹液面的接触角,从而减小毛细孔失水时产生的收缩应力,降低因干燥产生的应力;另一方面,由于减缩剂能增大孔隙水的黏度,增强水分子在凝胶体中的吸附作用,进一步减小混凝土的最终收缩值。减缩剂的作用效果如图 5.24 D1、D2 曲线所示。

减缩剂能起到减少混凝土塑性裂缝和干缩裂缝的作用,尤其适用于难以养护的混凝土结构。目前我国已研制成功几种牌号的减缩剂,其掺量为胶凝材料的 3% ~ 4% 。但是,由于它的造价偏高,每立方米混凝土成本增加 50 ~ 60 元。另外,由于减缩剂改变了孔隙水的表面状态,改变了固相颗粒的凝聚力,普遍存在强度降低现象。它的实际防裂效果尚需做出全面评估,故尚未较多推广应用。

5.6.2　膨胀剂

掺加膨胀剂的混凝土也会发生自收缩现象,但最终的收缩值与不掺膨胀剂的试样相比明显降低,如图 5.24 E1、E2、E3 试样变形曲线所示。

混凝土膨胀剂是从膨胀水泥发展而来的,分硫铝酸钙类、氧化钙类和氧化镁类膨胀剂。国内外绝大多数生产的硫铝酸钙类膨胀剂以 8% ~ 12% (等量取代胶凝材料率)掺入混凝土中,与水泥水化反应形成钙矾石($C_3A \cdot 3CaSO_4 \cdot 32H_2O$)膨胀结晶,使混凝土结构产生如下变化:

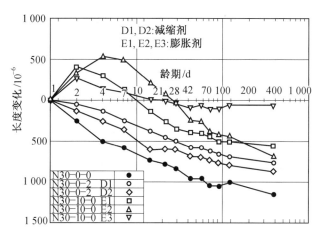

图 5.24　减缩剂和膨胀剂对混凝土自收缩的影响

①由于钙矾石产生体积膨胀,在钢筋和邻位控制下可在混凝土结构中建立 0.2 ~ 0.7 MPa 预压应力,改善了混凝土的应力状态,从而提高了混凝土的尺寸稳定性性能;②由于钙矾石具有填充、堵塞毛细孔缝的作用,改善了混凝土孔结构,降低总空隙率,从而提高混凝土的抗渗性能。

掺膨胀剂的补偿收缩混凝土和填充性膨胀混凝土,在潮湿环境中可保持 $(50 ~ 200) \times 10^{-6}$ 的膨胀状态,在干空气中也会产生一定干缩,值得注意的是,由于钙矾石的生成反应需要消耗大量的水,加剧了混凝土内部的自干燥。对于强度等级较高的混凝土,本身用水量较少,外部养护用水很难渗入混凝土内部,自干燥作用导致收缩加大,收缩量甚至大于未加膨胀剂的混凝土,适得其反。对于强度较低的普通混凝土,由于它能推迟收缩起始时间,此间混凝土的抗拉强度得到足够的增长,因而可减免有害裂缝的发生。

基于补偿收缩混凝土的这些特征,在我国已大量应用于地下、水工、海工和二次浇筑的尺寸稳定性防渗工程。在混凝土的尺寸稳定性防渗材料中,膨胀剂的用量最多、最广。膨胀剂掺量为 8% ~ 12%(质量分数),一般等量取代胶凝材料为 30 ~ 40 kg/m³,混凝土成本增加 20 ~ 30 元/m³。

关于补偿收缩混凝土详见本书第 8 章。

5.6.3　纤维

常用于混凝土结构的纤维主要有碳纤维、钢纤维和聚丙烯纤维,它们的尺寸稳定性见表 5.6。可见,纤维的抗拉强度比素混凝土高 100 ~ 1 000 倍,而极限延伸率比素混凝土高 100 倍左右。碳纤维和钢纤维的弹性模量比素混凝土高 10 倍,而聚丙烯纤维的弹性模量比素混凝土低 10 倍。这三项综合性能,都表明纤维具有非常好的尺寸稳定性性能。

表 5.6　纤维的尺寸稳定性性能

品种	抗拉强度/MPa	弹性模量/MPa	极限延伸率/%
碳纤维	3 000 ~ 4 000	$(2.5 ~ 5.0) \times 10^5$	1.5 ~ 2.0
钢纤维	600 ~ 900	$(2.1 ~ 2.5) \times 10^5$	1.5 ~ 2.5
聚丙烯纤维	300 ~ 450	$(3.5 ~ 5.0) \times 10^3$	15 ~ 18
素混凝土	3.5	$(3.0 ~ 4.0) \times 10^4$	0.02 ~ 0.03

在混凝土中,掺入上述大量的单丝纤维,形成乱向分布的重重网状撑托系统,承托骨料,从

而有效减小骨料的沉降,减小了混凝土泌水和离析。当胶凝材料基本收缩时,由于纤维这些微细配筋作用,有效地消耗了收缩拉应力的能量,对克服混凝土凝结期间的塑性裂缝十分有利。混凝土硬化过程中产生水化热温差收缩和干燥收缩,难免出现收缩裂缝,但它要扩展必然受到乱向分布的纤维的重重阻挡,阻止扩散成为大的可见裂缝,这是纤维提高混凝土尺寸稳定性性能的基本原理。同时,加入纤维后,混凝土的性能得到大大改善,以杜拉纤维为例,混凝土掺入 $0.5 \sim 1.0 \ \mathrm{kg/m^3}$ 纤维后,与普通混凝土相比其尺寸稳定性性能提高近 70%,抗渗性能提高 60% ~ 70%,抗拉强度提高 15% ~ 20%,抗冲击性能提高 15% ~ 25%。钢纤维混凝土与普通混凝土相比,抗拉强度提高 20% ~ 40%,抗弯强度提高 20% ~ 50%。由此可见,纤维在混凝土中起到的主要作用是,阻止基体中原有的微裂缝的扩展并延缓新裂缝的出现,提高混凝土的变形能力并从而改善其任性与抗冲击性能。然而,不同纤维各有自己的技术特性,所增强的方面各有所长,亦各有缺点。此外纤维混凝土应用于建筑工程,还涉及适用范围和造价问题。

关于纤维混凝土详见本书第 8 章。

5.6.4　内养护

内养护是一种新型的混凝土收缩改善措施,它的出现最早可以追溯到 1947 年,人们发现轻骨料可以储存一部分水供水泥后期水化之用。到 20 世纪 90 年代,随着高强混凝土使用的日益广泛,成为众多混凝土科学研究者的新宠。起初,分别有自养护(self curing)、内部蓄水(water entrainment)等说法,现在逐渐趋于一致,称为“内养护(internal curing)”,主要指通过使用预浸小轻骨料或高吸水材料的方法,在混凝土中引入一种组分作为养护剂,养护剂均匀地分散在混凝土中,起内部蓄水池的作用,当水化过程中出现水分不足时,养护剂中的水分补给水化所需水分,支持水化反应继续进行。改善混凝土内部湿度状态及分布情况进而改善混凝土的收缩性能,国内外养护所用预浸水轻骨料主要有膨胀黏土、浮石、膨胀页岩、沸石等,所用吸水材料为通过不同方法制备的高吸水树脂(Super Absorbent Polymer, SAP)。

内养护措施的使用,不仅提高水泥水化程度,还可提高混凝土强度、抗渗性和耐久性,而且有效降低混凝土自收缩和开裂,甚至可以在现场不用常规的洒水、覆盖等养护措施而获得体积稳定的混凝土。这对于易于发生收缩开裂和(或)不易养护的结构,如特种结构、超长结构以及大体积混凝土等,有着重要的实用价值。

饱水轻骨料内养护的机理在于骨料均匀分布于混凝土中,由于轻骨料中孔的尺度远远大于水泥基材中毛细孔的尺度,当水泥水化使得内部相对湿度降低时,饱水轻骨料内部的水将逐渐向硬化水泥石迁移,形成内养护,阻止内部相对湿度的降低,降低毛细管张力,从而达到降低自收缩的目的。

值得注意的许多吸水性物质均为多孔或吸水率高的材料,在混凝土中起到造孔的作用,通常表现是强度降低。

5.6.5　各种技术及材料的复合应用

提高混凝土尺寸稳定性的材料及技术各有优缺点,还要考虑混凝土的造价(见表 5.7),应根据工程结构的耐久性设计要求,选择合适的材料。例如,碳纤维适用于结构补偿加固,如用于混凝土工程则大材小用,且造价昂贵;钢纤维适用于尺寸稳定性耐磨的铺面层和高强混凝土;聚丙烯纤维适用于铺装面层、薄壁结构和楼板等;减缩剂适用于难以养护的混凝土薄壁结构;膨胀剂适用于地下、水工和大体积混凝土与超长混凝土结构工程。

表 5.7 各种提高尺寸稳定性的材料及技术的成本

材料	作用原理	掺量	增加成本
碳纤维	增强抗拉分散应力集中	片材	$60 \sim 100$ 元/m^2
钢纤维	增强抗拉分散应力集中	$60 \sim 100$ kg/m^3	$100 \sim 120$ 元/m^3
聚丙烯纤维	增强韧性分散应力集中	$0.7 \sim 1.0$ kg/m^3	$50 \sim 80$ 元/m^3
减缩剂	降低表面张力降低干缩	$m_C \times (3\% \sim 4\%)$	$50 \sim 60$ 元/m^3
膨胀剂	建立预压应力补偿收缩	替代 $m_C \times (8\% \sim 12\%)$	$20 \sim 30$ 元/m^3

可见,作为提高混凝土尺寸稳定性的材料,应根据其性能的可靠性、施工难易性和单方增加成本综合考虑。近年来,设计界根据工程的特性,取长补短,成功地进行了复合应用,例如,对于墙体、转换层、大跨度梁和自防水结构,采用聚丙烯纤维和膨胀剂复合应用,高强混凝土结构和耐磨面层采用膨胀剂与钢纤维复合应用,为减少收缩裂缝的混凝土结构采用膨胀剂与减缩剂的复合应用,大体积混凝土结构采用膨胀剂、细磨掺合料和缓凝减水剂的复合应用等,取得了较好的效果。

思考题

1. 简述塑性收缩的概念,收缩机理,影响塑性收缩的因素。
2. 简述温度变形的概念,温度变形机理,影响温度变形的因素。
3. 简述自收缩的概念,自收缩机理,影响自收缩的因素。
4. 简述干缩湿胀的概念,干缩湿胀机理,影响干缩、湿胀的因素。
5. 简述碳化收缩的概念及作用机理。
6. 提高混凝土尺寸稳定性的技术途径有哪些?
7. 简述混凝土早期抗裂性能评价。

第6章 混凝土耐久性

混凝土的耐久性是指混凝土抵抗环境介质作用,并长期保持良好的使用性能和外观完整性,从而维持混凝土结构安全、正常使用的能力。混凝土结构在长期使用过程中,在人为或自然环境的作用下,将随着时间的变化发生材料老化与结构损伤,这种损伤累积将导致混凝土结构耐久性能降低。从短期效果而言,这些问题影响结构的外观和使用功能;从长远看,则降低结构安全度,成为发生事故的隐患,影响结构的使用寿命。

6.1 重要性和影响因素

耐久性问题伴随着混凝土结构的整个服役过程,其后果不仅仅导致巨大的经济损失,还可能引发严重的社会问题。著名的"五倍定律"形象地描述了混凝土耐久性的重要意义,即设计阶段对钢筋防护方面不当而节省1元,那么就意味着发现钢筋锈蚀时采取措施将追加维修费5元;混凝土表面顺筋开裂时采取措施将追加维修费25元;严重破坏时采取措施将追加维修费125元。这一可怕的放大效应,使得采取必要的防护措施对改善和提高混凝土的耐久性及延长其服役寿命具有十分重要的意义。国内大多数工业建筑物在使用25~30年后即需大修,处于严酷环境下的建筑物使用寿命仅15~20年。许多桥梁、港口等基础设施工程建成后几年就出现钢筋锈蚀、混凝土开裂。海港码头一般使用10年左右就因混凝土顺筋开裂和剥落,需要大修。

混凝土材料在气候影响、化学侵蚀、磨蚀或其他在长期使用过程中的人为和自然环境的作用下,随着时间的变化发生材料老化与损伤,这些作用使混凝土发生冻融破坏、碱骨料反应、混凝土碳化、钢筋锈蚀、磨蚀、化学侵蚀等反应,使承载力下降、刚度降低和开裂,外观损伤最终影响使用性能。影响混凝土结构耐久性的因素主要有内部和外部两个方面。内部因素主要有混凝土的强度、密实性、水泥用量、水灰比、氯离子及碱含量、外加剂用量、保护层厚度等;外部因素则主要是环境条件,包括温度、湿度、CO_2含量、侵蚀性介质等。出现耐久性能下降的问题,往往是内、外部因素综合作用的结果。此外,钢筋的性质和质量、施工操作质量的优劣、温湿养护条件和使用环境等也会影响耐久性能。图6.1给出影响混凝土耐久性的因素。

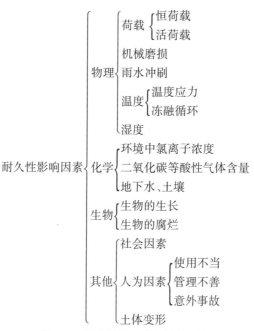

图 6.1 影响混凝土耐久性的因素

混凝土耐久性问题主要包括以下几方面:一是渗透性,渗透性是反映混凝土耐久性的一个综合性指标或最重要指标,混凝土耐久性的研究和设计长期以来都是建立在对混凝土渗透性进行评价的基础上。二是抗冻性,是指混凝土在饱水状态下,经受多次抵抗冻融循环作用,降低了混凝土强度和质量。三是抗侵蚀性,混凝土暴露在有化学物质的环境和介质中,会遭受化学侵蚀而破坏。一般的化学侵蚀有水泥浆体组分的浸出、硫酸盐侵蚀、氯化物侵蚀等。四是碳化反应,指环境中的酸性气体或液体侵入混凝土中,与水泥石中的碱性物质发生反应,使混凝土中性化的过程。五是钢筋的锈蚀,钢筋表面的钝化膜如果遭到破坏,在有足够水和氧气的条件下会产生电化学腐蚀。六是碱骨料反应,是指混凝土中的碱与具有碱活性的骨料间发生的膨胀性反应。这种反应能引起明显的混凝土体积膨胀和开裂。本章以下各节分别阐述各个耐久性问题对混凝土性能的影响以及检测和评估指标,最后简单介绍针对混凝土耐久性的防护及修补方法。

6.2 渗 透 性

混凝土渗透性与各种耐久性破坏之间有着密切的关系,如图 6.2 所示。混凝土碳化是由于 CO_2 气体渗入混凝土并与其中的 $Ca(OH)_2$ 或 $C-S-H$ 等水泥水化产物反应所致;钢筋锈蚀是由于有害离子进入混凝土保护层及钢筋钝化膜被破坏所致;冻融破坏是由于渗入混凝土的水在负温下结冰冻胀引起的;化学侵蚀是由于水及侵蚀性离子进入混凝土造成的;碱-骨料反应对混凝土的破坏只有活性骨料与水泥水化生成的碱发生反应的产物不断吸水膨胀才能引起。

混凝土的耐久性问题涉及内容较多,影响因素和破坏机理也很复杂,但其共同点是:都与水或其他有害液体或气体向其内部传输的难易程度有关。混凝土材料的腐蚀大多是在有水及有害液体或气体侵入的条件下发生的。例如,碳化反应需要有二氧化碳和水分的参与;混凝土发生硫酸盐腐蚀的必要条件是有水及腐蚀离子进入混凝土内部;碱-骨料反应需要有水分的参与等。所以,混凝土的渗透性与耐久性有着密切的关系,混凝土耐久性的研究和应用往往是建立在对混凝土渗透性的理解和评价基础之上。近年来,随着混凝土耐久性问题成为国内外工程界的研究前沿,混凝土的渗透性研究也越来越受到关注。对于混凝土的渗透性这一概念,其最初含义是指水向混凝土内渗入的难易程度,所以又可以称为透水性。目前大多数研究报告和文献资料都将渗透性作为混凝土耐久性中的一项重要表征指标,此时的渗透性的概念已大大扩展,成为评价各种介质侵入和腐蚀混凝土的难易程度指标。

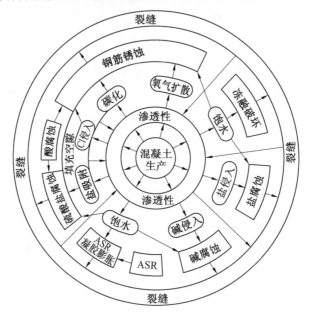

图 6.2　混凝土因耐久性问题而破坏与其渗透性的关系

　　混凝土侵入性是表示外部物质(水、气及溶于气中的其他分子和离子等)入侵到混凝土内部难易程度的混凝土性能。根据入侵物质的不同传输机理与特征,常用渗透系数、扩散系数、吸收率等不同参数表示,作为混凝土材料耐久性的综合度量指标。混凝土侵入性又常被称为渗透性(permeability),而渗透性是一个非常笼统和复杂的概念,它不仅包括气体和液体的渗透性,而且包括在不同种类驱动力作用下的渗透性。但混凝土的渗透(permeation)通常单指水溶液在压力差驱动下的传输,并用渗透系数表示渗透性。

　　随着一些大型水利工程的建设,如混凝土大坝、水渠、涵管以及地下结构(如隧道)等,人们开始对混凝土的抗水渗透性能进行关注。混凝土抗水渗透性不足会降低这些结构的使用性能、造成污染、渗漏等事故,特别是对于混凝土大坝等大型结构,在设计阶段需明确知道混凝土抵抗高压力下水的穿透能力。抗水渗透性对混凝土的耐久性起着重要的作用,因为抗水渗透性能控制着水分渗入的速率,这些水可能含有侵蚀性的化合物,同时控制混凝土受热或受冷时水的移动。

6.2.1　混凝土渗透过程

　　渗透性是多孔材料的基本性质之一,它反映了材料内部孔隙的大小、数量、分布以及连通等情况。混凝土是一种多孔的、在各种尺度上多相的非均质复合材料。概括地说,混凝土的渗透性是指气体、液体或离子受压力、化学势或电场作用在混凝土中渗透、扩散或迁移的难易程度。它衡量的是混凝土抵抗各种介质入侵的能力，但渗透、扩散及迁移的机理各不相同。

水在多孔材料中的运动可以分为如图 6.3 所示的 7 个阶段，说明了渗透、扩散、吸附及迁移之间的区别与联系。

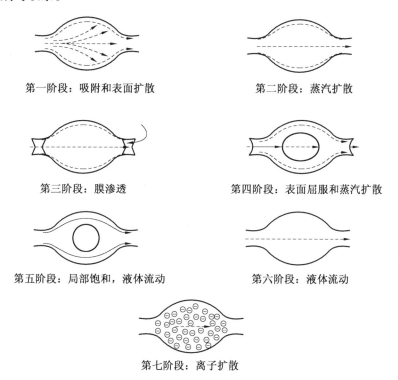

图 6.3　水在多孔材料中的运动

第一阶段：水分通过吸附和表面扩散进入材料的孔隙。

第二阶段：水在孔壁上形成吸附层，水分通过蒸汽扩散深入材料孔隙内部。若是稳定扩散，可用 Fick 第一定律描述；若是非稳定扩散，可用 Fick 第二定律描述。

Fick 第一定律的表达式为

$$J = -D \frac{\partial C}{\partial x} \tag{6.1}$$

式中　J——离子扩散量；

　　　D——扩散系数；

　　　C——离子浓度；

　　　x——深度。

Fick 第二定律表达式为

$$\frac{\partial C}{\partial t} = D \frac{\partial^2 C}{\partial x^2} \tag{6.2}$$

式中　t——时间。

第三阶段：随着相对湿度的增加，蒸汽开始在孔中冷凝并形成水膜，水膜两侧出现压差，于是促使水膜在孔中渗透。

第四阶段:孔壁水层屈服,液体渗透并伴有蒸汽扩散。

第五阶段:孔中局部水饱和,液体渗透、流动。

第六阶段:孔完全饱和,液体流动。此时,符合 Darcy 定律。

Darcy 定律为

$$Q = -K \cdot \frac{A\Delta h}{L} \tag{6.3}$$

式中　Q——流量;

　　　K——渗透系数;

　　　A——面积;

　　　Δh——水头压力;

　　　L——长度。

第七阶段:离子扩散。如氯离子扩散,当存在浓度差时,虽然第三、四、五、六阶段也发生离子扩散,但在此完全饱和阶段离子扩散最为有效,其扩散规律可用 Fick 定律描述。

作为离子扩散的一种特例,当有外部电场存在时,溶液中的离子将向与其所带电荷相反的电极方向运动、迁移,运动规律可用 Nernst-Plank 方程描述。方程中包括了对流、扩散、迁移三部分形成的分量,其表达式为

$$J_j(x) = D_j \frac{\partial C_j(x)}{\partial x} + \frac{Z_j F}{RT} D_j C_j \frac{\partial E(x)}{\partial(x)} + C_j V(x) \tag{6.4}$$

式中　$J_j(x)$——j 类离子单方向流量;

　　　D_j——j 类离子的扩散系数;

　　　C_j——j 类离子的浓度;

　　　Z_j——j 类离子带电荷数;

　　　x——距离;

　　　F——法拉第常数;

　　　R——气体常数;

　　　T——绝对温度;

　　　E——电势;

　　　V——粒子的运动速度。

可见,渗透是指液体或气体在压力作用下的运动;扩散是指气体或液体中的粒子由于存在浓度差进行的运动;迁移则是指液体中的带电粒子在电场力作用下的运动。介质在混凝土中的传输过程不是单一的,往往是几种传输方式叠加的结果,并在一定的条件下以其中一种方式为主。

由式(6.1)或(6.2)、(6.3)及(6.4)可获得扩散系数或渗透系数,它们都与材料的内部孔隙大小、数量以及连通等情况有关,其间有一定的联系。当然,用于描述气体、液体或离子在混凝土中的运动规律还有其他的定律或方程。

对于不同物质来说,可能以扩散、渗透、迁移等形式在混凝土内传输。但应指出的是,混凝土的渗透性是反映混凝土材料本身性质的一个参数,与流经混凝土的流体无关。也就是说,使用不同流体介质得到的参数,如由气体得到的混凝土渗透系数和由液体得到的混凝土渗透系数虽然量纲和数值不同,但所反映的都是混凝土的同一性质。混凝土的渗透性和抗渗性,是两

个概念从两个相反方向描述的同一问题。如果混凝土的渗透性高,则其抗渗性低,如果混凝土的渗透性低,则其抗渗性高。

6.2.2　水的影响

水中存在许多的离子和气体,因而水可以作为介质引起混凝土材料发生化学分解的主要原因,水的蒸发热也较高,因此在正常温度下,水在多孔材料中可以保持液态,不会因为蒸发而使材料干燥,多孔材料中水的内部迁移和结构变化可以引起多种类型的有害变化,例如结冰、细孔中水的有序结构构型、离子浓度梯度引起的渗透压以及不同蒸气压引起的静力水压,都会引起较高内应力。

水的结构是共价键与氢键共存形成水的有序结构。由于定向水或者有序水的密度较小,需要更大空间,而水在微孔中氢键容易形成定向结构(图 6.4),从而在多微孔中引起膨胀。因而在混凝土中,应该以一个合适的态度去看待水的作用,作为水泥水化的必须成分,水发挥着重要作用,混凝土中大部分可蒸发水随着水化硬化的过程而渐渐失去,从而造成空隙变空或不饱和。如果干燥后失去可蒸发水,而且其后的暴露环境不会导致孔隙再饱和也就不容易遭受与水相关的破坏。反之混凝土则较容易受到水渗入造成的破坏。而这个过程取决于液体的传导率,也就是渗透系数。

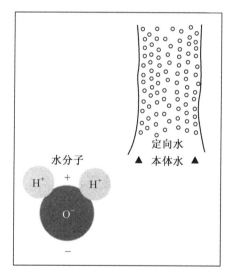

图 6.4　微孔中定向水的结构

6.2.3　硬化水泥浆和骨料的水渗透性能

在水化过程中,硬化水泥浆体的渗透系数受到空隙尺寸和连通性的影响。因为拌和水量只是间接影响水泥浆体的渗透性,新拌水泥浆体的渗透系数通常为 $10^{-5} \sim 10^{-4}$ cm/s;随着水化反应的进行,毛细孔隙率逐渐减少,引起大孔的分离,大大减少了液体流经水泥浆体通道的孔径和数量,渗透系数逐渐降低。

通常,水灰比较高、水化程度较低时,水泥浆体的孔隙率较高;水泥浆体中大的、联通的孔隙数量相对较多,渗透系数较高。随着水化反应的进行,大多数孔隙的尺寸将会较少,而且相互之间不连通,进而渗透性减少。大多数毛细管孔径较少且不太连通时,水泥浆的渗透系数一

般为 10^{-12} cm/s 这个量级。理论上,对于养护良好的混凝土,水泥浆体不是影响渗透系数的主要因素。

一般来说,硬化混凝土中水泥浆体的毛细管孔隙率一般为 30% ~ 40% 。而大多数天然骨料的孔体积分数通常低于 3% ,很少超过 10% 。因此,骨料的渗透性理论上远低于水泥浆体。但是实际上从一些天然岩石和水泥浆体渗透性数据来看,骨料渗透系数较为复杂。

表 6.1　岩石与水泥浆体渗透性的对比

岩石种类	渗透系数/(cm·s^{-1})	渗透系数相同的硬化水泥浆体的水灰比
致密暗色岩	2.47×10^{-12}	0.38
石英闪长岩	8.24×10^{-12}	0.42
大理石(A)	2.39×10^{-12}	0.48
大理石(B)	5.77×10^{-12}	0.66
砂岩	1.23×10^{-12}	0.71
花岗岩(A)	5.35×10^{-12}	0.70
花岗岩(B)	1.56×10^{-12}	0.71

尽管大理石等岩石的渗透系数在 $(1 \sim 10)\times10^{-12}$ cm/s 这个量级,但是某些花岗岩、石灰岩的渗透系数要大很多,一些孔隙率为 10% 的骨料的渗透率远大于水泥浆体,原因是骨料中的毛细管孔径通常要大很多。大多数硬化水泥浆体的毛细孔径为 10 ~ 100 nm,而骨料的平均孔径大于 10 μm。有些骨料的孔径较细,但是由于水分缓慢迁移造成静水压使得这类骨料较容易发生膨胀和开裂,从而增大渗透系数。

6.2.4　抗渗透性测试原理

目前的一些快速评价混凝土抗渗性的试验方法里没有一种方法可以用来评价混凝土对任意介质的抗渗性。各种渗透性试验方法所研究的渗透过程、依据的原理各不相同。依据试验原理大致可分为三类:渗透系数法、离子扩散系数法和电参数法。随着混凝土材料和施工技术的发展,混凝土的抗渗性能不断提高,使得渗透系数试验受到一定的限制。同时,由于混凝土使用范围扩大,往往要求对混凝土抵抗各种有害离子侵蚀的能力做出评价,因此,各种离子扩散系数试验和电参数试验受到越来越广泛的关注。

1. 渗透系数法

所谓渗透系数法,就是利用流体在一定压力条件下,通过被测对象的孔隙,从一端向另一端逐渐渗透的原理来研究混凝土的孔结构和渗透性能的方法。它能定量地测出流体在不同的压力差下透过的速率,从而利用 Darcy 定律计算混凝土的渗透系数。目前基于以上理论的混凝土渗透性试验方法主要有透气法、水压力法和表面吸水法。

2. 离子扩散系数法

扩散是一种由运动引起的物质传递过程。扩散与渗透不同,它是当物质有浓度差而无压力差时,物质在介质中通过定向扩散而进行传输的形式。这种扩散过程可通过德国学者菲克(Fick)的两个经验定律进行定量的描述。

一种物质在另一种物质中的扩散系数与第二种物质的孔隙率和材料组成有关;一般第二种物质的孔隙率越大,第一种物质的扩散系数越大。因此,侵蚀性介质在混凝土中扩散系数的大小可以很好地反映混凝土渗透性的高低。氯离子亲和力较大,可在表面附近扩散。另外,研究表明,钢筋锈蚀等耐久性问题与氯离子的浓度及扩散有很大的关系,尤其在沿海及除冰盐地区,氯离子的扩散性受到特别的重视。因此常用氯离子在混凝土中的扩散系数(chloride diffusion coefficient)来评价混凝土渗透性。

离子扩散系数可以由自然扩散试验和非稳态扩散试验测得,自然扩散试验也称自然浸泡试验,是先将混凝土试件长时间地浸泡于氯盐的水溶液中,再通过化学分析的方法(如滴定法、电极法和离子色谱法等)得到氯离子浓度与扩散距离的关系,然后利用 Fick 定律计算出氯离子的扩散系数。非稳态扩散试验一般是将混凝土试件浸泡在氯盐溶液中,在与氯盐溶液接触的一面,氯离子由于浓度差开始从表面向混凝土内部扩散,直至透过混凝土试件,扩散至另一侧溶液中。氯离子透过混凝土试件之前的阶段称为非稳态扩散。当氯离子透过混凝土试件,扩散相对稳定时,称为稳态扩散。

非稳态快速氯离子电迁移测定法(RCM 法)是目前最常用的评估混凝土抗氯离子渗透性的测试方法之一。RCM 法适用于用氯离子在混凝土中非稳态迁移的迁移系数来确定混凝土抗氯离子渗透的性能或高密实性混凝土密实度的测定。

3. 电参数法

电参数法是指通过各种试验方法测量混凝土材料在不同饱和溶液条件下的电阻(或电导、电导率)、通电量以及极限电压(或击穿电压)等电学参数,并以此来评价混凝土的渗透性。研究表明混凝土导电有三种途径:(1)通过骨料;(2)通过水泥浆体;(3)相继通过骨料和水泥浆体。对于早龄期的混凝土,容抗在总阻抗中占有不可忽视的比率。但用通电的方法测量混凝土渗透性时,混凝土的龄期一般至少要在 28 d 以上,计算总阻抗时容抗则完全可以忽略。在混凝土中,由于骨料的导电性一般比水泥浆体低得多,混凝土导电主要通过水泥浆体,混凝土的导电性主要取决于混凝土的浆骨比。但是混凝土的导电性与其浆骨比之间并不是简单的关系。因为当骨料增加时,一方面降低了混凝土的导电组分水泥浆体,另一方面又增加了界面区域含量,界面区中孔隙率高而且孔易连通,相当于增加了混凝土的导电通道。实际上,混凝土导电是由于其中的骨料、浆体和界面区中含有孔隙,并且孔隙中存在含有离子的毛细孔隙水和胶孔水。一般认为,当将孔溶液的化学成分作为常量考虑时,混凝土的导电性可以反映其内部的孔隙情况,从而反映混凝土的渗透性。

电通量法(库仑电量法)就是一种电参数测试混凝土渗透性的方法,也是目前常用的评估混凝土抗氯离子渗透性的测试方法之一。适用于用混凝土试件的电通量指标来确定混凝土抗氯离子渗透性能或高密实性混凝土密实度的测定。用该方法所测得的指标适用于混凝土的质量控制。

6.2.5 抗渗透性评价

1. 抗水渗等级

采用逐级加压法测得的抗水渗透等级在我国有广泛的应用,国标《混凝土质量控制标准》(GB 50164)将混凝土抗渗等级划分为 S4、S6、S8、S10、S12 五个等级;国标《给水排水工程构筑物结构设计规范》(GB 50069)根据最大作用水头与混凝土壁、板厚度之比来设计抗渗等级,比值小于 10 时,抗渗等级为 S4;大于 30 时抗渗等级为 S8,两者之间为 S6。规范《水工混凝土结构设计规范》(DL/T 5057)将混凝土抗渗等级分为 W2、W4、W6、W8、W10、W12 6 级,将最大作用水头与混凝土壁厚之比小于4的混凝土抗渗等级规定为W4,而5~10的为W6,11~15的为W8,16~20的为W10,大于20的为W12。规范《混凝土耐久性检验评定标准》(JGJT 193)则相应规定为P4、P6、P8、P10、P12 五个等级,《普通混凝土配合比设计规范》(JGJ 55)将抗渗混凝土定义为抗渗等级大于P6的混凝土。实际上,对有抗渗要求的结构,应根据所承受的水头、水力梯度、水质条件和渗透水的危害程度等因素进行确定,具体要求也应参考相关标准。

2. 抗氯离子渗透性能的等级

(1)按照氯离子迁移系数(RCM 法)将混凝土抗氯离子渗透性能划分为5 个等级,分别用RCM-Ⅰ、RCM-Ⅱ、RCM-Ⅲ、RCM-ⅣRCM-Ⅴ 表示,从 Ⅰ级到 Ⅴ级表示抗氯离子渗透能力越来越高。采用氯离子迁移系数(RCM 法)划分混凝土抗氯离子渗透性能等级时,应符合表 6.2 的规定,且混凝土测试龄期应为 84 d。

表6.2　混凝土抗氯离子渗透性能等级划分(RCM 法)

等级	RCM-Ⅰ	RCM-Ⅱ	RCM-Ⅲ	RCM-Ⅳ	RCM-Ⅴ
氯离子迁移系数 D_{RCM}（RCM 法）$/(10^{-12}\ m^2 \cdot s^{-1})$	$D_{RCM} \geq 4.5$	$3.5 \leq D_{RCM} < 4.5$	$2.5 \leq D_{RCM} < 3.5$	$1.5 \leq D_{RCM} < 2.5$	$D_{RCM} < 1.5$

(2)按照电通量法可以将混凝土抗氯离子渗透性能等级划分为Q-Ⅰ、Q-Ⅱ、Q-Ⅲ、Q-Ⅳ、Q-Ⅴ5 个等级,从 Ⅰ级到 Ⅴ级表示抗氯离子渗透能力越来越高。而采用电通量法划分混凝土抗氯离子渗透性能等级时,应符合表 6.3 的规定,且混凝土测试龄期宜为 28 d。当混凝土中水泥混合材料和矿物掺合料之和超过胶凝材料总量的 50% 时,测试龄期可为 56 d,实际上现在大部分水泥的混合材料用量都较高,而商品混凝土中矿物掺合料的用量也非常大,因此电通量法测试混凝土抗氯离子渗透性能需要根据情况调整测试龄期。

表6.3　混凝土抗氯离子渗透性能等级划分(电通量法)

等级	Q-Ⅰ	Q-Ⅱ	Q-Ⅲ	Q-Ⅳ	Q-Ⅴ
电通量/C	$Q_s \geq 4\ 000$	$2\ 000 \leq Q_s < 4\ 000$	$1\ 000 \leq Q_s < 2\ 000$	$500 \leq Q_s < 1\ 000$	$Q_s < 500$

两种方法从 Ⅰ级到 Ⅴ级的代号含义,可以参考表 6.4 理解,当然这种定性的评价仅对混凝土材料本身而言,是否符合工程实际要求,还是需要结合设计的施工的具体要求确定。

表6.4　等级代号与混凝土耐久性水平推荐意见

等级	Ⅰ	Ⅱ	Ⅲ	Ⅳ	Ⅴ
混凝土耐久性水平推荐意见	差	较差	较好	好	很好

6.2.5　影响混凝土渗透性的因素

影响混凝土渗透性的驱动力包括毛细孔压力、液体的压力和液体内离子浓度差异造成的渗透压力;阻力包括孔隙的摩擦阻力和质点的扩散阻力。混凝土的渗透性可以是上述三种驱动力与阻力共同作用的结果,也可以是其中某一种驱动力与阻力相互作用的结果。因此,混凝土渗透性机理可以从三个方面考虑:一是液体在毛细孔压力作用下渗入混凝土,可以称为毛细孔压力渗透;二是混凝土在液体压力(或重力)作用下渗入混凝土内部,可以称为水压力渗透;

三是在不同离子浓度的流体中的分子或离子通过无序运动从高浓度区向低浓度区的传输渗入混凝土,其驱动力为浓度差。混凝土的组成和制备过程对其渗透性都有明显影响。

1. 混凝土的组成材料

不同组成混凝土的渗透性差别很大,混凝土的微观结构包括材料内部孔隙的大小、数量、孔结构、比表面积等都会对渗透性能有明显影响,合理的孔径分布会提高混凝土的抗渗透性能。硬化混凝土由水泥浆体、界面过渡区和骨料三部分组成。这三部分组成对混凝土渗透性的影响都很明显。

(1)水泥组成成分。

水泥的化学成分、技术性质对混凝土的渗透性有重要影响。例如,从混凝土的抗渗性和耐久性的角度来看,C_2S 是水泥中的有益成分。在目前大量使用高效减水剂配制高性能混凝土的情况下,水泥的矿物成分与减水剂能否相容对混凝土的渗透性也有重要影响。在各种耐久性劣化因素中,除了侵蚀性介质从环境中进入混凝土内部造成破坏之外,混凝土内部由原材料带入的一些物质也会造成混凝土开裂等抗渗性和耐久性恶化的问题。水泥中的碱和氯离子含量超过一定的限值就会造成这样的危害。

在材料和工艺条件相同的情况下,水泥细度及其颗粒组成等对水泥石的孔结构有很大的影响。采用粗颗粒含量多的水泥(比表面积约为 $140\ \mathrm{m^2/kg}$)具有较高的渗透性,采用细颗粒含量多的水泥可以提高水泥石的抗渗性。除此之外,水泥颗粒的级配对混凝土的微观结构也有重要影响,水泥颗粒的良好级配是混凝土总体粒料合理级配的微观延续,有利于混凝土中的水泥石达到最密实的状态。除了细度和级配之外,水泥的粒形对混凝土的密实度也很重要。水泥粒子越接近于球形,拌合料的流动性越大。

目前就水泥强度对混凝土抗渗性及耐久性的影响已达成一点共识,即不能认为强度高的水泥就一定能配制出高耐久性的混凝土。发达国家的水泥标准中,对于水泥的强度规定了最高值的限制,强度超过规定的限值也不合格。

(2)水灰比与水泥用量。

水胶比是判断混凝土渗透性和密实性的一个宏观指标。混凝土要达到低渗透,首先要考虑降低水胶比以减少混凝土中的毛细孔道。

在普通混凝土配合比设计中提出最小水泥用量的要求,是保证混凝土耐久性、满足混凝土拌合物工作性的重要技术措施,是混凝土设计施工标准中保证混凝土质量的常用做法。但目前的问题是,实际的混凝土生产中往往存在水泥用量宁多勿少的认识误区,而这种认识对混凝土的耐久性反而是极其有害的。在保证混凝土强度和耐久性基本要求的前提下,减少单方混凝土中的水泥用量有利于降低混凝土的渗透性并减少收缩量。

(3)骨料性能。

在普通混凝土中,由于骨料与水泥浆之间存在界面过渡区,界面结构疏松,强度低;如果混凝土拌合物泌水,那么骨料界面上还会有水膜层,水泥浆硬化后则产生原生裂缝,造成渗透通路。所以,普通混凝土的渗透性一般均低于同水灰比水泥石的渗透性。所以从理论上讲,与水泥黏接性能好的骨料,抗渗性也较好,从岩石的种类来看,与水泥浆黏结程度较好的是砂岩、安山岩、石英岩等,其次是石灰岩、玄武岩。工程上用得较多的是石英岩碎石。氯盐环境作用下的混凝土,不宜采用抗渗透性较差的岩质如某些砂岩等作为粗、细骨料。

仅从改善界面区抗渗性的角度看,骨料具有适当的吸水率有助于降低骨料周围的水灰比,并因此减少界面的不利因素。但较大的骨料吸水率对混凝土的配合比尤其是水胶比会产生严重的干扰,而且吸水率较大的骨料会使混凝土有较大的长期收缩。所以,粗骨料的吸水率也不应过大。

(4)骨料的级配、用量和砂率。

要保证混凝土的抗渗性,混凝土质地应均匀坚固,级配良好。良好的级配能使骨料的空隙率和总表面积均较小,从而不仅使水泥浆量较少,而且还可以提高混凝土的密实度和其他性能。同样的,骨料颗粒表面光滑,对混凝土流动性有利,然而表面光滑的骨料与水泥石黏结较差。相反,表面粗糙的骨料与水泥石的黏结要好,有助于提高混凝土的密实性,而且骨料粗糙的表面可以降低 $Ca(OH)_2$ 的富集程度。

随着骨料掺量增加,界面区对混凝土渗透性的影响加大。从渗透性及耐久性方面考虑,为减少界面面积,混凝土中粗骨料用量应相对多些。混凝土的干燥收缩随着砂率的增大而增大,但增加的数值不大。

(5)矿物掺合料。

目前,使混凝土达到高抗渗性能的一个重要技术手段是掺加磨细的矿物掺合料。有活性的矿物掺合料可与 $Ca(OH)_2$ 反应生成 C-S-H 凝胶,减少 $Ca(OH)_2$ 含量,并且干扰水化物的结晶,使水化物结晶颗粒尺寸变小,富集程度和取向程度下降,从而改善混凝土界面结构和水泥石孔结构;未反应的矿物掺合料中大于 $1\ \mu m$ 的颗粒作为增加的中心质,加强骨架作用,而小于 $1\ \mu m$ 的微细颗粒对界面结构则起到填充作用;在混凝土中掺加两种或两种以上的矿物掺合料,效果通常明显优于单一矿物掺合料,双掺及多掺矿物掺合料是配制极低氯离子渗透性混凝土的重要技术途径。

(6)外加剂。

具有高分散性及高分散维持性的高效减水剂在制备低渗透、高耐久的高性能混凝土方面有突出作用,当前各国配制高强、高性能混凝土时,都普遍采用高效减水剂。减水剂加入混凝土拌合料中,一般认为不与水泥颗粒生成新的水化产物,但由于减水剂对水泥颗粒的强烈分散作用,可在保证密实成型的前提下降低混凝土的水胶比,从而降低硬化混凝土的渗透性。

除了高效减水剂外,目前高抗渗混凝土或防水混凝土的配制几乎都推荐掺用引气剂或引气减水剂。引气剂在搅拌混凝土过程中引入大量均匀分布的、稳定而封闭的微小气泡(直径为 $10\sim100\ \mu m$);能切断毛细孔连续性,增加孔隙的曲折度,阻断混凝土中的毛细孔通道,抑制泌水和渗水,掺引气剂的混凝土,强度虽低于掺有引气剂的混凝土,但抗氯离子渗透性能却较高,同时降低了冰点,提高了混凝土的抗渗性和抗冻性。

另外一种影响抗渗性的外加剂是膨胀剂,在普通混凝土中掺入膨胀剂可以配制补偿收缩混凝土和自应力混凝土。膨胀剂在补偿收缩的同时会提高混凝土的密实性。由于膨胀剂在水化过程中都会生成大于自身体积的水化产物,堵塞孔隙和毛细管通路,使水泥石结构更加致密而降低混凝土的渗透性。

2. 混凝土的制备条件

混凝土的施工工艺和管理水平直接影响混凝土的最终质量。在合理选择混凝土原材料和确定配合比的前提下,采用正确的制备方法和合理的施工工序是使混凝土获得密实、低渗透性和高耐久性的有效途径。

（1）混料、搅拌和成型方法的影响。

在新拌混凝土阶段，混料、搅拌与成型工艺对混凝土的性能至关重要。例如，目前较先进的"裹石工艺"（又称"造壳工艺"）是先以部分水泥以极低水灰比的净浆和石子进行第一次混合搅拌，然后再加入砂子，用其余的水泥以正常水灰比进行第二次混合。这样第一次搅拌时，首先在石子表面形成一层水灰比很低的水泥浆薄层，使最终的混凝土界面过渡层的 CH 不再富集，而且结晶颗粒尺寸减小，取向程度及孔隙率均大大减小，混凝土的渗透性有很大降低。

混凝土的搅拌过程中，拌合料的状态、结构、性能都发生着变化。完善的搅拌过程应由循环流动与扩散运动良好地配合来完成，才能保证混凝土在宏观及微观上的均匀性。混凝土拌合料入模以后，需要成型和密实。成型和密实是同时进行的。混凝土的成型质量是对其孔结构、渗透性影响最为突出的因素之一。在实际工程中，如果在浇筑成型时不加重视，致使混凝土密实度达不到要求，即使是配合比设计合理的混凝土，也可能造成混凝土内部缺陷，从而降低其抗渗性。

（2）养护条件影响。

养护条件对混凝土的渗透性影响也十分明显。混凝土的养护条件包括养护阶段（硬化阶段）所处环境的养护温度、湿度、压力、龄期等。养护条件的变化直接影响混凝土中的矿物组成、孔隙率、孔结构及分布，如冷热交替、干湿循环可使混凝土内部微结构发生改变，微裂缝发展并传播，成为环境中侵蚀性介质入侵的通道，从而影响混凝土的密实性、渗透性及耐久性。

养护温度对混凝土水化凝结硬化速度有直接的影响，从而影响着硬化混凝土的孔结构特征及其渗透性。如果养护温度高，混凝土水化速度就快，但初期温度太高，水化速度过快，会导致水化物分布不均匀，结晶度低，晶体颗粒粗大，混凝土密实度会降低，渗透性则降低。而养护温度低，水化速度则慢。当温度降到冰点以下时，由于混凝土中的水分大部分结冰，水泥水化停止，而且由于孔隙内的冰晶压力作用在孔隙、毛细管内壁，会使混凝土内部微结构遭受破坏，使混凝土已获得的强度和密实度倒退。混凝土受冻时水化程度越低，强度越低，越容易冻坏。在养护温度为 20 ℃ 左右的情况下，由于水化速度适宜，水化物有充分的时间在水泥石中均匀扩散分布，有利于后期混凝土的密实度和抗渗性。

浇筑后混凝土的微结构随时间不断发展实质上依赖于其中胶凝材料的不断水化。胶凝材料的水化进程由得到水分的多少支配，这又由混凝土拌合料初始水胶比以及浇筑和养护阶段水分的散失程度决定。所以主要的任务就是从混凝土早期就开始防止水分的散失。而防止水分散失的有效措施是采用水中养护或潮湿养护。

水泥只有水化到一定程度才能形成有利于混凝土强度和耐久性的微结构，对于低水胶比又掺用粉煤灰等掺合料的混凝土，潮湿养护尤其重要。

6.2.6　混凝土防水处理

除了提高混凝土本身密实性从而提高抗渗透性的办法外，在混凝土表面涂刷防水涂料进行防水处理也可以有效地降低渗透性。对混凝土表面进行防水处理不仅能提高表面混凝土的抗渗性，抵抗氯离子等物质入侵，而且应用范围广阔。根据防水原理不同，防水材料可分为防水型和斥水型（也称憎水型）两大类。传统的防水剂一般都属于防水型，这类防水剂是在溶剂分子作用下渗透或者吸附于基材表面，形成一层连续致密的保护膜，来阻止外部水分及气体的渗透和扩散。但与此同时，这层膜也很容易将基材表面的微孔（透气孔）堵塞，从而阻碍了内部水分的挥发。另外,这种防水层容易受到破坏,如产生刮擦、腐蚀,因太阳辐射而破坏,或受水、酸雨等化学侵蚀。如果防水膜出现裂缝,水和潮气很快就会渗入。

利用有机硅对混凝土的表面进行防水处理是工程界广泛应用的一种方法。有机硅化合物是指含有 Si—C 键的化合物,即至少要有一个有机基团结合到硅原子上。有机硅防水剂属于斥水型,它是通过在硅酸盐基材表面和毛细孔内壁形成憎水薄膜,使基材表面的性质发生变化(主要是增大基材表面与水的接触角),进而阻止毛细孔对水的毛细吸收作用,达到防水和提高混凝土耐久性的目的。

6.3 碳 化

空气、土壤、地下水等环境中的酸性气体或液体侵入混凝土中,与水泥石中的碱性物质发生反应,使混凝土中的 pH 下降的过程称为混凝土的中性化过程,由大气环境中的 CO_2 引起的中性化过程称为混凝土的碳化。混凝土的碳化是一个复杂的物理化学过程。碳化机理是:大气中的 CO_2 气体进入毛细孔与孔溶液 $Ca(OH)_2$ 发生反应生成 $CaCO_3$ 和水,水泥水化生成的 $3CaO \cdot 2SiO_2 \cdot 3H_2O$($C-S-H$)也参与碳化反映。主要化学反应式为

$$CO_2 + H_2O \longrightarrow H_2CO_3$$
$$Ca(OH)_2 + H_2CO_3 \longrightarrow CaCO_3 + 2H_2O$$
$$3CaO \cdot 2SiO_2 \cdot 3H_2O + 3H_2CO_3 \longrightarrow 3CaCO_3 + 2SiO_2 + 6H_2O$$

碳化反应对混凝土力学性能及构件受力性能的直接影响不大,产生的固态物质(主要是 $CaCO_3$)堵塞在孔隙中,使已碳化混凝土的密实度与强度略有提高,混凝土脆性变大。混凝土碳化的最大危害是会引起钢筋锈蚀。碳化使混凝土中的 pH 下降,钢筋的钝化膜在 pH 小于 11.5 时脱离稳定状态,逐渐被破坏,在其他条件具备的情况下,钢筋就会发生锈蚀。此外,碳化过程中释放出水化产物中的结晶水,使混凝土产生了不可逆的收缩,碳化收缩若在约束条件下进行,往往引起混凝土表面微裂纹,因而又加剧碳化过程;碳化使混凝土变脆,构件延性变差。

混凝土保持适当的高碱度,其意义不仅在于保护钢筋,还在于保持水泥水化产物的稳定性。保持一定碱度是水泥石中各水化产物能稳定存在并保持良好的胶结能力的必要条件,水泥石中各水化物稳定存在的 pH 见表 6.5。碳化过程中,混凝土碱度降低,水泥水化产物分解,最终可能导致混凝土强度降低或丧失。

表 6.5 水泥石中各水化产物稳定存在的 pH

成分	pH
水化硅酸钙	10.4
水化铝酸钙	11.43
水化硫铝酸钙	10.17
氢氧化钙	12.23

6.3.1 渗透性对碳化的影响

混凝土的碳化是伴随着 CO_2 气体向混凝土内部扩散,溶解于混凝土孔隙内的水,再与水化产物发生反应的物理化学过程。混凝土的碳化速度取决于 CO_2 的扩散速度及 CO_2 与混凝土成

分的反应性。混凝土的渗透性在很大程度上决定着 CO_2 的扩散速度,从而影响着混凝土的抗碳化性能。混凝土的碳化与渗透性指标(如吸水性、气体渗透性、氯离子扩散性等)具有较好的相关性。

(1)碳化深度与水渗透性的关系。

混凝土暴露 1.5 年后,无论在室内环境或室外环境下,碳化深度都与混凝土浸水 4 h 后的初始表面吸水量密切相关,碳化深度随吸水量的增大而呈线性增加趋势。

(2)碳化深度与气体渗透性的关系。

混凝土的碳化性能很大程度上取决于 CO_2 在混凝土中的扩散速度,因此也就必然受混凝土气体渗透性的影响。而对于不同的混凝土,碳化深度和气体渗透系数之间的关系要受到水泥品种、活性掺合料、龄期等因素的影响,特别是当混凝土中含有火山灰质成分时,一方面它们与 $Ca(OH)_2$ 反应消耗了碱,加速了碳化,另一方面反应产物填充在浆体孔隙中减小了混凝土的渗透性,从而提高了混凝土的抗碳化性能。

混凝土的渗透性是影响其碳化的一个重要因素,而反过来碳化也会影响混凝土的渗透性。在碳化过程中,生成的 $CaCO_3$ 以及其他固态物质的体积要大于反应物的体积,这些物质阻塞在混凝土孔隙中,使混凝土表面孔隙率下降,大孔减少,密实度提高,这已经被大量研究所证实。孔隙率的下降和孔径的细化必然导致混凝土渗透性的降低,特别是对于抗渗性不高的普通混凝土,由于大孔的比率较高,其渗透性随孔隙率下降的趋势更为明显。但碳化所引起的收缩容易引发混凝土内部微裂缝的产生,导致混凝土抗渗性随碳化的发展而劣化。

6.3.2 混凝土碳化的其他影响因素

影响混凝土碳化的因素十分复杂,这些因素可以归结为与环境有关的外部因素(主要包括 CO_2 的浓度、环境温度及环境湿度)和与混凝土本身有关的内部因素(主要包括水胶比、水泥品种、水泥用量、混凝土掺合料、混凝土抗压强度、施工质量及养护情况)。防止混凝土碳化的有效措施是提高混凝土的密实度和采用覆盖层隔离 CO_2 与混凝土表层接触。

(1)养护条件。

碳化速率还受养护条件的影响,水化速率越快的水泥,养护条件的影响较小,碳化速率也慢;而水化速率越慢的水泥受养护条件的影响较大。一般来说湿养时间越短,碳化速率加快。因此,为避免掺混合材料混凝土因碳化引起的耐久性不良现象,应保证足够的湿养时间。蒸压养护的混凝土碳化收缩非常小,因为这时 $Ca(OH)_2$ 与氧化硅进一步反应形成了强度高、结晶度好、抗碳化性能强的水化硅酸钙。

(2)水泥含碱量。

水泥含碱量越高,孔溶液 pH 增加,碳化速率加快,水泥硬化石中的 C-S-H 结构不均匀,毛细孔增多,水泥石中粗大孔隙增多;水泥含碱量越高,孔溶液中 OH^- 浓度增大,碳化后沉积的碳酸钙溶解度减少,孔溶液中钙离子浓度减少,加速混凝土碳化。

(3)水泥用量。

混凝土胶凝材料不同,碳化速度有明显的差异。一般来说,胶凝材料中混合材料含量越多,碳化速率越快。水泥用量直接影响混凝土吸收 CO_2 的量,因此对混凝土碳化速率有一定的影响。混凝土吸收 CO_2 的量取决于水泥用量和水泥的水化程度,水泥用量越大,其碳化速率越慢。

（4）骨料种类。

混凝土所采用的骨料不同,碳化速度有明显的差异。水灰比相同时,轻骨料混凝土的碳化速率约为普通混凝土的 $1.1 \sim 1.5$ 倍,这主要与骨料的透气性有关,透气性越大,CO_2 的扩散能力强,用其配制的混凝土碳化速率越快。

（5）水灰比。

水灰比越大,碳化速度越快。这是由于 CO_2 的扩散是在混凝土内部的孔隙中进行的,水灰比越大,混凝土内部孔隙率增加,扩散系数提高,加快了混凝土的碳化速率。

（6）含水量及周围介质的湿度。

混凝土或砂浆中的可蒸发水过多和过少都不利于碳化,过多时二氧化碳的扩散主要是通过孔溶液中溶解后的迁移,因此碳化速率慢;而过少时不足以溶解 CO_2 和 $Ca(OH)_2$ 晶体,此时的碳化速率主要决定于 CO_2 和 $Ca(OH)_2$ 晶体的溶解速率,而不是 CO_2 的扩散速度。混凝土的碳化作用只有在适中的湿度下（$50\% \sim 70\%$）,才会较快地进行。处于水中的混凝土,或环境相对湿度达到 100% 左右,使混凝土孔隙中充满着水,CO_2 不易扩散到水泥石中,或者水泥石中的钙离子难以通过水层扩散到混凝土表面。水阻止了二氧化碳与混凝土的接触,生成的 $CaCO_3$ 堵塞了表面孔隙,所以碳化作用不易进行。而过低的湿度（25% 以下）,则孔隙中没有足够的水使 CO_2 生成碳酸,碳化作用也无法进行。

（7）空气中 CO_2 浓度。

混凝土碳化收缩的速率随空气中 CO_2 浓度的增加而加快。由于碳化反应是一种化学反应,CO_2 浓度对碳化速率有很大影响,CO_2 浓度越高,碳化速率加快。

（8）干燥与碳化的交替作用。

干燥和碳化的次序对总收缩量有很大影响。干燥与碳化同时发生,比先干燥后碳化的总收缩量要小得多。这是因为在前种情况下,大部分碳化作用发生在相对湿度高于 50% 的条件下,因此碳化收缩大大减小。

（9）环境温度。

混凝土构筑物所处的环境温度越高,CO_2 在混凝土中的扩散速度及 CO_2 与水化产物的反应速度越快,碳化速率加快。

6.3.3　混凝土碳化测试原理

混凝土碳化深度的检测方法有两种,一种是 X 射线法,另一种是化学试剂法。X 射线法要用专门的仪器,它不仅能测试完全碳化深度,还能测试部分碳化深度,这种方法适用于实验室的精确测量。现场检测主要采用化学试剂法。化学试剂法测试混凝土碳化深度的常用试剂是 1%（质量分数）的酚酞酒精溶液,因为酚酞酒精溶液在碱性环境下呈现粉红色,而中性环境则呈现无色,滴定后可根据颜色判断是否发生碳化,碳化区呈无色,未碳化区呈粉红色。这种方法仅能测试完全碳化的深度。另有一种彩虹指示剂,可以根据反应的颜色判别不同的 pH（pH $= 5 \sim 13$）,因此可以测试完全碳化和部分碳化的深度。本书附录 1 介绍混凝土碳化检测的具体方法。

6.3.4　混凝土抗碳化性能评价

混凝土抗碳化性能等级划分与抗渗透性能等级划分类似,也用 Ⅰ ~ Ⅴ 级指标划分,而这 5

级代表的混凝土质量可以参考表6.4。混凝土抗碳化性能等级划分符合表6.6的规定。

表6.6 混凝土抗碳化性能等级划分

等级	T-I	T-II	T-III	T-IV	T-V
碳化深度 d/mm	$d \geqslant 30$	$20 \leqslant d < 30$	$10 \leqslant d < 20$	$0.1 \leqslant d$	$d < 0.1$

6.4 化学侵蚀

化学物质的侵蚀是混凝土结构耐久性中最为复杂的问题之一。按侵蚀物不同可以分为酸侵蚀、碱侵蚀和硫酸盐侵蚀三大类。混凝土的化学侵蚀按侵蚀方式不同又可分为三类,第一类是某些水化产物被水溶解、流失,如混凝土在压力流动水作用下的溶出性侵蚀;第二类是混凝土的某些水化产物与介质起化学反应,生成易溶或没有胶凝性能的产物,如酸、碱对混凝土的溶解性侵蚀;第三类是混凝土的某些水化产物与介质起化学反应,生成膨胀性的产物,如硫酸盐对混凝土的膨胀性侵蚀。

6.4.1 溶出性侵蚀(软水侵蚀)

硅酸盐水泥属于典型的水硬性胶凝材料,对"硬水"具有足够的抵抗能力。但是密实性较差、渗透性较大的混凝土,在含钙量少的软水环境(如雨水、冰雪融化水)和一定压力的流动水中,水泥的水化产物就将按照溶解度的大小,依次逐渐被水溶解,产生溶出性侵蚀,最终导致水泥石被破坏,这些水化产物的溶出使混凝土的强度不断降低。

在静水及无水压力的情况下,由于周围的水易为溶出的氢氧化钙所饱和,使溶解逐渐停止,但如果软水是流动或者有压力的,溶解的氢氧化钙将不断溶解流失,从而降低水泥石中氢氧化钙的浓度。当氢氧化钙浓度下降到一定程度时,其他水化物也会分解溶蚀,如水化硅酸钙和水化铝酸钙,会分解成胶结能力较差的硅胶和铝胶,使得水泥石胶结能力变差、空隙增大、强度下降、结构破坏。溶出型侵蚀的强弱,与环境水的硬度有关,当水质较硬,即水中重碳酸盐含量较高时,氢氧化钙溶解度较小。同时,重碳酸盐与水泥中的氢氧化钙反应,生成几乎不溶于水的碳酸钙:

$$Ca(OH)_2 + Ca(HCO_3)_2 \Longrightarrow 2CaCO_3 + 2H_2O$$

生成的碳酸钙积聚于已硬化的水泥石孔隙中,使水不易渗过水泥石,氢氧化钙不易被溶解带出,侵蚀作用变弱。反之,水质越软侵蚀作用越强。

混凝土溶出性侵蚀速度取决于混凝土的渗透性、Ca(OH)₂含量、水泥熟料的矿物组成和掺合料的成分等。掺用优质粉煤灰是提高混凝土抗压力水下渗漏和溶蚀的最有效措施,掺用优质引气剂和采用高分子涂层表面防护也有较明显的效果。

6.4.2 溶解性侵蚀

混凝土的水化产物与外界介质起化学反应、生成易溶或没有胶凝性能的产物即溶解性侵蚀,主要有酸、碱对混凝土的侵蚀。酸性介质来源广泛,有机物严重分解的沼泽地的地下水中含有较高浓度的 CO_2,或者因燃料燃烧在空气中含有大量 SO_2 而形成酸雨;酸性地下水也可来自回填土区域、开矿作业区、尾矿堆场、肥料、食品、化工工业废料或废水。

在工业污水、地下水中常有游离的二氧化碳,它对水泥石的腐蚀作用是通过下面方式进行的:

$$Ca(OH)_2+CO_2+nH_2O = CaCO_3+(n+1)\ H_2O$$
$$CaCO_3+CO_2+2H_2O = Ca(HCO_3)_2$$

有些地下水或工业废水中含有机酸或无机酸,这些酸类与水泥石中的 $Ca(OH)_2$ 发生反应,如:

$$Ca(OH)_2+2HCl = CaCl_2+2H_2O$$
$$Ca(OH)_2+H_2SO_4 = CaSO_4 \cdot 2H_2O$$

生成的 $CaCl_2$ 易溶于水。生成的石膏($CaSO_4 \cdot 2H_2O$)在水泥石孔隙中结晶时,体积膨胀使水泥石破坏而且还会进一步造成硫酸盐侵蚀,水泥石中石灰浓度降低使水泥石结构破坏。

水泥石本身具有相当高的碱度,因此弱碱溶液一般不会侵蚀水泥石,但是,当铝酸盐含量较高的水泥石遇到强碱(如氢氧化钠)作用后就会被腐蚀破坏。氢氧化钠与水泥熟料中未水化的铝酸三钙或水化铝酸钙作用,生成易溶的铝酸钠:

$$3CaO \cdot Al_2O_3+6NaOH = 3Na_2O \cdot Al_2O_3+3Ca(OH)_2$$

当水泥石被氢氧化钠浸蚀后又在空气中干燥,与空气中的二氧化碳作用生成碳酸钠,它在水泥石毛细孔中结晶沉积,会使水泥石胀裂。

酸侵蚀的程度与水泥水化产物的溶解及侵蚀产物的溶出有关,混凝土的密实性越好,渗透性越低,则侵蚀速度越慢。在流动水溶液中、混凝土的酸侵蚀程度加剧。为防止混凝土遭受酸性水的侵蚀,可用煤沥青、橡胶、沥青漆等处理混凝土表面,形成耐蚀保护层,达到降低混凝土的渗透性,提高混凝土的抗酸性侵蚀性能的目的。

碱的浓度不大(质量分数15%以下),温度不高(低于50 ℃)时,碱对混凝土的侵蚀作用很小,但高浓度的碱溶液或熔融状碱会对混凝土产生侵蚀作用。苛性碱(NaOH、KOH)对混凝土的侵蚀作用包括化学侵蚀和结晶侵蚀两个方面。碱侵蚀主要是苛碱与水泥石中的水化硅酸钙、水化铝酸钙等水化产物发生反应,生成胶结性差、容易浸析的产物所致。

6.4.3 膨胀性侵蚀

1. 硫酸盐侵蚀

地下水、海水、盐沼水等矿化水中,常含有硫酸盐,如硫酸镁、硫酸钠、硫酸钙等,它们对水泥都会产生侵蚀。硫酸盐侵蚀是混凝土化学侵蚀中最广泛和最普通的形式。硫酸盐与水泥水化产物发生反应,生成钙矾石、石膏和钙硅石,体积增大,对混凝土产生膨胀破坏作用。海水、地下水等矿化水中,常含有镁盐,如硫酸镁、氯化镁。这些镁盐与水泥石中的 $Ca(OH)_2$ 发生反应,如:

$$Ca(OH)_2+MgSO_4+2H_2O = CaSO_3.2H_2O+Mg(OH)_2$$
$$Ca(OH)_2+MgCl_2 = CaCl_2+Mg(OH)_2$$

这些生成物中,$CaCl_2$ 易溶于水,$CaSO_3.2H_2O$ 会进一步发生硫酸盐侵蚀,$Mg(OH)_2$ 松软无胶结力,而且使水泥石中的碱度降低,都将使水泥石结构破坏。此外,在干湿交替环境中,硫酸盐在混凝土孔隙中结晶膨胀,也会使混凝土破坏。

在实际工程中,水泥石的腐蚀常常是几种侵蚀介质同时存在、共同作用所产生的;但干的固体化合物不会对水泥石产生侵蚀,侵蚀性介质必须呈溶液状且浓度大于某一临界值。

2. 抗硫酸盐侵蚀性能评价

抗硫酸盐侵蚀等级划分用抗硫酸盐侵蚀试验来进行,指标为抗硫酸盐等级。水泥的耐蚀性能用耐蚀系数定量表示。耐蚀系数是以同一龄期下,水泥试样在侵蚀性溶液中养护的强度与在淡水中养护的强度之比,比值越大,耐蚀性越好。国标《普通混凝土长期性能和耐久性能试验方法标准》(GB/T 50082)规定:当抗压强度耐蚀系数低于75%,或者达到规定的干湿循环次数即可停止试验,此时记录的干湿循环次数即为抗硫酸盐等级,用 KS 表示。

抗硫酸盐侵蚀试验一般只有在工程环境中有较强的硫酸盐侵蚀时才进行,因此,为保证此类工程具有足够的抗硫酸盐侵蚀性能,国标 GB/T 50082 将此值下限定为 KS30,等级划分分别从 KS30、KS60、KS90、KS120 到 KS150。上限定为 KS150,表示经历 150 次以上硫酸盐干湿循环的混凝土,具备优异的抗硫酸盐侵蚀性能。

6.5 碱-骨料反应

碱-骨料反应(简称 AAR)是指混凝土中的碱与具有碱活性的骨料间发生膨胀性反应。这种反应能引起明显的混凝土体积膨胀和开裂,改变混凝土的微结构,使混凝土的抗压强度、抗折强度、弹性模量等力学性能明显下降,严重影响结构的安全使用性,而且反应一旦发生很难阻止,更不易修复,常被称为混凝土的"癌症"。碱-骨料反应可分为碱-硅酸反应(alkali-silica reaction,ASR)、碱-硅酸盐反应和碱-碳酸盐反应(alkali-carbonate reaction,ACR)三种类型。

6.5.1 碱-骨料反应的机理

1. 碱-硅酸反应

碱-硅酸反应是指碱性溶液与骨料中的活性二氧化硅发生反应,形成凝胶体。这种凝胶体是组分不定的透明的碱硅酸凝胶体,会与混凝土中的氢氧化钙及其他水泥水化物中的钙离子反应生成一种白色不透明的钙硅或碱-钙-硅混合物。这种混合物吸水后体积膨胀,使周围的水泥石受到较大的应力而产生裂缝。碱-硅酸反应是迄今分布最广、研究最多的碱-骨料反应。活性二氧化硅包括蛋白石、玉髓、鳞石英、方石英、微晶或玻璃质石英等,破裂严重或受力的粗晶石英也可能具有碱活性。含这类矿物的岩石分布很广,有火成岩、变质岩和沉积岩,如花岗岩、流纹岩、安山岩、珍珠岩、玄武岩、石英岩、燧石和硅藻土等。

碱-硅酸反应可分为骨料表面的活性二氧化硅在碱溶液中的溶解、化学反应生成碱硅酸盐凝胶、反应生成物的体积膨胀、进一步反应形成液态溶胶等几个阶段。

混凝土中使用的多数骨料的主要矿物成分是二氧化硅,它以石英、方石英等形式存在。石英是结晶良好、有序排列的硅氧四面体,具有稳定的化学键。因此是惰性的,不会与强酸、强碱发生反应。而方石英等则不同,由于其结晶程度较差、排列不规则,与碱发生化学反应的潜在活性大大增加;另一方面,水与 SiO_2 的独特的结构关系使水替代部分的 SiO_2,形成无定形的水化氧化硅,它非常易于与碱发生化学反应。

水泥中的碱以 Na_2O 和 K_2O 的形式存在,在水泥水化过程中,它们在孔溶液中溶解,以 $Na^+ + OH^-$ 和 $K^+ + OH^-$ 等离子形式存在。水泥的主要水化产物是水化硅酸钙 C-S-H 和氢氧化钙 $Ca(OH)_2$,$Ca(OH)_2$ 可以在孔溶液中溶解成 $Ca^{2+} + 2OH^-$,但 $Na^+ + OH^-$ 和 $K^+ + OH^-$ 等的存在

致使 $Ca(OH)_2$ 变得难溶解,这使孔溶液中的 pH 大大高于 $Ca(OH)_2$ 饱和溶液的 pH,OH^- 的浓度很高。碱–硅酸反应中首先起作用的是 OH^- 而不是 Na^+ 和 K^+。

碱–硅酸反应由二氧化硅在骨料颗粒表面的溶解开始。首先,骨料表面的氧原子被羟基化:

$$Si—O—Si+H_2O \longrightarrow Si—OH \cdots OH—Si$$

在高碱溶液中,Si—OH 继续被 OH^- 作用,羟基化进一步加剧:

$$Si—OH+OH^- \longrightarrow SiO+H_2O$$

当更多的 Si—O—Si 被打开,凝胶就在骨料颗粒表面逐渐形成。带负电荷的凝胶强烈地吸引带正电荷的离子,使 Na^+、K^+ 和 Ca^{2+} 向骨料表面的凝胶扩散。在低碱水泥中,Ca^{2+} 较多而 Na^+、K^+ 较少,则生成 C–S–H 凝胶而转化成稳定的固态结构,与混凝土的硬化过程相似。但在高碱水泥中 Na^+、K^+ 较多,而 Ca^{2+} 较少,此时生成的硅酸盐凝胶更具黏性,而且吸收大量的水,导致碱硅酸凝胶膨胀、开裂。孔溶液中 pH(碱度)高低不同,则生成不同的硅酸盐凝胶,最终的膨胀量也不同:

$$2ROH+nSiO_2 \longrightarrow R_2O \cdot nSiO_2 \cdot H_2O$$

式中　R 代表 Na、K。

2. 碱–碳酸盐反应

碱–碳酸盐反应是指黏土质白云石质石灰石与水泥中的碱发生的反应。并非所有的碳酸盐均发生这种反应,只有具有如下特征的碳酸盐才会发生碱–碳酸盐反应:白云石与石灰石含量大致相等,黏土质量分数为 5%~20%,白云石颗粒粒径约在 50 μm 以下被微晶方解石和黏土包围。

碱–碳酸盐的反应机制与碱–硅酸反应完全不同,碱与白云石之间发生如下的去白云石化反应,生成水镁石和方解石:

$$CaCO_3 \cdot MgCO_3+2ROH \longrightarrow Mg(OH)_2+CaCO_3+R_2CO_3$$

反应生成物与水泥水化生成的 $Ca(OH)_2$ 继续反应生成 ROH:

$$R_2CO_3+Ca(OH)_2 \longrightarrow 2ROH+CaCO_3$$

这样,ROH 还能继续与白云石发生去白云石化反应。在这个反应中,碱被还原而循环使用。

因为去白云石化反应是一个固相体积减小的过程,因此去白云石化反应本身并不引起膨胀。白云石晶体中包裹有干燥的黏土,去白云石化反应使菱形白云石晶体遭受破坏,使黏土暴露出来,黏土吸水膨胀,从而造成破坏作用。在这个膨胀机制中,干燥黏土吸水是膨胀的本质根源,而去白云石化反应提供了黏土吸水的前提条件。

另一种膨胀机制认为去白云石化反应生成的水镁石和方解石晶体颗粒细小,这些颗粒间存在大量孔隙,使固相反应产物的框架体积大于反应物白云石的体积,在限制条件下,固相反应产物的框架体积的增大以及水镁石和方解石晶体生长形成的结晶压,产生膨胀应力。

6.5.2 碱–骨料反应的发生条件与影响因素

1. 碱–骨料反应的发生条件

发生 AAR 破坏必须存在三个必要条件:混凝土中含有过量的碱(Na_2O 与 K_2O)、骨料中含有碱活性矿物、混凝土处在潮湿环境。

(1)混凝土中的碱含量。

混凝土中的碱既包括来自水泥、外加剂、掺合料、骨料、拌和水等混凝土内在组分,也包括外部环境侵入到混凝土中的 Na_2O 和 K_2O。钠、钾含量通常折合成 Na_2O($Na_2O + 0.658K_2O$)表示,Na_2O 小于 0.6% 的水泥称为低碱水泥。国际公认,用低碱水泥一般不会发生碱–骨科反应。

混凝土碱含量的安全限值与骨料中矿物的种类及其活性程度有关。一般认为,对于高活性的硅质骨料(如蛋白石),混凝土的碱含大于 $2.1\ kg/m^3$ 时,将发生 AAR 破坏;对于中等活性的硅质骨料,混凝土的碱含量大于 $3.0\ kg/m^3$ 时,将发生 AAR 破坏;当骨料具有碱–碳酸盐反应活性时,混凝土的碱含量大于 $1.0\ kg/m^3$ 时,就可能发生 AAR 破坏。目前,各国对混凝土碱含量的安全限值并不完全一致,如德国、英国、加拿大、日本规定混凝土的碱含量限值是 $3.0\ kg/m^3$,新西兰和南非则分别是 $2.5\ kg/m^3$ 和 $2.1\ kg/m^3$。我国标准《混凝土碱含量限制标准》(CECS 53:93)中,根据工程的不同环境条件提出了防止碱–硅酸反应的碱含量限值,见表 6.7。我国新颁布的国家标准《混凝土结构设计规范》(GB 50010—2002)规定的碱含量为 $3.0\ kg/m^3$,但使用非活性骨料或一类环境时可不限制。

表 6.7 不同环境条件下的碱含量限值

环境条件	混凝土最高碱含量/$(kg \cdot m^{-3})$		
	一般工程	主要工程	特殊工程
干燥环境	不限制	不限制	3.0
潮湿环境	3.5	3.0	2.1
含碱环境	3.0	使用非活性骨料	使用非活性骨料

(2)骨料的碱活性。

含活性二氧化硅的岩石分布很广,而具有碱–碳酸盐反应活性的只有黏土质白云石质石灰石。"九五"重点科技攻关项目资助下建立了我国第一个区域性碱活性骨料分布图——京津塘地区碱活性骨料分布图,但是目前还没有全国性的碱活性骨料分布图。

(3)潮湿环境。

碱–硅酸反应和碱–碳酸盐反应发生都要有足够的水,只有在空气相对湿度大于 80%,或直接接触水的环境中,AAR 破坏才会发生;否则,即使骨料具有碱活性且是混凝土中有超量的碱,碱–骨料反应也很缓慢,不会产生破坏性膨胀开裂。有效隔绝水的来源是防治 AAR 破坏的一个有效措施。

2. 碱–硅酸反应的影响因素

影响碱–硅酸反应的因素有混凝土的碱含量、骨料中的活性 SiO_2 含量、骨料颗粒大小、温度、湿度、受限力等。

骨料中活性 SiO_2 含量与混凝土中的碱含量的相对比值决定着化学反应产物的性质,从而决定着混凝土的膨胀与破坏程度。当活性 SiO_2 含量多而 Na_2O 含量相对少时,生成高钙低碱的硅酸盐凝胶,其吸水膨胀值较小,膨胀破坏不明显;当 Na_2O 含量较多而活性 SiO_2 含量相对较少时,凝胶逐渐转化为液态溶胶,容易在水泥石孔隙中流出,其膨胀破坏也不明显。试验研究表明,当 SiO_2 与 Na_2O 的摩尔比为4.75时,溶胶中 SiO_2 与 Na_2O 的摩尔比达到最大值4.5(图6.5),此时溶胶中的 SiO_2 含量最高,而胶粒尺寸很小,溶胶具有最强的凝固能力,膨胀破坏能力也达到最强。

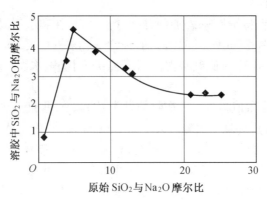

图6.5　原始 SiO_2 与 Na_2O 摩尔比与溶胶中 SiO_2 与 Na_2O 摩尔比的关系

碱-骨料反应膨胀与温度也有很大关系,温度越高,膨胀越大;骨料颗粒大小对膨胀值也有影响,当骨料颗粒很细(小于 $75\mu m$)时,虽有明显的碱-硅酸反应,但膨胀甚微。研究表明,对于不同的活性二氧化硅含量,存在一个不同的最不利颗粒尺寸,此时的膨胀压力最大。

影响碱硅酸凝胶膨胀性的另一个重要因素是混凝土的受限力,包括外荷载压力、钢筋的限制作用、水泥浆体(混凝土)的强度等。受限力越大,则膨胀效应越小。

6.5.3　碱-骨料反应破坏的特征

1. 碱-骨料反应(AAR)的破坏特征

(1)时间特征:国内外工程破坏的事例表明,碱-骨料反应破坏一般发生在混凝土浇筑后5~10年时间,它比混凝土收缩裂缝发生的速度慢,但比其他耐久性破坏的速度快。

(2)膨胀特征:碱-骨料反应破坏是反应产物的体积膨胀引起的,往往使结构物发生整体位移或变形,如伸缩缝两侧结构物顶撞、桥梁支点膨胀错位、水电大坝坝体升高等;对于两端受约束的结构物,还会发生弯曲、扭翘等现象。

(3)裂缝特征:对于不受约束和荷载的部位,或约束和荷载较小的部位,碱-骨料反应破坏一般形成网状裂缝;对于钢筋限制力较大的区域,裂缝常常平行于钢筋方向;在外部压应力作用下,裂缝也会平行于压应力方向。碱-骨料反应在开裂的同时,经常出现局部膨胀,使裂缝两侧的混凝土出现高低错位和不平整。

(4)凝胶析出特征:发生碱-硅酸反应的混凝土表面经常可以看到有透明或淡黄色凝胶析出,析出的程度取决于碱硅酸反应的程度和骨料的种类,反应程度较轻或骨料为硬砂岩等时,则凝胶析出现象一般不明显。由于碱-碳酸盐反应中未生成凝胶,故混凝土表面不会有凝胶析出。

(5)部位特征:碱-骨料反应破坏的一个明显的特征就是越潮湿的部位反应越强烈,膨胀和开裂破坏越明显;对于碱-硅酸反应引起的破坏,越潮湿的部位其凝胶析出等特征也越明显。

(6)内部特征:混凝土会在骨料间产生网状的内部裂缝,在钢筋等约束或外压应力作用下,裂缝会平行于压应力方向成列分布,与外部裂缝相连;有些骨料发生碱-骨料反应后,会在骨料周围形成一个深色的反应环;检查混凝土切割面、光片或薄片时,会在发生碱-硅酸反应的混凝土孔隙、裂缝、骨料-浆体界面发现凝胶。

6.5.4　混凝土骨料的碱活性判定

由于碱-骨料反应的复杂性,仅凭上述一个或几个特征不能立即判定是否发生了碱-骨料反应破坏。需要结合骨料活性测定、混凝土碱含量测定、渗出物鉴定、残余膨胀试验等手段综合判定是否发生了碱-骨料反应破坏及预测混凝土的剩余膨胀量。综合国内外有关标准,骨料碱活性检验方法主要有以下几类:岩相法、化学法、砂浆棒法、混凝土棱柱体法和压蒸法。

(1)岩相法。

岩相法指通过肉眼和化学显微镜鉴定岩石种类、矿物组成及各组分含量,借以判断骨料的碱活性。该方法检测速度快,可直接观测到骨料中的活性成分,其检测结果是选择其他合适方法的重要依据。岩相分析法对碱-硅酸与碱-碳酸盐反应岩石均适用。该法的最大缺点是不能对骨料碱活性做定量分析,必须与其他方法配合使用。

(2)化学法。

化学法取规定粒径范围的一定量骨料与一定浓度的 NaOH 溶液反应,在规定条件下测定溶出的 SiO_2 浓度 S_c(mmol/L) 和溶液碱度的降低值 R_c(mmol/L),据此判断骨料是否具有碱活性。化学法的缺点是受碳酸盐、石膏、黏土矿物、铝酸盐等非 SiO_2 物质的干扰较大,尤其是不能鉴定由于微晶石英或变形石英导致的众多慢膨胀骨料的活性。因此这种方法误差较大,检测结果不太可靠,经常发生错判漏判事故,故在国际上有取消化学法的趋势。若运用该方法,必须与长期工程经验及砂浆棒等其他方法配合运用。

(3)砂浆棒法。

砂浆棒法是检测骨料碱活性的经典方法。即取规定级配的骨料与高碱水泥配制砂浆棒,再在 100% 相对湿度、38 ℃ 的环境中养护,在不同龄期测量砂浆棒长度的变化,若 3 个月膨胀率小于 0.05%,6 个月膨胀率小于 0.1%,则认为骨料为非活性。该方法检测周期长,检测结果受水泥碱含量、水灰比、养护容器的湿度控制精度等影响较大,且该方法仅适用于一些高活性的快膨胀类岩石和矿物,对片麻石、片(页)岩、杂(硬)砂岩、灰岩、泥质板岩等慢膨胀的岩石则不适用。

(4)混凝土棱柱体法。

常用的混凝土棱柱体法通过外加 NaOH 的方法,使水泥当量含碱量达到 1.25%。以试件一年龄期的膨胀率作为判断骨料碱活性的依据。

(5)压蒸法。

唐明述院士首先提出砂浆试体压蒸法,采用单级配、多配比制备砂浆试体,脱模在 100 ℃ 蒸气养护,然后浸泡在 KOH 溶液中并在 150 ℃ 下压蒸,最后冷却至室温测量试体膨胀率:膨胀率大于 0.1% 为活性,小于 0.1% 为非活性。

由于碱-骨料反应的复杂性和骨料类型、性质千差万别,骨料碱活性的鉴定不能仅凭一种检测方法的结果,而应多种方法配合使用、相互校核。就方法而言,岩相法是其他方法的前提,快速砂浆棒法和压蒸法是发展的主流,而化学法和砂浆棒法缺点较多,有逐渐被淘汰的趋势。

除骨料碱活性检测外,为了有效控制碱-骨料反应,常用的检测内容还包括混凝土碱含量测定、渗出物及结晶体的鉴定、残余膨胀试验、碱液浸泡试验等,这里就不一一介绍。

6.5.5 工程上对碱-骨料反应造成的膨胀的控制方法

自 20 世纪 20 年代起,工程界对碱骨料反应引起劣化就时有报道。碱骨料反应最早于 1922 年即有报道,1935 年 Holden 就发现这种膨胀开裂是由于水泥与骨料间的化学反应造成的。因为化学反应受到温度影响很大,人们原以为比较寒冷的北欧国家不会产生碱-骨料反应。但是很多事例发现寒冷地区的碱硅酸盐反应也时有发生,尤其使用了未洗净的海沙的工程。

根据碱-骨料反应膨胀机理,工程界控制碱-骨料反应造成的膨胀作用一般是从降低水泥碱度和骨料活性着手。具体可以有以下的做法:

(1)当混凝土中水泥是唯一碱离子来源时,采用低碱水泥(Na_2O 当量小于 0.6%),可以较好地防止碱-骨料反应。

(2)大掺量矿物掺合料。

如果没有低碱水泥,则可以通过大掺量掺加矿物掺合料,如磨细高炉矿渣、粉煤灰、硅灰、磨细浮石等部分取代高碱水泥,以降低混凝土的总碱量。应该注意,在矿渣、火山灰中的碱具有酸不溶性,不会与骨料发生反应。除了降低有效碱含量,使用火山灰掺合料还可导致高硅/碱比的碱-硅酸盐产物膨胀更小。例如在冰岛,只有活性较高的火山岩作为骨料,而且生产的水泥也是高碱硅酸盐水泥。冰岛工程界的做法是将这种水泥与 8%(质量分数)的高活性硅灰混合制备混凝土,即可以有效降低混凝土的膨胀。

(3)减少活性骨料成分。

如果经济上合算,可用 25% ~ 30%(质量分数)的石灰石或其他非活性的骨料"稀释"活性骨料,也可以减少混凝土的碱-骨料反应概率,降低膨胀性。

(4)碱-骨料反应后或者反应过程中的水分来源是结构产生膨胀的根本原因,迅速修补每个可能的渗漏接缝或裂缝以防止水分进入混凝土,也是工程上预防碱-骨料反应的重要手段。

6.6 抗冻性

混凝土的抗冻性是指混凝土抵抗冻融循环的能力,是评价严寒地区混凝土及钢筋混凝土结构耐久性的重要指标之一。在负温度环境下,处于水饱和状态下的混凝土结构,其内部孔隙中的水结冰膨胀产生应力,使混凝土结构内部产生微裂损伤;该损伤在多次冻融循环作用下,逐步积累扩展,最终导致混凝土结构松散开裂,体积膨胀破坏,破坏过程如图 6.6 所示。

我国在《普通混凝土长期性能和耐久性能试验方法标准》(GB/T 50082)中,把抗冻性能试验放在了首要位置。

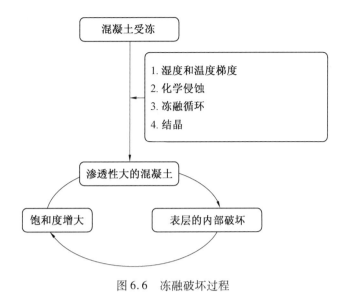

图 6.6　冻融破坏过程

6.6.1　混凝土的冻害机理

混凝土冻害机理的研究始于 20 世纪 30 年代,并在后来的几十年里提出了一系列的假说。由于混凝土在冻融破坏作用下,其内部的损伤机理十分复杂,混凝土冻害问题至今尚无确定的、完全反映混凝土冻害过程的理论,但所提出的假说已在很大程度上指导了混凝土材料的研究和工程实践,奠定了混凝土抗冻性研究的理论基础。

1. 早期的观点

人们最初认为,由冰冻引起的混凝土破坏与密闭容器的情况类似,是由水结冰时体积增加 9% 引起的,当混凝土孔内溶液的体积超过孔体积的 91% 时,溶液结冰产生的膨胀压力就会使混凝土结构破坏。但试验表明,水饱和度低于 91% 时,混凝土也可能发生受冻破坏。这是因为混凝土中包含着大小不同的各种孔隙,孔溶液的物理性质随孔径不同差别很大,在冰冻过程中起着不同的作用。这种观点被 Powers 总结为密闭不透水模型理论。但是,这种观点过于简单,不能解释复杂的混凝土受冻破坏的动力学机理。

2. 静水压假说

1945 年,Powers 提出了混凝土受冻破坏的静水压假说。该假说认为,在冰冻过程中,混凝土孔隙中的部分孔溶液结冰膨胀,迫使未结冰的孔溶液从结冰区向未结冰区迁移。孔溶液在可渗透的水泥浆体结构中移动,必须克服黏滞阻力,因而产生静水压力。显然,静水压力随孔隙水的流程长度增加而增加,因此,存在一个极限流程长度,如果流程长度大于该极限长度,则静水压力超过材料的抗拉强度而造成破坏。拌和时掺入引气剂的混凝土硬化后,水泥浆体内分布有不与毛细孔连通的、封闭的气孔,提供了未充水的空间,使未冻孔溶液得以就近排入其中,缩短了形成静水压力的流程,从而使混凝土的抗冻性大大提高。

而后,Powers 进一步充实了这一理论,定量地讨论了为保证水泥石的抗冻性而要求达到的气孔间距离,明确提出应依据气孔间距系数来设计和控制引气混凝土的抗冻性,所采用的模型如图 6.7。同时,Powers 给出了平均气孔间距系数 $\bar{L}$ 的定义及测量方法,这一方法后来发展为

ASTM C457"硬化混凝土中气孔含量和气孔体系参数的微观测量标准"。P. K Mehta,P J. M. Monteiro 拿出了新的证据,电子显微镜观测到了混凝土孔隙中的部分孔溶液结冰膨胀,从而压迫未结冰的孔溶液迁移的现象,如图 6.8 所示。

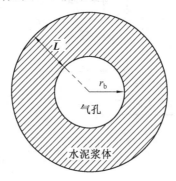

图 6.7　静水压计算模型

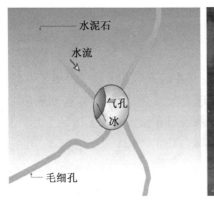
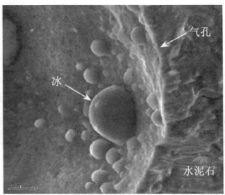

图 6.8　混凝土孔隙中孔溶液结冰膨胀压迫孔隙现象

3. 渗透压假说

静水压假说成功地解释了混凝土冻融过程中的很多现象,如引气剂的作用、结冰速度对抗冻性的影响等。但却不能解释另外一些重要现象,如混凝土会被一些冻结过程中体积不膨胀的有机液体的冻结所破坏,非引气浆体在温度保持不变时出现的连续膨胀,引气浆体在冻结过程中的收缩等。基于此,Powers 和 Helmuth 等人提出了渗透压假说。

水泥浆中包含的一般是包含各种离子的稀盐溶液,一旦冰冻后变为纯冰和更高浓度的溶液,随着温度下降,冰点逐渐降低,溶液浓度不断升高。而凝胶孔中水分却始终不冻,浓度保持不变,于是在毛细孔与凝胶水直接出现浓度差,使得溶质由毛细孔向凝胶水中扩散,水分由凝胶孔中向毛细孔中转移,这种源于浓度差的压力就是渗透压。

渗透压假说认为,由于混凝土孔溶液中含有 Na^+、K^+、Ca^{2+} 等盐类,大孔中的部分溶液先结冰后,未冻溶液中盐的浓度上升,与周围较小孔隙中的溶液之间形成浓度差。在这个浓度差的作用下,小孔中的溶液向已部分结冰的大孔迁移。此外,由于冰的饱和蒸气压低于同温下水的饱和蒸气压,这也使小孔中的溶液向部分冻结的大孔迁移。

渗透压假说与静水压假说最大的不同在于未结冰孔溶液迁移的方向。静水压和渗透压目前既不能由试验测定,也很难用物理化学公式准确计算。对于它们在混凝土冻融破坏中的作用,很多学者有不同的见解。一般认为,水胶比大、强度较低以及龄期较短、水化程度较低的混凝土,静水压力破坏是主要的;而对水胶比较小、强度较高及含盐量大的环境下冻融的混凝土,渗透压可能是主要作用。

4.宏观规模析冰(冻胀现象)

冻胀一词是从土壤学借用的,冻胀学说认为,混凝土的冻胀现场与土壤的冻胀完全相同。Powers 将其列为混凝土冰冻破坏的第四种情形。

冻胀学说认为,冰冻破坏的基本原因不是由于简单的冰冻膨胀,而是主要来自水分的迁移(宏观规模析冰),使得冰晶增长,产生压力,这种冰晶不是显微规模的冰晶,而是肉眼可视的巨大冰晶,冰晶的庞大压力使得混凝土路面隆起、破坏。

冻胀破坏外观上最明显的特征是,材料内部将出现若干平行的冰夹层,彼此平行而垂直于热流(冷却)方向,如图6.9所示。当结构物外表面冷却降温时,冷流向材料内部延伸,在材料内部某水平处结冰,一般从粗大孔隙中的水分开始。冰晶形成后开始从附近吸收材料中的未冻水,或者从更远处取得外部水源水,总之,这都需要进行宏观的水分移动,而且是自发的不可逆过程。影响冻胀现象的参数是渗透系数,如果渗透通畅,水流有来源,有利于热平衡,则冰晶发育,产生破坏。一般来说,新拌混凝土的渗透系数较高,容易引起冻胀,经过几天的标准养护,渗透系数每日都可以降低一个数量级,二、三天后就不再有被冻胀的危险。

Powers 把混凝土受冻破坏理论总结为封闭不透水模型、封闭透水模型、显微析冰假说和宏观规模析冰假说这四种,可以很好地解释各种情况的混凝土冻害现象。其他人也对冻害做出了机理分析,但因为没有 Powers 的工作有效,本节不再一一介绍。

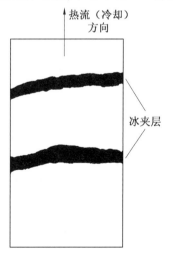

图6.9 混凝土冻胀时产生的平行冰夹层

6.6.2 混凝土抗冻性的主要影响因素

混凝土的抗冻性与其内部孔结构、气泡含量、水饱和程度、受冻龄期、混凝土的强度等许多因素有关,其中最主要的因素是它的孔结构。混凝土结构中的孔隙有凝胶孔、毛细孔(即未被水化水泥浆固体组分所填充的空间)和非毛细孔(气孔、内泌水孔隙、微裂和内部缺陷等),而混凝土的孔结构及强度又主要取决于混凝土的水灰比、外加剂和养护方法等。简要归纳混凝土抗冻性的主要影响因素有以下几方面。

1. 水灰比

水灰比直接影响混凝土的孔隙率及孔结构。随着水灰比的增大,不仅饱和水的开孔总体积增加,而且平均孔径也增大,因而混凝土的抗冻性必然降低。图6.10所示为潮湿养护28 d的水灰比与混凝土抗冻性的关系。

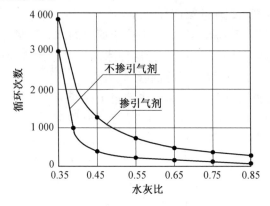

图6.10　潮湿养护28 d的水灰比与混凝土抗冻性的关系

从图6.10以看出,水灰比小于0.45时,掺与不掺引气剂的混凝土,其抗冻性均明显提高;而水灰比大于0.55时,其抗冻性明显降低。这是因为水灰比大的毛细孔孔径也大,且形成连通的毛细孔体系,因此其中起缓冲作用的储备孔很少,受冻后极易产生较大的膨胀压力,反复冻融循环后必然使混凝土结构遭受破坏。因此,对抗冻性要求高的混凝土必须严格控制水灰比,必要时还要加入引气剂及减水剂。

2. 含气量

含气量是影响混凝土抗冻性的主要因素,特别是加入引气剂形成的微细气孔对提高混凝土抗冻性尤为重要,因为这些互不连通的微细气孔在混凝土受冻初期能使毛细孔中的静水压力减少,即起到减压的作用。在混凝土受冻结冰过程中这些孔隙可阻止或抑制水泥浆中微小冰体的生成。每种混凝土拌合物都有一个可防止其受冻的最小含气量。图6.11所示为混凝土含气量对其冻融循环300次后线膨胀值的影响。

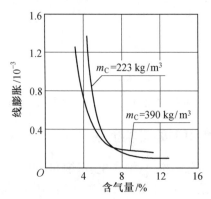

图6.11　混凝土含气量对其冻融循环300次后线膨胀值的影响

从图6.11可以看出,为使混凝土具有较好的抗冻性,其最佳含气量为5%~6%。除了必要的含气量之外,要提高混凝土的抗冻性,还必须保证气孔在砂浆中分布均匀。通常可用气泡间距来控制其分布均匀性。一般情况下,为充分防止混凝土遭受冻害,气孔的间距应为0.25 mm。

与含气量相关的平均气孔间距和临界水饱和度是混凝土冻融研究中的两个重要参数。混凝土气孔间距系数定义为气孔间距的一半,当混凝土平均气孔间距系数 $\bar{L}$ 小于某临界值时,毛细孔的静水压或渗透压不会超过混凝土的抗拉强度,其抗冻性较好,否则其抗冻性较差。1975年,Fagerlund 提出了关于混凝土抗冻性的临界水饱和度理论。该理论认为混凝土的水饱和度存在一个与极限平均气孔间距系数相对应的临界值,当混凝土的水饱和度小于此临界值时,混凝土不会发生冻害,一旦超过临界值则迅速破坏,这一临界值称为混凝土的临界水饱和度。当气泡间距系数超过 300 μm 时,混凝土抗冻性较差。对混凝土含气量及气孔分布的均匀性,可用添加引气剂或引气型减水剂、控制水灰比及骨料粒径等方法予以调整。

3. 混凝土的饱水状态

混凝土的冻害与其孔隙的饱水程度紧密相关。一般认为含水量小于孔隙总体积的91.7%就不会产生冻结膨胀压力。该数值被称为极限饱水度。在混凝土完全饱水状态下,其冻结膨胀压力最大。

混凝土是由水泥砂浆和粗骨料组成的毛细孔多孔体。在拌制混凝土时为了得到必要的和易性,加入的拌和水总要多于水泥的水化水。这部分多余的水便以游离水的形式滞留于混凝土中形成连通的毛细孔,并占有一定的体积。这种毛细孔的自由水就是导致混凝土遭受冻害的主要内在因素。因为水遇冷结冰会发生体积膨胀,引起混凝土内部结构的破坏。但应该指出,在正常情况下,毛细孔中的水结冰并不致于使混凝土内部结构遭到严重破坏。因为混凝土中除了毛细孔之外还有一部分水泥水化后形成的凝胶孔和其他原因形成的非毛细孔,这些孔隙中常混有空气。因此,当毛细孔中的水结冰膨胀时,这些气孔能起缓冲缓解作用,即能将一部分未结冰的水挤入未饱水空隙,从而减少膨胀压力,避免混凝土内部结构破坏。但当处于饱和水状态时,情况就完全不同了,此时毛细孔中水结冰,凝胶孔中的水处于过冷状态。因为混凝土孔隙中水的冰点随孔径的减少而降低,凝胶孔中形成冰核的温度在−78 ℃以下。凝胶孔中处于过冷状态的水分因为其蒸气压高于同温度下冰的蒸气压而向压力毛细孔中冰的界面处渗透,于是在毛细孔中又产生一种渗透压力。此外,凝胶水向毛细孔渗透使毛细孔中的冰体积进一步膨胀。处于饱和状态(含水量达到91.7%极限值)的混凝土受冻时,其毛细孔壁同时承受膨胀压及渗透压两种压力。当这两种压力超过混凝土的抗拉强度时,混凝土就会开裂。在反复冻融循环后,混凝土中的裂缝会互相贯通,其强度也会逐渐降低,最后甚至完全丧失,使混凝土结构由表及里遭受破坏。

这个关于混凝土受冻损坏的假说比单纯认为混凝土受冻后孔隙水结冰、体积膨胀9%,引起内部结构破坏的假说更为合理。混凝土的饱水状态主要与混凝土结构的部位及其所处自然环境有关。一般来讲,在大气中使用的混凝土结构的含水量均达不到该极限值,而处于潮湿环境的混凝土的含水量明显高于此值。最不利的部位是水位变化区,该处的混凝土经常处于干湿交替变化的条件下,受冻时极易破坏。另外,由于混凝土表面层的含水率通常大于其内部的含水率,且受冻时表层的温度均低于其内部的温度,所以冻害往往是由表层开始逐步深入发展的。

4. 混凝土受冻龄期

混凝土的抗冻性随其龄期的增长而提高。因为龄期越长、水泥水化越充分、混凝土强度越高,抵抗膨胀的能力越大,这一点对早期受冻的混凝土更为重要。图 6.12 所示为混凝土早期受冻时冻结龄期与其体积膨胀的关系。从图 6.12 知,首次受冻龄期小于 8 h 的混凝土经几次冻融循环作用即已损坏。因此,防止混凝土早期受冻非常重要。

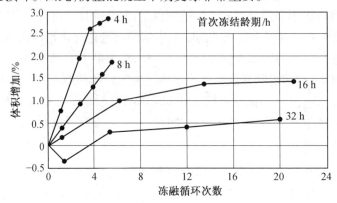

图 6.12　混凝土早期受冻时冻结龄期与其体积膨胀的关系

5. 水泥品种及骨料质量

混凝土的抗冻性随水泥活性增加而提高。普通硅酸盐水泥混凝土的抗冻性优于混合水泥混凝土(更优于火山灰水泥混凝土)的抗冻性。这是因为混合水泥需水量大。混凝土骨料对其抗冻性影响主要体现在骨料吸水量的影响及骨料本身抗冻性的影响。一般的碎石及卵石都能满足混凝土抗冻性的要求,只有风化岩等坚固性差的骨料才会影响混凝土的抗冻性。对在严寒地区室外使用或经常处于潮湿或干湿交替作用状态下的混凝土,则应注意选用优质骨料。

6. 骨料的影响

骨料作为一个组分,如果冰冻膨胀同样会成为导致混凝土破裂的应力来源,为了保证混凝土完好,必须要求骨料和水泥净浆两者都不破坏。由于引气剂的广泛使用,水泥净浆的抗冻性反而容易保证,这样骨料的抗冻性具有更重要的意义。

一般认为,骨料颗粒的临界尺寸与临界饱和度以及骨料达到临界饱和度所需时间对骨料抗冻性影响很大。

7. 外加剂及掺合料的影响

减水剂、引气剂及引气减水剂等外加剂均能提高混凝土的抗冻性。引气剂能增加混凝土的含气量且使气泡均匀分布,而减水剂则能降低混凝土的水灰比,从而减少孔隙率,最终都能提高混凝土的抗冻性。粉煤灰掺合料对混凝土抗冻性的影响,则主要取决于粉煤灰本身的质量。掺入适当的优质粉煤灰,只要保证混凝土等强、等含气量就不会对其抗冻性有不利影响。如果掺入质量不合格的粉煤灰或掺入过量的粉煤灰,则会增大混凝土的需水量和孔隙度,降低混凝土强度,同时对其抗冻性也产生不利影响。

渗透性作为衡量在混凝土孔结构中传输难易程度的指标,与抗冻性之间也有很好的相关性。当混凝土孔隙溶液中含有一定量的氯离子时,混凝土的冻融损伤速度加快,一般称为"盐冻"。混凝土受冻后内部微裂纹数量增多,孔隙率增加,孔径扩大,混凝土内部结构逐渐疏松。

混凝土的冻结膨胀变形率和残余膨胀变形率是混凝土内部损伤状况的直接反应,可以较好地预测混凝土的抗冻性。

6.6.3 混凝土抗冻性的评价

混凝土的抗冻性当采用慢冻法时是以抗冻标号(D)来表示的。抗冻标号是以 28 d 龄期的标准试件按规范标准中规定的方法测得的混凝土能够经受的最大冻融循环次数确定的,试验的评定指标为质量损失不超过 5%、强度损失不超过 25%。根据目前混凝土慢冻法的研究结果,D25 的混凝土抗冻性能很差,一般不能满足有抗冻要求的工程需要,因此规范《混凝土耐久性检验评定标准》(JGJT 193)将 D50 作为抗冻标号的最低等级,考虑到慢冻法试验周期较长的实际情况,且 D200 足以反映混凝土慢冻条件下良好的耐久性能,因此 D200 以上就不再进行更详细的划分。

当采用快冻法试验时是以抗冻等级(F)表示的,评定指标为质量损失不超过 5%,相对动弹性模量不低于 60% 的混凝土能够经受的最大冻融循环次数。

快冻法试验时,也可用混凝土的抗冻融耐久性指数 K_n 来表示混凝土的抗冻性:

$$K_n = \frac{PN}{300} \tag{6.5}$$

式中　K_n——经 N 次冻融循环后混凝土试件的抗冻耐久性系数,%;

　　　N——达到要求时混凝土试件经受的冻融循环次数;

　　　P——经 N 次冻融循环后混凝土试件的相对动弹性模量,%。

混凝土抗冻等级应按下列方法确定:

当相对动弹性模量 P 下降至初始值的 60% 或者质量损失率达 5% 时的最大冻融循环次数,作为混凝土抗冻等级,用符号 F 表示。

这种方法是利用混凝土动弹性模量对其内部结构破坏比较敏感的这一原理制定的。通常认为耐久性指数小于 40 的混凝土抗冻性能较差,大于 60 的混凝土抗冻性能较好。

国标《普通混凝土长期性能和耐久性能试验方法标准》(GB/T 50082)同时规定了单面冻融法检验处于大气环境中且与盐或其他腐蚀介质接触的冻融循环的混凝土的抗冻性能,评价指标包括剥落量、吸水量和超声波相对动弹模值。

混凝土抗冻等级按照表 6.8 划分

表 6.8　混凝土抗冻等级(快冻法)和抗冻标号(慢冻法)

抗冻等级(快冻法)		抗冻标号(慢冻法)
F50	F250	D50
F100	F300	D100
F150	F350	D150
F200	F400	D200
>F400		>D200

6.6.4 工程用混凝土抗冻等级选择

对于有抗冻要求的结构,应根据气候分区、环境条件、结构构件的重要性以及用途等情况提出相应的抗冻等级要求。例如《铁路混凝土结构耐久性设计暂行规定》对抗冻融环境进行了分类,并根据不同的设计使用年限和环境作用等级,规定设计使用年限分别为 100 年、60 年和 30 年的混凝土抗冻等级(56 d 龄期)分别为 ≥F300、≥F250 和 ≥F200。一般水位变动区混凝土抗冻等级选择按表 6.9 进行。

表 6.9　水位变动区混凝土抗冻等级选定标准

建筑所在地区	海水环境		淡水环境	
	钢筋混凝土及预应力混凝土	素混凝土	钢筋混凝土及预应力混凝土	素混凝土
严重受冻地区(最冷月平均气温低于-8 ℃)	F350	F300	F250	F200
受冻地区(最冷月平均气温在-8 ~ -4 ℃之间)	F300	F250	F200	F150
微冻地区(最冷月平均气温在-4 ~ 0 ℃之间)	F250	F200	F150	F100

需要注意的是,试验过程中试件所接触的介质与建筑物实际接触的介质相近;开敞式码头和防波堤等建筑物混凝土应选用比同一地区高一级的抗冻等级。

6.6.5　提高混凝土抗冻性的措施

提高混凝土抗冻性可从建筑构造设计与混凝土材料施工两方面采取措施。建筑构造设计主要指避免冷桥结构、在寒冷地区建筑外装修尽可能采用干挂方法、混凝土结构基础外墙做外防水设计等。对混凝土材料施工,主要应从降低混凝土孔隙度、改善其孔结构入手。常用的有以下几种措施:

1. 掺用引气剂或减水剂及引气型减水剂

引气剂及引气型减水剂均能提高混凝土的抗冻性。引气剂能增加混凝土的含气量且使气泡均匀分布。而减水剂则能降低混凝土的水灰比,从而减少孔隙率,最终能提高混凝土的抗冻性。

2. 严格控制水灰比,提高混凝土密实性

如上所述,水灰比是影响混凝土密实性的主要因素。因此,为了提高混凝土的抗冻性也必须从降低水灰比入手,当前较为有效的方法是掺减水剂,特别是高效减水剂。许多研究成果及生产实践表明,掺入水泥质量的 0.5% ~ 1.5% 高效减水剂可以减少用水量 15% ~ 25%,使混凝土强度提高 20% ~ 50%,抗冻性也能相应提高。

3. 加强早期养护或掺入防冻剂防止混凝土早期受冻

混凝土的早期冻害直接影响混凝土的正常硬化及强度增长。因此冬季施工时必须对混凝土加强早期养护或适当加入早强剂或防冻剂,以防混凝土早期受冻。

4. 饱和度

干燥或者部分干燥的混凝土不会遭到冰冻损害。混凝土存在一个临界饱和度,超过此临界值并暴露于非常低的温度时混凝土非常容易开裂或剥落。实际上,临界饱和度与实际饱和度之间的差值决定了混凝土的抗冻性好坏。因此,混凝土的抗渗性对抗冻性起非常重要的作用,抗渗性不但控制结冰时由内壁水分迁移引起的水压力,也控制着结冰前的临界饱和度。

6.7 钢筋锈蚀

钢筋锈蚀是混凝土结构最常见和最严重的耐久性问题。新成型混凝土的孔隙溶液中含有氢氧化钙,pH 较高,呈碱性。在这种溶液中,钢筋因表面可形成钝化膜而处于钝化状态。处于钝化状态的钢筋不会锈蚀。在混凝土碳化(中性化)、混凝土遭受氯污染和环境中缺氧等三种情况下钢筋表面的钝化膜可遭到破坏。钝化膜一旦遭到破坏,在有足够水和氧气的条件下会产生电化学腐蚀。

混凝土结构中的钢筋锈蚀可分为自然电化学腐蚀和杂散电流腐蚀,对于预应力混凝土结构,还可能发生应力腐蚀(腐蚀与拉应力作用下钢筋产生晶粒间或跨晶粒断裂现象)或氢脆腐蚀(由于 H_2S 与铁作用或杂散电流阴极腐蚀产生氢原子或氢气的腐蚀现象)。一般混凝土结构中发生的钢筋锈蚀通常为自然电化学腐蚀,故本节主要介绍自然电化学腐蚀,对杂散电流腐蚀仅作简要介绍。

钢筋锈蚀一方面使钢筋有效截面减小,另一方面,锈蚀产物体积膨胀使混凝土保护层胀裂甚至脱落,钢筋与混凝土的黏结作用下降,破坏它们共同工作的基础,从而严重影响混凝土结构物的安全性和正常使用性能。钢筋锈蚀在房屋建筑、公路、桥梁、大坝等混凝土结构中大量存在,是混凝土结构耐久性破坏的主要形式之一,对钢筋锈蚀的研究和防治具有重要意义。

6.7.1 混凝土中钢筋锈蚀的机理

1. 混凝土中钢筋钝化膜破坏的机理

混凝土孔隙中是碱度很高的 $Ca(OH)_2$ 饱和溶液,pH 在 12.5 左右,由于混凝土中还含有少量 Na_2O、K_2O 等盐分,实际 pH 可超过 13。在这样的高碱性环境中,钢筋表面被氧化,形成一层厚度仅 $(2\sim6)\times10^{-9}$ m 的水化氧化膜 γ-$Fe_2O_3\cdot nH_2O$。这层膜很致密,牢固地吸附在钢筋表面,使钢筋处于钝化状态,即使在有水分和氧气的条件下钢筋也不会发生锈蚀,故称"钝化膜"。在无杂散电流的环境中,有两个因素可以导致钢筋钝化膜破坏:混凝土中性化(主要形式是碳化)使钢筋位置的 pH 降低,或足够浓度的游离 Cl^- 扩散到钢筋表面。碳化(或其他原因引起的中性化)使孔溶液中的 $Ca(OH)_2$ 含量逐渐减少,pH 逐渐下降。当 pH 下降到 11.5 左右时,钝化膜不再稳定。当 pH 降至 9~10 时,钝化膜的作用完全被破坏,钢筋处于脱钝状态,锈蚀就有条件发生了。由于部分碳化区的存在,钢筋经历了从钝化状态经逐步脱钝转化为完全脱钝状态的过程。当钢筋表面的混凝土孔溶液中的游离 Cl^- 浓度超过一定值时,即使在碱度较高,pH 大于 11.5 时,Cl^- 也能破坏钝化膜,从而使钢筋发生锈蚀。因为 Cl^- 的半径小,活性大,容易吸附在位错区、晶界区等钝化膜有缺陷的地方。而且 Cl^- 有很强的穿透氧化膜的能力,在氧化物内层(铁与氧化物界面)形成易溶的 $FeCl_2$,使氧化膜局部溶解,形成坑蚀现象。如果 Cl^- 在钢筋表面分布比较均匀,坑蚀现象便会广泛地发生,点蚀坑扩大、合并,发生大面积的腐蚀。可将钢筋开始锈蚀、保护层锈胀开裂或性能严重退化作为耐久性失效的标准。

2. 混凝土中钢筋锈蚀的电化学机理

脱钝后混凝土中钢筋的锈蚀是一个电化学过程,根据金属腐蚀电化学原理和混凝土中钢筋受钝化膜保护的特点,混凝土中钢筋锈蚀的发生必须具备三个条件:钢筋表面存在电位差,构成腐蚀电池;钢筋表面钝化膜遭到破坏,处于活化状态;钢筋表面有电化学反应和离子扩散所需的水和氧气。由于钢筋中的碳及其他合金元素的存在、混凝土碱度或氯离子浓度在不同部位的差异、裂缝处钢筋表面的氧气剧增形成氧浓度差异或出于加工引起的钢材内部应力等,都会使钢筋各部位的电极电位不同而形成腐蚀电池,因此,上述第一个条件总是存在和满足的。当钢筋表面的钝化膜遭到破坏时,钢筋处于活化状态,在水和氧气充分的条件下,钢筋发生电化学腐蚀,电化学腐蚀的工作历程包括以下四个基本过程

(1)阳极反应过程:阳极区铁原子离开晶格转变为表面吸附原子,然后越过双电层放电转变为阳离子(Fe^{2+}),并释放电子,这个过程称为阳极反应,其反应式可写为

$$Fe \longrightarrow Fe^{2+}+2e \tag{1}$$

(2)电子传输过程,即阳极区释放的电子通过钢筋向阴极区传送。

(3)阴极反应过程:阴极区由周围环境通过混凝土孔隙吸附、渗透、扩散作用进来并溶解于孔隙水中的 O_2 吸收阳极区传来的电子,发生还原反应:

$$O_2+2H_2O+4e \longrightarrow 4OH^- \tag{2}$$

(4)腐蚀产物生成过程:阳极区生成的 Fe^{2+} 向周围水溶液深处扩散、迁移,阴极区生成的 OH^- 通过混凝土孔隙和钢筋与混凝土界面的空隙中的电解质扩散到阳极区,与阳极附近的 Fe^{2+} 反应生成 $Fe(OH)_2$,$Fe(OH)_2$ 被进一步氧化成 $Fe(OH)_3$,$Fe(OH)_3$ 脱水后变成疏松、多孔的红锈 Fe_2O_3;在少氧条件下,$Fe(OH)_2$ 氧化不很完全,部分形成黑锈 Fe_3O_4。

把式(1)和(2)相加,可得到

$$2Fe+O_2+2H_2O \longrightarrow 2Fe(OH)_2$$
$$4Fe(OH)_2+O_2+2H_2O \longrightarrow 4Fe(OH)_3$$
$$2Fe(OH)_3 \longrightarrow Fe_2O_3+3H_2O$$
$$6Fe(OH)_2+O_2 \longrightarrow 2Fe_3O_4+6H_2O$$

最终的锈蚀产物取决于供氧情况。从以上两式还可以看出,周围环境中氧气扩散到钢筋附近,除参与阴极区的还原反应外,还参与锈蚀产物的次生反应。上述钢筋锈蚀的电化学原理如图 6.13 示意。

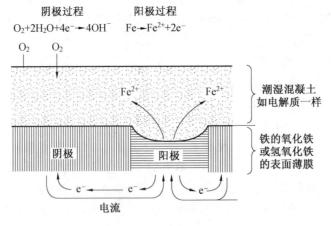

图 6.13　钢筋锈蚀电化学原理示意

混凝土中的钢筋一旦发生锈蚀,在钢筋表面生成一层疏松的锈蚀产物($mFe_3O_4 \cdot nFe_2O_3 \cdot \gamma H_2O$),同时向周围混凝土孔隙中扩散。锈蚀产物体积比未腐蚀钢筋的体积要大得多,因锈蚀产物最终形式不同而异,一般可达钢筋腐蚀量的 2~4 倍。锈蚀产物的体积膨胀使钢筋外围混凝土产生环向拉应力,当环向拉应力达到混凝土的抗拉强度时,在钢筋与混凝土界面处将出现径向内部裂缝,随着钢筋锈蚀的进一步加剧、钢筋锈蚀量的增加,径向内裂缝向混凝土表面发展,直到混凝土保护层开裂产生顺筋方向的锈胀裂缝,甚至保护层剥落,严重影响钢筋混凝土结构的正常使用。

钢筋与混凝土的黏结是一种复杂的相互作用,通过它来传递二者间的应力,协调变形,因此钢筋与混凝土间黏结锚固性能是保证钢筋与混凝土两种不同材料共同工作的基本前提。钢筋与混凝土间锈蚀层的润滑作用、钢筋表面横肋的锈损、混凝土保护层的开裂或剥落都会导致钢筋混凝土黏结锚固性能降低甚至完全丧失,最终影响钢筋混凝土结构构件的安全性和适用性。

6.7.3 影响混凝土中钢筋锈蚀的因素

钢筋锈蚀反应的速度由反应过程某个速度最慢的过程控制。在不同条件下,阳极反应、阴极反应和 OH^- 在水溶液中的扩散都有可能成为整个锈蚀反应的控制过程。

1. 环境氧含量

钢筋所在位置的水溶液中氧的含量是影响阴极反应速度的主要因素。在相对湿度较高的情况下,O_2 在混凝土孔隙中的扩散比较缓慢,导致阴极反应所需的 O_2 含量不足,从而抑制阴极反应甚至整个锈蚀反应的速度。氧气的扩散过程又主要受孔隙水饱和度(相对湿度)、水灰比和保护层厚度等因素影响。

2. 环境 Cl^- 浓度

钢筋位置溶液中游离 Cl^- 浓度越大,则其对钝化膜的破坏作用越大,钢筋的活性越大,锈蚀速度也越大。由于钢筋的活性还受到 pH(OH^- 浓度)的影响,当 OH^- 浓度高时,钝化膜的稳定性好,破坏钝化膜所需的 Cl^- 浓度就大;相反,当 OH^- 浓度低时,破坏钝化膜所需的 Cl^- 浓度就小。因此,由于混凝土中碱度的不同,用 Cl^-/OH^- 来表征钢筋的活化比 Cl^- 浓度更合理。Cl^-/OH^- 有一个临界值,小于某临界值时锈蚀不会发生。

3. 混凝土电阻抗

混凝土的电阻抗是影响钢筋锈蚀的一个重要因素,是表征 OH^- 扩散过程速度的一个物理量,无论在有无 Cl^- 的情况下,在很大的范围内,钢筋锈蚀速度都与混凝土(砂浆)的电阻抗成反比。

6.7.4 提高混凝土中钢筋抗锈蚀能力的措施

(1)水灰比越大,混凝土的孔隙率越大,密实度降低,降低混凝土的电阻抗,增大 O_2 和 Cl^- 的扩散系数,最终使锈蚀速度加快。混凝土碳化使混凝土的孔隙率降低,密实度提高,从而提高混凝土的电阻抗。降低水灰比、延长养护龄期和提高水泥水化程度,都有利于提高混凝土的电阻抗。

（2）钢筋的保护层厚度越大，O_2 的浓度梯度越小，锈蚀速度越慢。不难理解，无论是碳化还是 Cl^- 引起的钢筋锈蚀，保护层厚度越小，钢筋开始锈蚀的时间越早。

（3）各水泥成分中以 C_3A 对 Cl^- 的吸附作用最大。故当 C_3A 含量高时，被吸附的 Cl^- 多，游离 Cl^- 浓度小，对防护钢筋锈蚀有利。因此，C_3A 含量很低的抗硫酸盐水泥不适用于有 Cl^- 的环境，K_2O、Na_2O 含量高的高碱水泥，由于孔溶液中的 OH^- 浓度高，使 Cl^-/OH^- 降低，Cl^- 引起的钢筋锈蚀速度就慢。

（4）在水泥中掺入各种掺合料对抗 Cl^- 引起的钢筋锈蚀都是有利的。掺合料的作用主要体现在延缓钢筋锈蚀的开始时间和降低锈蚀速度。矿渣和粉煤灰均对 Cl^- 有较大的吸附作用，均使 Cl^- 的有效扩散系数降低，从而延缓钢筋锈蚀的开始时间。

（5）不管是碳化引起还是 Cl^- 引起的锈蚀，掺入硅粉都起有利作用。原因是硅粉的掺入使混凝土孔隙率减小，Cl^- 和 O_2 的扩散速度减慢，混凝土的电阻抗提高，从而降低锈蚀速度。Khedr 的试验表明，以水泥用量 15% 取代量时，掺入硅灰的效果最好。

（6）除自然电化学腐蚀外，杂散电流也会引起混凝土中钢筋的锈蚀。由于绝缘不良等原因，直流电在土壤、混凝土结构等介质中发生泄漏，形成杂散电流。在杂散电流作用下，混凝土中的电位发生大幅度变化，阳极部位电位趋向负值，阴极部位电位趋向正值，当外加电位超过临界值时，钢筋的钝化膜遭到破坏，开始发生钢筋锈蚀。

（7）根据杂散电流流动方向不同，可分为阳极腐蚀和阴极腐蚀，当混凝土中的钢筋处于阳极时，就发生氧化反应，钢筋锈蚀膨胀，混凝土保护层胀裂；当钢筋处于阴极时，根据阴极保护理论，阴极电流较小时一般不发生腐蚀，但当阴极电流较大时，钢筋表面阴极反应速度加快，氧的去极化反应产生大量 OH^-，使钢筋表面的混凝土过度碱化，并导致大量 H_2 析出，破坏钢筋与混凝土的黏结，使混凝土开裂。

除杂散电流密度外，混凝土的电阻对杂散电流腐蚀有较大影响，干燥混凝土的电阻达几万欧，而潮湿混凝土的电阻只有几百欧甚至几十欧，因此杂散电流腐蚀一般发生在潮湿混凝土中。

6.8　混凝土的表面磨损

磨损、冲蚀、气蚀都会引起混凝土表面损伤，磨损一般指干燥摩擦，例如交通负荷引起的路面和地坪的磨损，冲蚀通常描述固体悬浮颗粒流体的磨耗作用，冲蚀易发生在水工结构物，例如水管、下水道等；气蚀通常也发生在水工结构中，即高速水流突然改变方向时形成水泡进而崩溃引起质量损失。

美国标准 ASTM779 提出了三种可供选择的测试方法来评价混凝土表面相对抗磨性的方法：钢球磨损试验、磨削钢轮试验和转盘试验，ASTM418 提出喷砂试验方法。中国行业标准《水工混凝土试验规程》（DL/T 5150）中规定了水下钢球法进行混凝土抗冲磨试验，GB/T 50784 规定了用回弹法测试混凝土表面硬度的试验方法。但是实验室模拟现场磨损很不容易，实验室方法不能定量给出混凝土寿命期望值，而主要是用于评价混凝土材料、养护等方法对混凝土耐磨性能的影响。

目前没有可靠的方法测定冲蚀性能，但混凝土抗磨性与抗冲蚀性能密切相关，因此抗磨性的相关数据可以作为抗冲蚀性能的参考。

硬化水泥浆体的抗磨性能不高,在重复摩擦循环下,混凝土的使用寿命将缩短,尤其是当混凝土不够密实或者强度较低时。一般来说,水灰比与混凝土抗磨性能之间有一定关系,想得到足够耐磨的混凝土表面,混凝土的水灰比、骨料级配、含气量等都需满足一定要求。而且在暴露于侵蚀环境前应该得到充分养护。美国 ACI 委员会推荐应至少连续 7 d 的潮湿养护。因为物理磨损主要发生在混凝土表面,因此至少应保证表面混凝土具备高质量,为了减少薄弱表面的形成,应尽量避免浮浆的形成,施工中应在混凝土表面不再泌水时再抹面。

矿物掺合料也可以用来提高混凝土的强度和密实度,例如硅灰和超细矿渣粉。优质混凝土可以很好地抵抗纯净水的稳定流带来的冲蚀,但是流速过高的紊流可能通过气蚀对混凝土造成严重伤害。

6.9 混凝土的防火性

火灾事故中住宅和公共建筑中人员安全是工业民用建筑设计首要考虑的问题,一般来说,混凝土具有良好的阻燃性能,高温下也不会散发有毒烟雾。在高温下很长时间也不会像钢材一样失去强度,从而保证结构安全。值得注意的是,钢筋表面的混凝土保护层通常也保护钢筋在火灾中不致被烧毁而降低结构倒塌的危险。

当然,混凝土对火灾的反应受到很多因素的控制,水泥浆和骨料中都有可以高温分解的成分,所以控制好混凝土组分对抗火灾性能很重要。此外,混凝土渗透性、结构尺寸和升温速度也很重要。

6.9.1 火灾对硬化水泥浆的影响

高温对水化后水泥浆的影响取决于水化程度和相对湿度,水化良好的水泥浆体组成成分主要有 C-S-H 凝胶、氢氧化钙和水化硫铝酸钙等。饱和浆体除了含有吸附水外,还含有大量自由水和毛细孔水。混凝土在高温下容易失去各种水,但是失去的水蒸发吸收大量蒸发热,因此,在失去所有可蒸发水之前,混凝土不会因为升温而破坏。但是,大量的水分迅速蒸发的话,会引起蒸气压增大,增大速率大于水蒸气释放到空气中松弛压力的速率时,就会发生混凝土表面的剥落破坏。

更进一步,当温度达到 300 ℃ 以上时,水泥浆体会失去 C-S-H 凝胶的层间水以及部分 C-S-H 凝胶和水化硫铝酸盐的化学结合水;温度升至约 500 ℃ 时,水泥浆体的氢氧化钙也会失水;当温度高达 900 ℃ 以上,C-S-H 凝胶会完全分解。

6.9.2 火灾对骨料的影响

骨料的孔隙率和矿物组成对混凝土在火灾中的表现很重要,升温速率和骨料的尺寸、渗透性、含水率等不同,表现各有不同。例如多孔骨料本身容易遭到破坏性膨胀而突然爆裂,但是低孔隙率骨料不会因为水分迁移造成破坏。

硅质骨料如花岗岩在温度到 600 ℃ 左右会膨胀引起混凝土的破坏,而碳酸盐岩石,温度达到 700 ℃ 左右时,会因为分解作用发生类似的破坏。除骨料可能发生相变和热分解之外,混凝土对火灾的反应还受到骨料矿物组成影响,例如骨料矿物组成决定了骨料和水泥浆之间热膨胀差异及界面过渡区强度变化。

6.9.3 火灾对混凝土的影响

曾经有研究者对 870 ℃高温短时间灼烧 C20 混凝土的研究,变量包括骨料品种和加不加荷载。试验结果是当加热而不加荷载时,碳酸盐骨料和轻骨料制备的试样加热至 650 ℃时还能保持 75%的强度,而在此温度下硅质骨料混凝土试样只能保持原始强度的 25%左右了。碳酸盐骨料和轻骨料制备的试样在高温下表现较好的主要原因也许是骨料与水泥浆界面区的强度比较高,以及水泥砂浆基体与粗骨料之间热膨胀系数差别较小。

承受荷载并加热的试件强度比不加荷载的试件高约 25%,但是当试样冷却至室温后再开始加热时,骨料矿物组成对强度影响明显减少了。

中等强度的混凝土(25~45 MPa)原始强度对高温暴露后剩余强度百分比几乎没什么影响,与混凝土试件的抗压强度相比,混凝土试样在升温时候弹性模量下降非常快。这可能是由于界面过渡区微裂缝扩展引起的。界面过渡区破坏对抗折强度和弹性模量的影响比抗压强度大得多。

6.9.4 高强混凝土在火灾中的表现

与普通混凝土相比,实验室研究和实际使用性能表明:暴露在高温条件下,高强混凝土与普通混凝土表现不同。热应力作用下,高强混凝土强度损失不一样,且更容易发生爆炸性破坏。现行的防火设计规范都是根据普通混凝土制定的,不一定适用于高强混凝土,主要是这些规范没有说明高强混凝土有更高的发生爆炸性破坏的可能性。

一般来说,较高的脆性以及过饱和引起的高孔隙压力都会引发加热后的爆裂。高强混凝土比普通混凝土脆性更高,因此高温下更容易发生爆裂性破坏。

6.10 提高混凝土耐久性的技术途径

在人们的传统观念中混凝土是最为耐久的材料,钢筋有混凝土保护层,也不会发生锈蚀,从而忽视了钢筋混凝土的耐久性问题。混凝土结构在建设和使用过程中会受到环境温度、湿度变化、降水、冰冻以及所接触的土体、水体和大气中有害介质的作用,尤其在荷载与环境的复合影响下,材料乃至结构的性能会随时间而退化(劣化)。由此导致结构耐久性和安全性降低甚至失效,带来巨大的直接和间接经济损失以及一系列的社会问题。

6.10.1 混凝土耐久性劣化整体模型

实际经验表明,按照重要性从高到低排列,引起混凝土劣化的耐久性因素依次为钢筋锈蚀、冻融循环、碱骨料反应和硫酸盐侵蚀。这四个主因中,产生膨胀和开裂的机理都与混凝土渗透性和水分存在有较大关系。由于暴露于自然环境,混凝土结构会出现裂缝和微裂缝,并逐步扩展。当这些微裂缝和裂缝连通后,混凝土就失去不透水性,遭受上述多种劣化因素的影响。

Mehta 依据"最简单也是最有效的解决方案,回到缺乏耐久性的基本原因或者根源上,即混凝土渗透性和服务期影响渗透性增大的因素上来",提出了混凝土受外界环境影响而劣化的整体模型(图 6.14)。与以往通过简化方式建立的模型不同,整体模型不具体指某一原因,而是强调微裂缝和孔隙是引起混凝土劣化的初因;不把混凝土的损伤归咎于水泥浆或混凝土某一组分的作用,而是考虑环境与荷载的作用使孔隙、裂缝扩展与连通的影响;此外,该模型依据实验室与现场的经验,认为混凝土在外界水分和侵蚀性介质沿着连通的裂缝和孔隙进入,导致的高度饱水,对膨胀和开裂起着主导作用,而不管产生劣化的原因是冰冻(冻融循环)、钢筋锈蚀、碱–骨料反应还是硫酸盐侵蚀。

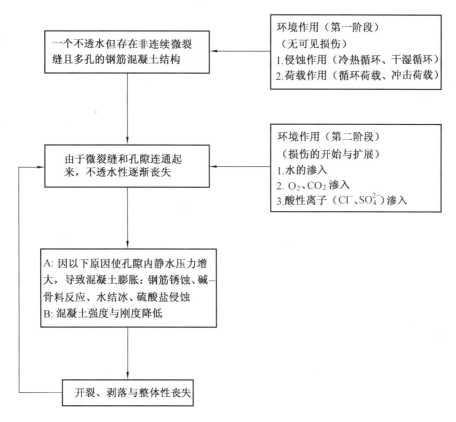

图 6.14　混凝土受外界环境影响而劣化的整体模型

6.10.2　混凝土的耐久性防护设计措施

耐久性概念设计的目的是在规定的设计使用年限内,在正常维护下,必须保持适合于使用,满足既定功能的要求。因此,为保证混凝土结构的耐久性,应根据环境类别和设计使用年限,针对影响耐久性的主要因素,从结构设计、对混凝土材料的要求、施工要求及混凝土保护层最小厚度等方面提出技术措施,并采取有效的构造措施。

通常重要工程的混凝土设计应参考以下耐久防护设计措施:

1. 降低混凝土的水胶比

使用高效减水剂,有效降低混凝土材料的水胶比,从而改善混凝土的孔结构,减轻侵害介质的侵入。

2. 使用矿物掺合料提高混凝土耐久性

常用的矿物掺合料有粉煤灰、磨细矿渣粉、沸石粉和硅粉等几种。混凝土硬化后,主要利用火山灰效应,即矿物掺合料中的 SiO_2 与水泥水化生成的 $Ca(OH)_2$ 发生反应,生成 C-S-H 凝胶,使得 $Ca(OH)_2$ 粗大结晶与定向排列大幅度减少,改善混凝土的界面结构,粗颗粒变为细颗粒,粗孔变为细孔,从而提高混凝土的密实度,混凝土的强度、抗渗性、抗冻性也随着提高。此外,采用适当掺量的矿物掺合料还能提高混凝土对氯离子的结合能力,降低混凝土中的自由氯离子量,从而降低混凝土中钢筋锈蚀风险。

3. 适当提高钢筋的保护层厚度

混凝土保护层越厚,氯离子迁移到钢筋表面的时间或保护层完全中性化所需的时间越长。因此,国内外都将适当提高混凝土的保护层厚度作为提高混凝土结构耐久性的主要措施之一。确定混凝土保护层最小厚度时,主要考虑保证钢筋与混凝土共同工作,满足对受力钢筋的有效锚固以及保证耐久性的要求等因素。对于处于一类环境中的构件,混凝土保护层最小厚度主要是从保证有效锚固及耐火性的要求加以确定;对于处于二、三类环境中的构件,则主要是按设计使用年限混凝土保护层完全碳化确定的,与混凝土等级有关。

4. 减轻钢筋混凝土结构表面的开裂

大量的工程实践证明,尽管有些混凝土材料自密性较好,但是实际工程中由于没有很好地控制混凝土保护层的开裂,导致混凝土结构很快破坏。因此防止混凝土保护层的开裂,对于提高混凝土结构的耐久性非常重要。建议采用膨胀剂、使用渗透性模板和合理配筋来控制混凝土的开裂。确定混凝土结构构件的最大裂缝宽度限值时,主要考虑两个方面的要求,一是外观要求;二是耐久性要求,并以后者为主。而耐久性所要求的裂缝宽度限值,则着重考虑环境条件及结构构件的工作条件两个因素。

5. 局部混凝土耐久性保障措施——表面防水处理

大量工程实践表明:在混凝土结构表面进行涂层处理,可以有效阻止侵蚀性介质向混凝土内渗透,避免对混凝土和钢筋的破坏作用,从而显著提高混凝土结构的耐久性。

6. 建立混凝土耐久性长期监控措施

重要工程或者面临恶劣服役环境的混凝土结构应采用严格的耐久性设计。但由于局部材料的缺陷或其他不可预见的突发性复合因素可能会对钢筋混凝土结构使用年限有影响,使混凝土达不到使用年限。应安装耐久性监测系统,通过长期监控系统,可知道结构实际的腐蚀程度,进而根据腐蚀程度及时采取保护和修复措施。较早地采取保护和修复措施,相对较经济且可避免混凝土结构进一步破坏。

7. 混凝土耐久性的施工质量控制措施

(1)施工质量现场检验措施。

重要工程应在施工全过程进行混凝土质量、施工质量等耐久性影响因素检测,以确保达到设计使用年限。混凝土试配时应检测混凝土中氯离子含量及氯离子扩散系数、碱含量、强度等级、抗渗等级、抗碳化性能、含气量及抗冻性等,以满足设计要求。混凝土搅拌时应对每批次各组成材料及新拌混凝土的氯离子含量、碱含量、含水率等进行检测,随时复核。混凝土硬化后应采用无损检测方法(必要时采用取芯法)检测混凝土质量及施工质量,包括混凝土表层强度、混凝土保护层厚度、混凝土密实度的变化、衬砌混凝土背后的空洞,以及不同深度的缺陷等,以便及时做出补救措施。

（2）加强混凝土结构的现场养护。

为了获得质量良好的混凝土,混凝土成型后必须进行适当的养护以保证胶凝材料水化过程的正常进行,养护过程需要控制的参数为时间、温度和湿度。为保证混凝土的抗渗性及耐久性,必须要保证有足够的湿养时间,并保持混凝土表面湿润,保证混凝土有较高的密实性、抗渗性好,起到自防水混凝土的作用。

（3）严格控制混凝土拆模时间。

应根据不同环境要求确定混凝土拆模强度,根据混凝土早期强度的判定确定拆模时间,先根据实验室混凝土强度、龄期曲线并结合实体混凝土成熟度大致判定混凝土早期强度,并通过现场同条件养护试块强度加以确认早期强度。

（4）施工缝控制。

混凝土施工缝、变形缝等连接缝是结构相对薄弱的部位,容易成为腐蚀性物质侵入混凝土内部的通道;为了使混凝土施工缝、变形缝处不渗漏,应在混凝土施工缝和变形缝设置多重防水。

8. 混凝土结构耐久性长期检测

（1）留置样品及埋设传感元件。

①在现场设置专供监测取样用的样品构件,供定期检测使用;

②在衬砌混凝土代表性部位上设置传感元件以监测锈蚀发展。

（2）定期检测。

①结构设计年限内做出混凝土耐久性损伤定期检测的具体要求;

②根据测试结果对混凝土结构耐久性做出评估。

思考题

1. 名词解释

（1）混凝土耐久性

（2）混凝土抗渗性

（3）混凝土抗冻性

（4）混凝土碳化

（5）碱-骨料反应

（6）抗侵蚀性

2. 试述火灾对混凝土结构的危害。有哪些有效的防止措施?

3. 现场浇灌混凝土时,禁止施工人员随意向混凝土拌合物中加水,试从理论上分析加水对混凝土质量的危害,它与成型后的洒水养护有无矛盾? 为什么?

4. 何谓碱-骨料反应? 混凝土发生碱-骨料反应的必要条件是什么? 防止措施有哪些?

5. 耐久防护设计措施提高钢筋的混凝土保护层厚度的作用是什么? 为什么?

6. 混凝土在下列情况下,均能导致其产生裂缝,试解释裂缝产生的原因,并指出主要防止措施:

水泥水化热大;水泥安定性不良;大气温度变化较大;碱-骨料反应;混凝土碳化;混凝土早期受冻;混凝土养护时缺水;混凝土遭到硫酸盐侵蚀。

第7章 混凝土的配合比设计

混凝土工程质量是否优良，其中一个最重要的因素就是混凝土性能是否达到设计要求，新拌混凝土和硬化混凝土的各项性能指标主要取决于所采用的原材料品质和配合比，因此可以通过选择原材料和优化原材料配合比例来保证混凝土性能符合要求，这就是配合比设计。普通混凝土的基本组成材料包括胶凝材料(包括水泥、矿物掺合料)、水、细骨料、粗骨料、外加剂，混凝土配合比设计就是要确定每立方米混凝土中各组成材料的用量，或各组成材料的质量比。

7.1 目的和意义

混凝土配合比设计的一个目的就是要得到符合性能要求的混凝土，两个基本性能是新拌混凝土的工作性和硬化混凝土的强度。工作性是决定混凝土在浇筑、振捣和抹面时的难易度。另一个逐渐引起工程界注意的性能是耐久性，但是人们通常假定在正常自然环境条件下达到必要强度的混凝土的耐久性是满足要求的。当然，在恶劣条件下，例如冻融循环或者环境富含硫酸盐时，混凝土的配合比设计要专门考虑耐久性要求。

配合比设计的另一个目的是在尽可能低的成本下获得满足性能要求的混凝土。这要求在选择混凝土组成材料时不仅要性能满足要求，而且要有一个合理价格。因此配合比设计的总体目标为：在常规材料里选择合适的组成材料，并确定能满足最低性能要求的最经济的组合。

但是，在配合比设计的时候设计师不可能不改变其他组分而只调节一个组分。在一定条件下，如果制备混凝土的原料性能都已经确定了，设计人员可以控制的变量是拌合物中水泥浆体与骨料之比、水泥浆体中水灰比、骨料中的粗细骨料比以及外加剂和矿物掺合料等。因此，配合比设计过程是通过计算使各种有所抵触的设计变量相互平衡的过程。

7.2 基本要求

7.2.1 经济性

一般来说，当一种材料有两个或者更多来源且在价格上有明显差异时，生产方通常选择更便宜的材料，尽管材料价格差可能很小，但当工程巨大时，总造价的差异仍然很大。例如水泥成本比骨料贵很多，因此在不牺牲混凝土的主要性能时，设计师会尽可能减少混凝土拌合物中水泥用量，这就是减水剂登上舞台的重要原因。如果能找到更便宜的合适材料，替代部分水泥，又不损害混凝土拌合物的主要性能时，成本降低的可实现性更大，例如，用火山灰或者具备胶凝性的工业废弃物(粉煤灰或磨细水淬矿渣)替代水泥，可以直接节省成本。而且，这种做法也符合现代社会可持续发展的要求。

　　然而,由于传统或者其他原因,某些混凝土生产方或者开发商依然使用价格较高的甚至不必要的材料,例如,当地有高碱水泥,而骨料中基本上没有对碱骨料反应呈活性的矿物。这个时候如果一定要求使用低碱水泥,就会额外增加水泥购置和运输费用而增加成本。还有的国家仍然在规范中禁止使用矿物掺合料,而现代混凝土技术已经可以将矿物掺合料的活性充分发挥出来,在完全不影响强度的同时带来更好的耐久性能。

7.2.2　工作性

　　工作性指在一定施工条件下,确保混凝土拌合物成分均匀,在成型过程中满足振动密实的性能,即要求流动性经时损失满足要求,且离析、泌水应最小,其中常用坍落度和维勃稠度来表征。混凝土工作性取决于结构的类型、钢筋密集程度和采用的施工方法。单从流动度角度来看,泵送施工的混凝土要求有较大的流动性和较小的经时损失,免振捣施工要求混凝土能够自流平和自填充密实;碾压密实工艺则要求干硬性混凝土即可。通常在施工许可的条件下,尽可能使混凝土的坍落度小一些,坍落度越小,用水量越少,这有利于混凝土长期性能、节约水泥用量,且有利于控制离析和泌水危害;骨料的最大粒径越大,用水量也越少;骨料的级配良好,堆积空隙率小,粗细骨料的比例即砂率合适,混凝土的用水量也最少。所以在施工许可的条件下,应选用较小的坍落度,选用最大粒径较大的粗骨料和最佳的骨料级配。

　　对于使用外加剂的混凝土,要求外加剂和胶凝材料间具有良好的适应性,使外加剂用量控制在饱和点之内。实际应用中改善工作性,不能单独通过加水,而是应通过增加水泥砂浆的量、调整外加剂掺量和加入方式来调整。

7.2.3　强度

　　混凝土主要用于承受压力,因而配合比设计主要考虑满足抗压强度要求,也有特殊工程如道路、机场跑道主要要求抗折强度达到要求。从结构安全的观点看,设计规定的混凝土强度是最低要求的强度,考虑到原材料质量波动、混凝土拌和、运输和浇筑的差异,以及试件制作、养护和试验的差异,国家标准和各部门技术规范均要求设计混凝土配合比要有一定的强度富余,即施工用配合比的混凝土平均强度(配制强度)应当大于设计强度。要根据配制强度(而不是设计强度)进行配合比设计,配制强度比设计强度应该富余多少,与实际生产、质量控制水平有关,质量控制好,在生产过程中混凝土强度的变化范围小,强度富余量可以小一些;如果质量控制差,生产过程中混凝土强度波动幅度大,要求相应的增加富余强度,这样就需要提高配制强度。

　　通常来说,实际混凝土强度的波动性服从正态分布规律,配制强度就是混凝土在实际生产中实际强度的平均值,混凝土配制强度通常根据实际强度保证率为95%时的平均强度值确定。混凝土强度主要取决于水泥强度等级、水灰/胶比、水泥用量,同时受骨料粒径、级配、施工条件等因素影响。

　　(1)水泥强度等级。

　　水泥强度等级大致代表了水泥的活性,即在相同配合比的情况下,水泥强度等级越高,混凝土的强度等级也越高。在混凝土配合比设计中,主要从经济合理的角度来选择水泥强度等级,如果对水泥强度等级和品种没有选择的余地,只能通过在配合比设计中调整比例,掺加外加剂等综合性措施加以解决。

（2）水灰比或水胶比。

单位体积混凝土中所用水的质量与水泥或胶凝材料的质量比称为水灰比或水胶比。水泥或胶凝材料固定不变条件下，水灰比或水胶比越大，混凝土的强度越低。因此，在满足工作性的前提下，混凝土用水量越少越好，这是混凝土配合比设计中的一条基本原则。

（3）骨料的种类及级配。

砂子、石子在混凝土中起骨架作用，因此统称为骨料。砂石由石材的品种、颗粒级配、含泥量、坚固性、有害物质含量等指标来表示它的质量。砂石质量越好，配制的混凝土质量越好。当骨料级配良好、砂率适中时，由于构成了密实骨架，可使混凝土获得较高的强度。

7.2.4　耐久性

低渗透性是混凝土的第一道防线，因为绝大多数混凝土劣化破坏都与有害介质在混凝土中的渗透或迁移有关。成型浇筑良好无原始裂缝时，强度越高的混凝土密实度越好，耐久性也越高。在普通暴露条件下，如果强度达到了设计要求，也就认为耐久性是符合要求的，所以在普通混凝土配合比设计中只考虑混凝土的工作性和强度，而不必另外考虑混凝土的耐久性。

暴露在恶劣的环境中，会缩短混凝土的使用期限，在这种情况下，配合比设计就必须考虑耐久性问题。例如在冻融的条件下或者有除冰盐作用时，要求应用引气和低水灰比混凝土；混凝土受到化学侵蚀或硫酸盐作用时，可能要求应用减水剂或矿物掺合料，应用低水灰比或者抗硫酸盐水泥等；在某些情况下，虽然较大的水灰比能够满足强度要求，由于耐久性要求必须应用较小的水灰比。

对于重要的工程，如重要的水坝、隧道、大型电站与核电站、桥梁与海港等大型建筑物，应进行骨料的碱活性试验，注意防止碱-骨料反应的危害。钢筋锈蚀是钢筋混凝土结构破坏的主要原因，防止钢筋锈蚀的主要方法是提高保护层质量、增加保护层厚度、掺加矿物混合材料、掺加阻锈剂、应用钢筋涂层、采用阴极保护，或者用低氯离子渗透性能的材料涂覆混凝土等，以防止各种原因引起的混凝土开裂。

7.3　基本原理

混凝土的配合比设计应满足混凝土配制强度及其他力学性能、拌合物性能、长期性能和耐久性能的设计要求。这几个性能分别符合现行国标《普通混凝土拌合物性能试验方法标准》（GB/T 50080）、《普通混凝土力学性能试验方法标准》（GB/T 50081）和《普通混凝土长期性能和耐久性能试验方法标准》（GB/T 50082）的规定。而配合比设计应分别遵循强度设计原理和耐久性设计原理。

7.3.1　强度设计原理

混凝土抗压强度与水灰比之间的依赖关系是大多数配合比设计方法的基础，称为强度设计原理。如早在1918年，美国人Abrams通过大量的试验，提出混凝土强度的水灰比定律"对于给定材料，强度只取决于一个因素——水灰比"。

$$\sigma_{c} = \frac{A}{B^{1.5(W/C)}} \tag{7.1}$$

其中　σ_c——某一定龄期的抗压强度；

　　　　A——经验常数，主要取决于水泥的性能，通常取 A 为 96.5 MPa；

　　　　B——取决于水泥种类，约取 4；

　　　　W/C——水灰比。

强度与水灰比成反比的这种观点仍然是大多数配合比设计方法的基础。后人为简化计算，取水灰比倒数，导出近似的直线公式，该式成为混凝土配合比设计中计算强度的理论依据，即

$$f_{cu,0} = \alpha_a f_{ce}\left(\frac{C}{W} - \alpha_b\right) \tag{7.2}$$

其中　$f_{cu,0}$——混凝土在标准养护下 28 d 龄期时的抗压强度；

　　　　f_{ce}——水泥 28 d 抗压强度；

　　　　α_a、α_b——经验常数，主要与骨料种类有关；

　　　　C、W——单位体积混凝土中的水泥和水用量。

因此，根据强度设计原理，可以确定出使用不同水泥配制要求强度值混凝土的水灰比值，这也是混凝土配合比中最重要的参数之一。随着混凝土使用和设计的进展，现今的普通混凝土胶凝材料不只有水泥，还使用了粉煤灰、磨细矿渣等矿物掺合料，因此水灰比这一概念已经不能满足配合比设计要求，而被水与胶凝材料总量的比值（水胶比，W/B）这个概念所取代。

7.3.2　基于耐久性的配合比设计原则

对于有耐久性要求的混凝土来说，除了工作性、强度满足设计要求外，还要满足不同环境条件下的耐久性能。例如中国国标《混凝土结构耐久性设计规范》（GB/T 50476）对混凝土结构所处的环境分为一般大气环境（Ⅰ）、冻融环境（Ⅱ）、海洋氯化物环境（Ⅲ）、除冰盐等其他氯化物环境（Ⅳ）和化学腐蚀环境（Ⅴ）共 5 类。而根据《高性能混凝土应用技术规程》（CECS 207）规定，混凝土配合比应按不同耐久性要求进行设计。

1.《混凝土结构耐久性设计规范》的相关规定

根据 GB/T 50476，对化学腐蚀环境作用等级划分见表 7.1。

表 7.1　化学腐蚀环境作用等级

环境类别	名称	腐蚀机理
Ⅰ	一般环境	保护层混凝土碳化引起钢筋锈蚀
Ⅱ	冻融环境	反复冻融导致混凝土损伤
Ⅲ	海洋氯化物环境	氯盐引起钢筋锈蚀
Ⅳ	除冰盐等其他氯化物环境	氯盐引起钢筋锈蚀

GB/T 50476 规定水、土中的硫酸盐和酸类物质对混凝土结构构件的环境作用等级按表 7.2 确定。

表7.2 水、土中的硫酸盐和酸类物质环境作用等级

环境作用等级	水中硫酸根离子质量浓度/(mg·L⁻¹)	土中硫酸根离子质量浓度（水溶值）/(mg·kg⁻¹)	水中镁离子质量浓度/(mg·L⁻¹)	水中酸碱度（pH）	水中侵蚀性二氧化碳浓质量浓度/(mg·L⁻¹)
V–C	200~1 000	300~1 500	300~1 000	6.5~5.5	15~30
V–D	1 000~4 000	1 500~6 000	1 000~3 000	5.5~4.5	30~60
V–E	4 000~10 000	6 000~15 000	≥3 000	<4.5	60~100

注：当有多种化学物质共同作用时，应取最高的作用等级作为设计的环境作用等级

2. 抗碳化耐久性能设计

为确保混凝土抗碳化耐久性能，水胶比的计算式为

$$\frac{W}{B} \leqslant \frac{5.83c}{a \times \sqrt{t}} + 38.3 \tag{7.3}$$

式中 $\dfrac{W}{B}$ —— 水胶比，%；

c —— 钢筋混凝土的保护层厚度，cm；

a —— 碳化区分系数，室外为1.0，室内为1.7；

t —— 设计使用年限，年。

根据式(7.3)，可在已知钢筋保护层厚度 c、结构的使用年限 t 以及结构所处环境（室内或室外）条件下，计算出混凝土的最大允许水胶比。

3. 抗冻害耐久性设计

根据冻害劣化破坏作用的强弱，冻害地域可分成微冻地区、寒冷地区和严寒地区。据此规定混凝土水灰比的最大值见表7.3。三种冻害地区的划分为严寒地区，如西藏、东北、西北、华北等，这些地域的冬季最低温度可达-16 ℃以下；寒冷地区，如安徽、山东、河南、湖北等地，这些地域的冬季最低温度可达-16~-10 ℃；微冻地区，如湖南、江西、贵州等地的一些山区，受冻害较轻微。

表7.3 不同冻害地区的混凝土水灰比最大值

冻害地区	水灰比(W/C)最大值
微冻地区	0.50
寒冷地区	0.45
严寒地区	0.40

为了确保混凝土具有高的抗冻性，应选用硅酸盐水泥或普通硅酸盐水泥，不宜使用火山灰质硅酸盐水泥；宜选用连续级配的粗骨料，其含泥量不得大于1.0%（质量分数），泥块含量不得大于0.5%（质量分数）；细骨料含泥量不得大于3.0%（质量分数），泥块含量不得大于1.0%（质量分数）；还要求骨料的吸水率和坚固性指标满足表7.4的要求。对抗冻性混凝土，宜使用引气剂或引气型减水剂。当水胶比小于0.30时，可不掺引气剂；当水胶比大于0.30时，需要掺引气剂，使混凝土含气量达到4%~5%。

表7.4　骨料的性能指标要求

混凝土结构所处环境	细骨料		粗骨料	
	吸水率/%	坚固性试验质量损失/%	吸水率/%	坚固性试验质量损失/%
微冻地区	≤3.5		≤3.0	
寒冷地区	≤3.0	≤10	≤2.0	≤12
严寒地区				

4. 抗盐害破坏的耐久性设计

对海岸盐害地区,可根据盐害外部劣化因素分为准盐害环境地区(离海岸 250 ~ 1 000 m)、一般盐害环境地区(离海岸 50 ~ 250 m)和重盐害环境地区(离海岸 50 m 以内)。盐湖周边 250 m 以内范围也属重盐害环境地区。

根据结构所处盐害环境条件,混凝土的水胶比最大值应满足表7.5 要求。

表7.5　盐害环境中混凝土水胶比最大值

盐害地区	水胶比最大值
准盐害环境地区	0.50
一般盐害环境地区	0.45
重盐害环境地区	0.40

5. 抗硫酸盐腐蚀耐久性设计

抗硫酸盐腐蚀混凝土采用的水泥,其矿物组成应符合 C_3A 的质量分数小于5% 、C_3S 的质量分数小于50% 的要求,矿物掺合料应选用低钙粉煤灰、偏高岭土、矿渣、天然沸石粉或硅灰等。抗硫酸盐腐蚀混凝土的最大水胶比宜按表 7.6 确定。

表7.6　抗硫酸盐腐蚀混凝土的最大水胶比

环境条件	最大水胶比
水中或土中硫酸根含量大于0.2%(质量分数)	0.45
除环境中含有硫酸盐外,混凝土还采用含有硫酸盐的化学外加剂	0.40

6. 预防混凝土碱骨料反应的耐久性设计

(1)混凝土配合比设计应符合现行行业标准《普通混凝土配合比设计规程》(JGJ 55)的规定。

(2)混凝土碱含量不应大于 3.0 kg/m³。混凝土碱含量计算应符合以下规定:

①混凝土碱含量应为配合比中各原材料的碱含量之和。

②水泥、外加剂和水的碱含量可用实测值计算;粉煤灰碱含量可用 1/6 实测值计算,硅灰和粒化高炉矿渣粉碱含量可用 1/2 实测值计算。

③骨料碱含量可不计入混凝土碱含量。

(3)当采用硅酸盐水泥和普通硅酸盐水泥时,混凝土中矿物掺合料掺量宜符合下列规定:

①对于快速砂浆棒法检验结果膨胀率大于 0.20% 的骨料,混凝土中粉煤灰掺量不宜小于 30%(质量分数);当复合掺用粉煤灰和粒化高炉矿渣粉时,粉煤灰掺量不宜小于 25%(质量分

数),粒化高炉矿渣粉掺量不宜小于 10%(质量分数)。

②对于快速砂浆棒法检验结果膨胀率为 0.10% ~0.20% 范围的骨料,宜采用不小于 25%(质量分数)的粉煤灰掺量。

③当上述规定均不能满足抑制碱–硅酸反应活性有效性要求时,可再增加掺用硅灰或用硅灰取代相应掺量的粉煤灰或粒化高炉矿渣粉,硅灰掺量不宜小于 5%(质量分数)。

7.4 配合比设计步骤

大多数国家都有很多混凝土配合比设计方法,但是因为原料性能有很大差异,因此每个地区都基于本地材料得到大量的试验数据,而得到独特的经验方法。通常配合比设计方法分为质量法(重量法)和绝对体积法(体积法),这两种方法的基本步骤都包含:选择坍落度、选择最大骨料粒径、估算用水量和含气量、选择水胶比、计算水泥用量和估算骨料用量六个步骤。而后续分别用质量法和体积法对粗细骨料用量进行计算。经过这样计算得到的配合比为初步配合比。

7.4.1 初步计算配合比

1.计算混凝土配制强度($f_{cu,0}$)

当混凝土的设计强度等级小于 C60 时,配制强度接下式确定:

$$f_{cu,0} = f_{cu,k} + 1.645\sigma \tag{7.4}$$

式中　$f_{cu,k}$—— 混凝土的设计强度,MPa;

　　　σ—— 混凝土强度标准差,当生产单位或施工单位具有统计资料时,可根据实际情况自行控制取值,但强度等级小于等于 C25 时,不应小于 2.5 MPa;当强度等级大于等于 C30 时,不应小于 3.0 MPa;当无统计资料和经验时,可参考表 7.5 取值。

表 7.7　标准差的取值表

混凝土设计强度等级	< C20	C20 ~ C50	> C50
σ/MPa	4.0	5.0	6.0

当设计强度等级不小于 C60 时,配制强度按下式计算:

$$f_{cu,0} \geqslant 1.15 f_{cu,k} \tag{7.5}$$

2.根据配制强度和耐久性要求计算水胶比

(1)根据强度要求计算水胶比。

当混凝土强度等级小于 C60 时,可通过下式计算水胶比(W/B):

$$W/B = \frac{\alpha_a f_b}{f_{cu,0} + \alpha_a \alpha_b f_b} \tag{7.6}$$

式中　$f_{cu,0}$—— 混凝土配制强度,MPa;

　　　f_b—— 胶凝材料 28 d 胶砂抗压强度(MPa),当无实测值时,可根据公式:$f_b = \gamma_f \gamma_s f_{ce}$ 确定,其中 γ_f、γ_s 为粉煤灰影响系数和粒化高炉矿渣影响系数,可按照表 7.8 确定;

f_{ce} —— 水泥 28 d 胶砂抗压强度值(MPa),可实测;如果没有实测值,可用式 $f_{ce} = \gamma_c f_{ce,g}$ 确定,其中 γ_c 为水泥强度等级值的富余系数,可按实际统计资料确定;当缺乏实际统计资料时,也可以按照表 7.9 选用;

α_a、α_b —— 回归系数,根据工程所用的原材料,通过试验建立的水胶比与混凝土强度关系式确定,当不具备试验统计资料时,可根据表 7.10 选用。

表 7.8 粉煤灰影响系数 γ_f 和粒化高炉矿渣影响系数 γ_s 取值

种类 掺量	粉煤灰影响系数 γ_f	粒化高炉矿渣影响系数 γ_s
0	1.00	1.00
10	0.85 ~ 0.95	1.00
20	0.75 ~ 0.85	0.95 ~ 1.00
30	0.65 ~ 0.75	0.90 ~ 1.00
40	0.55 ~ 0.65	0.80 ~ 0.90
50	—	0.70 ~ 0.85

注:① 采用 Ⅰ 级、Ⅱ 粉煤灰宜取上限值;

② 采用 S75 级粒化高炉矿渣宜取下限值,采用 S95 级粒化高炉矿渣宜取上限值,采用 S105 级粒化高炉矿渣可取上限值加 0.05;

③ 超出表中的掺量时,粉煤灰和粒化高炉矿渣影响系数应经试验确定

表 7.9 水泥富余系数选值

水泥强度等级	32.5	42.5	52.5
富余系数	1.12	1.16	1.10

表 7.10 回归系数(α_a、α_b)取值

粗骨料种类 系数	碎石	卵石
α_a	0.53	0.49
α_b	0.20	0.13

(2)耐久性复核。

国标 GB/T 50476 从实际工程耐久性角度出发,规定了普通混凝土的最低强度等级、最大水胶比限值和胶凝材料用量范围,按表 7.11 确定。规范 JGJ55 也对 C15 以上的混凝土强度等级的最小胶凝材料用量进行了规定,见表 7.12。计算得到的水胶比值应满足表 7.11 的规定,如果是钢筋混凝土或者预应力混凝土,则应该满足表 7.12 的规定。此外,在有特殊耐久性要求的情况下,配合比设计还应参考本书 7.2.2 节内容。

表 7.11　单位体积普通混凝土的胶凝材料用量和最大水胶比（GB/T 50476）

最低强度等级	最大水胶比	最小用量/(kg·m⁻³)	最大用量/(kg·m⁻³)
	0.60	260	
C30	0.55	280	400
C35	0.50	300	
C40	0.45	320	
C45	0.40	340	450
C50	0.36	360	480
≥C55	0.36	380	500

表 7.12　单位体积混凝土的胶凝材料用量和最大水胶比（JGJ 55）

最大水胶比	最小胶凝材料用量		
	素混凝土	钢筋混凝土	预应力混凝土
0.60	250	280	300
0.55	280	300	300
0.50	320		
≤0.45	330		

3. 确定用水量、外加剂用量

根据实际施工的工作度要求和骨料品种、粒径情况，由表 7.13、表 7.14 选取每立方米混凝土的用水量。目前，绝大部分混凝土都为塑性混凝土，表 7.14 中用水量是采用中砂时的平均取值，采用细砂时，每立方米混凝土用水量可增加 5～10 kg；采用粗砂时，则可减少 5～10 kg；掺用各种外加剂或掺合料时，用水量应做相应调整。

表 7.13　干硬性混凝土的单位用水量　　　　　　　　　　　　　kg/m³

拌合物稠度		卵石最大粒径/mm			碎石最大粒径/mm		
项目	指标	10	20	40	16	20	40
维勃稠度/s	16～20	175	160	145	180	170	155
	11～15	180	165	150	185	175	160
	5～10	185	170	155	190	180	165

表 7.14　塑性混凝土的单位用水量　　　　　　　　　　　　　kg/m³

项目	指标	卵石最大粒径/mm				碎石最大粒径/mm			
		10	20	31.5	40	16	20	31.5	40
坍落度/mm	10～30	190	170	160	150	200	185	175	165
	35～50	200	180	170	160	210	195	185	175
	55～70	210	190	180	170	220	205	195	185
	75～90	215	195	185	175	230	215	205	195

对于流动性和大流动性混凝土,用水量宜按以下方式计算:

(1)以坍落度90 mm时所对应的用水量为基础,按坍落度每增大20 mm,用水量增加5 kg,计算出未掺外加剂时的混凝土用水量。当坍落度增大到180 mm后,随坍落度相应增加的用水量可适当减少。

(2)掺外加剂时用水量:

$$m_{wa} = m_{w0}(1 - \beta) \tag{7.7}$$

式中　m_{wa}——掺外加剂时单位混凝土用水量,kg/m³;

　　　m_{w0}——未掺外加剂时单位混凝土用水量,kg/m³;

　　　β——外加剂的减水率,%。

每立方米混凝土中外加剂用量(m_{a0})应下按式计算:

$$m_{a0} = m_{b0}\beta_a \tag{7.8}$$

式中　m_{a0}——配合比每立方米混凝土中外加剂用量,kg/m³;

　　　m_{b0}——配合比每立方米混凝土中胶凝材料用量,kg/m³;

　　　β_a——外加剂掺量,%,应由混凝土试验确定。

4.胶凝材料总量、矿物掺合料用量和水泥用量的确定

(1)计算胶凝材料总量。

每立方米混凝土的胶凝材料用量(m_{b0})应按下式计算:

$$m_{b0} = m_{w0} / \frac{W}{B} \tag{7.9}$$

式中　m_{b0}——配合比每立方米混凝土中胶凝材料用量,kg/m³;

　　　m_{w0}——未掺外加剂时单位混凝土用水量 kg/m³;

　　　W/B——混凝土水胶比。

(2)查表7.12,复核此计算值是否满足耐久性要求的最小水泥用量,取两者中的较大值。

(3)计算矿物掺合料用量。

当使用活性掺合料取代部分水泥时,每立方米混凝土的矿物掺合料用量(m_{f0})应按下式计算:

$$m_{f0} = m_{b0}\beta_f \tag{7.10}$$

式中　m_{f0}——每立方米混凝土的矿物掺合料用量,kg/m³;

　　　β_f——矿物掺合料掺量,%。

《普通混凝土配合比设计规程》(JGJ 55)对钢筋混凝土和预应力混凝土中矿物掺合料最大掺量进行了相关规定,见表7.15、表7.16。

表7.15 钢筋混凝土中矿物掺合料最大掺量

矿物掺合料种类	水胶比	最大掺量(质量分数)/%	
		采用硅酸盐水泥时	采用普通硅酸盐水泥时
粉煤灰	≤ 0.40	45	35
	> 0.40	40	30
粒化高炉矿渣粉	≤ 0.40	65	55
	> 0.40	55	45
硅灰	—	10	10
复合掺合料	≤ 0.40	65	55
	> 0.40	55	45

注:① 复合掺合料各组分的掺量不宜超过单掺时的最大掺量;

② 在混合使用两种或两种以上矿物掺合料时,矿物掺合料总掺量应符合表中复合掺合料的规定

表7.16 预应力混凝土中矿物掺合料最大掺量

矿物掺合料种类	水胶比	最大掺量(质量分数)/%	
		硅酸盐水泥	普通硅酸盐水泥
粉煤灰	≤ 0.40	35	30
	> 0.40	25	20
粒化高炉矿渣	≤ 0.40	55	45
	> 0.40	45	35
钢渣粉	—	20	10
磷渣粉	—	20	10
硅灰	—	10	10
复合掺合料	≤ 0.40	55	45
	> 0.40	45	35

注:① 采用其他通用硅酸盐水泥时,宜将水泥混合材料掺量20% 以上的混合材料量计入矿物掺合料;

② 复合掺合料各组分掺量不宜超过单掺时的最大掺量;

③ 在混合使用两种或者两种以上的矿物掺合料时,矿物掺合料总掺量应符合表中复合掺合料的规定

(4)计算混凝土中水泥用量。

每立方米混凝土中水泥用量应按下式计算:

$$m_{c0} = m_{b0} - m_{f0} \tag{7.11}$$

式中 m_{c0}—— 每立方米混凝土中水泥用量。

5. 确定合理砂率(β_s)

当无历史资料可参考时,混凝土砂率的确定应符合下列规定:

① 坍落度为10 ~ 60 mm 的混凝土,根据水灰比、粗骨料种类和粒径,由表7.17选取,可采用内插法,并根据附加说明进行修正。

② 坍落度大于60 mm 的混凝土砂率,可经试验确定,也可在表7.17 的基础上,按坍落度每

增大 20 mm,砂率增大 1% 的幅度予以调整。

③ 坍落度小于 10 mm 的混凝土,其砂率应经试验确定。

④ 掺有各种外加剂或掺合料时,其合理砂率值应经试验或参照其他有关规定选用。

⑤ 在有条件时,可通过试验确定最优砂率。以砂填充石子空隙并使砂子稍有剩余,剩余系数取 1.1 ~ 1.4。

表 7.17 混凝土砂率选用表

水灰比	卵石最大粒径 /mm			碎石最大粒径 /mm		
	10	20	40	16	20	40
0.40	26 ~ 32	25 ~ 31	24 ~ 30	30 ~ 35	29 ~ 34	27 ~ 32
0.50	30 ~ 35	29 ~ 34	28 ~ 33	33 ~ 38	32 ~ 37	30 ~ 35
0.60	33 ~ 38	32 ~ 37	31 ~ 36	36 ~ 41	35 ~ 40	33 ~ 38
0.70	36 ~ 41	35 ~ 40	34 ~ 39	39 ~ 44	38 ~ 43	36 ~ 41

注:① 本表数值系中砂的选用砂率,对细砂或粗砂,可相应的减少或增大砂率;

② 只用一个单粒级粗骨料配制混凝土时,砂率应适当增大;

③ 对薄壁构件,砂率取偏大值;

④ 本表中的砂率是指砂与骨料总量的质量比

6. 计算砂、石用量(m_{s0}、m_{g0}) 并确定初步计算配合比

(1) 体积法。

体积法的基本原理是认为混凝土的总体积等于砂子、石子、水、水泥体积及混凝土中所含的少量空气体积之和。若以 V_{cc}、V_c、V_w、V_s、V_g、V_A 分别表示混凝土以及混凝土中的水泥、水、砂、石子、空气的体积,则有

$$V_{cc} = V_c + V_w + V_s + V_g + V_A$$

若以 ρ_w、ρ_c、ρ_s、ρ_g 分别表示水、水泥、砂、石子的表观密度(kg/m³),则由上式可得

$$\frac{m_{c0}}{\rho_c} + \frac{m_{w0}}{\rho_w} + \frac{m_{s0}}{\rho_s} + \frac{m_{g0}}{\rho_g} + 10\alpha = 1 \tag{7.12}$$

式中 α—— 混凝土含气量百分率,%,在不使用引气型外加剂时,可取 1。

(2) 质量法。

重量法基本原理为:混凝土的总质量等于各组成材料质量之和。当混凝土所用原材料和三项基本参数确定后,混凝土的表观密度(即 1 m³ 混凝土的质量)接近某一定值。若预先能假定出混凝土表观密度,则有

$$m_{c0} + m_{w0} + m_{s0} + m_{g0} = m_{cp}$$

式中 m_{cp}——1 m³ 混凝土的假设质量,kg。

无论体积法还是质量法,公式中都只有两个求知变量 m_{s0}、m_{g0},联合砂率公式:

$$\beta_s = \frac{m_{s0}}{m_{s0} + m_{g0}} \times 100\% \tag{7.13}$$

从而,便可计算出每立方米混凝土中水泥、水、砂、石的质量。

(3) 初步计算配合比的表达方式。

① 根据上述方法求得的 m_{c0}、m_{w0}、m_{s0}、m_{g0},直接以每立方米混凝土中各材料的用量

（kg/m³）表示。

② 根据各材料用量间的比例关系表示，$m_{c0} : m_{s0} : m_{g0} = 1 : m_{s0}/m_{c0} : m_{g0}/m_{C0}$，再加上 W/C 值。

7. 外加剂和矿物掺合料的确定

当使用外加剂和矿物掺合料时，其掺量应通过试验确定，并应符合国家现行标准《混凝土外加剂应用技术规范》《粉煤灰在混凝土和砂浆中应用技术规程》《粉煤灰混凝土应用技术规程》《用于水泥与混凝土中粒化高炉矿渣粉》等的规定。

7.4.2 基准配合比和实验室配合比的确定

初步计算配合比是根据经验公式和经验图表估算而得到的，因此不一定符合实际情况，必须通过试拌验证。当不符合设计要求时，需通过调整使和易性满足施工要求，使 W/C 满足强度和耐久性要求。

1. 工作性调整 —— 确定基准配合比

根据初步计算配合比配成混凝土拌合物，先测定混凝土坍落度，同时观察黏聚性和保水性。如果不符合要求，按下列原则进行调整：

① 当坍落度小于设计要求时，可在保持水灰比不变的情况下，增加用水量和相应的水泥用量（水泥浆）。

② 当坍落度大于设计要求时，可在保持砂率不变的情况下，增加砂、石用量（相当于减少水泥浆用量）。

③ 当黏聚性和保水性不良时（通常是砂率不足），可适当增加砂用量，即增大砂率；

④ 当拌合物显得砂浆量过多时，可单独加入适量石子，即降低砂率。

在混凝土工作性满足要求后，测定拌合物的实际表观密度（$\rho_{C,S}$），并按下式计算每立方米混凝土的各材料用量，即基准配合比。

令
$$m_{拌} = m_{c拌} + m_{w拌} + m_{s拌} + m_{g拌}$$

则有

$$\left.\begin{cases} m_{cj} = \dfrac{m_{c拌}}{m_{拌}} \times \rho_{c,s} \\[2mm] m_{wj} = \dfrac{m_{w拌}}{m_{拌}} \times \rho_{c,s} \\[2mm] m_{sj} = \dfrac{m_{s拌}}{m_{拌}} \times \rho_{c,s} \\[2mm] m_{gj} = \dfrac{m_{g拌}}{m_{拌}} \times \rho_{c,s} \end{cases}\right\} \qquad (7.14)$$

式中　　$m_{拌}$——试拌调整后，混凝土各材料的实际总用量，kg；

$\rho_{c,s}$——混凝土的实测表观密度，kg/m³；

$m_{c拌}$、$m_{w拌}$、$m_{s拌}$、$m_{g拌}$——试拌调整后，水泥、水、砂子、石子实际拌和用量，kg；

m_{cj}、m_{wj}、m_{sj}、m_{gj}——基准配合比 1 m³ 混凝土中的水泥、水、砂子、石子用量，kg/m³。

如果初步计算配合比工作性完全满足要求而无须调整，也必须测定实际混凝土拌合物的表观密度,并利用式(7.14)计算 m_{cj}、m_{wj}、m_{sj}、m_{gj},否则将出现"负方"或"超方"现象,即初步计算的 1 m^3 混凝土各材料在实际拌制时可能会少于或多于 1 m^3。当混凝土表观密度实测值与计算值之差的绝对值不超过计算值的 2% 时,则初步计算配合比即为基准配合比,无须调整。

2. 强度和耐久性复核 —— 确定实验室配合比

根据和易性满足要求的基准配合比和水灰比,配制一组混凝土试件,并保持用水量不变。水灰比分别增加或减少 0.05 再配制两组混凝土试件,用水量应与基准配合比相同,砂率可分别增加或减少 1%。制作混凝土强度试件时,应同时检验混凝土拌合物的流动性、黏聚性、保水性和表观密度,并以此结果代替相应配合比的混凝土拌合物的性能。

三组试件经标准养护 28 d 后,按相应标准测定抗压强度,以三组试件的强度和相应灰水比作图,确定与配制强度相对应的灰水比,并重新计算水泥和砂石用量。另外,当对混凝土的抗渗、抗冻等耐久性指标有要求时,则制作相应试件进行检验。强度和耐久性均合格的水灰比对应的配合比,称为混凝土实验室配合比。每立方米混凝土中各材料用量计作 m_c、m_w、m_s、m_g。

具体调整依据以下原则:

① 用水量(m_w)应在基准配合比用水量的基础上,根据制作强度试件时测得的坍落度或维勃稠度进行调整确定。

② 水泥用量(m_c)应以用水量乘以选定出来的灰水比计算确定。

③ 粗骨料和细骨料用量(m_g 和 m_s)应在基准配合比的粗骨料和细骨料用量的基础上,按选定的灰水比进行调整后确定。

根据以上结果可计算混凝土的表观密度计算值($\rho_{c,c}$):

$$\rho_{c,c} = m_c + m_w + m_s + m_g \tag{7.15}$$

计算混凝土配合比校正系数 δ:

$$\delta = \frac{\rho_{c,t}}{\rho_{c,c}} \tag{7.16}$$

式中 $\rho_{c,t}$ —— 混凝土表观密度实测值,kg/m^3。

当混凝土表观密度实测值与计算值之差的绝对值不超过计算值的 2% 时,可不进行调整;当两者之差超过 2% 时,应将配合比中每项材料用量均乘以校正系数 δ,即为最后确定的实验室配合比。

7.4.3 施工配合比

实验室配合比是以干燥(或饱和面干)材料为基准计算而得到的,但现场施工所用的砂、石骨料常含有一定水分,因此,在现场配料前,必须先测定砂石料的实际含水率,在用水量中将砂石带入的水扣除,并相应增加砂石料的称量值。设砂的含水率为 $a\%$;石子的含水率为 $b\%$,则施工配合比按下列公式计算:

水泥:$m'_c = m_c$;

砂子:$m'_s = m_s(1 + a\%)$;

石子:$m'_g = m_g(1 + b\%)$;

水：$m'_w = m_w - m_s \times a\% - m_g \times b\%$。

7.4.4　高强混凝土配合比设计要求

以上配合比设计方法是一种传统的半经验方法,主要适用于普通强度等级混凝土配合比设计,针对 C60 及以上高强度混凝土配合比设计,需要注意以下几点。

(1)配制高强混凝土所用原材料应符合下列规定:

应选用质量稳定、强度等级不低于 42.5 级的硅酸盐水泥或普通硅酸盐水泥;对强度等级为 C60 级的混凝土,其粗骨料的最大粒径不应大于 31.5 mm,对强度等级高于 C60 级的混凝土,其粗骨料的最大粒径不应大于 25 mm,针片状颗粒含量不宜大于 5.0%(质量分数),含泥量不应大于 0.5%(质量分数),泥块含量不宜大于 0.2%(质量分数);细骨料的细度模数宜大于 2.6,含泥量不应大于 2.0%(质量分数),泥块含量不应大于 0.5%(质量分数)。配制高强混凝土时应掺用高效减水剂或缓凝高效减水剂,应掺用活性较好的矿物掺合料,且宜复合使用矿物掺合料。

(2)配合比的计算方法和步骤仍可按上述方法进行,基准配合比中的水灰比,可根据现有试验和工程资料选取;配制高强混凝土所用砂率及所采用的外加剂和矿物掺合料的品种、掺量,应通过试验确定;高强混凝土的水泥用量不应大于 550 kg/m³,胶凝材料总用量不应大于 600 kg/m³。

(3)确定实验室配合比过程,采用三个不同的配合比进行混凝土强度试验时,其中一个应为基准配合比,另外两个配合比的水灰比,宜较基准配合比分别增加或减少 0.02 ~ 0.03;高强混凝土设计配合比确定后,尚应用该配合比进行不少于 6 次的重复试验进行验证,其平均值不应低于配制强度。

7.5　其他设计方法

7.5.1　混凝土配合比的全计算法

混凝土配合比的全计算法是由陈建奎教授开发研究的,通过建立普遍适用的混凝土体积模型,解决了传统配合比设计中根据经验确定用水量和砂率的不足之处,实现了混凝土配合比设计的完全定量计算的目标。

本方法的理论基础是提出一种普遍适用的混凝土体积模型,如图 7.1 所示,混凝土各组成材料(包括固、气、液相)具有体积加和性;石子的空隙由干砂浆来填充;干砂浆的空隙由水来填充;干砂浆由水泥、细掺料、砂和空隙所组成。

1. 砂率计算公式

根据上述混凝土体积模型(图 7.1),可知

浆体体积：$$V_e = V_w + V_c + V_f + V_a$$

骨料体积：$$V_s + V_g = 1\ 000 - V_e$$

干砂浆体积：$$V_{es} = V_c + V_f + V_a + V_s$$

式中　　V_e——浆体体积,L;

V_{es}——干砂浆体积,L;

V_w——用水量,L;

V_c、V_f、V_a、V_s 和 V_g——水泥、矿物掺合料、空气、砂子和石子的体积用量,L。

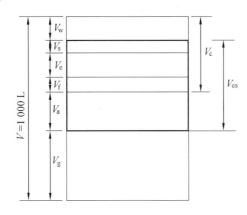

图 7.1 普遍适用的混凝土体积模型

由此可推算出混凝土中砂子、石子的体积为

$$V_s = V_{es} - V_e + V_w, V_g = 1\ 000 - V_e - V_s$$

砂子、石子的质量分别为

$$W_s = (V_{es} - V_e + V_w) \cdot \rho_s, W_g = (1\ 000 - V_{es} - V_w) \cdot \rho_g$$

式中　ρ_s——砂的表观密度,kg/m^3;

　　　ρ_g——石子的表观密度,kg/m^3。

则砂率 β_s 可表示为

$$\beta_s = \frac{W_s}{W_s + W_g} \times 100\% = \frac{(V_{es} - V_e + V_w)\rho_s}{(V_{es} - V_e + V_w)\rho_s + (1\ 000 - V_{es} - V_w)\rho_g} \times 100\%$$

这是砂率计算的通式。当 $\rho_s = \rho_g$ 时 ($\rho_S = 2\ 650\ kg/m^3, \rho_g = 2\ 650 \sim 2\ 700\ kg/m^3$),砂率为

$$\beta_s = \frac{V_{es} - V_e + V_w}{1\ 000 - V_e} \times 100\%$$

可见,砂率随着用水量的增加而增加,其中浆体体积 V_e 和干砂浆体积 V_{es} 尚需具体确定。根据美国 Mehta 和 Aitcin 教授的观点,要使混凝土同时达到最佳的施工和易性和强度性能,其水泥浆与骨料的体积比应为 35:65,故对高性能混凝土,可取 $V_e = 350\ L$;对流态混凝土,经过大量试验研究与工程实践,认为 V_e 值也以取 350 L 较为理想。

干砂浆体积确定如下:对于一定粒径的碎石,表观密度为 ρ_0,堆积密度为 ρ_b,石子空隙率 (P) 为

$$P = 1 - \rho_b/\rho_0$$

根据图 7.1 模型的观点,石子的空隙由干砂浆来填充。当单位体积石子的孔隙正好被干砂浆填满时,则得干砂浆体积 V_{es} 为

$$V_{es} = 1\ 000P \quad 或 \quad V_{es} = 1\ 000(1 - \rho_b/\rho_0)$$

这是计算干砂浆体积的通式,可以通过实测石子表观密度 ρ_0 和堆积密度 ρ_b 而精确计算。一般来说,最大粒径为 25 mm 的碎石,表观密度 $\rho_0 = 2\ 700\ kg/m^3$,堆积密度 $\rho_b = 1\ 550\ kg/m^3$,

则可计算出干砂浆体积大约为 430 L。

2. 用水量的计算公式

根据水灰比或水胶比定则,有 $m_w/(m_c + m_f) = \dfrac{\alpha_a f_{ce}}{f_{cu,0} + \alpha_a \alpha_b f_{ce}}$,并假设矿物掺合料在胶凝材料中的体积掺量为 φ,即水泥与掺合料体积之比为 $(1 - \varphi) : \varphi$,则可推算出用水量与配制强度之间的关系为

$$V_w = \frac{V_E - V_A}{1 + \dfrac{1}{(1 - \varphi)\rho_C + \varphi\rho_f}\left[\dfrac{f_{cu,0}}{\alpha_a f_{cc}} + \alpha_b\right]} \tag{7.17}$$

式中　ρ_c、ρ_f—— 水泥和矿物掺合料的密度,kg/m^3。

这是掺加各种不同数量矿物掺合料时单方混凝土用水量的计算通式。

当 $\varphi = 0$ 时,即无细粉料时

$$V_w = \frac{V_e - V_a}{1 + \dfrac{1}{\rho_c}\left[\dfrac{f_{cu,0}}{\alpha_a f_{cc}} + \alpha_b\right]}$$

按照 Mehta 和 Aitcin 教授的假定,在高性能混凝土中水泥与矿物掺合料(如粉煤灰或矿渣)的体积比为 75 : 25,即 $V_c : V_f = 75 : 25$,$\varphi = 25\%$ 时最佳,则有

$$V_w = \frac{V_e - V_a}{1 + \dfrac{4}{3\rho_c + \rho_f}\left[\dfrac{f_{cu,0}}{\alpha_a f_{cc}} + \alpha_b\right]}$$

若取水泥密度 $\rho_c = 3.15$ kg/L,矿物掺合料的密度 $\rho_f = 2.51$ kg/L,则有

$$V_w = \frac{V_e - V_a}{1 + 0.335\left[\dfrac{f_{cu,0}}{\alpha_a f_{cc}} + \alpha_b\right]}$$

使用减水剂时,本方法还给出了减水率 η 和掺量 μ 的计算公式为

$$\eta = \left[\frac{V_{w_0} - V_w}{V_{w_0}} + \Delta\eta\right] \times 100\% \tag{7.18}$$

$$\mu = \left[\frac{V_{w_0} - V_w}{V_{w_0}} + \Delta\eta\right] \times 3.67\% \tag{7.19}$$

式中　$\Delta\eta$—— 减水剂增量系数,取决于混凝土的初始坍落度,当 $SL = 16 \sim 18$ cm 时,$\Delta\eta = 0.04$,$SL = 20 \sim 22$ cm 时,$\Delta\eta = 0.06$;

　　　V_{w0}—— 坍落度为 $7 \sim 9$ cm 的基准混凝土用水量,与石子最大的粒径有关,其取值见表 7.18。

表 7.18　基准混凝土用水量 V_{w0}

碎石最大粒径 /mm	16	20	25	30
混凝土用水量 /L	230	215	210	205

3. 计算步骤

（1）计算配制强度：

$$f_{cu,0} = f_{cu,k} + 1.645\sigma$$

（2）计算水胶比：

$$m_w/(m_c + m_f) = \frac{\alpha_a f_{cc}}{f_{cu,0} + \alpha_a \alpha_b f_{cc}}$$

（3）计算用水量

$$V_w = \frac{V_e - V_a}{1 + \dfrac{1}{(1 - \varphi)\rho_C + \varphi\rho_f}\left[\dfrac{f_{cu,0}}{\alpha_a f_{cc}} + \alpha_b\right]}$$

（4）胶凝材料组成与用量：

$$\begin{cases} m_c + m_f = \dfrac{m_w}{m_w/(m_c + m_f)} \\ m_c = (1 - \varphi)(m_c + m_f) \\ m_f = \varphi(m_c + m_f) \end{cases}$$

（5）砂率及骨料用量：

$$\beta_s = \frac{(V_{es} - V_e + V_w)\rho_s}{(V_{es} - V_e + V_w)\rho_s + (1\,000 - V_{es} - V_w)\rho_g} \times 100\%$$

$$S = (V_{es} - V_e + V_w)\rho_s, \quad G = (1\,000 - V_{es} - V_w)\rho_g$$

（6）减水剂掺量：

$$\mu = \left[\frac{V_{w_0} - V_w}{V_{w_0}} + \Delta\eta\right] \times 3.67\% \tag{7.20}$$

7.5.2　吴中伟院士提出的配合比简易设计方法

该设计方法的基本原则是要求砂石具有最小的混合空隙率，按绝对体积法原理计算。具体步骤和实例如下：

（1）首先选择混凝土平均或常用性能指标作为基准，或选用本工程要求的性能为基准，然后再试配调整，满足其他条件或要求。

（2）求砂石混合空隙率α，选择最小值。可先从砂率38% ～ 40% 开始，将不同砂石质量比的砂石混合，分 3 次装入一个15 ～ 20 L 的不变形的钢筒中，用直径为15 mm 的圆头捣棒各插捣30 次（或在振动台上振动至试料不再下沉为止），刮平表面后称量，并换算成松堆密度ρ_0（kg/m³）；测出砂石混合料的混合表观密度ρ（kg/m³），一般为 2.65 kg/m³ 左右。计算空隙率$\alpha = (\rho - \rho_0)/\rho$，确定最低混合空隙率所对应的砂率。假设测得最小空隙率为20%，此时所对应的砂率为40%。

（3）计算胶凝材料浆体量。胶凝材料浆体量等于砂石混合空隙体积加富余量。胶凝材料浆体富余量取决于工作性要求、外加剂性质和掺量，可先按坍落度180 ～ 200 mm 估计为8% ～ 10%，再由试拌决定。假设富余量取 8%，则浆体体积为28%。

（4）计算各组分用量。设选用水胶比为0.4，掺加磨细矿渣30%，水泥密度为3.15 g/cm³，磨细矿渣密度为2.5 g/cm³，则有

$$\frac{胶凝材料用量}{浆体体积} = \frac{1}{\dfrac{0.7}{3.15} + \dfrac{0.3}{2.5} + 0.4} = 1.35$$

即 1 L 浆体用胶凝材料量为 1.35 kg。

胶凝材料用量 = 280 × 1.35 kg/m³ = 378 kg/m³;

水泥用量 = 378 × 0.7 kg/m³ = 265 kg/m³;

矿渣用量 = 378 × 0.3 kg/m³ = 113.4 kg/m³;

水用量 = 378 × 0.4 kg/m³ = 151.2 kg/m³;

集材总用量 = (1000 − 280) × 2.65 kg/m³ = 1 908 kg/m³;

砂子用量 = 1 908 × 0.4 kg/m³ = 763 kg/m³;

石子用量 = 1 908 × 0.6 kg/m³ = 1 145 kg/m³。

(5) 试拌调整。

7.6　配合比设计实例

【例 7.1】　某框架结构钢筋混凝土,混凝土设计强度等级为 C40,现场机械搅拌,机械振捣成型,混凝土坍落度要求为 50 ~ 70 mm,并根据施工单位的管理水平和历史统计资料,混凝土强度标准差 σ 取 4.0 MPa。所用原材料如下:

水泥:普通硅酸盐水泥42.5级,密度 $\rho_c = 3.1$ kg/m³,水泥强度等级值富余系数 γ_c 为 1.12;

砂:河砂 $M_x = 2.6$,Ⅱ 级配区,$\rho_s = 2.65$ g/cm³;

石子:碎石,$D_{max} = 31.5$ mm,连续级配,级配良好,$\rho_g = 2.70$ g/cm³;

水:自来水。

要求:计算出混凝土的初步计算配合比。

解　(1) 确定混凝土配制强度($f_{cu,0}$)。

$$f_{cu,0} = f_{cu,k} + 1.645\sigma = (40 + 1.645 × 4.0)\text{MPa} = 46.58 \text{ MPa}$$

(2) 确定水灰比(W/C)。

① 根据强度要求计算水灰比(W/C):

$$W/C = \frac{\alpha_a f_{ce}}{f_{cu,0} + \alpha_a \alpha_b f_{ce}} = \frac{0.46 × 42.5 × 1.12}{46.58 + 0.46 × 0.07 × 42.5 × 1.12} = 0.455 \approx 0.45$$

② 根据耐久性要求确定水灰比(W/C):由于框架结构混凝土梁处于干燥环境,要求最大水灰比不大于 0.65,故取满足强度要求的水灰比即可。

(3) 确定用水量(m_{w0})。

查表 7.14 可知,坍落度55 ~ 70 mm 时,采用中砂,碎石最大粒径31.5 mm,则混凝土用水量取 195 kg/m³。

(4) 计算水泥用量(m_{c0})。

$$m_{c0} = m_{w0} × \frac{C}{W} = 195 × \frac{1}{0.45}\text{kg/m}^3 = 433 \text{ kg/m}^3$$

根据表 7.12,满足耐久性对最小水泥用量的要求。

（5）确定砂率（β_s）。

参照表 7.17，通过插值（内插法）计算，取砂率 $\beta_s = 32\%$。

（6）计算砂、石用量（m_{s0}、m_{g0}）。

采用体积法计算，因无引气剂，取 $\alpha = 1$，则有

$$\begin{cases} \dfrac{433}{3.1} + \dfrac{195}{1} + \dfrac{m_{s0}}{2.65} + \dfrac{m_{g0}}{2.70} + 10 \times 1 = 1\ 000 \\[3mm] \dfrac{m_{s0}}{m_{s0} + m_{g0}} = 32\% \end{cases}$$

解上述联立方程得：$m_{s0} = 563\ \text{kg/m}^3$；$m_{g0} = 1\ 196\ \text{kg/m}^3$。

因此，该混凝土初步计算配合比为：$m_{c0} = 433\ \text{kg/m}^3$，$m_{w0} = 195\ \text{kg/m}^3$，$m_{s0} = 563\ \text{kg/m}^3$，$m_{g0} = 1\ 196\ \text{kg/m}^3$。

或者：$m_{c0} : m_{s0} : m_{g0} = 1 : 1.30 : 2.76$，$W/C = 0.45$。

【例 7.2】 承上题求得的混凝土初步计算配合比，若掺入减水率为 20% 的高效减水剂，并保持混凝土坍落度和强度不变，砂、石用量仍按原配合比进行试拌，实测混凝土表观密度 ρ_h = 2 400 kg/m³。求掺减水剂后混凝土的配合比。使用减水剂后可使 1 m³ 混凝土节约多少千克水泥用量？

解 （1）减水剂的减水率为 18%，则使用减水剂后的用水量为
$$m_w = (195 - 195 \times 20\%)\ \text{kg/m}^3 = 156\ \text{kg/m}^3$$

（2）保持强度不变，即保持水灰比不变，则混凝土中水泥用量为
$$m'_c = 156/0.45\ \text{kg/m}^3 = 347\ \text{kg/m}^3$$

（3）掺减水剂后混凝土配合比如下：

各材料总用量 $= (347 + 156 + 563 + 1\ 196)\ \text{kg/m}^3 = 2\ 262\ \text{kg/m}^3$，则每立方米混凝土中各材料用量为

$$m'_c = \frac{347}{2\ 262} \times 2\ 400\ \text{kg/m}^3 = 368\ \text{kg/m}^3;\ m'_w = \frac{156}{2\ 262} \times 2\ 400\ \text{kg/m}^3 = 166\ \text{kg/m}^3$$

$$m'_s = \frac{563}{2\ 262} \times 2\ 400\ \text{kg/m}^3 = 597\ \text{kg/m}^3;\ m'_g = \frac{1\ 196}{2\ 262} \times 2\ 400\ \text{kg/m}^3 = 1\ 269\ \text{kg/m}^3$$

（4）实际每立方米混凝土节约水泥：$(433 - 368)\ \text{kg} = 65\ \text{kg}$。

【例 7.3】 某微冻地区沿江钢筋混凝土墙，厚度 50 cm，钢筋净距 10 cm，处于水位变动区，混凝土设计强度为 30 MPa。混凝土坍落度要求为 50 ~ 70 mm，并根据施工单位的管理水平和历史统计资料，混凝土强度标准差 σ 取 4.0 MPa。

采用 42.5 普通硅酸盐水泥，粗骨料用最大粒径为 40 mm 的连续级配碎石，表观密度为 2.65 g/cm³，吸水率为 0.5%，坚固性试验质量损失 5.2%。细骨料用河砂，细度模量为 2.60，表观密度 2.65 g/cm³，吸水率 1%，坚固性试验质量损失 6.5%。

求混凝土基准配合比。

解 （1）确定混凝土配制强度（$f_{cu,0}$）。
$$f_{cu,0} = f_{cu,k} + 1.645\sigma = (30 + 1.645 \times 4.0)\ \text{MPa} = 36.58\ \text{MPa}$$

（2）确定水灰比（W/C）。

① 根据强度要求计算水灰比（W/C）：

$$W/C = \frac{\alpha_a f_{ce}}{f_{cu,0} + \alpha_a \alpha_b f_{ce}} = \frac{0.46 \times 42.5 \times 1.12}{36.58 + 0.46 \times 0.07 \times 42.5 \times 1.12} = 0.57$$

② 根据耐久性要求确定水灰比（W/C）。

由于混凝土结构处于微冻地区，要求最大水灰比不大于 0.50，且要求掺引气剂，使混凝土含气量达到 4% ～ 5%，故取满足耐久性要求的水灰比 0.50。

（3）确定用水量（m_{W0}）。

查表 7.14 可知，坍落度为 55 ～ 70 mm 时，采用中砂，碎石最大粒径为 40.0 mm，则混凝土用水量取 185 kg/m³，因掺引气剂使混凝土含气量为 4.5% 左右，适当降低用水量为 175 kg/m³。

（4）计算水泥用量（m_{c0}）：m_{c0} = 175/0.5 kg/m³ = 350 kg/m³，满足耐久性对最小水泥用量的要求。

（5）确定砂率：由表 7.17，选取砂率为 32%。

（6）根据混凝土所处微冻地区环境要求，砂石的吸水率和坚固性质量损失指标均符合要求，根据绝对体积法确定砂石用量。

因掺引气剂混凝土含气量约为 4.5%，取 α = 4.5，则有

$$\begin{cases} \dfrac{350}{3.1} + \dfrac{175}{1} + \dfrac{m_{s0}}{2.60} + \dfrac{m_{g0}}{2.65} + 10 \times 4.5 = 1\,000 \\ \dfrac{m_{s0}}{m_{s0} + m_{g0}} = 32\% \end{cases}$$

解上述联立方程得：m_{s0} = 562 kg/m³；m_{g0} = 1 195 kg/m³。

（7）根据引气剂使用说明，掺量为水泥用量的 0.1% 即可达到 4.5% 含气量要求。因此，该混凝土初步计算配合比：m_{c0} = 350 kg/m³，m_{w0} = 175 kg/m³，m_{s0} = 562 kg/m³，m_{g0} = 1 195 kg/m³，引气剂 = 0.35 kg/m³。或者：m_{c0}∶m_{s0}∶m_{g0} = 1∶1.30∶2.76，W/C = 0.45，引气剂掺量 0.1%（质量分数）。

（8）试拌并确定基准配合比。

试拌混凝土量为 30 L，各材料用量见表 7.19。

表 7.19　各材料用量

水泥 /kg	水 /kg	砂 /kg	碎石 /kg	引气剂 /g
10.5	5.25	16.86	35.85	10.5

试拌步骤简述如下：

① 称量砂、碎石，注意保持砂和碎石取样的均匀性和级配。

② 称取水泥用量。

③ 称量稍多于计算所得的水量。

④ 称取引气剂，溶化于 2/3 的拌和水中。

⑤ 称量的各材料的总量应小于拌和机的容量，采用 50 L 搅拌机。

⑥ 搅拌机应先拌和少量的同配合比的砂浆，拌和时可加入一些碎石，待拌和机内壁糊上

一层砂浆后,排出多余的材料。

⑦ 加入砂、碎石和水泥,拌和均匀后,加入拌和水,拌和 0.5 min,观察混凝土拌合物(如太干可加入调整的水量),估计坍落度接近要求值后,拌和 3 min,静停 5 min,再拌和 2 min,出料后在铁板上翻拌 2 ~ 3 次,以消除离析。

⑧ 测定坍落度、含气量与混凝土体积密度等新拌混凝土性能。试验结果如下:

实际用水量:5.4 kg;

含气量:4.6%;

坍落度:6.0 cm;

表观密度:2 320 kg/m³。

由于用水量增加,水灰比变为 5.4/10.5 = 0.51,而耐久性要求水灰比不大于 0.5,因而要增加水泥用量,增加后的水泥用量为:5.4/0.5 kg = 10.8 kg。按调整后的水、水泥和原来砂、石、引气剂用量进行再拌和,测得含气量、工作性均满足要求,且表观密度变为 2 315 kg/m³。根据此表观密度对原配合比进行调整,得到混凝土基准配合比如下:

m_{cj} = 363 kg/m³,m_{wj} = 181 kg/m³,m_{sj} = 566 kg/m³,m_{gj} = 1 204 kg/m³,引气剂 = 0.36 kg/m³。

【例 7.4】 承上题,根据所求得的基准配合比,又经混凝土强度试验,完全满足设计要求,已知现场施工所用砂的含水率 4.5%,石子含水率为 1.0%,求施工配合比。

解 根据题意,实验室配合比等于基准配合比,则施工配合比为

$m'_c = m_{cj}$ = 363 kg/m³

$m'_s = m_{sj}(1 + a\%)$ = 566 × (1 + 4.5%) kg/m³ = 591 kg/m³

$m'_g = m_{gj}(1 + b\%)$ = 1 204 × (1 + 1%) kg/m³ = 1 216 kg/m³

$m'_w = m_{wj} - m_{sj} \times a\% - m_{gj} \times b\%$ = (181 - 566 × 4.5% - 1 204 × 1%) kg/m³ = 143.5 kg/m³

【例 7.5】 承例题【7.1】,根据所求得的基准配合比,若掺入 20%(质量分数)的 Ⅱ 级粉煤灰和 10%(质量分数)的 S95 矿粉,并保持混凝土坍落度和强度不变,砂、石用量仍按原配合比进行试拌。求掺入这两种矿物掺合料后混凝土的配合比。

解

(1)配制强度为

$$f_{cu,0} = f_{cu,k} + 1.645\sigma = (40 + 1.645 \times 4.0) \text{MPa} = 46.58 \text{ MPa}$$

(2)确定水灰比(W/C)

① 根据强度要求计算水胶比(W/B):

$$f_b = \gamma_f \gamma_s f_{ce} = 0.85 \times 1.00 \times 42.5 \times 1.12 = 40.46$$

$$W/B = \frac{\alpha_a f_b}{f_{cu,0} + \alpha_a \alpha_b f_b} = \frac{0.46 \times 40.46}{46.58 + 0.46 \times 0.07 \times 40.46} = 0.389 \approx 0.39$$

② 根据耐久性要求确定水灰比(W/C)。

由于框架结构混凝土梁处于干燥环境,要求最大水灰比不大于 0.65,符合表 7.11 要求,故取满足强度要求的水灰比即可。

(3)确定用水量(m_{w0})

查表 7.14 可知,坍落度 55 ~ 70 mm 时,采用中砂,碎石最大粒径 31.5 mm,则混凝土用水量取 195 kg/m³。

（4）胶凝材料总量、矿物掺合料用量和水泥用量的确定。

① 计算胶凝材料用量（m_{b0}）。

$$m_{c0} = m_{w0} \times \frac{B}{W} = 195 \times \frac{1}{0.39} \text{ kg/m}^3 = 500 \text{ kg/m}^3$$

根据表 7.11，满足耐久性对最小胶凝材料用量的要求。

② 计算矿物掺合料用量（m_{b0}）。

每立方米混凝土的粉煤灰用量（m_{f0}）：

$$m_{f0} = mb_0\beta_f = 100 \text{ kg/m}^3$$

每立方米混凝土的矿粉用量（m_{k0}）：

$$m_{k0} = mb_0\beta_k = 50 \text{ kg/m}^3$$

矿物掺合料最大掺量符合根据表 7.15 规定。

③ 计算混凝土中水泥用量（m_{c0}）。

$$m_{c0} = m_{b0} - m_{f0} = 350 \text{ kg/m}^3$$

（5）确定砂率（β_s）

参照表 7.17，取砂率 $\beta_s = 30\%$。

（6）计算砂、石用量（m_{s0}、m_{g0}）

采用体积法计算，因无引气剂，取 $\alpha = 1$，则有

$$\begin{cases} \dfrac{500}{3.1} + \dfrac{195}{1} + \dfrac{m_{s0}}{2.65} + \dfrac{m_{g0}}{2.70} + 10 \times 1 = 1\,000 \\ \dfrac{m_{s0}}{m_{s0} + m_{g0}} = 30\% \end{cases}$$

解上述联立方程得：$m_{s0} = 511 \text{ kg/m}^3$；$m_{g0} = 1\,190 \text{ kg/m}^3$。

因此，该混凝土初步计算配合为：$m_{c0} = 350 \text{ kg/m}^3$，$m_{f0} = 100 \text{ kg/m}^3$，$m_{k0} = 50 \text{ kg/m}^3$，$m_{w0} = 195 \text{ kg/m}^3$，$m_{s0} = 511 \text{ kg/m}^3$，$m_{g0} = 1\,190 \text{ kg/m}^3$。

思考题

1.某工程中混凝土实验室配合比为 $C:S:G=1:2.3:4.5$，$C/W=1.60$，每立方米混凝土中水泥用量为 280 kg，现场用砂含水率为 3%，石子含水率为 1%，试计算 1 m³ 混凝土各种材料用量？并换算成施工配合比。

2.用 42.5 级普通水泥制作的卵石混凝土试件一组（试件尺寸为 100 mm×100 mm×100 mm）标准养护 7 d 后，测得试件抗压破坏荷载为 120 kN，136 kN，142 kN。

（1）试估算出该混凝土 28 d 的抗压强度是多少？

（2）强度等级是多少？（标准差 $\sigma=4$）

（3）试估计该混凝土的水灰比。

3.某工程配制一预应力混凝土梁的试件，用 42.5 普通水泥拌制碎石混凝土，采用的水灰比为 0.46，灌制 200 mm×200 mm×200 mm 的立方体试件，标准条件下养护 14 d，做抗压试验，试估计混凝土试件的破坏荷载。

4.某钢筋混凝土结构，设计要求的混凝土强度等级为 C30，而该施工单位现场统计 30 组

试件得到的平均强度 $\mu_{fm}=37.5$ MPa,强度标准差为 $\sigma=6.0$ MPa。

试求:(1)此批混凝土的强度保证率是否能满足95%的要求?

(2)如要满足95%的强度保证率要求应采取什么措施?

表 7.20　t 值与 $p\%$ 的关系

t	0	0.524	0.842	1	1.282	1.645	2.05	2.33
$p\%$	50	70	80	84.1	90	95	98	99

5. 实验室搅拌混凝土,已确定水灰比为 0.5,砂率为 0.32,每立方米混凝土用水量为 180 kg,新拌混凝土的体积密度 $\rho_0=2\ 450$ kg/m³。

试求:(1)每立方米混凝土各项材料用量?

(2)若所用水泥为 42.5 级,采用碎石,试估算此混凝土在标准条件下,养护 28 d 的强度是多少?

6. 某试样经调整后,各种材料用量分别为水泥 3.1 kg,水 1.86 kg,砂为 6.24 kg,碎石 12.8 kg,并测得混凝土拌合物的体积密度 $\rho_0=2\ 400$ kg/m³,若施工现场砂含水率为 4%,石子含水率为 1%。试求其施工配合比。

7. 今欲配制 C30 混凝土,试件尺寸为 100 mm×100 mm×100 mm,三组试件的抗压强度值分别为(1)48.6 MPa,47.2 MPa,45.7 MPa;(2)49.0 MPa,51.2 MPa,58.5 MPa;(3)54.0 MPa,53.0 MPa,55.0 MPa,要求强度保证率为 95%,标准差为 $\sigma=6.0$ MPa。

试求哪个配合比满足设计强度等级要求?

8. 已知混凝土的 实验配合比 $C:S:G=1:2.4:4.4$,$W/C=0.55$,已知水泥为 42.5 级普通水泥,水泥密度为 $\rho_c=3.1$ kg/cm³;砂,中砂,$\rho_s=2.65$ g/cm³;石,卵石,$\rho_g=2.70$ g/cm³。

试求 1 立方米混凝土各材料的用量?

9. 某工地施工采用的施工配合比为水泥 312 kg,砂为 710 kg,碎石为 1 300 kg,水 130 kg,若采用的是 42.5 级普通水泥,其实测强度为 46.5 MPa,砂的含水率为 3%,石子的含水率为 1.5%,若混凝土强度标准差为 4 MPa。

问:其配合比能否满足混凝土设计等级为 C20 的要求?

第8章　常用水泥混凝土

如前所述,混凝土种类庞杂,除上述讨论的普通混凝土外,本章重点讨论在工程中大量使用的和有着较好发展前景的常用品种:高性能混凝土、自密实混凝土、补偿收缩混凝土、纤维混凝土、轻骨料混凝土等。

8.1　高性能混凝土

随着混凝土科学与技术的进步,混凝土的强度不断提高,目前超过 100 MPa 的超高强度混凝土也已经在建筑结构中应用。然而,混凝土强度的提高,并不意味着混凝土的长期耐久性、抗侵蚀性以及收缩等性能的完善,甚至有些劣化特征在高强度混凝土中表现得尤为显著。片面强调混凝土的强度而忽视耐久性等其他性能而造成的工程事故屡见不鲜,人们逐渐认识到延长混凝土建筑物的安全使用期的重要性,不少重要结构物已按 100 年安全使用期进行设计,如日本明石大桥、中国杭州湾跨海大桥等环境严酷的海上建筑物。气候条件适中的陆上建筑物,应要求混凝土在 200 年内安全使用。按当前的科学技术水平,这应该是能够达到的。日本已研究出安全使用期为 500 年的钢筋混凝土。混凝土的强度与耐久性以及其他重要性能,如工作性、适用性等将在高性能混凝土(High Performance Concrete,HPC)这个名词下得到比较完美的统一。

8.1.1　定义

高性能混凝土的定义最早出现于 1990 年 5 月,在美国国家标准与技术研究所(NIST)和美国混凝土协会(ACI)主办的讨论会上,HPC 被定义为具有某些性能要求的匀质混凝土,必须采用严格的施工工艺,采用优质材料配制的,便于浇捣,不离析,力学性能稳定,早期强度高,具有韧性和体积稳定性等性能的耐久混凝土,特别适用于高层建筑、桥梁以及暴露在严酷环境中的建筑结构。然而,不同国家、不同学者依照各自的认识、实践、应用范围和目的要求的差异,对高性能混凝土有不同的解释。例如:

1990 年,美国 P. K. Mehta 认为:高性能混凝土不仅要求高强度,还应具有高耐久性(抵抗化学腐蚀)等其他重要性能,例如高体积稳定性(高弹性模量、低干缩率、低徐变和低的温度应变)、高抗渗性和高工作性。

1992 年,法国 Y. A. Maller 认为:高性能混凝土的特点在于有良好的工作性、高的强度和早期强度、工程经济性高和高耐久性,特别适用于桥梁、港工、核反应堆以及高速公路等重要的混凝土建筑结构。

1992 年,日本的小泽一雅和冈村甫认为:高性能混凝土应具有高工作性(高的流动性、黏聚性与可浇筑性)、低温升、低干缩率、高抗渗性和足够的强度。

综合以上论点,中国工程院院士吴中伟对高性能混凝土提出以下定义:高性能混凝土是一种新型高技术混凝土,是在大幅度提高普通混凝土性能的基础上采用现代混凝土技术制作的混凝土,它以耐久性作为设计的主要指标。针对不同用途要求,高性能混凝土对下列性能有重点地予以保证:耐久性、工作性、适用性、强度、体积稳定性和经济性。为此,高性能混凝土在配制上的特点是低水胶比,选用优质原材料,并除水泥、水、骨料外,必须掺加足够数量的矿物细掺料和高效外加剂。

8.1.2 原材料

高性能混凝土使用与普通混凝土基本相同的原材料(如水泥、砂、石),同时必须使用外加剂和矿物细掺料。但是由于高性能的要求和配制的特点,原材料原来对普通混凝土影响不明显的因素,对高性能混凝土就可能影响显著,因此又与普通混凝土所用原材料有所不同。

1. 水泥

高性能混凝土的特点之一是低水灰比,为了确保其流动性,必须掺入高效减水剂。因此,必须选择适宜低水灰比特性的水泥,其一是细度及粒子的组成,其二是加水后的早期水化。

根据高性能混凝土的特点,选用的水泥应具有足够的强度,同时具有良好的流变性,并与目前广泛应用的高效减水剂有很好的适应性,较容易控制坍落度损失。国外研究用于高强高性能混凝土的特种水泥有球形水泥、调粒径水泥、超细磨水泥和高贝利特水泥等,这些水泥有的尚处于试验研究阶段,有些水泥国内并无生产,所以一般不推荐首选使用特种水泥。在我国,普通水泥和硅酸盐水泥的强度等级完全可以满足高强高性能混凝土配制的需要,最常使用的是 42.5 强度等级以上的水泥。特别需要说明的是,配制高强度混凝土不一定必须使用高强度水泥,化学外加剂和矿物外加剂的使用,使得用较低强度等级水泥配制高强混凝土成为可能,试验证明还具有较多的优势。

2. 骨料

(1)粗骨料。

在高性能混凝土中,骨料用量、品种、性能等对流动性、强度和耐久性的影响十分敏感。许多工程的实践经验表明,配制 C60 ~ C80 的混凝土,骨料最大粒径应在 20 mm 左右。针、片状颗粒含量对高强度等级混凝土拌合物和易性的影响更大一些。如针、片状颗粒含量增加 25%,高强度等级混凝土的坍落度约减少 12 mm,而对中、低强度等级混凝土仅减少 6 mm。

骨料物理力学性能及矿物成分对高强高性能混凝土的影响是一个比较复杂的问题。一些试验资料表明,当采用质地较软、强度较低的石灰岩作为骨料时,随着混凝土水灰比的减小,混凝土强度的增幅会逐渐下降,骨料强度成了制约混凝土强度增长的关键因素。

(2)细骨料。

高性能混凝土通常选用中粗砂,并应严格控制砂中细粉颗粒含量。砂子的粗细不能只看细度模数,有的砂子细度模数大,但粒径在 0.315 mm 以下的颗粒过多,级配较差。配制高强高性能混凝土时最好要求砂子 0.63 mm 筛的累计筛余在 70% 左右,0.315 mm 筛的累计筛余为 85% ~ 95%,0.15 mm 筛的累计筛余大于 98%。

3. 矿物外加剂

普通混凝土对矿物外加剂的品质要求,除限制其有害组分含量和一定的细度以外,主要着重于其强度活性。但高性能混凝土需要很低的水胶比,首选的是需水量小的矿物细掺料。因此对用于高性能混凝土的矿物细掺料品质的要求,除限制有害组分含量外,主要是活性和需水量。

4. 化学外加剂

20 世纪 70 年代出现的混凝土化学外加剂,标志着水泥混凝土应用科学的第三次飞跃,特别是高效减水剂的出现,使高性能混凝土的制作与应用成为可能。目前,用于高性能混凝土的化学外加剂有高效减水剂、缓凝剂、引气剂等。

8.1.3　结构

高性能混凝土配制的特点是低水灰比、掺用高效减水剂和矿物质细掺料,因此,高性能混凝土在不同尺度上的组成和结构都与普通混凝土有所不同。

高性能混凝土组成上的变化主要表现在不同水化产物比例的变化和水化产物结晶颗粒尺寸的变化。矿物质细掺料的火山灰效应,消耗了水泥水化产生的 CH,而 C-S-H 及 AFt 增多。低水灰比、矿物质细掺料的填隙作用使水泥石更加致密,结晶产物生长空间受限,CH 晶体及 C-S-H 凝胶尺寸变小,此外,高效减水剂的分散作用,也会使晶体细化。

高性能混凝土的孔结构与普通混凝土有很大区别,随着水胶比的降低以及在矿物质细掺料的火山灰效应作用下,高性能混凝土的孔隙率变得很低,同时有害的大孔也减少,无害或少害的小孔或微孔增多,孔结构得到改善。Mehta 所测定的火山灰掺量不同的水泥石的孔级配随龄期的变化(图 8.1)表明,随着火山灰掺量的增加,水泥浆体中小于 100 nm 的小孔增多,火山灰掺量大于 20%(质量分数)时,养护 1 年后的水泥石中已不存在大于 100 nm 的孔。

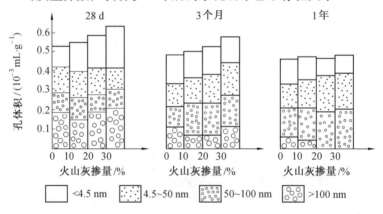

图 8.1　掺火山灰的水泥石的孔级配随龄期的变化

由于低水灰比提高了水泥石的强度和弹性模量,使水泥石和骨料间弹性模量的差距减小,因而使过渡区处水膜层厚度减小,晶体生长的自由空间减小;掺入的活性矿物细掺料与 CH 反应后,会增加 C-S-H 和 AFt,减少 CH 含量,并且干扰水化物的结晶,因此水化物结晶颗粒尺寸变小,富集程度和取向程度下降,硬化后的过渡区孔隙率也下降。未反应的矿物细掺料中大于 1 μm 的颗粒具有加强骨架网络的作用,而小于 1 μm 的微细颗粒对过渡区孔隙的填充作用也使过渡区更加密实。过渡区的加强表现在宏观上,就是这种混凝土受力破坏后,断裂面都穿过骨料。

8.1.4　工作性

高性能混凝土的优良工作性,既包括传统混凝土拌合物工作性中的流动性、黏聚性和保水性等方面,又包括现代混凝土为适应泵送、免振等施工特点而要求的大流动性、高保塑性等方面,所以单一的坍落度值不能全面地反映高性能混凝土的工作性。从理论上讲,高性能混凝土的流变性仍近似于宾汉姆体,可以用屈服剪切应力和塑性黏度两个参数来表达其流变特性。而在实际工程中,采用变形能力和变形速度两个指标来综合反映高性能混凝土的工作性更为合理。基于这种理论基础,许多学者提出了一些评价高性能混凝土工作性的方法,具体方法参见自密度混凝土。

8.1.5　强度

由于在原材料和配合比上的特点,高性能混凝土强度的发展及影响其规律的条件与相同强度的传统混凝土不尽相同。影响普通混凝土强度测试值的试验方法和条件同样也影响高强和高性能混凝土。但是有些普通混凝土不敏感的因素,对于高强和高性能混凝土来说却很敏感。

采用现场混凝土内部的实际温度对预留试件进行养护,可以发现,掺有粉煤灰的高性能混凝土各龄期强度始终高于标准养护的试件强度;对于未掺任何矿物细掺料的纯硅酸盐混凝土,只有 3 d 以前的强度高于标准养护的试件,而 3 d 以后随龄期的发展越来越低于标准养护试件的强度,强度越高,龄期越长,这种差距越大。

我国现行规范规定,采用边长为 100 mm 立方体试件时,强度值换算系数为 0.95,而对于高强混凝土,有试验表明,换算系数比普通混凝土的低。实际上,混凝土的强度等级和组成都会影响该换算系数,而建立所有类型高强混凝土强度的通用换算系数则需要进行大量严格系统的试验研究。另外,试验机的刚度、承压板球铰的尺寸、试验机容量等对混凝土强度值以及不同尺寸试件强度值的换算系数都有影响。

8.1.6　耐久性

混凝土在使用期间,会由于环境中的水、气体及其中所含侵蚀性介质侵入,产生物理的和化学的反应而逐渐劣化。混凝土的耐久性实质上就是抵抗这种劣化作用的能力。在不同的环境中,起主导作用的因素不同,混凝土的劣化会有不同的表现,因此至今难以建立起一个评价混凝土耐久性的综合性指标,对混凝土耐久性的评价常常以其抵抗某一种或几种劣化因素的能力来进行。

1. 渗透性

高性能混凝土具有很高的密实度,用现行国家标准中加压透水的方法无法准确评价其抗渗性能,可以考虑在较高水压下观察试件渗水高度的方法来评定高性能混凝土的抗渗性能。

目前,对于高性能混凝土渗透性主要采用 GB/T5 0082 推荐的电通量法和快速氯离子迁移系数法(RCM 法)来评价。

2. 抗冻性

在寒冷地区,冻融环境作用往往是导致混凝土破坏的主要因素之一。抗冻性可以间接地反映混凝土抵抗环境水侵入和抵抗冰晶压力的能力,因此常作为混凝土耐久性的指标。快冻法和慢冻法是目前国际上同时存在的两种混凝土抗冻性检测方法。美国、日本、加拿大等国采用快冻法,而苏联及东欧国家仍采用慢冻法。我国国家标准 GB/T 50082 中同时采纳了快、慢冻两种试验方法,最新标准又增加了单面冻融法(又称盐冻法)。

快冻法比慢冻法有较强的冻融破坏能力,但由于两者采用不同的评定指标和测试方法,加之慢冻本身试验误差较大,因此,快、慢冻之间很难找到一个较为准确的相关关系。对于抗冻要求较高的高性能混凝土,采用快冻法更为合适。

3. 碱-骨料反应

高性能混凝土的渗透性很低,如无任何裂隙,则水很难进入内部。另外,高性能混凝土的配制往往掺入了较多的矿物细掺料,从而对碱-骨料反应有一定的抑制。然而,对于受弯构件,尤其对于经常接触水的混凝土及处于恶劣环境的重要工程,仍然需要考虑评价和预防潜在的碱-骨料反应性。目前可参照《预防混凝土碱骨料反应技术规范》(GB/T 50733)执行。

4. 抗硫酸盐腐蚀

相对普通混凝土,高性能混凝土具有较好的抗硫酸盐侵蚀能力,但其水胶比、矿物外加剂的种类和掺量、混凝土的渗透性仍然对其抗硫酸盐侵蚀能力有较大影响。目前,尚没有固定的、统一的方法和判定标准来评价高性能混凝土的抗硫酸盐侵蚀性能,《高性能混凝土应用技术规程》(CECS 207)规定:控制水泥矿物组成,控制混凝土的水胶比和用《水泥抗硫酸盐侵蚀试验方法》(GB/T 749)的方法优选水泥。

8.1.7 变形

1. 自收缩

在引起高性能混凝土收缩的众多因素中,由于自干燥作用而产生的自收缩成为影响高性能混凝土产生裂缝的最主要因素。有试验表明:水灰比为 0.4 时,自收缩占总收缩的 40% ;水灰比为 0.3 时,自收缩占 50% ;水灰比为 0.17 时,自收缩的比例接近 100% 。

高性能混凝土的自收缩测定不仅需要精确的量测方法,而且需要从混凝土初凝即开始测定,另外还需要保证被测试体系与外界无水分交换,因此,要准确地测试混凝土的自收缩难度较大。目前,自收缩的测量各国尚无统一标准,只是研究者根据不同的研究内容进行选择。国内有关研究采用了千分表法、电容式测微仪法及非接触感应式混凝土早期自收缩测量法对高性能混凝土的自收缩进行了测量。

2. 徐变

RILEM(材料与结构试验研究协会)建立了有关高性能混凝土徐变试验研究的数据库。数据库中所涉及的混凝土平均强度为 62 MPa,最高为 119 MPa。该数据库显示,与普通混凝土相比,高强度的高性能混凝土总徐变值(即基本徐变和干燥徐变之和)显著降低;随强度的提高,干燥徐变和基本徐变的比值下降;无论是密封还是干燥(相对湿度为 65%),高强混凝土的徐变值和速率都远低于普通混凝土的徐变值和速率,而且干燥试件徐变值和密封试件徐变值的比值也大大下降。

8.1.8 配合比

高性能混凝土的配合比设计与普通混凝土不同,首先要保证耐久性要求,由于其组成材料比普通混凝土复杂,因此配合比设计也更加复杂。国内外在高性能混凝土设计方法上有一些研究成果,甚至达到高性能混凝土配合比设计的计算机化,在大量经验的基础上,把影响高性能混凝土性能的各种参数及现有材料性能输入后即可给出试配的配合比。但目前大多数高性能混凝土设计的标准方法一般都是根据工程要求、现有的高强混凝土配合比设计方法及高性能混凝土的实际经验,设计初步配比,然后通过试配,经调整后确定最终配合比。中国工程建设标准化协会制定的《高性能混凝土应用技术规程》(CECS 207)中提出了高性能混凝土的配合比设计方法,并针对不同的环境条件,对高性能混凝土的耐久性设计提出了要求。除此之外,国外不同学者指出的方法中比较经典的有以下几种:

1. 法国路桥实验中心(LCPC)建议的方法

该方法是关于 60~100 MPa 高强高性能混凝土的配合比设计,其主要思想是在模型材料上进行大量的试验,用胶结料浆体进行流变试验,用砂浆进行力学试验,这样可以避免用直接的方法优化高性能混凝土参数时所需进行的大量试验。该方法以经过校验的 Feret 公式为主预测抗压强度。

2. 日本阿部道彦采用的配合比计算方法

日本阿部道彦等在参加日本"新 RC 计划"研究中,在试验的基础上,针对设计强度为 36 MPa 以上的混凝土,提出在选定适当的原材料和给定配制条件下的混凝土配合比计算流程。在该流程中,混凝土配制强度、含气量和坍落度是给定的,其特点是采用 Abrams 公式计算水胶比,并考虑含气量的影响,其余步骤都是经验表格。

3. Mehta 和 Aitcin 推荐的高强高能混凝土配合比确定方法

该方法是在现有高强高性能混凝土实践经验的基础上,对主要配合比设计参数做出假设,从而得到试拌用第一盘配料的配合比。其基本步骤如下:

(1)确定混凝土的配制强度。

(2)估计拌和水量。拌和水量由表 8.1 查出。

表 8.1 不同强度等级的高性能混凝土最大用水量

强度等级	平均强度/MPa	最大用水量/(kg·m⁻³)
A	60	160
B	75	150
C	90	140
D	105	130
E	120	120

(3)计算浆体体积组成。Mehta 等认为,采用适当骨料时,固定浆体与骨料的体积比为 35:65,可以很好地解决强度、工作性和体积稳定性之间的矛盾,配制出理想的高性能混凝土。

用浆体 0.35 m^3,减去上一步估计用水量和 0.02 m^3 的含气量,按矿物外加剂的掺量计算浆体中各组分的体积含量,见表 8.2。表中矿物外加剂的掺量分为以下三种情况:

①不掺矿物外加剂,只用水泥。

②用占总胶结材料体积约 25% 的优质粉煤灰(或者磨细矿渣)等量取代水泥。

③用占总胶结材料体积约 10% 的硅灰和 15% 的优质粉煤灰(或者磨细矿渣)混合等量取代水泥。

表 8.2 0.35 m³ 浆体中各组分体积含量 　　　　　　　　　　　　m³

强度等级	水	空气	胶凝材料总量	情况 1 PC	情况 2 PC+FA（或 BFS）	情况 3 PC+FA（或 BFS）+CSF
A	0.16	0.02	0.17	0.17	0.127 5+0.042 5	0.127 5+0.042 5+0.017 0
B	0.15	0.02	0.18	0.18	0.135 0+0.045 0	0.135 0+0.045 0+0.018 0
C	0.14	0.02	0.19	0.19	0.142 5+0.047 5	0.142 5+0.047 5+0.019 0
D	0.13	0.02	0.20	—	0.150 0+0.050 0	0.150 0+0.050 0+0.020 0
E	0.12	0.02	0.21	—	0.157 5+0.052 5	0.157 5+0.052 5+0.021 0

注:PC 为硅酸盐水泥;FA 为粉煤灰;BFS 为磨细高炉矿渣;CSF 为凝聚态硅灰

（4）估计骨料用量。骨料的总体积为 0.65 m³,粗细骨料的体积比可由表 8.3 查出。

表 8.3 粗细骨料的体积比

强度等级	平均强度/MPa	粗骨料体积/%	细骨料体积/%
A	60	60	40
B	75	61	39
C	90	62	38
D	105	63	37
E	120	64	36

（5）估算混凝土中各种材料用量。常用原材料的密度为:硅酸盐水泥 3.14 g/cm³,粉煤灰和磨细矿渣 2.5×10^3 kg/m³,天然砂 2.65×10^3 kg/m³,普通砾石或碎石 2.70×10^3 kg/m³。根据其所占体积计算各种材料的用量,计算结果见表 8.4。

表 8.4 第一盘试配料配合比实例

强度等级	平均强度/MPa	矿物外加剂掺加情况	胶凝材料/(kg·m⁻³) PC	FA(BSF)	CSF	总用水量*/(kg·m⁻³)	粗骨料/(kg·m⁻³)	细骨料/(kg·m⁻³)	材料总量/(kg·m⁻³)	W/C
A	60	1	534	—	—	160	1 050	690	2 434	0.30
		2	400	106	—				2 406	0.32
		3	400	64	36				2 400	0.32
B	75	1	565	—	—	150	1 070	670	2 455	0.27
		2	423	113	—				2 426	0.28
		3	423	68	38				2 419	0.28
C	90	1	597	—	—	140	1 090	650	2 477	0.23
		2	477	119	—				2 446	0.25
		3	477	71	40				2 438	0.25
D	105	2	471	125	—	130	1 110	630	2 466	0.22
		3	471	75	42				2 458	0.22
E	120	2	495	131	—	120	1 120	620	2 486	0.19
		3	495	79	44				2478	0.19

注: * 未扣除高效减水剂中的水

（6）试配和调整。以上方法中有很多假设,因此必须用现场使用的原材料经多次试配,逐渐调整。主要调整措施有:坍落度主要用高效减水剂掺量来调整,增加高效减水剂掺量可能引起拌合物离析、泌水和缓凝,此时可增加砂率和减小砂的细度模数来克服离析、泌水现象;过分缓凝时可改用含促凝早强成分的高效减水剂。当增加高效减水剂不起作用时,可能是水泥中的 C_3A 含量过大,应更换水泥。如果混凝土 28 d 强度低于预计的强度,可减少用水量。

8.2 自密实混凝土

自密实混凝土(Self-compacting Concrete,SCC)又称自流平混凝土、免振捣混凝土,是一种在浇筑时不需要振捣,仅通过自重即能充满配筋密集的模板并且保持良好匀质性的混凝土。SCC 被认为是几十年来结构工程最具革命性的进步,其工作性较同水灰比的振动密实混凝土明显提高。自密实混凝土技术可以达到如下技术效果:

①易于浇筑,施工快速,减少现场人力,提高劳动生产率,降低工程费用。

②可以改善混凝土工程的施工环境,减少噪声对环境的污染。

③设计灵活,减小混凝土断面,达到更好的表面装饰效果,满足特殊施工需要,如钢筋密集、截面复杂而间隙过于狭窄等情况。

自密实混凝土所用原材料与普通混凝土基本相同,而有所区别的是必须选择合适的骨料粒径(一般不超过 20 mm)、砂率,并掺入大量的超细物料与适当的高效减水剂及其他外加剂,如提高稳定性的黏度调节剂、提高抗冻融能力的引气剂、控制凝结时间的缓凝剂等,有时其中还会使用钢纤维来提高混凝土的机械性能(如抗弯强度、韧度),使用聚合物纤维来减小离析和塑性收缩并提高耐久性。

自密实高性能混凝土配制成本比普通高性能混凝土要高,配比设计要考虑的因素也较为复杂,一般应用于较为复杂的构件或工程环境。SCC 技术最初从 20 世纪 80 年代起在日本获得发展,现在已经引起了整个世界的关注,无论是预制还是现浇混凝土工程中都有应用。我国近几年在自密实混凝土方面也开展了较多的研究。

8.2.1 工作性

1. 自密实混凝土工作性

自密实混凝土工作性的特点是要具有良好的穿透性能(通过障碍入口,如钢筋间隙,流入而不离析或阻塞的能力,passing ability)、充填性能(在自重下流入或完全充满模板各个部位的能力,filling ability)和抗离析性能(稳定性,segregation resistance ability)。在 SCC 的配合比设计中,所有三个工作性参数都要被评估以保证所有方面都符合要求。

行业标准《自密实混凝土应用技术规程》(JGJ/T283—2012)规定了自密实混凝土拌合物的自密实性及要求,见表 8.5。

表8.5　自密实混凝土拌合物的自密实性及要求

自密实性能	性能指标	性能等级	技术要求
填充性	坍落扩展度/mm	SF1	550~655
		SF2	660~755
		SF3	760~850
	扩展时间 T_{500}/s	VS1	≥2
		VS2	<2
间隙通过性	坍落扩展变与 J 环扩展度差值/mm	PA1	25<PA1≤50
		PA2	0≤PA2≤25
抗离析性	离析率/%	SR1	≤20
		SR2	≤15
	粗骨料振动离析率/%	f_m	≤10

《高抛免振捣混凝土应用技术规程》(JGJ/T296—2013)规定,高抛免振捣混凝土拌合物性能指标应符合表8.6的要求。

表8.6　高抛免振捣混凝土拌合物性能指标

性能指标		技术要求
扩展时间(T_{500})/s		$3 \leqslant T_{500} \leqslant 5$
坍落扩展度/mm	Ⅰ级	600≤Ⅰ≤650
	Ⅱ级	550≤Ⅱ≤600
	Ⅲ级	500<Ⅲ≤550
离析率f_m/%		≤10
U 形箱高度差(Δh)/mm		≤40

中国建设工程标准化协会制定的《自密实混凝土应用技术规程》(CECS 203)采用了坍落扩展度试验、V 漏斗试验(或 T_{500} 试验)和 U 形箱试验对自密实混凝土的自密实性能进行检测评价,将自密实性能分为三个等级,其指标应符合表8.7的要求。其中,一级适用于钢筋的最小净间距为 35~60 mm、结构形状复杂、构件断面尺寸小的钢筋混凝土结构物及构件的浇筑;二级适用于钢筋的最小净间距为 60~200 mm 的钢筋混凝土结构物及构件的浇筑;三级适用于钢筋的最小净间距200 mm 以上、断面尺寸大、配筋量少的钢筋混凝土结构物及构件的浇筑,以及无筋结构物的浇筑。

表8.7　混凝土自密实性能等级指标

性能等级	一级	二级	三级
U 形箱试验填充高度/mm	320 以上 (隔栅型障碍 1 型)	320 以上 (隔栅型障碍 2 型)	320 以上 (无障碍)
坍落扩展度/mm	700±50	650±50	600±50
T_{500}/s	5~20	3~20	3~20
V 漏斗通过时间/s	10~25	7~25	4~25

2. 工作性测试

适宜测试自密实混凝土的工作性的各种方法见表8.8。

表8.8　自密实混凝土的工作性的测试方法

序号	方法	测试项目	性能	标准
1	Abrams 坍落流动度法	坍落流动度/mm	充填性能	GB 50080
2	T_{500}坍落流动度法	T_{500}/s	充填性能	JGJ/T 283,JGJ/T 296
3	L 形仪法	h_2/h_1	穿透性能/充填性能	JGJ/T 296,CECS 203
4	J–环法	高度差/mm	穿透性能	JGJ/T 296,CECS 203
5	U 形仪法	h_2-h_1/mm	穿透性能	JGJ/T 296,CECS 203
6	V–漏斗法	流出时间/s	充填性能	CECS 203
7	筛稳定性仪法	离析率/%	抗离析性能	JGJ/T 283
8	震动离析跳桌试验法	粗骨料含量差值	抗离析性能	JGJ/T 283

（1）T_{500}试验。

该方法由日本 Kuroiwa 等在 1993 年提出,由于操作简便,目前使用最为广泛,可用于大流动性混凝土特别是自密实混凝土和水下不分散混凝土的工作性评价。除坍落扩展度外,也可用混合料水平扩展到直径为 500 mm 所需的时间 T_{500} 表示流动性的大小。

测定扩展度达 500 mm 的时间 T_{500} 时,应自坍落度筒提起时开始,至扩展开的混凝土外缘初触平板上所绘直径 500 mm 的圆周为止,以秒表测定时间。流动停止时间则自坍落度筒提起时开始,至目视判定混凝土停止流动时为止。

（2）L–流动试验。

L–流动试验装置如图 8.2 所示。从垂直部分的上口分两层装满试料,每层捣固 5 下。拔起隔板,混凝土试料从下部侧面开口向水平部分流动。分别在距开口处 5 cm 和 10 cm 处设置红外线或超声波传感器,测量试料流过此两点间的时间,计算试料的流动速度,说明混凝土的黏度;流动停止后,测量垂直部分的下沉值和从开口处向水平部分的侧端的流动铺展值,即L–坍落度和 L–流动值,说明混凝土的屈服剪切应力和黏度。

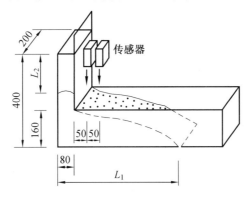

图 8.2　L–流动试验装置

（3）J–环试验

J–环试验装置如图 8.3 所示,测试过程可以与坍落扩展度、V 形漏斗试验一起进行,主要用于评价混凝土的填充能力和通过能力。J–环截面呈矩形(30 mm×25 mm),内直径 300 mm;

环面安装竖直钢筋,长度为 100 mm,间距一般为骨料最大粒径的 3 倍或增强纤维长度的 1 ~ 3 倍。与坍落扩展度同时试验时,提起置于J–环中央的坍落度筒,混凝土下沉并水平流过J–环钢筋的间隙。与 Orimet 试验、V 形漏斗试验同时进行,则把相应试验装置置于J–环中央或正上方,量测混凝土通过钢筋间隙后的最大水平流动直径(距离),从四个方向测量钢筋内外混凝土的高度差,差值越小,表明混凝土的通过能力越强。有、无J–环时扩展度的差值也可以作为填充能力的一个指标。

图 8.3 J–环试验装置

(4)U 形箱试验。

本方法适用于各等级的自密实混凝土自密实性能的测定,所采用试验装置为 U 形箱容器,形状和尺寸如图 8.4 所示,由钢或有机玻璃制成,内表面光滑;为观察混凝土的流动状态,U 形箱全部或部分使用透明材料。填充装置的中央部位放置隔栅型障碍,如图 8.5 所示。1 型隔栅由 5 根 ϕ10 光圆钢筋制成,2 型隔栅由 3 根 ϕ13 光圆钢筋制成;也可根据结构物的形状、尺寸及配筋情况等,结合自密实混凝土等级选择相应的障碍和检测标准。填充装置中央部位的沟槽用于插入间隔板和可开启的间隔门以分割 A 室和 B 室空间。

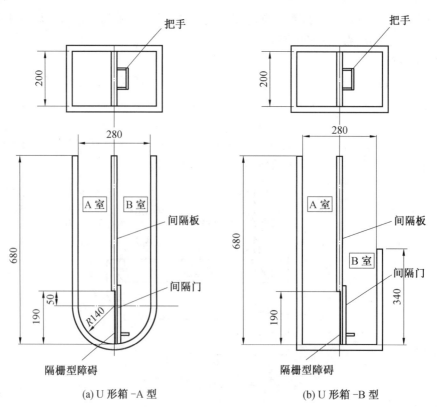

(a)U 形箱–A 型   (b)U 形箱–B 型

图 8.4 U 形箱容器的形状与尺寸

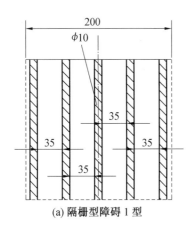 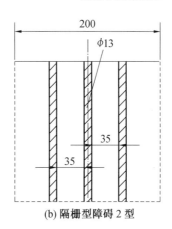

(a) 隔栅型障碍 1 型   (b) 隔栅型障碍 2 型

图 8.5   U 形箱隔栅型障碍形状与尺寸

垂直放置填充装置(顶面水平),插入间隔门和间隔板,并用湿布润湿。关闭间隔门,将混凝土混合料试样连续浇入 A 室至满,刮平后静置 1 min。连续迅速地将间隔门向上拉起,混凝土通过隔栅障碍向 B 室流动,直至流动停止。B 室中,由填充混凝土的下端开始,用钢卷尺测量混凝土填充至其顶面的高度,精确至 1 mm,即为填充高度,代表混凝土混合料通过钢筋间隙与自行填充至模板角落的能力。

(5)V 形漏斗试验方法。

本方法用于测量自密实混凝土的黏稠性和抗离析性,所用主要试验工具为 V 形漏斗,形状和内部尺寸如图 8.6 所示,容量约 10 L,其内表面平滑,由金属或塑料制成,出料口部位附设可快速开启且具有水密性的底盖。

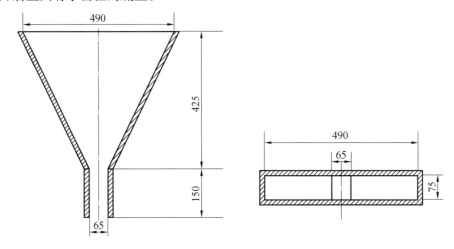

图 8.6   V 形漏斗的形状和内部尺寸

V 形漏斗经清水洗净后置于台架上,调整顶面水平、本体垂直状态,用湿布擦拭漏斗内表面。混凝土试样由漏斗上端平稳地填入漏斗内至满,刮平后静置 1 min,打开出料口,测量漏斗内混凝土全部流出的时间;宜在 5 min 内对试样进行 2 次以上的试验,取 2～3 次试验结果的平均值作为评价指标。同时观察记录混凝土是否有堵塞等状况。

(6)离析率筛析试验方法。

行业标准《自密实混凝土应用技术规程》(JGJ/T 283)中规定,当混合料抗离析性试验结果有争议时,以离析率筛洗法试验结果为准。该方法所使用的盛料器由钢或不锈钢制成,内径208 mm,上节高60 mm,下节带底净高234 mm,上、下层连接处加宽3~5 mm,并设有橡胶垫圈,如图8.7所示。测试时取10 L左右的混凝土混合料置于盛料器中,静置15 min;移出盛料器上节的混合料倒入5 mm方孔筛中,称重后静置120 s,称量自筛孔流出的浆体质量。计算流过公称直径5 mm方孔筛的浆体质量与混凝土质量之比,以百分数计,称为离析率(SR)。JGJ/T 283规定,自密实混凝土的抗离析性能,以离析率计,SR1级不得高于20%,SR2级不得高于15%。

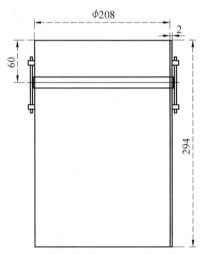

图8.7　盛料器形状与尺寸

(7)粗骨料震动离析跳桌试验方法。

行业标准JGJ/T 283及《高抛免振捣混凝土应用技术规范》(JGJ/T296)规定,粗骨料震动离析跳桌试验法也可用于检验大流动性混凝土混合料的抗离析性,所使用检测筒由硬质、光滑、平整的金属板制成,内径115 mm,外径125 mm,分为3节,每节高度均为100 mm,如图8.8所示。试验时,将混凝土混合料用料斗装入筒中,直至与料斗口相平,垂直移走料斗,静置

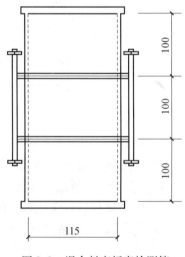

图8.8　混合料离析率检测筒

1min,用刮刀除去多余物料并抹平,不允许压抹。将圆筒置于跳桌上,以 1 次/秒的速度使跳桌跳动 25 次后,分节拆除圆筒并将每节筒中的混合料分开,然后采用 5 mm 圆孔筛筛分并用清水冲洗,筛除水泥浆和细骨料。剩余粗骨料除去表面水分,称量、对比各段混合料中粗骨料的湿重,采用下式评定混凝土混合料的稳定性:

$$f_{\mathrm{m}} = \frac{m_3 - m_1}{\overline{m}} \times 100\% \tag{8.1}$$

式中　f_{m}——混合料振动离析率(%),精确至 0.1%;

　　　m_1——上段混凝土混合料中湿骨料质量的平均值,g;

　　　m_3——下段混凝土混合料中湿骨料质量的平均值,g;

　　　$\overline{m}$——三段混合料中湿骨料质量的平均值,g。

对于自密实混凝土和高抛免振捣混凝土,其混合料的振动离析率要求不得高于 10%。

3. 自密实混凝土工作性的调整

当采用上述工作性测试方法检测,如果超出标准范围太大时,说明混凝土的工作性存在缺陷,可以通过下述途径来调整自密实混凝土的工作性:

(1)黏度太高。提高用水量,提高浆体量,增加高效减水剂用量。

(2)黏度太低。减少用水量,减少浆体量,减少高效减水剂用量,掺加增稠剂,增加粉料用量,增加砂率。

(3)屈服值太高。增加高效减水剂用量,增加浆体的体积。

(4)离析。增加浆体的体积,降低用水量,增加粉剂。

(5)坍落度损失太大。用水化速度较慢的水泥,加入缓凝剂,选用其他减水剂。

(6)堵塞。降低骨料最大粒径,增加浆体体积。

8.2.2　结构与性能

混凝土组成是影响其微观结构的主要因素,而混凝土微观结构与其宏观性能存在直接的相关性。研究结果表明:自密实混凝土的总孔隙率、孔径分布、临界孔径与高性能混凝土相似;而自密实混凝土中的氢氧化钙含量明显不同于高性能混凝土、普通混凝土。自密实混凝土中骨料与基体过渡区的宽度为 30～40 μm,与普通混凝土基本相同。同时发现,自密实混凝土中骨料上方过渡区与骨料下方过渡区的弹性模量几乎相当。而普通混凝土中骨料上下方过渡区的弹性模量则差别明显。总之,自密实混凝土具有更为密实、均一的微观结构,这对于自密实混凝土的耐久性能具有重要作用。

1. 力学性能

硬化混凝土的性能取决于新拌混凝土的质量、施工过程中振捣密实程度、养护条件及龄期等。自密实混凝土由于具有优异的工作性能,在同样的条件下,其硬化混凝土的力学性能将得到保证。文献通过模拟足尺梁、柱构件试验研究表明:自密实混凝土表现出良好的匀质性。采用自密实混凝土制作的构件,其不同部位混凝土强度的离散性要小于普通振捣混凝土构件。

在水胶比相同条件下,自密实混凝土的抗压强度、抗拉强度与普通混凝土相似,强度等级相同的自密实混凝土的弹性模量与普通混凝土的相当。通过拔出实验,研究自密实混凝土中不同形状钢纤维的拔出行为发现:由于自密实混凝土明显改善了钢纤维与基体之间的过渡区结构,使得自密实混凝土中钢纤维的黏结行为明显好于普通混凝土中的情况。另外,与相同强度的高强混凝土相比,虽然自密实混凝土与普通高强混凝土一样呈现出较大的脆性,但自密实混凝土的峰值应变明显偏大,这表明自密实混凝土具有更高的断裂韧性。

2. 耐久性能

随着混凝土结构耐久性问题的日益突出,自密实混凝土的耐久性能也成为关注的焦点。相关研究表明:相同条件下,不管是引气或非引气自密实混凝土均具有更高的抗冻融性能;自密实混凝土中氯离子的渗透深度要比普通混凝土的小;自密实混凝土由于含有更多的胶凝材料,导致其水化放热增大,且最大放热峰出现更早,矿物掺合料掺入后可以避免过大的水化放热,但由于矿物掺合料起到晶核作用而明显影响自密实混凝土的水化过程。

3. 体积稳定性

自密实混凝土由于浆体含量相对较多,并且粗骨料的最大粒径较小,因而其体积稳定性成为关注的重点之一。研究表明:自密实混凝土的水灰比、水胶比是影响其收缩、徐变的主要影响因素,矿物掺合料的细度对其收缩与徐变无显著影响;水泥强度等级虽对其收缩无影响,但不可忽视其对自密实混凝土基本徐变和干燥徐变的影响作用。此外,环境条件对自密实混凝土的徐变变形影响显著。一般而言,自密实混凝土采用低水胶比以及较大掺量的矿物掺合料等合理的配合比设计,其体积稳定性可以得到较好的控制。

8.2.3　配合比

自密实混凝土配合比应首先满足结构物的结构条件、施工条件以及环境条件对混凝土自密实性能的要求,并综合考虑强度、耐久性和其他必要性能,提出实验配合比。宜采用增加粉体材料用量和选用优质高效减水剂或高性能减水剂的措施,改善浆体的黏性和流动性,对于某些低强度等级的自密实混凝土,仅靠增加粉体量不能满足浆体黏性时,可通过试验确认后适当添加增黏剂。自密实混凝土的配合比计算应采用绝对体积法。

1. 粗骨料的最大粒径和单位体积粗骨料用量

(1)粗骨料最大粒径不宜大于 20 mm。

(2)单位体积粗骨料量可参照表 8.9 选用。

表 8.9　单位体积粗骨料用量

混凝土自密实性能等级	一级	二级	三级
单位体积粗骨料绝对体积/m³	0.28~0.30	0.30~0.33	0.32~0.35

2. 单位体积用水量、水粉比和单位体积粉体量

(1)单位体积用水量、水粉比(单位体积混凝土中拌和水与粉体的体积之比)和单位体积粉体量的选择,应根据粉体的种类和性质以及骨料的品质进行选定,并保证自密实混凝土所需的性能。

(2)单位体积用水量宜为 155~180 kg。

(3)水粉比根据粉体的种类和掺量有所不同,按体积比宜取 0.80~1.15。

(4)根据单位体积用水量和水粉比计算得到单位体积粉体量。单位体积粉体量宜为 0.16~0.23 m³。

(5)自密实混凝土单位体积浆体量宜为 0.32 ~ 0.40 m³。

3. 含气量

自密实混凝土的含气量应根据粗骨料最大粒径、强度、混凝土结构的环境条件等因素确定,宜为 1.5% ~ 4.0%。有抗冻要求时应根据抗冻性确定新拌混凝土的含气量。

4. 单位体积细骨料量

单位体积细骨料量应由单位体积粉体量、骨料中粉体含量、单位体积粗骨料量、单位体积用水量和含气量确定。

5. 单位体积胶凝材料体积用量

单位体积胶凝材料体积用量可由单位体积粉体量减去惰性粉体掺合料体积量以及骨料中小于 0.075 mm 的粉体颗粒体积量确定。

6. 水灰比与理论单位体积水泥用量

应根据工程设计的强度计算出水灰比,并得到相应的理论单位体积水泥用量。

7. 实际单位体积活性矿物掺合料量和实际单位体积水泥用量

应根据活性矿物掺合料的种类和工程设计强度确定活性矿物掺合料的取代系数,然后通过胶凝材料体积用量、理论水泥用量和取代系数计算出实际单位体积活性矿物掺合料量和实际单位体积水泥用量。

8. 水胶比

应根据单位体积用水量、实际单位体积水泥用量以及单位体积活性矿物掺合料量计算出自密实混凝土的水胶比。

9. 外加剂掺量

高效减水剂和高性能减水剂等外加剂掺量应根据所需的自密实混凝土性能经过试配确定。

按照上述步骤和范围,计算出几组配合比进行试配,评价其流变性能,检验其强度,从中选择出符合设计要求的合适的配合比。

8.3　补偿收缩混凝土

1972 年,美国混凝土协会在佛罗里达州召开了以 Klein 冠名的国际膨胀混凝土学术会议,随后,ACI223 委员会提出《使用补偿收缩混凝土的推荐作法》(ACI 223),这是世界上第一部关于补偿收缩混凝土性能研究、结构设计和施工的指南。美国还曾开发了一种由 C_3A 含量较高的波特兰水泥熟料为基体,适当增加石膏掺加量的 S 型膨胀水泥,但其性能不如 K 型膨胀水泥,1973 年后中止生产。

1979 年,我国膨胀混凝土研究的奠基人,中国工程院吴中伟院士出版了《补偿收缩混凝土》一书,是当代第一本论述补偿收缩混凝土的专著。1982 年,日本建筑学会颁布了《掺膨胀剂混凝土的配合比设计和施工指南》。1985 年,我国颁布了《自应力混凝土压力管》建材行业标准。1985 年,游宝坤等成功将膨胀剂实现了商品化生产,U 型膨胀剂(UEA)诞生,UEA 膨胀剂及其应用获国家科技进步二等奖。1992 年,我国制定了《混凝土膨胀剂》(JC 476)建材行业标准,统一了试验方法和技术指标。1988 年,我国制定第一部《混凝土外加剂应用技术规范》(GBJ119—88),系统规范了膨胀剂应用的技术要求。1994 年,《屋面工程技术规范》(GB 50207)"6 刚性防水屋面"列入了使用膨胀剂的补偿收缩混凝土内容。2001 年开始实施的《地下工程防水技术规范》(GB 50108),明确提出了结构防水的重要性,将结构防水混凝土作为"应选"的第一道防线,明确提出了"刚柔结合"的要求。《混凝土膨胀剂》(GB 23439)《补偿收缩混凝土应用技术规程》(JGJ/T 178)于 2009 年正式颁布,进一步完善了掺混凝土膨胀剂的补偿收缩混凝土的配合比设计、构造设计和施工注意事项,使我国补偿收缩混凝土的应用提高到了一个新水平。

经过多年的实践,补偿收缩混凝土主要应用于混凝土结构自防水、工程接缝填充、超长混凝土结构连续施工以及大体积混凝土施工。近年来,补偿收缩混凝土在许多重大工程中得到推广应用,如北京地铁、沈阳地铁、西安地铁、奥运工程、高层建筑地下室、水厂和污水处理厂的水工构筑物、铁路和公路隧道、海港码头、核电站和地下发射井等,一些特种工程材料中也掺加了膨胀剂,如大型设备基础二次灌注采用的灌浆料、预应力注浆料等。据不完全统计,至 2003 年为止,我国混凝土膨胀剂应用总量已经累计到 400 万 t,折合补偿收缩混凝土约 1 亿 m^3,居世界之首。

8.3.1　定义与分类

膨胀混凝土分为补偿收缩混凝土和自应力混凝土两种类型。美国混凝土协会 ACI223 委员会的定义是:

补偿收缩混凝土是一种当膨胀受到约束产生的压应力,能大致抵消由于干缩在混凝土中出现的拉应力的膨胀水泥混凝土。

自应力混凝土是一种当膨胀受到约束时导入很高的压应力,在干缩和徐变后,混凝土中仍然保持足够的压应力的膨胀水泥混凝土。

在水泥水化硬化过程中,能使混凝土产生一定体积膨胀的通称膨胀混凝土。国际上一般按建立的预应力值大小划分,能在混凝土中建立 0.2 ~ 0.7 MPa 预压应力,以补偿混凝土收缩为目的的称为补偿收缩混凝土;能在混凝土建立 1.5 ~ 6.0 MPa 预压应力,以达到机械预应力为目的的称为自应力混凝土。从性能和实际用途来看,处于上述两种类型混凝土之间,还有一种混凝土称为填充性膨胀混凝土,由于在三轴方向产生膨胀压应力,在周围受到强(或绝对)约束下,这一压力将使埋设部位紧密,周围约束物与中心部件的结合状态得以显著牢固,从而增加填充效果。

根据混凝土在钢筋限制下(膨胀混凝土配筋率 $\mu = (0.8 \pm 1.0)$%,自应力混凝土配筋率 $\mu = 1.24$%),在混凝土中建立自应力值(σ_C)大小,我国、美国和日本的分类比较一致,见表 8.10。

表 8.10　膨胀混凝土分类

类型	限制膨胀率/10^{-4}	自应力值/MPa
补偿收缩混凝土	1.5 ~ 4.0	0.2 ~ 0.7
填充性膨胀混凝土	4.0 ~ 5.0	0.7 ~ 1.0
自应力混凝土	10.0 ~ 50.0	2.0 ~ 6.0

配制补偿收缩混凝土时,多用混凝土膨胀剂,也可用膨胀水泥;配制自应力混凝土时,多用

自应力水泥,也可用混凝土膨胀剂。美国、苏联通常采用膨胀水泥和自应力水泥配制,而日本则采用膨胀剂,我国则两种情况并存,生产混凝土压力管等制品时,多采用自应力水泥,建筑工程的补偿收缩混凝土则采用膨胀剂。

8.3.2　原材料

1. 膨胀剂

膨胀剂是补偿收缩混凝土重要原料之一,为确保补偿收缩混凝土的质量,选用的膨胀剂必须符合国家标准。膨胀剂应存放在具有防潮的专用场所中,不得与水泥等其他材料混放。膨胀剂在存放过程中发生结块、胀袋现象时,应进行品质复验。

2. 水泥、砂和石

应采用符合现行《通用硅酸盐水泥》国家标准的水泥,不得使用硫铝酸盐水泥、铁铝酸盐水泥和高铝水泥。水泥的颗粒不宜过细,水泥越细,收缩越大,早期水化热也大,水泥的比表面积不宜超过 350 m^2/kg,即使水泥细度有波动,其最大比表面积也不得超过 360 m^2/kg。水泥的出厂温度不宜大于 60 ℃,使用时不得使用大于 60 ℃ 的水泥。水泥温度过高,将加快水化速度,造成混凝土早期水化热过大,补偿收缩混凝土的膨胀速度和膨胀率无法满足完全补偿温度收缩的要求。砂、石应达到国家标准的有关要求,与普通混凝土要求基本一致。

3. 掺合料

补偿收缩混凝土中可掺加适量的粉煤灰和磨细矿渣粉,粉煤灰应符合 GB/T 1596 的要求。不得采用高钙粉煤灰,当采用氧化钙类膨胀剂时,二者同时掺加时,会产生安定性不良的现象。

使用的矿渣粉应符合现行国家标准 GB/T 18046 的规定。磨细矿渣粉是 2000 年以来广泛使用的一种掺合料。目前,很多工程采用粉煤灰和磨细矿渣"双掺"的方法,降低水泥用量和混凝土的水化热。但是,磨细矿渣对混凝土的后期收缩影响非常大,而且随着矿渣粉的细度不同、成分不同等,所表现的性质不同。矿粉的活性系数越高,细度越细,其增强效果越好,而降低水化热的效果越差,收缩也越大。因此,宜选用比表面积不超过 420 m^2/kg 的矿粉。实践经验表明,当掺加磨细矿粉的补偿收缩混凝土用于墙体部位时,由于养护困难,混凝土的裂缝控制效果不理想。

4. 化学外加剂

符合《混凝土外加剂》(GB 8076)、《混凝土泵送剂》(JC 473)、《混凝土防冻剂》(JC 475)等国家或者行业标准的化学外加剂均适用于补偿收缩混凝土。但在应用时应注意尽量选择缓凝型的高效减水剂、泵送剂或者防冻剂,此类化学外加剂与膨胀剂配合,工作性的改善和裂缝的控制效果比较明显,这是因为膨胀剂具有微膨胀功能的同时,还具有早强的作用,通过缓凝组分的配合使用,能够改善补偿收缩混凝土的强度发展过程和放热规律。

8.3.3　补偿收缩机理

普通混凝土主要是采用通用硅酸盐水泥配制而成的,补偿收缩混凝土是采用微膨胀水泥或者膨胀剂配制而成的,二者的最大区别是胶凝材料的组分不同、致密性不同,因此,从水泥石的结构上,补偿收缩混凝土的微观结构略有不同,且与膨胀源有关,其他微观结构与混凝土相同。

1. 钙矾石膨胀

目前,我国绝大部分的膨胀剂是采用硫铝酸盐、铝酸盐类的膨胀剂,其膨胀源是在水泥的水化产物里产生较多的钙矾石相,即水化硫铝酸钙。

水化硫铝酸钙分三硫型硫铝酸钙($C_3A \cdot 3CaSO_4 \cdot 32H_2O$)和单硫型硫铝酸钙($C_3A \cdot CaSO_4 \cdot 12H_2O$)。三硫型硫铝酸钙与天然矿物钙矾石的化学组成及晶体结构基本相同,因而人们又称其为钙矾石(Ettringite),简写为 AFt。鉴于钙矾石的形成与混凝土的体积膨胀有密切关系,为此,国内外学者对钙矾石的物化性能及其膨胀机理进行了大量的研究。

钙矾石的外形是六方柱状或针状。1936 年,Bannister 对钙矾石的晶体结构进行研究,认为它的六方晶体包含两个分子的 $C_3A \cdot 3CaSO_4 \cdot 31H_2O$,$a_0 = b_0 = 1.110$ nm,$c = 2.158$ nm,空间群为 C31C。其折射率 $N_0 = 1.464$,$N_e = 1.458$。25 ℃时密度为 1.73 g/cm³。在 X 射线衍射图上具有0.973 nm、0.561 nm、0.388 nm 特征峰,在差热分析中 160 ℃附近出现很大的吸热谷,在 300 ℃处有一小的吸热谷。

综合国内外学者对钙矾石的膨胀机理比较一致的意见可以概括为:

(1)膨胀相是钙矾石,在水泥中有足够浓度的 CaO、Al_2O_3 和 $CaSO_4$ 下均可生成钙矾石,并非一定要通过固相反应生成的钙矾石才能膨胀,通过液相反应也可以产生钙矾石膨胀。

(2)在液相 CaO 饱和时,通过固相反应形成针状钙矾石,其膨胀力较大;在液相 CaO 不饱和时,通过液相反应形成柱状钙矾石,其膨胀力较小,但有足够数量钙矾石时,也产生体积膨胀。

(3)在膨胀原动力方面,一种观点是晶体生长压力,另一种观点是吸水膨胀。游宝坤对几种膨胀水泥和 UEA 水泥进行了 X 射线和电镜分析,认为在水泥石孔缝存在钙矾石结晶体,其结晶生长力能产生体积膨胀,更多的是在水泥凝胶区中生成难以分辨的凝胶状钙矾石,根据 Mehta 和刘崇熙的研究结果,由于钙矾石表面带负电荷,它们吸水肿胀是引起水泥石膨胀的主要根源。由于凝胶状钙矾石吸水肿胀和结晶状钙矾石对孔缝产生的膨胀压的共同作用,使水泥石产生体积膨胀,而前一种膨胀驱动比后一种大得多。这一观点可以把结晶膨胀学说和吸水肿胀学说统一起来,使钙矾石膨胀机理得到了较为合理的解释。由此可见,7 ~ 14 d 的湿养护对膨胀自应力混凝土充分发挥的膨胀作用是十分重要的施工措施。这种混凝土最适宜应用于各种抗裂防渗工程。

钙矾石的形成速度和生成数量决定混凝土的膨胀效能。钙矾石形成速度太快,其大部分膨胀能消耗在混凝土塑性阶段,做无用功。从这点出发,有人提出的开发液体膨胀剂由于形成钙矾石速度非常快,其应用价值值得思考。但钙矾石形成速度太慢,前期无益于补偿收缩,后期可能对结构产生破坏。所以,控制钙矾石的生成速度十分重要,当混凝土具有初始结构强度后钙矾石的生成数量决定混凝土的最终膨胀率。正常的膨胀混凝土在 1 ~ 7 d 养护期间的膨胀率应发挥至70% ~80%,以补偿水泥水化热产生的冷缩和自生收缩,7 ~ 28 d 的膨胀率占20% ~30%,以补偿混凝土的干缩。

2. 氧化钙膨胀

氧化钙的晶格由 $a = 0.48$ nm 的面心立方体组成,密度为 3.3 g/cm³,折射率 $N = 1.836$。石灰石($CaCO_3$)煅烧至 800 ℃分解逸出 CO_2,形成氧化钙。随着煅烧温度的提高,CaO 的密度、比表面积、孔隙率和晶体尺寸发生一系列变化,见表8.11。

表8.11 氧化钙的物理性状与石灰石煅烧温度的关系(Wuher 1953)

煅烧温度 /℃	孔隙率 /%	比表面积 /(m²·g⁻¹)	密度 /(g·cm⁻³)	晶体尺寸 /μm
800	50	8.5	1.57	0.3
1 000	38	1.7	2.00	1~2
1 200	20	0.1	2.62	6~13
1 400	5	0	3.33	13~20

CaO 的水化过程比较简单,CaO 水化形成 Ca(OH)$_2$,释出热量64.9 kJ/kg,同时,固相绝对体积增加 94.1%,这是 CaO 产生膨胀的基本原理,Ca(OH)$_2$ 是呈六方片状,密度为 2.23 g/cm^3,折光率 $N_g=1.574$,$N_p=1.547$。

研究证明,CaO 的煅烧温度越高,密度越大,晶体尺寸增加,水化越慢。CaO 的煅烧温度在 1 400 ℃ 左右为宜,同时,使 CaO 晶体被一定数量的 C$_3$S、C$_2$S 和 C$_4$AF 包裹,以延迟 CaO 的水化速度,才能使石灰膨胀剂中的 CaO 有安全的良好膨胀性能。

关于 CaO 的水化膨胀,R. H. Bogue 认为,水泥中的游离石灰的膨胀不是因溶解于液相再结晶为 Ca(OH)$_2$,而是由于固相反应生成 Ca(OH)$_2$ 所致。S. Chatterji 和 J. W. Jeffery 认为,CaO 的膨胀分为两个阶段。首先水化初期在水泥颗粒间隙中形成微细的胶体状 Ca(OH)$_2$ 产生膨胀,其再结晶过程是第二阶段膨胀的开始,这一膨胀在 CaO 水化反应结束后仍继续进行,Ca(OH)$_2$ 生长为各向异性的六角板状结晶,由 Ca(OH)$_2$ 可见容积的变化而引起膨胀。关于石灰系膨胀剂的水化膨胀机理,现今尚不十分明了,因此只是一种近似的描述。

氧化镁类膨胀剂在原理上和氧化钙相近,但还存在着很多特殊性,鉴于目前主要在水利工程中得到应用,在此不再赘述。

8.3.4 工作性

1. 坍落度

与普通混凝土相比,膨胀剂的加入使新拌混凝土(不掺入泵送剂)的坍落度损失加重,混凝土初始坍落度越大、膨胀剂加入量越多、环境温度越高时,损失率越大。由于水泥品种、矿物组成和水泥比表面积不同,对掺膨胀剂的混凝土坍落度损失影响程度有所差别。

硫铝酸钙类膨胀剂(A),含有较多的 CaSO$_4$ 与铝酸盐矿物,对减水剂、缓凝剂的选择与用量方面,与不加膨胀剂的普通混凝土有所区别。试验表明,膨胀剂对坍落度损失的这种影响,通过缓凝剂、泵送剂等化学外加剂的调节,是可以消除或减弱的。

由于在运输过程中搅拌车不停地搅拌,水化后新形成的浆体结构随时被破坏,颗粒间的黏聚力被削弱,所以运至现场的动态混凝土要比实验室测定的静态混凝土同时间的坍落度保留值约高出 30 mm,即混凝土的动态坍落度损失远小于静态时的损失。

2. 泌水性

掺膨胀剂的新拌混凝土,初始泌水量明显减小,拌合物稳定性提高、可泵性增强。对 C30 混凝土,掺加质量分数为 10% UEA,泌水率降低 1% 以上。掺加 CSA 类膨胀剂,能够大幅度降低混凝土的泌水性。膨胀剂对混凝土的含气量影响很小。

3. 凝结时间

不同品种膨胀剂对凝结时间影响的程度也有所不同,与未掺膨胀剂的空白混凝土相比,大部分的膨胀剂凝结时间会略有提前,这与使坍落度损失有所加重的原因是相同的,因为生成AFt 的水化反应速度较快,晶体析出,黏聚力增强,流动性较快失去。因此,膨胀剂宜配合缓凝剂使用,特别是对于远距离运输、夏季施工及大体积混凝土工程,在配制补偿收缩混凝土时,应注意选用合适的化学外加剂,尽可能延长凝结时间,减少坍落度损失。

8.3.5　变形性能

1. 普通混凝土的变形

未掺膨胀剂的普通混凝土限制变形试验结果表明,在水养阶段,普通混凝土均呈膨胀状态,大多在 28 d 变形达到稳定值;由水中转入干燥空气后,28 d 剩余变形为 $(-2 \sim -6) \times 10^{-4}$,这种干缩至 90 d 时仍然有较大增加,达到 $(-3 \sim -6) \times 10^{-4}$。

2. 补偿收缩混凝土的变形

典型的补偿收缩混凝土的变形如图 8.9 所示,可见补偿收缩混凝土和普通混凝土相比有两点明显的不同,一是在水中早期的膨胀明显增大,二是后期的收缩明显减小,这就是补偿收缩混凝土比普通混凝土能够很好地抗裂、抗渗的主要原因。

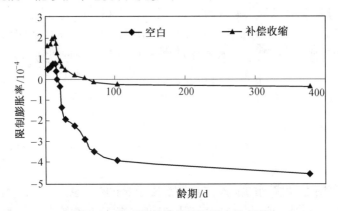

图 8.9　典型的补偿收缩混凝土的变形

3. 影响膨胀变形的主要因素

(1)膨胀剂的品种与掺量。

在同一配合比情况下,使用不同品种、不同型号甚至一个工厂不同批次的膨胀剂,拌制的补偿收缩混凝土膨胀率也有差别。这说明膨胀剂的矿物组成不同时,对混凝土的膨胀性能影响较大。

随膨胀剂掺入量的增加,补偿收缩混凝土的自由膨胀 ε_f 与限制膨胀 ε_r 均相应增加,当水泥和膨胀剂用量为 380 kg/m^3,$W/C = 0.54$ 时,UEA 加入量为 8%(质量分数),水中 14 d 时 ε_r 为 1.82×10^{-4};增至 12%(质量分数)时,ε_r 提高至 2.85×10^{-4}。由水中转入干燥空气中后,随膨胀剂加入量的增多,干燥空气中 28 d 及 180 d 的剩余 ε_r 提高,但膨胀落差也随着提高。

(2)水泥用量。

当水泥用量不同,而膨胀剂的内掺百分比相同时,意味着水泥用量越多,膨胀剂的绝对掺量就越大,膨胀率也随着提高。如胶材用量为 450 kg/m³ 时水中 14 d 的 ε_r 为用量 350 kg/m³ 时的 1.86 倍。因此,对于 C50 以上补偿收缩高性能混凝土,其单方胶凝材料较多,膨胀剂内掺量应取下限。

(3)膨胀剂品种。

在同一配合比情况下,使用不同品种、不同型号、甚至一个工厂不同批次的膨胀剂,拌制的补偿收缩混凝土膨胀率也有差别。这说明膨胀剂的矿物组成变化时,对混凝土的膨胀性能影响较大。

(4)水泥品种与强度等级。

UEA 内掺量同为 12%(质量分数)时,使用 P·Ⅱ 42.5 基准水泥的混凝土水中 7 d 的 ε_r 为 2.62×10^{-4},使用 P·O 42.5R 水泥的为 3.19×10^{-4},使用 P·S 32.5 水泥的为 1.66×10^{-4},差别达 1 倍左右。造成膨胀变形差别的主要原因在于不同水泥的 SO_3、C_3A 及混合材料含量不同;与化学成分的影响程度相比,水泥强度等级差别的影响较小。由于不同水泥厂熟料矿物组成的差别、混合材料种类及加入量的差别、粉磨细度的差别及为了调凝加入石膏的多少等,直接影响水泥自身的水化反应速度、强度增长情况与收缩变形,当它们与膨胀剂组合成膨胀水泥时,必然会造成各膨胀水泥之间的变形与强度性能等差别。所以,要确定补偿收缩混凝土变形与某一种水泥的数学关系是困难的。不过,对于商品混凝土供应站,如经常使用一种或两种水泥,又经常使用一种膨胀剂,则可以找到二者之间的经验关系。

(5)混凝土强度等级。

试验结果表明:

①当使用水泥相同、胶材总用量相同时,对于相同强度等级的混凝土 ε_f 与 ε_r 随膨胀剂内掺量的提高而增加。

②当胶材总用量相同、膨胀剂内掺量相同时,使用同种类不同强度等级的水泥,低强度等级的混凝土可以获得较高的 ε_r,混凝土强度等级的提高使 ε_r 降低。

③当使用水泥相同、胶材中膨胀剂与粉煤灰内掺量相同时,胶材总用量随混凝土强度等级的提高而逐步增多,膨胀变形呈现随混凝土强度等级 C20 ~ C60 的提高而由低到高再到低的趋势,尤其是 C50、C60 混凝土,对膨胀产生明显的强度约束作用。

④对于同强度等级的混凝土,使用 P·O 水泥时的水中限制膨胀率 ε_r 一般高于 P·S 水泥;使用强度等级较低的水泥时能获得较高的 ε_r。

⑤对于中等强度等级的混凝土,如 C30 ~ C40,胶材总用量为 400 ~ 450 kg/m³,使用 P·O 水泥、膨胀剂为正常掺量时,ε_r 高,可获得最佳补偿收缩效果。

(6)化学外加剂。

混凝土外加剂 GB 8076 规定,掺减水剂的混凝土与基准混凝土的 28 d 收缩率比不得大于 135%;混凝土泵送剂 JC 473 规定,掺泵送剂的混凝土与基准混凝土的 90 d 收缩率比不得大于 135%,这种规定反映了我国化学外加剂产品的性能状况。

试验表明,许多减水剂、泵送剂、早强剂、防冻剂、缓凝剂及引气剂,均有使混凝土收缩增大的特征性缺陷。膨胀剂与这些外加剂复合使用的砂浆试件表明:水中 ε_r 未有降低,但在干燥空气中 28 d 收缩均有增大,膨胀落差较空白砂浆高出 $(1\sim2.5)\times10^{-4}$。化学外加剂的加入,对膨胀剂的水化反应不构成障碍,但会改变 W/B 及使水化反应速度发生变化,特别是流动度的增大,使混凝土中自由水增多,而导致收缩增大。所以,流态混凝土的 ε_r 比塑性混凝土小,而干缩却大;掺化学外加剂的混凝土收缩率比不掺时的大,但增大值一般不超过 1×10^{-4}。

（7）掺合料。

在混凝土中使用矿物掺合料,如粉煤灰、矿渣粉、沸石粉等,已较为普遍,高强混凝土则较多使用硅灰和超细矿渣粉,因此,研究膨胀剂与掺合料共同使用时的变形性能很有必要。

①粉煤灰的影响。多数试验表明,粉煤灰的加入使补偿收缩混凝土膨胀率降低,极少有使膨胀率升高的情况。试验表明,加入 10%（质量分数）粉煤灰,无论是 ε_f 还是 ε_r,均有明显降低;当粉煤灰掺量提高至 30%（质量分数）时,对膨胀抑制的程度更大。使用不同的粉煤灰及膨胀剂,膨胀率的降低会有一定差别,在粉煤灰掺入量为 10% ~ 30%（质量分数）,水中 7 d 的 ε_r 约降低 0.5×10^{-4},这是加入粉煤灰对混凝土变形性能的不利影响。不过,在另一方面它又能使其得到改善,即使补偿收缩混凝土膨胀落差减小,甚至干燥空气中的剩余 ε_r 比只加膨胀剂、不加粉煤灰的混凝土还大,并且,呈现随加入量增多,膨胀落差进一步减小的趋势。山东省建科院用加入粉煤灰的 PNC 砂浆进行了大体积混凝土中心温升模拟试验,同样显示粉煤灰的加入使水中 ε_r 降低、干燥空气中膨胀落差减小的倾向。

②矿渣粉的影响。矿渣粉的加入,对膨胀变形的影响与粉煤灰类似。明矾石自应力水泥、安全型自应力硫铝酸盐水泥膨胀值大、膨胀稳定期长,以矿渣作为稳定剂或膨胀抑制剂,可以收到适当减小膨胀、缩短膨胀稳定期的效果。补偿收缩混凝土膨胀值小、膨胀稳定期短,不存在使用矿渣粉或粉煤灰作为膨胀抑制剂的必要性。试验结果表明,矿渣粉和粉煤灰掺量同为 30%（质量分数）时,两者所配制的混凝土水中 14 d 的 ε_r 相近,但掺矿渣粉的膨胀落差要小一些。有的研究表明,在同时使用粉煤灰与矿渣粉,比单掺一种时减小膨胀落差的作用更为明显。

实际工程中,因产地不同、矿粉的活性不同,细度不同,加上施工养护的影响,造成一些工程掺加矿粉后,混凝土产生了较多的表面塑性裂缝,立面结构产生了较多的后期贯穿裂缝,原因有待于进一步研究。

（8）骨料、砂率及水胶比。

研究表明,混凝土配合比相同时,使用卵石比使用碎石时的 ε_f 及 ε_r 均明显偏高,水中 7 d、14 d 的 ε_r 约高出 1.5×10^{-4};当砂率由 44% 降至 36% 时,水中 7 d 的 ε_r 有所降低,但水中 14 d 的 ε_r 基本一致,说明砂率对变形影响甚小。

细骨料的颗粒较小时,一般使 ε_r 降低、收缩增大。但如果膨胀剂掺量适当提高,配合比设计得当,用特细砂,也能制备 C30 以上补偿收缩混凝土。

W/B 对补偿收缩混凝土变形性能无明显的、规律性的影响,多次试验表明,它不像普通混凝土的强度那样符合水灰比定则,至少有较大偏离。按照传统观点,W/B 增大,混凝土孔隙率增高,必须用 AFt 填充或消耗膨胀能,使 ε_r 降低;然而 W/B 大、水分充足,AFt 的水化反应可能加快,未水化颗粒减少,膨胀速率增大而使 ε_r 提高;正反两方面影响的累加,就是所测得的 ε_r。

（9）养护条件。

水分、湿度、温度对补偿收缩混凝土变形的影响与膨胀砂浆一致。及早充足的水分供给,水养时间越长,AFt 水化反应越充分,可得到较高的 ε_r 与 σ 值。湿度较大时,混凝土中水分蒸发速度小、蒸发量少,干缩时间推迟。湿度越小时,干燥速度越快,这种干燥造成的收缩就越大。对于实际混凝土工程,特别是高层建筑的空中楼板、大型地下广场易形成较强风的进出口处,常受湿度、温度、风吹等综合因素的影响,暴露面积越大,这种影响就越严重。据美国

ACI305 委员会公布的资料,当湿度为 90% 时,混凝土早期开裂的临界温度为 40.6 ℃;当湿度降至 50% 时,混凝土的临界开裂温度降至 29.4 ℃。因此,采取养护措施的直接作用就是提高湿度与降低混凝土温度。

图 8.10 所示为不同养护条件下的补偿收缩混凝土 ε_r 曲线。说明试体在水中养护 14 d 时 ε_r 达到最高值 6×10^{-4},如果继续在水中养护还会有所增长;移入干燥空气中后,则因不断失水而呈降低趋势;在绝湿状态下,不失水也无外部水进行补充,则 ε_r 相当平稳,几乎无升降表现。

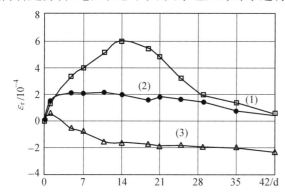

(1)—水中养护 14 d,干燥空气中养护 28 d
(2)—绝湿养护 42 d
(3)—干燥空气中养护 42 d

图 8.10　不同养护条件下补偿收缩混凝土 ε_r 曲线

（10）温度。

对于大体积混凝土,水泥水化热累计的温升往往达到 50 ~ 80 ℃,掺入膨胀剂的补偿收缩混凝土,温度对钙矾石的形成速度有较大影响。试验结果表明,随着水温的适度升高,膨胀速度加快,膨胀率增加。这与钙矾石的形成速度加快和单位时间内钙矾石形成数量增加有关。另外,温度的升高,也加快混凝土强度发展,有利于较早地建立自应力。当然,并不希望混凝土内部温度过高,否则,可能会产生不利影响。因为温度升高带来的补偿收缩混凝土的微膨胀值的提高值远远无法补偿大体积混凝土的温差收缩。当温度过高时还会导致钙矾石分解而降低膨胀效能,甚至造成混凝土的延迟钙矾石破坏。

4. 膨胀速率和长期变形

不同的膨胀剂制备的补偿收缩混凝土具有不同的膨胀速率,试验表明,内掺 10%（质量分数）UEA 的 C30 混凝土水中 3 d、7 d 的膨胀速率略高于高效 UEA 混凝土,14 d 以后龄期的发展速率二者比较接近。水中 14 d 的 ε_r 达 28 d 值的 70% 左右,水中 14 d 的 ε_r 达 28 d 值的 90% 左右;至 90 d 龄期时比 28 d 值增长 10% ~ 20%。说明限制变形值的发展速率高于自由变形,28 d 后小量的膨胀增长,对减小收缩、保留较高的 σ 值、减小膨胀落差是有利的。

使用 UEA 掺量为 12%（质量分数）、胶材用量为 380 kg/m³ 的 C30 混凝土,水中 ε_r 在 28 d 至 1 年增长 20.2%,至 5 年间有微小增长,未回落;混凝土在干燥空气中 42 d 然后在水中养护 1 年时,ε_r 完全恢复。这说明混凝土的膨胀稳定性,不会因后期膨胀对混凝土产生破坏。与普通混凝土相比,补偿收缩混凝土收缩显著减小,保留了一定的自应力值,而且遇水可以恢复膨胀,胶材用量的适量增加有利于减小干燥空气中的膨胀落差。

5. 膨胀落差

普通混凝土在水中也显示膨胀变形,加入膨胀剂后成为补偿收缩混凝土,在水中 14 d 前呈现较大膨胀变形。当移入干燥空气或自然环境下,两种混凝土均会迅速产生干缩,并且湿度越低,干缩值越大。将测定的某一龄期水中 ε_r,减去干缩过程中某一龄期的剩余 ε_r,或者说加上某一龄期的限制干缩率,即称为该龄期的膨胀落差,用 $\Delta\varepsilon_r$ 表示。

从理论上讲,不管是何种混凝土,只要 $\Delta\varepsilon_r$ 相等,就会产生同等的收缩应力,这种应力超过极限拉伸时就会造成混凝土开裂。有人认为并非膨胀率越大越好,重要的是落差小,减小落差是补偿收缩混凝土抗裂性能的一个重要方面。一些工程采用膨胀剂后未取得预期效果,部分原因是与配制的补偿收缩的膨胀落差过大分不开的。

混凝土外加剂应用技术规范 GB 50119 规定,补偿收缩混凝土水中 14 d 的 $\varepsilon_r \geq 1.5 \times 10^{-4}$,移至干燥空气中 28 d 的限制干缩率 $\leq 3 \times 10^{-4}$,即剩余 $\varepsilon_r \geq -3 \times 10^{-4}$,则允许的变形绝对值 $\Delta\varepsilon_r \leq 4.5 \times 10^{-4}$;对填充用膨胀混凝土则允许 $\Delta\varepsilon_r \leq 5.5 \times 10^{-4}$。

日本建筑学会对掺与不掺 CSA 膨胀剂、石灰系膨胀剂的混凝土的干缩率进行了统计分析,膨胀混凝土的干缩受到膨胀率大小和约束程度影响很大。试验表明,膨胀混凝土的干缩率比普通混凝土绝对收缩率(从最大膨胀率至干缩率)小 10% ~ 30%。另一方面,约束试体的绝对收缩率比无约束试体小,而收缩趋势两者相同。采用我国 UEA、AEA 膨胀剂进行的混凝土干缩率试验结果与日本资料大致相同。

6. 混凝土与砂浆的限制膨胀率关系

混凝土工作者常常希望能根据膨胀剂标准检验测得的 1∶2 砂浆水中 7 d 的 ε_r 值,推算用其配制的补偿收缩混凝土水中 14 d 的 ε_r 值。事实上,由于膨胀剂品种较多,检验中所用水泥的差别,很难用数学式表达膨胀剂砂浆与混凝土之间两种 ε_r 的关系。但对于商品混凝土公司,相对稳定的原材料,常用强度等级的补偿收缩混凝土,还是可以得出能够指导生产的混凝土与砂浆的限制膨胀率的关系。

8.3.6 抗渗性及抗化学侵蚀

补偿收缩混凝土由于密实性提高,显著改善了混凝土的抗渗性和抗化学侵蚀性。

1. 抗渗性

补偿收缩混凝土的渗透系数比普通混凝土小,能用于水密性及气密性要求很高的水工工程、粮仓工程等。

据测试净浆渗透系数为 1.88×10^{-11} m^2/s、砂浆为 2.16×10^{-11} m^2/s,当加入 10%(质量分数)UEA 后,净浆渗透系数降为 1.38×10^{-11} m^2/s,砂浆降为 1.03×10^{-11} m^2/s。普通混凝土在 $W/C = 0.60$ 时渗透系数为 1.70×10^{-9} m^2/s,加入 CSA 后的无约束补偿收缩混凝土降至 0.50×10^{-9} m^2/s,在约束条件下渗透系数更小。

补偿收缩混凝土具有强抗渗能力,是由致密的结构所决定的,加入膨胀剂后,由于钙矾石膨胀结晶具有填充和堵塞毛细孔径的作用,混凝土的最可几孔径从 34.2 nm 降至 22.3 nm、总孔隙率由 0.124 8 cm^3/g 降至 0.065 2 cm^3/g。

有研究表明:加入 CSA 膨胀剂 8%(质量分数)时,扩散系数比普通混凝土降低 20.58%;同时加入 15%(质量分数)粉煤灰时降低 46.69%;同时加入 20%(质量分数)磨细矿渣时降低 53.68%。单加膨胀剂时的效果仅次于加入同量硅灰的混凝土,与掺合料共用时则优于硅灰混凝土,说明膨胀剂赋予混凝土结构致密和高抗渗的优良特性。

中国建筑材料检验认证中心采用 CSA 抗裂防水剂进行了 C30～C40 中等强度的补偿收缩混凝土的抗氯离子渗透性的研究,结果见表 8.12,胶凝材料总量为 380 kg/m³,粉煤灰掺量为 21%(质量分数),采用萘系和脂肪族复合而成的泵送剂,水胶比为 0.47。可见,随着 CSA 掺量的提高,由于混凝土膨胀的缘故,自由混凝土试件的强度有所降低,但混凝土的抗氯离子渗透性能得到明显提高,电通量和 RCM 扩散系数降低,这与抗裂防水剂大幅度提高了混凝土的抗渗性有关。当掺量达到一定程度后,自由状态下试件的抗氯离子渗透系数的降低速度开始下降。在粉煤灰掺量为 21%(质量分数)的情况下,掺加 10%(质量分数)CSA 的补偿收缩混凝土的 RCM 扩散系数比空白混凝土降低了 51.3%。

表 8.12 不同抗裂防水剂掺量对混凝土的力学性能与电通量的影响

CSA 掺量	抗压强度/MPa			56 d 电通量 /C	RCM 扩散系数 /(10^{-12}m² · s⁻¹)
	3 d	7 d	28 d		
0	22.5	28.6	42.8	1 874	8.75
6	24.1	29.3	39.5	1 758	6.50
8	21.8	26.3	40.1	1 364	4.53
10	21.7	27.4	40.8	1 358	4.26

2. 抗化学侵蚀

(1)抗酸侵蚀性能。

胶凝材料用量 380 kg/m³,W/B 为 0.52,内掺质量分数为 12% 的 UEA,骨料最大粒径为 10～20 mm,试体在 0.02 mol/L H_2SO_4 溶液中浸泡,在 90 d 龄期,普通混凝土强度下降 11.11%,加质量分数为 12% 的 UEA 的混凝土试体强度不下降并略有增长,5 年龄期的强度比 90 d 时提高 22.97%,略低于水养试体,说明其具有一定的抗酸侵蚀能力。

(2)抗碱侵蚀性能。

试件条件同上,在 0.05 mol/L NaOH 溶液中浸泡,在 90 d 龄期,普通混凝土强度下降 7.94%,加质量分数为 12% 的 UEA 的混凝土试体强度不下降并略有提高,5 年龄期的强度比 90 d 时提高 20.95%。

补偿收缩混凝土抗稀酸、稀碱的侵蚀能力相当,均优于普通混凝土,这种特性主要是水泥石结构密实的贡献,同时,与 AFt 的耐酸碱性质有关。在将硫铝酸钙类膨胀剂换为石灰膨胀剂或含 f-CaO 较高的 EA、CSA 时,抗酸侵蚀性能会显著降低,强度损失增大。

(3)抗硫酸盐侵蚀性能。

参照《硅酸盐水泥在硫酸盐环境中的潜在膨胀性能试验方法》(GB/T 749),测定 6 个月的耐蚀系数 F_6,$F_6 > 0.8$ 即认为抗硫酸盐侵蚀性能合格。见表 8.13,UEA 与 P·O 42.5 水泥组成的 EC 砂浆具有良好的抗 $MgSO_4$、抗 Na_2SO_4 侵蚀能力,$F_6 \geq 1.0$,高于 P·MSR 抗硫酸盐水泥的 F_6 值。

表 8.13 膨胀剂砂浆的耐蚀系数

试体组成 侵蚀介质/%	F_6			
	$MgSO_4$,0.5	Na_2SO_4,0.5	NaCl,1.0	Na_2CO_3,1.0
P·O 42.5+UEA12%(质量分数)	1.15	1.05	0.84	0.48
P·MSR,琉璃河		0.84		

补偿收缩混凝土从 20 世纪 80 年代就在滨海及盐渍土地区、含多种盐离子与酸根的污水处理工程得到推广应用,经受了海水、高浓 SO_4^{2-} 及 pH 变化的工业污水、地下水的长期侵蚀考验,证明其具有较高的抗化学侵蚀能力。

8.3.7　其他性能

1. 强度

(1)抗压强度。

①自由强度。按普通混凝土抗压强度试验方法,成型的试件无任何外部约束和钢筋约束,由此测得的强度称为自由强度。当混凝土强度等级为 C25～C35 时,自由强度在同混凝土配合比条件下,随膨胀剂内掺量的提高而降低,当 UEA 由 9%(质量分数)增至 13%(质量分数)时,28 d 抗压强度平均降低 4.5 MPa;随龄期的延长强度继续升高。而且,不同的膨胀剂在使用同掺量时,所得混凝土强度也有差别。无论哪种膨胀剂配制的补偿收缩混凝土,其自由强度都具有类似的规律。

②试模限制强度。成型试件带模养护至规定龄期,脱模后,测定的抗压强度称为试模限制强度,也即用试体四周的模板对自由膨胀的发展施加限制,以削弱质点的背向运动,增强结构的致密性。在同混凝土配合比条件下,试模限制强度高于自由强度,平均 3 d 龄期提高 15.89%、7 d 龄期提高 16.06%、28 d 龄期提高 9.83%,表明膨胀剂早期的 ε_f 较高,对自由强度产生明显的影响,而在其具有一定强度的自我约束后,内部结构逐步致密,随龄期延长强度差别减小。

③长期强度。以 28 d 抗压强度为 100,在水养条件下,1 年龄期增进率为 30.9%、5 年为 69.1%、10 年达 129.4%;在室外自然环境中,1 年增进率为 41.9%、5 年为 80.2%、10 年达 121.8%;同时,抗拉强度也有与此相当的升高幅度。说明补偿收缩混凝土在水中或在自然环境中经受了多次温-湿度循环,抗压与抗折强度同时增加,随着时间的延长,强度对膨胀的约束逐步增强,膨胀对强度的贡献也越突出,具有可靠的后期强度。

④强度与限制膨胀率的关系。大量试验表明,膨胀剂掺量为 8%～12%(质量分数),补偿收缩混凝土的限制膨胀率为 $(2.5～3.5)\times10^{-4}$,对强度影响不大。对于填充性膨胀混凝土,膨胀剂掺量要相应提高 2% 左右,其限制膨胀率为 $(3.5～4.5)\times10^{-4}$。由于膨胀较大,对自由强度影响也较大,但对限制状态下的强度不会影响,相反,会有所提高。

(2)黏结强度。

补偿收缩混凝土的黏结强度比不加膨胀剂的普通混凝土略高,抗压强度对黏结强度的影响倾向与普通混凝土一致。在抗压强度较高时,黏结强度增高;限制试体的黏结强度高于自由试体,对于 C30～C40 混凝土,黏结强度为 4～6 MPa。不同品种的膨胀剂具有不同的膨胀性能,其最佳加入量也不相同,所以,其黏结强度也有差别。

(3)其他强度。

强度等级为 C30、C40 及高强补偿收缩混凝土的抗折强度、轴心抗压强度、劈裂抗拉强度与普通混凝土基本相同,轴心抗压强度与立方抗压强度比值为 0.76～0.92,平均 0.814;抗折强度约为劈裂抗拉强度的 2 倍;劈裂抗拉强度为抗压强度的 1/15～1/18。对于掺加 UEA 10%(质量分数)及 16%(质量分数)的高强补偿收缩混凝土,用 YHD-30 挠度计测定了抗弯试体的挠度、抗裂强度,表明韧度提高,有利于推迟混凝土的初裂时间。

2. 弹性模量

补偿收缩混凝土的静弹性模量和普通混凝土一致,同样符合抗压强度高、静弹性模量也高的规律,当膨胀剂加入量提高而抗压强度降低时,静弹性模量也有所降低。补偿收缩混凝土的泊松比和普通混凝土一致,强度等级低于 C50 混凝土,其泊松比约为 0.215。

8.3.8 配合比

补偿收缩混凝土的配合比设计遵循《普通混凝土配合比设计规程》的方法进行,此外,补偿收缩混凝土的配合比设计必须达到工程要求的限制膨胀率的设计指标,根据《补偿收缩混凝土应用技术规范》(JGJ/T 178)还应考虑如下特点:

(1)补偿收缩混凝土单位胶凝材料用量(水泥、膨胀剂和掺合料的总量)不宜小于 300 kg/m³;填充用膨胀混凝土单位胶凝材料用量不宜小于 350 kg/m³;用于有抗渗要求的补偿收缩混凝土的胶凝材料用量应不小于 320 kg/m³。

(2)试验研究表明:水胶比大于 0.5,不仅对补偿收缩混凝土的膨胀性能有一定的影响,而且对混凝土的耐久性也不利。

(3)补偿收缩混凝土的膨胀剂掺量不宜大于 12%(质量分数),不宜小于 6%(质量分数);填充用膨胀混凝土的膨胀剂掺量不宜大于 15%(质量分数),不宜小于 10%(质量分数);膨胀剂的具体掺量根据 GB 50119 中限制膨胀率的要求或者设计要求确定。配合比试验的限制膨胀率值应比设计值高 0.005%

(4)混凝土的强度以龄期 28 d 的抗压强度为准;对大体积混凝土或地下工程,可采用 60 d 或 90 d 的抗压强度标准。

(5)以水泥、掺合料和膨胀剂为胶凝材料的混凝土,设基准混凝土配合比中水泥用量为 m'_c,掺合料用量为 m'_f,膨胀剂用量 $m_e = (m_c + m_f) \cdot K$,掺合料用量 $m_f = m'_f(1-K)$,水泥用量 $m_c = m'_c(1-K)$。

(6)其他外加剂用量的确定方法:膨胀剂可与其他混凝土外加剂复合使用,应有较好的适应性,膨胀剂不宜与氯盐类外加剂复合使用,与防冻剂复合使用时应慎重,外加剂品种和掺量应通过试验确定。

8.4 纤维混凝土

纤维混凝土又称纤维增强混凝土,是以水泥净浆、砂浆或混凝土作为基材,以非连续的短纤维或连续的长纤维作为增强材料,均布地掺和在混凝土中而形成的一种新型水泥基复合材料的总称。

8.4.1 概述

1. 纤维混凝土的发展

水泥混凝土虽然是当今主要的一种优良建筑材料,有较高的抗压强度,但其抗拉、抗弯、抗冲击以及韧性等性能却比较差,而且随着龄期发展,后面这些强度与抗压强度的比值越来越小,因而潜伏着安全的隐患。纤维混凝土就是人们为了改善混凝土的这些缺陷而发展起来的。

钢纤维混凝土研究时间最早,应用也最广泛。20 世纪 70 年代,钢纤维混凝土的研究发展很快,且碳纤维混凝土、玻璃纤维混凝土、石棉纤维混凝土等高弹性纤维混凝土,尼龙纤维混凝土、聚丙烯纤维混凝土、植物纤维混凝土等低弹性纤维混凝土的研制也引起各国的关注。就目前情况看来,钢纤维混凝土在大面积混凝土工程中应用最为成功。玻璃纤维、聚丙烯纤维在混凝土中的应用也取得了一定的经验,较多地应用于管道、楼板、墙板、楼梯、梁、船壳、电线杆等。近年来国家行业出台了一系列的标准规程为纤维混凝土的迅速发展提供了技术保证,如《纤维混凝土专用技术规程》(JGJ/T 221—2010)《钢纤维混凝土》(JG/T 3064—1999)。纤维混凝土由于抗疲劳和抗冲击性能良好,预计将来在抗震建筑中也会得到广泛应用。

2. 分类

(1)按纤维配制方式分类。

①乱向短纤维增强混凝土。其中的短纤维呈乱向二维和三维分布,如玻璃纤维混凝土、石棉纤维混凝土、普通钢纤维混凝土、短碳纤维混凝土、短芳纶纤维混凝土、短聚丙烯纤维混凝土等。

②连续长纤维(或网布)增强混凝土。其中的连续纤维呈一维或二维定向分布,如长玻璃纤维(或玻璃纤维网格布)混凝土、长碳纤维混凝土、长芳纶纤维混凝土、纤维增强树脂筋混凝土等。

③连续长纤维和乱向短纤维复合增强混凝土。

④不同尺度不同性质的纤维增强的混凝土。

(2)按纤维增强混凝土的性能分类。

①普通纤维混凝土,如普通钢纤维混凝土、玻璃纤维混凝土等。

②高性能纤维增强混凝土,如流浆浸渍钢纤维混凝土、流浆浸渍钢纤维网混凝土、纤维增强活性粉末混凝土(RPC)、芳纶纤维混凝土等。

③超高性能纤维增强混凝土,如纤维增强高致密水泥基均匀体系(FRDSP)、纤维增强无宏观缺陷水泥(FRMDF)等。

8.4.2 纤维增强机理

目前,对于混凝土中均匀而任意分布的短纤维对混凝土的增强机理,存在两种不同的理论解释:其一是美国人 J. P. Romualdi 最先提出的"纤维间距机理";其二是英国的 Swamy、Mamgat等人首先提出的"复合材料机理"。至于连续长纤维增强混凝土的理论主要是从复合材料力学基础上发展出来的,包括多缝开裂理论、混合率法则等。

1. 纤维间距机理

J. P. Romualdi 的纤维间距机理是根据线弹性断裂力学理论来说明纤维材料对于裂缝发生和发展的约束作用。这一机理认为:混凝土内部原来就存在缺陷,要提高这种材料的强度,必须尽可能减小缺陷的程度,提高材料的韧性,降低内部裂缝端部的应力集中系数。

如图 8.11 所示,假定纤维在拉应力方向上呈现棋盘状的均匀分布,中心距为 S,一个凸透镜状的裂缝(半径为 a)存在于 4 根纤维所围住的中心。由于拉力的作用,裂缝的端部产生应力集中系数 k_σ。当裂缝扩展至纤维与基材的过渡区时,由于纤维的拉伸应力所引起的黏结应力分布(τ)会产生对裂缝起约束作用的剪应力并使之趋于闭合。此时在裂缝端部会有另一个

与 k_σ 方向相反的应力集中系数 k_f，故总的应力集中系数下降为 $k_\sigma - k_f$。所以，混凝土的初裂强度得以提高。可见，单位面积内的纤维数(N)越多，亦即纤维间距越小，强度提高的效果越好。

纤维间距机理假定，纤维和基体间的黏结是完美无缺的，但是，事实却不尽如此，它们之间的黏结肯定有薄弱之处；另外，间距的概念一旦超出比例极限和周界条件就不再成立，因此，还不能客观反映纤维增强的机理。

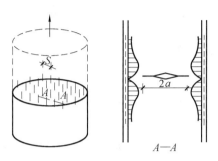

图 8.11　纤维间距机理力学模型

2. 复合材料机理

复合材料机理的出发点是复合材料构成的加和原理，将纤维增强混凝土看作是纤维强化的多相体系，其性能乃是各相性能的加和值，并应用加和原理来推定纤维混凝土的抗拉和抗弯强度。该机理应用于纤维混凝土时，有如下的假设条件：

①纤维与水泥基材均呈弹性变形。

②纤维沿着应力作用方向排列，并且是连续的。

③纤维、基材与纤维混凝土发生相同的变形值。

④纤维与水泥基材的黏结良好，二者不发生滑动。

3. 临界纤维体积率与临界纤维长径比

(1)临界纤维体积率

用各种纤维制成的纤维混凝土均存在一临界纤维体积率。当实际纤维体积率大于此临界值时，才可以使纤维混凝土的抗拉极限强度较之未增强的水泥基材有明显的增高。临界纤维体积率的计算式为

$$P_c = \frac{f_{fl}}{f_{fl} + f_{jl} - E_f \varepsilon_{jl}} \tag{8.1}$$

式中　P_c——临界纤维体积率；

　　　f_{fl}——纤维极限抗拉强度；

　　　f_{jl}——水泥基材极限抗拉强度；

　　　E_f——纤维的弹性模量；

　　　ε_{jl}——水泥基材的极限延伸率。

若使用定向的连续纤维，且纤维与水泥基材黏结较好，则用钢纤维、玻璃纤维和聚丙烯膜裂纤维制备的三种纤维混凝土的临界体积率的计算值分别为 0.31%、0.40%、0.75%。实际上，使用非定向的短纤维，且纤维与水泥的黏结不够好时，上述的临界值应增大。

(2)纤维临界长径比。

使用短纤维制备纤维混凝土时，存在一临界长径比。纤维临界长径比的计算式为

$$\frac{l_c}{d} = \frac{f_{fl}}{2\tau} \tag{8.2}$$

式中 τ——纤维与水泥基材的平均黏结强度。

8.4.3 钢纤维混凝土

在普通混凝土中掺入适量的钢纤维配制而成的混凝土,称为钢纤维混凝土(Steel Fiber Reinforced Concrete,SFRC)。

1.钢纤维混凝土物理力学性能

(1)力学性能。

①抗拉强度。钢纤维混凝土的抗拉强度随着纤维掺量的增加而提高,达到最高拉应力值后并不发生脆断而仍具有一定的承载能力和变形能力(图8.12)。当钢纤维掺量在许可范围内时,钢纤维混凝土的抗拉强度比未增强的混凝土提高30%~50%。

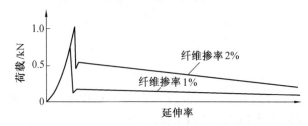

图8.12 钢纤维混凝土在拉力作用下的荷载-延伸率曲线

②抗弯强度。当钢纤维的体积掺率不超过0.5%时,钢纤维混凝土达到初裂荷载后,其承载能力开始下降。当纤维体积掺率较大时,钢纤维混凝土达到初裂荷载后,仍可继续提高承载能力(图8.13)。钢纤维掺量合适时,与未增强的混凝土相比,钢纤维混凝土的抗弯极限强度可提高50%~100%。

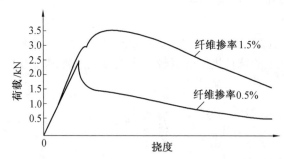

图8.13 钢纤维混凝土在弯曲荷载作用下的荷载-挠度曲线

③抗压强度。钢纤维混凝土在不同纤维体积掺率时的抗压强度-压缩率曲线如图8.14所示。掺加钢纤维可使混凝土的抗压强度提高15%~25%,并可显著地延缓其破坏。

④韧性。钢纤维混凝土在受拉和受弯过程中虽已多处出现裂缝,但仍具有相当高的变形能力,此种变形能力可用"韧性",即用挠度达到一定值时,荷载-挠度曲线下所覆盖的面积来表示(图8.15)。其韧性可达未增强混凝土的10~50倍。

⑤耐疲劳性。钢纤维可显著改善混凝土的耐疲劳性。经10^5次反复施荷、卸荷,钢纤维混凝土受弯时的残余强度仍可达到其静力抗弯强度的2/3左右。

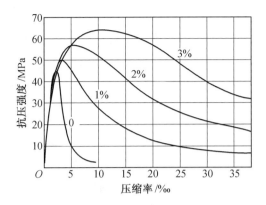

图 8.14　钢纤维混凝土在不同纤维体积掺率时的抗压强度-压缩率曲线

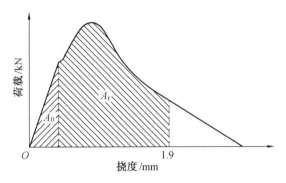

图 8.15　钢纤维混凝土在受弯时的韧性

（2）物理性能。

大量试验指出,钢纤维可使混凝土的干缩率降低 10% ~30% ,但对混凝土的徐变无显著影响;钢纤维有利于改善混凝土的耐磨性;可使混凝土的热传导性增加 10% ~30% ,但对混凝土的热膨胀系数没有显著影响。

（3）耐久性。

钢纤维混凝土的长期耐久性问题至今还没有一致的结论。一般认为,足够密实的钢纤维混凝土的长期耐久性是没有问题的。有人认为其抗冻性能约为未增强混凝土的 2 ~8 倍,但处于表面附近的钢纤维仍然容易产生锈斑。国内外学者从理论和应用两个方面论证了钢纤维混凝土不仅有抵制腐蚀和冻融的作用,而且与普通混凝土相比,因其阻裂能力高,对提高混凝土耐久性有积极作用。

2. 配合比与施工

钢纤维混凝土配合比设计的基本思路与普通混凝土有很大的不同,其最重要的问题是如何将钢纤维与混凝土在规定的空间进行均匀地配置,即如何把钢纤维均匀地分散在混凝土中,这是必要而不可缺少的条件。纤维混凝土配合比设计,大多按其抗拉强度为设计指标,并以大量试验数据为基础,制定出配合比设计的参考表格,一般步骤如下:

（1）纤维掺量与规格的确定。

根据大量试验证明,钢纤维含量一般为 0.5% ~2%（体积分数）,最大不超过 3%（体积分数）;钢纤维的长径比一般为 60 ~80,最大不超过 100。

（2）粗骨料最大粒径的确定。

粗骨料最大粒径必须根据其对混凝土强度尤其对抗弯强度的影响，以及能让既定用量的纤维均匀地分布作为出发点。根据理论分析得出：当纤维含量为2%（体积分数）时，骨料最大粒径为钢纤维长度的1/2；当纤维含量为1%（体积分数）时，骨料最大粒径为钢纤维长度的1/3～2/3，但粗骨料最大粒径不应超过15 mm。

（3）混凝土水灰比的确定。

钢纤维混凝土的强度不仅决定于水灰比，而且决定于纤维含量。表8.14和表8.15列出了钢纤维混凝土的抗弯强度、抗剪强度与水灰比、纤维含量的关系，可供参考。

表8.14　钢纤维混凝土的抗弯强度　　　　　　　　　　　　MPa

W/C $V_x/\%$	0.40	0.50	0.60
0	6.3	5.7	5.0
1.0	7.8	7.2	6.8
1.5	9.0	8.6	8.2
2.0	9.8	9.6	9.3

表8.15　钢纤维混凝土的抗剪强度　　　　　　　　　　　　MPa

W/C $V_x/\%$	0.40	0.50	0.60
0	7.6	7.2	6.7
0.5	9.9	9.0	8.1
1.0	11.4	10.5	9.2
1.5	13.0	11.5	10.0
2.0	14.0	12.4	10.9

（4）混凝土砂率的确定。

钢纤维混凝土的砂率对钢纤维在混凝土中分散度起着支配的作用，并且对钢纤维混凝土的强度和均质性有一定影响；而且，砂率也是支配钢纤维混凝土稠度的最重要因素，影响着拌合物的和易性。因此，确定合理的砂率有更重要的意义。钢纤维混凝土的砂率一般比普通混凝土高。从强度方面考虑，砂率一般控制在50%～60%比较适宜；从施工方面考虑，砂率一般控制在60%～70%比较合适。

（5）钢纤维混凝土的施工。

钢纤维混凝土施工的要点，是使钢纤维能充分地分散，均匀地分布在混凝土中，而不是互相纠缠，甚至结团。从混凝土搅拌来说，目前常用的混合搅拌方法是"先混法"和"后混法"两种，前者是先将钢纤维与粗、细骨料在搅拌容器中搅拌均匀，然后再将水泥和水掺入搅拌均匀；后者是先将普通混凝土搅拌好，然后掺入钢纤维搅拌均匀。掺入适量的非离子型过渡区活性剂（如辛基苯酚聚氧乙烯醚）是比较有效的方法。

8.4.4　玻璃纤维混凝土

玻璃纤维混凝土（Glass Fiber Reinforced Cement or Concrete，GFRC）是将弹性模量较大的

耐碱玻璃纤维均匀地分布于水泥砂浆、普通混凝土基材中而制得的一种复合材料。它以轻质、高强和高韧性等优点在建筑领域中占有独特的地位。玻璃纤维混凝土目前主要用于非承重构件和半承重构件,可以制成外墙板、隔墙板、通风管道、阳台栏板、活动房屋、下水管道等。随着耐碱玻璃纤维和低碱水泥的开发利用,这种高强轻质的混凝土将成为应用极广的新型建筑材料。

1. 原材料

玻璃纤维混凝土的原材料与普通混凝土有很大的区别,其主要组成材料有低碱硫铝酸盐水泥(胶凝材料)、耐碱玻璃纤维(加强材料)和骨料。

(1)低碱硫铝酸盐水泥。

低碱硫铝酸盐水泥对玻璃纤维的腐蚀作用较低,不会使玻璃纤维丧失强度。另外,这种水泥早期强度高,水泥石结构密实,微膨胀,干缩小,耐负温性能好,抗渗性好,有较强的抗硫酸盐腐蚀的能力。

(2)耐碱玻璃纤维材料。

采用耐碱玻璃纤维材料是发展玻璃纤维混凝土的重要途径。耐碱玻璃纤维是在玻璃纤维的配方中加入适量的锆、钛等耐碱性能较好的元素,同时使玻璃纤维的硅氧结构发生变化,结构更加完善,活性更小,因而减缓了受碱腐蚀的程度,强度损失也小。

(3)玻璃纤维混凝土的骨料。

与普通混凝土不同,玻璃纤维混凝土一般不采用粗骨料,只用细骨料,而且最大粒径不应超过2.0 mm,细度模数为1.2~2.4。为了保证纤维与基材很好地黏结和板材的强度,所用的细骨料必须质地坚硬、清洁无杂质,含泥量不得超过0.3%(质量分数)。

2. 配合比

玻璃纤维混凝土的配合比根据成型工艺的不同而不同。表8.16是采用喷射成型法和铺网喷浆法的参考配合比。

表8.16 不同成型工艺的玻璃纤维混凝土的施工工艺

成型工艺	玻璃纤维	灰砂比	水灰比
直接喷射法	切断长度:34~44 mm 体积掺量:2%~5%	(1:0.3)~(1:0.5)	0.32~0.38
铺网喷浆法	抗碱玻璃纤维网格布 体积掺量:2%~5%	(1:1.0)~(1:1.5)	0.42~0.45

3. 性能与应用

玻璃纤维混凝土不仅弥补了普通混凝土制品自重大、抗拉强度低、耐冲击性能差等不足,而且还具有普通混凝土所不具备的特性,例如制品可以较薄,自重较轻,抗拉强度很高,表面没有龟裂,耐冲击性能优良,抗弯强度高,脱模性好,加工方便,易做成各种异型制品。

玻璃纤维混凝土的施工工艺与普通混凝土不同,浇筑需要专门的设备和特殊的方法。密实成型采用不同类型的平板或插入式振动器、振动台和轮压设备。成型方法主要有直接喷射法和铺网喷浆法两种。直接喷射法是将玻璃纤维无捻粗纱切割至一定长度后进入 GFRC 泵射枪与挤压泵挤出的水泥砂浆在空气中混合,并一起喷射在模具上,如此反复喷射直至混凝土达到要求的厚度。铺网喷浆法是将一定数量、一定规格的玻璃纤维网格布,按预先设计布置于水泥砂浆中,以制得玻璃纤维混凝土制品或构件,水泥砂浆也是通过喷枪喷到模型中。

8.4.5 聚丙烯纤维混凝土

1. 主要性能

(1)物理力学性能。

由于聚丙烯纤维的抗拉强度很高,但弹性模量却很低,所以配制的混凝土具有比普通混凝土抗拉强度高,但弹性模量较低的特性。在较高的应力情况下,混凝土已经达到极限变形时,纤维还没有产生约束应力混凝土就开始破裂。所以,同不含纤维的普通混凝土相比,聚丙烯纤维混凝土的抗压、抗弯、抗剪、耐热、耐磨、抗冻等性能几乎都没有提高。其中,体积掺量为0.5% ~1.0%时,圆形截面的拉丝膜裂纤维混凝土和单丝纤维混凝土的抗压强度无明显变化;但矩形截面的膜裂纤维混凝土的抗压强度下降10% ~25%,平均劈拉强度和抗弯强度也下降相似的数值。这种影响在纤维掺量小于0.5%(体积分数)时可以消除,而使它下列的优点更加凸现出来:

①聚丙烯纤维对砂浆和混凝土的抗塑性收缩与开裂性能有明显影响。当含纤维的水泥基材开裂后,纤维跨接在裂缝的两侧,依靠纤维与基材的黏结及纤维自身的力学性能(此时纤维的弹性模量高于基材),使裂缝的扩展速率得以延缓,开裂程度得以减少,从而使裂缝宽度减少、细化。有试验证明,拉丝和单丝纤维的掺量达到0.1%(体积分数)及以上时,可能完全阻止水泥砂浆塑性收缩开裂的出现,如图8.16所示。

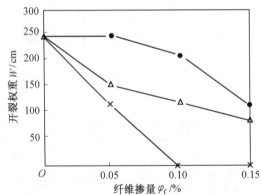

图8.16 塑性收缩开裂权重值随纤维品种、掺量变化的情况
●—膜裂IPP纤维;△—膜裂ⅡPP纤维;×—膜裂拉丝纤维

②当纤维体积分数为0.5% ~1.0%时,不同种类的聚丙烯纤维都明显提高了砂浆和混凝土的抗弯韧性,见表8.17。其中,抗弯韧性指数 I_5、I_{10}、I_{30} 是按照ASTM Cl018推荐的方法测量得到的,是指混凝土试验梁的挠度分别达到其受拉区初裂时的挠度的3、5.5和15.5倍时,相应的荷载-挠度曲线下的面积与初裂时的面积比例。

表8.17 聚丙烯纤维混凝土的抗弯强度与抗弯韧性指数 I(28 d)

纤维名称	抗弯强度/MPa			掺量0(体积分数)			掺量0.5%(体积分数)			掺量1.0%(体积分数)		
	0%	0.5%	1.0%	I_5	I_{10}	I_{30}	I_5	I_{10}	I_{30}	I_5	I_{10}	I_{30}
膜裂IPP	5.25	4.33	4.07	3.83	5.93	9.89	5.03	8.78	16.86	5.29	9.66	23.68
拉丝膜裂	5.25	4.17	3.59	3.83	5.93	9.89	4.49	8.03	16.76	4.33	8.31	21.29

相关研究表明,在水泥基材中掺入0.5%(体积分数)的膜裂纤维,不仅不会对混凝土强度

造成不良影响,反而会使其抗弯韧性、抗冲击强度明显改善,同时又大幅度改善抗塑性收缩开裂的性能,因此是一条既经济又有效的途径。

③聚丙烯纤维掺量为 0.6 kg/m³、0.9 kg/m³、1.2 kg/m³ 的混凝土与水泥用量相同的普通混凝土相比,抗冲击能力提高 0.8~6.1 倍;极限拉伸率分别提高 7%、9% 和 11%;抗冲磨强度提高 33%、49% 和 58%;另外,其他试验指出,聚丙烯纤维混凝土的抗收缩性能较好,体积掺量为 1% 时,收缩率可降低 75%。

2. 工作性与耐久性

聚丙烯纤维在混凝土拌合物中有良好的分散性,对搅拌工艺和搅拌时间没有特殊要求。混凝土中添加聚丙烯纤维时,坍落度稍有降低,但能够改善拌合物的保水性和黏聚性,混凝土的泵送性整体上得到提高。纤维形成的三维乱向支撑体系能有效地减少混凝土的泌水,降低混凝土中的孔隙率,并且减少混凝土的塑性收缩裂缝,因而能够大幅度提高混凝土的抗渗性。混凝土中添加适量纤维后,随着抗裂性、抗渗性的提高,混凝土的耐久性将得到改善,尤其是混凝土中使用硅灰等超细矿物掺合料时,获得的效果更好。

3. 混凝土配合比与施工

不同工艺的聚丙烯纤维混凝土的配合比见表 8.18。

表 8.18　不同工艺的聚丙烯纤维混凝土的配合比

成型工艺	聚丙烯纤维要求	水泥	骨料	外加剂	灰集比	水灰比
预拌法	细度:6 000~1 3000 旦尼尔 切断长度:40~70 mm 体积掺率:0.4%~1.0%	42.5 MPa 或 52.5 MPa 硅酸盐水泥或普通硅酸盐水泥	细骨料:D_{max}=5 mm 粗骨料:D_{max}=10 mm	减水剂或超塑化剂,用量由预拌试验确定	砂浆:水泥:砂=(1:1)~(1:1.3) 混凝土:水泥:砂:石=(1:2:2)~(1:2:4)	0.45~0.50
喷射法	细度:4 000~1 2000 旦尼尔 切断长度:20~60 mm 体积掺率:2%~6%		骨料 D_{max}=2 mm		砂浆:水泥:砂=(1:0.3)~(1:0.5)	0.32~0.40

聚丙烯纤维混凝土对原材料、搅拌及施工工艺没有特殊要求,应用时应符合《纤维混凝土应用技术规程》(JGJ/T 221)的要求。拌制时,应根据掺量和每次搅拌混凝土方量,准确称取纤维。将砂石骨料与纤维一同加入搅拌机中,加水搅拌。搅拌完后随机抽样,检查纤维的分散性,如果纤维已经均匀分散成单丝和分布均匀,则可投入使用;如果仍有成束纤维则延长搅拌时间 30 s,即可使用。加入纤维的混凝土原配比不变,应该严格按照有关规程施工及养护。

8.5　轻骨料混凝土

表现密度小于 1 950 kg/m³ 的混凝土称为轻质混凝土。轻质混凝土主要用作保温隔热材料,也可以作为结构材料使用。一般情况下,密度较小的轻质混凝土强度也较低,但保温隔热性能较好;密度较大的轻质混凝土强度也较高,可以用作结构材料。轻质混凝土主要有轻骨料混凝土、多孔混凝土和轻骨料多孔混凝土三种类型。

轻骨料混凝土是一种以密度较小的轻粗骨料、轻砂（或普通砂）、水泥和水配制成的混凝土。制成的轻骨料混凝土密度一般不超过 1 950 kg/m³,强度可达 5 ~ 60 MPa。

8.5.1　分类

1. 按轻粗骨料的种类分类

①工业废料轻骨料混凝土。如粉煤灰陶料混凝土、自燃煤矸石混凝土、炉渣混凝土等。
②天然轻骨料混凝土。如浮石混凝土、火山渣等。
③人造轻骨料混凝土。如黏土陶粒混凝土、页岩陶粒混凝土、膨胀珍珠岩混凝土等。

2. 按细骨料的种类分类

①全轻骨料混凝土(简称全轻混凝土),即粗细骨料全部是轻骨料。
②砂轻骨料混凝土(简称砂轻混凝土),即粗骨料为轻骨料,而细骨料为普通砂。
③无砂轻骨料混凝土,只含轻粗骨料不含轻细骨料的轻骨料混凝土。

3. 按混凝土用途分类

轻骨料混凝土按其用途可分为保温轻骨料混凝土、结构保温轻骨料混凝土和结构轻骨料混凝土。《轻骨料混凝土技术规程》(JGJ 51)对这三类轻骨料混凝土合理的强度等级、密度等级以及其适宜的工程应用范围提出了具体的建议,见表 8.19。

表 8.19　轻骨料混凝土按用途分类

类别	混凝土强度等级 合理范围	混凝土密度等级 合理范围	用　　途
保温 轻骨料混凝土	LC5.0	≤800	主要用于保温的围护结构或热工构筑物保温
结构保温 轻骨料混凝土	LC5.0 LC7.5 LC10 LC15	800 ~ 1400	主要用于既承重又保温的围护结构
结构 轻骨料混凝土	LC15 LC20 LC25 LC30 LC35 LC40 LC45 LC50 LC55 LC60	1 400 ~ 1 900	主要用于承重构件或构筑物

8.5.2 原材料

1. 水泥

轻骨料混凝土本身对水泥无特殊要求。选择水泥品种和水泥的强度等级仍要根据混凝土强度、耐久性的要求。由于轻骨料混凝土的强度可以在一个很大的范围内（5 ~ 60 MPa），一般不宜用高强度等级的水泥配制低强度等级的轻骨料混凝土，以免影响混凝土拌合物的和易性。一般情况下，如果轻骨料混凝土的强度为 $f_{cu,L}$，水泥强度为 f_{ce}，则

$$f_{ce} = 1.2 ~ 1.8 f_{cu,L} \tag{8.3}$$

如因各种原因限制，必须用高强度等级的水泥配低强度的轻骨料混凝土，可以通过掺加粉煤灰来调节。

2. 掺合料

为改善轻骨料混凝土拌合物的工作性，调节水泥强度等级，配制混凝土时可以掺入一些具有一定火山灰活性的掺合料，如粉煤灰、矿渣粉等，其中粉煤灰最常用，效果也较好。

3. 拌和水

轻骨料混凝土对拌和水的要求与普通混凝土相同。

4. 外加剂

在必要时，配制轻骨料混凝土可以掺加减水剂、早强剂及引气剂等各种外加剂。

8.5.3 结构特征

轻骨料混凝土是轻质多孔性骨料颗粒被水泥石胶结而成的堆聚结构。它与普通混凝土的不同之处是：在轻骨料混凝土中存在着两种微孔微管系统，即水泥石中的微孔微管系统和多孔骨料中的微孔微管系统。这种结构特点赋予了轻骨料混凝土许多优越的性能：

（1）多孔骨料的微孔微管在轻骨料混凝土拌合物中具有吸水作用，而在轻骨料混凝土硬化过程中又能排出一部分所吸收的水分，供给水泥石持续硬化使用。轻骨料这种"微泵"作用造成了骨料颗粒表面的局部低水灰比，即增加了骨料表面附近尤其是过渡区中水泥石的密实性，同时减少甚至避免了粗骨料下方由于内分层现象而形成的水囊，提高了粗骨料与砂浆的过渡区黏结力，如图 8.17 所示。

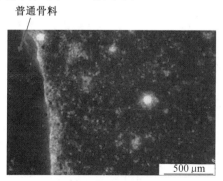
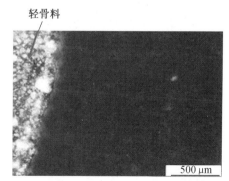

图 8.17　轻骨料混凝土和普通混凝土过渡区的对比

（2）轻骨料表面粗糙且具有微孔，它与水泥石结合的有效面积比普通骨料大得多，因此机

械啮合作用也较强。

（3）某些轻骨料属于烧黏土质材料，经过高温煅烧后其表面具有一定的活性，在水泥水化过程中能与水泥石中的氢氧化钙发生化学反应，所以轻骨料与水泥石的黏结力要比普通骨料强得多，对提高轻骨料混凝土强度极为有利。

（4）当使用人工轻骨料时，由于外形一般较为规则且多呈球形，颗粒堆聚均匀紧密。因此混凝土在外力作用下受力状态比较均匀，这一因素也使得混凝土的强度提高。

8.5.4 配合比设计

轻骨料混凝土的配合比设计主要应满足设计要求的耐久性、强度、密度和工作性，并能合理使用材料，特别是应尽量节省水泥。由于轻骨料品种多，性能差异大，强度往往低于普通混凝土所使用的砂、石等骨料，所以配合比设计不能完全与普通混凝土一样。

1. 试配强度 $f_{cu,0}$

$$f_{cu,0}=f_{cu,k}+1.65\sigma \tag{8.4}$$

式中 　$f_{cu,0}$——试配强度，MPa；

　　　$f_{cu,k}$——轻骨料混凝土的设计强度或要求的强度等级，MPa；

　　　σ——轻骨料混凝土的总体标准差，MPa，如施工单位有轻骨料混凝土施工历史记录的 σ 值，可按历史记录的 σ 取值，否则可参照表8.20选取。

表 8.20　σ 取值表

强度等级	低于 LC20	LC20 ~ LC35	高于 LC35
σ/MPa	4.0	5.0	6.0

2. 水泥强度等级及用量

根据经验，轻骨料混凝土水泥用量主要与混凝土的强度及密度有关。表8.21列出了 $1\ m^3$ 轻骨料混凝土所需的水泥量与混凝土强度等级及密度等级的关系。

表 8.21　轻骨料混凝土水泥用量选取参考表　　　　　　　　　　kg/m³

混凝土试配强度/MPa	轻骨料密度等级						
	400	500	600	700	800	900	1 000
<5.0	260 ~ 320	250 ~ 300	230 ~ 280				
5.0 ~ 7.5	280 ~ 360	260 ~ 340	240 ~ 320	220 ~ 300			
7.5 ~ 10		280 ~ 370	260 ~ 350	240 ~ 320			
10 ~ 15			280 ~ 350	260 ~ 340	240 ~ 330		
15 ~ 20			300 ~ 400	280 ~ 380	270 ~ 370	260 ~ 360	250 ~ 350
20 ~ 25				330 ~ 400	320 ~ 390	310 ~ 380	300 ~ 370
25 ~ 30				380 ~ 450	370 ~ 440	360 ~ 430	350 ~ 420
30 ~ 40				420 ~ 500	390 ~ 490	380 ~ 480	370 ~ 470
40 ~ 50					430 ~ 530	420 ~ 520	410 ~ 510
50 ~ 60					450 ~ 550	440 ~ 540	430 ~ 530

应注意,表8.21中横线以上为采用32.5级水泥时水泥用量值,横线以下为采用42.5级水泥的水泥用量值,表中下限值适用于球型和普通型轻粗骨料颗粒,上限适用于碎石型颗粒(如浮石)及全轻混凝土。考虑到混凝土的变形,最高水泥用量不大于550 kg/m³。

3. 拌和水用量

拌和水用量根据施工要求的和易性(维勃稠度或坍落度)确定,可参照表8.22选取。

表8.22 轻骨料混凝土净水用量参照表

混凝土用途	和易性		净水用量/(kg·m⁻³)
	维勃稠度/s	坍落度/mm	
预制混凝土构件			
(1)振动加压成型	10～20		45～140
(2)振动台成型	5～10	0～10	140～180
(3)振捣棒或平板振动器成型	—	30～80	165～215
现浇混凝土			
(1)机械振捣	—	50～100	180～210
(2)人工振捣(或钢筋较密)	—	≥80	200～220

选取时应注意表中"净水用量"是未考虑轻骨料吸水的用量。对于球型和普通型轻骨料(如黏土陶粒、煤灰陶粒等),由于吸水率相对较低,所以"净水量"即可以作为拌和水用量;而对于碎石型轻骨料,相对吸水率较高,一般应在净水用量的基础上增加10 kg/m³。另外,表8.22中净水用量仅适用于粗骨料为轻骨料,细骨料为普通砂的"砂轻混凝土"。如果细骨料也为轻骨料,应在净水用量的基础上附加轻砂1 h所吸的水量。粗骨料是否预湿也影响混凝土的实际用水量。综上所述,可参照表8.23计算附加用水量。

表8.23 附加用水量计算参照表

项　　目	附加水量(m_{wa})
粗骨料预湿,细骨料为普通砂	$m_{wa} = 0$
粗骨料不预湿,细骨料为普通砂	$m_{wa} = m_a \cdot \omega_a$
粗骨料预湿,细骨料为轻砂	$m_{wa} = m_s \cdot \omega_s$
粗骨料不预湿,细骨料为轻砂	$m_{wa} = m_a \cdot \omega_a + m_s \cdot \omega_s$

注:m_a、m_s分别为轻粗、细骨料的用量;ω_a、ω_s分别为粗、细骨料的吸水率

需强调的是,通过表8.22、表8.23求得的拌和用水量仍然是在经验基础上求得的,由于轻骨料品种多、吸水情况复杂,最后实际用水量仍应通过试配调整。

4. 最大水灰比和最小水泥用量

根据轻骨料混凝土所处环境不同,为满足耐久性要求,最大水灰比和最小水泥用量应符合表8.24的规定。

表 8.24　轻骨料混凝土的最大水灰比和最小水泥用量

混凝土所处的环境条件	最大小灰比	最小水泥用量/$(kg \cdot m^{-3})$	
		配筋混凝土	素混凝土
不受风雪影响的混凝土	不作规定	270	250
受风雪影响的露天混凝土;位于水中及水位升降范围内的混凝土和在潮湿环境中的混凝土	0.5	325	300
寒冷地区位于水位升降范围内的混凝土和受水压或除冰盐作用的混凝土	0.45	375	350
严寒和寒冷地区位于水位升降范围内和受硫酸盐、除冰盐等腐蚀的混凝土	0.40	400	375

5. 砂率

轻骨料混凝土的砂率应以密实状态的体积砂率表示。轻骨料混凝土的砂率可按表 8.25 选用。

表 8.25　轻骨料混凝土的砂率

轻骨料混凝土用途	细骨料品种	砂率/%
预制构件用	轻砂	35～50
	普通砂	30～40
现浇混凝土用	轻砂	—
	普通砂	35～45

注:当细骨料采用轻砂和普通砂混合使用时宜取中间值,并按轻砂与普通砂的混合比进行插入计算;采用圆球形轻粗骨料时,宜取表中下限值,采取碎石型时,则取上限

6. 轻细骨料或砂的用量

细骨料或砂的用量 S_0 的计算式为

$$S_0 = \left[1 - \left(\frac{C_0}{\rho_c} + \frac{W_0}{\rho_w} \right) \right] \cdot S_p \cdot \rho_s \tag{8.6}$$

式中　S_0——1 m^3 轻骨料混凝土中细骨料或砂子的用量,kg;

　　　　C_0——1 m^3 混凝土水泥用量,kg;

　　　　W_0——1 m^3 混凝土净水用量,kg;

　　　　ρ_c—— 水泥的密度,kg/m^3;

　　　　ρ_w—— 水的密度,一般取 1 000 kg/m^3;

　　　　S_p—— 体积砂率(密实状态);

　　　　ρ_s—— 细骨料或砂的密度,kg/m^3,如采用轻砂时,ρ_s 为轻砂的表观密度,如采用普通砂时,ρ_s 取 2 600 kg/m^3。

7. 粗骨料用量

1 m^3 混凝土粗骨料用量 G_0 的计算式为

$$G_0 = \left[1 - \left(\frac{C_0}{\rho_c} + \frac{W_0}{\rho_w} + \frac{S_0}{\rho_s} \right) \right] \cdot \rho_g \qquad (8.7)$$

式中　　G_0——1 m³ 混凝土粗骨料用量，kg；

　　　　ρ_g—— 轻粗骨料的表观密度，kg/m³。

至此，已求得 1 m³ 轻骨料混凝土的水泥用量 C_0、水用量 W_0、轻粗骨料用量 G_0 及轻砂（或普通砂）用量 S_0。

8. 试配和调整

试配后进行和易性的调整，如果测得试配料的维勃稠度或坍落度与要求指标值误差不超过 10 %，即可以进行强度验证及干表观密度的验证，如果超过 10%，则需在不改变 W/C 的情况下增减水泥浆量来进行调节。

干表观密度的验证由已求得的 C_0、G_0 及 S_0，轻质混凝土的干表观密度 ρ_{cd} 的计算式为

$$\rho_{cd} = 1.15C_0 + G_0 + S_0 \qquad (8.8)$$

求得的 ρ_{cd} 与设计要求的轻骨料混凝土进行比较，如果误差不超过 3%，试配成功；如果超过 3%，则应重新调整和计算。如果掺用减水剂，可按普通混凝土掺减水剂时的计算方法，即按减水率大小酌减总用水量。

8.5.5　性能

1. 力学性能

（1）强度和强度等级。

与普通混凝土一样，轻骨料混凝土的强度等级也是以 150 mm×150 mm×150 mm 立方体 28 d 抗压强度值作为标准值的，而且与普通混凝土对应，划分有 LC5、LC7.5、LC10、LC15、LC20、CL25、LC30、LC35、LC40、LC45、LC50、LC55 和 LC60 共 13 个等级。轻骨料混凝土强度增长规律与普通混凝土相似，但又有所不同。当轻骨料混凝土强度较低时（强度等级小于或等于 LC15），强度增长规律与普通混凝土相似。而强度越高，早期强度高于用同种水泥配制的同强度等级普通混凝土。例如 LC30 的轻骨料混凝土的 7 d 抗压强度即可达到 28 d 抗压强度的 80% 以上。

（2）密度和密度等级。

轻骨料混凝土按表观密度分为 600、700、800、900、1000、1100、1200、1300、1400、1500、1600、1700、1800、1900 14 个等级。某一密度等级的轻骨料混凝土密度标准值可取该密度等级干表观密度范围内的上限值。

2. 变形性能

（1）弹性模量。

轻骨料的弹性模量比砂石低，所以轻骨料混凝土的弹性模量普遍比普通混凝土低。根据轻骨料的种类、轻骨料混凝土强度及轻骨料在混凝土中的配比不同，一般比普通混凝土低 25% ~ 65%。而且强度越低，弹性模量比普通混凝土低得越多。另外轻骨料的密度越小，弹性模量也越小。

（2）徐变。

混凝土徐变的影响因素与弹性模量的影响因素基本相似。一般来说，弹性模量较大的混

凝土,相应的徐变较小,所以轻质混凝土徐变比普通混凝土大。据试验测定,LC20 ~ CL40 的轻骨料混凝土的徐变值比 C20 ~ C40 的普通混凝土大 15% ~ 40% 。与普通混凝土类似,轻骨料混凝土的徐变终值也在 2 ~ 5 年内即可以达到。

(3)收缩变形。

轻骨料混凝土收缩变形大于同强度等级的普通混凝土,其原因与徐变类似。其中最主要的原因是轻骨料混凝土中水泥用量较大,产生的化学收缩也较大。另外,轻骨料混凝土干燥收缩值也较普通混凝土大。在干燥条件下,轻骨料混凝土的最终收缩值为 0.4 ~ 1 mm/m,为同强度等级普通混凝土的 1 ~ 5 倍。试验还发现,全轻混凝土的收缩略高于砂轻混凝土。

(4)温度变形。

由于轻骨料的弹性模量比砂石小,所以轻骨料对水泥硬化浆体温度变形的约束力也比砂石小。按此推测,轻骨料混凝土的温度变形应该比普通混凝土大。另外,轻骨料本身的温度变形又小于砂、石,这就导致了轻骨料混凝土的温度变形与同强度等级普通混凝土相差无几。例如黏土陶粒混凝土的线膨胀系数为 $7 \times 10^{-6}/K$,而普通混凝土的线膨胀系数为 $(6 \sim 9) \times 10^{-6}/K$。

3. 热物理性能

由于轻骨料混凝土常被用作保温隔热材料,因此其热物理性能是很重要的性能,轻骨料混凝土的热物理性能主要有以下几方面。

(1)热导率。

热导率是反映材料热传导能力的一个参数,一般用干燥状态下轻骨料混凝土平均热导率 $\overline{\lambda_d}$ 来表示。

$$\overline{\lambda_d} = 0.084\ 3\ e^{0.001\ 28} \cdot \rho_s^0 \tag{8.9}$$

式中　$\overline{\lambda_d}$——轻骨料混凝土的平均热导率,$W \cdot m^{-1} \cdot K^{-1}$;

　　　ρ_s^0——轻骨料混凝土的表观密度,kg/m^3。

(2)蓄热系数。

蓄热系数是反映材料蓄热能力的技术参数,轻骨料混凝土蓄热系数的计算式为

$$S = \sqrt{\lambda_d \times C \times \rho_s^0 \times 2\pi/T} \tag{8.10}$$

式中　S——轻骨料混凝土的蓄热系数,$W \cdot m^{-1} \cdot K^{-1}$;

　　　C——比热容,$kJ \cdot kg^{-1} \cdot K^{-1}$,一般用干燥状态下的比热容,如已知含水状态的比热容 C_w,干燥时轻骨料混凝土的比热容为 C_d,则

$$C_d = \frac{C_w}{\delta_c \times \omega} \tag{8.11}$$

式中　δ_c——质量含水率增加 1% 时比热容的增加值,一般情况下,全轻质混凝土取 0.027,砂轻质混凝土取 0.029;

　　　ω——混凝土含水率。

(3)导温系数。

导温系数是表示材料在冷却加热过程中各点达到相同温度所需要的时间,是衡量材料传递热量快慢的一个指标,计算式为

$$\alpha = \frac{\lambda}{C\rho_s^0} \tag{8.12}$$

研究表明,影响轻骨料混凝土热物理性能的主要因素是组成材料的化学成分、结构和含水状况。轻骨料混凝土中水泥硬化浆体的组成及结构相差不大,主要差别是轻骨料的组成、结构及轻骨料在混凝土中的比例。一般轻骨料混凝土在干燥条件下和在平衡含水率条件下的各种热物理系数计算值应满足表8.26的要求。

表 8.26　轻骨料混凝土的热物理系数

密度等级	导热系数 /(W·m⁻¹·K⁻¹)		比热容 /(kJ·kg⁻¹·K⁻¹)		导温系数/(m²·h⁻¹)		蓄热系数 /(W·m⁻¹·K⁻¹)	
	λ_d	λ_c	C_d	C_c	α_d	α_c	S_{d24}	S_{c24}
600	0.18	0.25	0.84	0.92	1.28	1.63	2.56	3.01
700	0.20	0.27	0.84	0.92	1.25	1.50	2.91	3.38
800	0.23	0.30	0.84	0.92	1.23	1.38	3.37	4.17
900	0.26	0.33	0.84	0.92	1.22	1.33	3.73	4.55
1000	0.28	0.36	0.84	0.92	1.20	1.37	4.10	5.13
1100	0.31	0.41	0.84	0.92	1.23	1.36	4.57	5.62
1200	0.36	0.47	0.84	0.92	1.29	1.43	5.12	6.28
1300	0.42	0.52	0.84	0.92	1.38	1.48	5.73	6.93
1400	0.49	0.59	0.84	0.92	1.50	1.56	6.43	7.65
1500	0.57	0.67	0.84	0.92	1.63	1.66	7.19	8.44
1600	0.66	0.77	0.84	0.92	1.78	1.77	8.01	9.30
1700	0.76	0.87	0.84	0.92	1.91	1.89	8.81	10.20
1800	0.87	1.01	0.84	0.92	2.08	2.07	9.74	11.30
1900	1.01	1.15	0.84	0.92	2.26	2.23	10.70	12.40

注:①轻骨料混凝土的体积平衡含水率取6%;
　　②用膨胀矿渣珠作为粗骨料的混凝土导热系数可按表列数值降低25%取用或经过试验确定

4. 抗冻性

轻骨料混凝土的抗冻性应满足表8.27的要求。

表 8.27　轻骨料混凝土的抗冻性要求

使用条件	抗冻标号
1. 非采暖地区	F15
2. 采暖地区	
相对湿度≤60%	F25
相对湿度>60%	F35
干湿交替部位和水位变化的部位	≥F50

5. 抗碳化性

轻骨料混凝土的抗碳性是通过快速碳化试验方法来检验的,其28 d碳化深度应符合表8.28的要求。

表 8.28　轻骨料混凝土碳化技术指标

等级	使用条件	碳化深度值/mm,不大于
1	正常湿度,室内	40
2	正常温度,室外	35
3	潮湿,室外	30
4	干湿交替	25

6. 应用

由于轻骨料混凝土有着很多优良的性能,特别是随着混凝土科技的发展,可以使轻骨料混凝土的密度更低,保温隔热性更好,强度也可以更高。目前用作保温隔热材料的轻骨料混凝土热导率可低至 0.23 W·m^{-1}·K^{-1},而用作结构材料的轻骨料混凝土的表观密度为 $1\,600 \sim 1\,700$ kg/m^3 时,强度可达到 55 MPa 以上。目前国外已研制出表观密度 $1\,700$ kg/m^3 左右、强度高达 70 MPa 以上的轻骨料混凝土,因此,轻骨料混凝土的应用越来越广泛。目前,轻骨料混凝土主要用于以下几个方面。

(1)制作预制保温墙板、砌块。一般屋面板预制墙板厚度为 $6 \sim 8$ cm,用 $\phi 6 \sim 8$ mm 钢筋作为增强材料,表观密度为 $1\,200 \sim 1\,400$ kg/m^3,强度等级为 LC5.0 ~ LC7.5。

预制陶粒混凝土砌块有普通砌块和空心砌块两种。普通砌块强度等级为 LC10 ~ LC15,可用于多层建筑的承重墙砌筑;空心砌块强度等级为 LC5.0 ~ LC7.5,主要用于框架结构建筑的保温隔热填充墙体的砌筑。

(2)预制式现浇保温屋面板。保温屋面板厚度一般为 $10 \sim 12$ cm,强度等级为 LC7.5 ~ LC10,用 $\phi 8 \sim 10$ mm 钢筋作为加强材料。

(3)现浇楼板材料。对于一些高层建筑利用轻骨料混凝土作为楼板材料,可以大大降低建筑物的自重。

(4)浇制钢筋轻骨料混凝土剪力墙。在用作结构的同时,还可以起保温隔热隔声作用。

由于轻骨料混凝土徐变较大,抗拉强度及弹性模量偏低,所以直接用作梁、柱等重要结构尚不多见。如何提高轻骨料混凝土的弹性模量和抗拉强度,降低徐变,是目前研究的重要课题。

8.6　多孔混凝土

多孔混凝土是在混凝土砂浆或净浆中引入大量气泡而制得的混凝土。根据引气的方法不同,又分为加气混凝土和泡沫混凝土两种。多孔混凝土的干密度为 $300 \sim 800$ kg/m^3,是轻质混凝土中密度最小的混凝土。但由于其强度也较低,一般干态强度为 $5.0 \sim 7.0$ MPa,主要用于墙体或屋面的保温。加气混凝土详见硅酸钙混凝土。

8.6.1　泡沫混凝土

凡在配制好的含有胶凝物质的料浆中加入泡沫而形成多孔的坯体,并经养护形成的多孔混凝土,称为泡沫混凝土。泡沫的形成可以通过化学泡沫剂发泡、压缩空气弥散及天然沸石粉吸附空气(载气)等方法来完成。泡沫混凝土的应用范围及有关注意事项与加气混凝土基本相同,但由于其强度较低,所以只能作为围护材料和隔热保温材料。

1. 原材料

泡沫混凝土的主要原料为水泥、石灰、具有一定潜在硬性的掺合料、发泡剂及对泡沫有稳定作用的稳泡剂,必要时还应掺加早强剂等外加剂。其中,发泡剂是配制泡沫混凝土的关键原料,也称泡沫剂。目前用于泡沫混凝土的发泡剂主要有纯天然非离子表面活性剂、造纸厂废液发泡剂、动物血发泡剂和松香皂发泡剂。松香皂发泡剂是目前最常用的发泡剂。

2. 泡沫混凝土的配合比设计

(1)配合比设计的基本原则。

导热系数和强度决定了泡沫混凝土自身的性能。物理发泡配合比应通过确定泡沫混凝土的干密度,达到控制泡沫混凝土导热系数和强度的目的。配合比设计的基本原则如下:

①按泡沫混凝土干密度要求,确定水泥及粉煤灰用量。

②通过水泥及粉煤灰用量,确定泡沫混凝土用水量。

③按照胶凝材料、用水量,确定胶凝材料净浆体积。

④通过胶凝材料净浆体积,确定泡沫体积。

⑤按泡沫体积、实测泡沫密度,确定泡沫质量。

⑥根据泡沫质量、泡沫剂稀释倍数,确定泡沫剂的用量。

在确定各物料配合比时,应注意某些材料的缓凝性,它们会对早期强度变化特别是料浆的初凝有重要影响,掺量较大时可能会降低浇筑的不稳定性,甚至引起塌模,因此,要控制它们的用量。任何一种设计计算,与生产实际之间总会存在一定的偏差,还需要进行反复的调整,然后才能在生产中应用,并不断完善。

(2)配合比设计步骤。

行业标准《泡沫混凝土应用技术规程》(JGJ/T 341—2014)推荐的步骤如下:水泥 – 粉煤灰 – 泡沫 – 水原料体系的泡沫混凝土配合比设计关系式为:

$$\rho_{\text{干}} = S_a (M_c + M_{\text{fa}}) \tag{8.13}$$

$$M_w = \varphi (M_c + M_{\text{fa}}) \tag{8.14}$$

式中　$\rho_{\text{干}}$ —— 泡沫混凝土设计干密度,kg/m^3;

　　　S_a —— 泡沫混凝土养护 28 d 后,各基本组成材料的干物料总量和制品中非蒸发物总量所确定的质量系数,普通硅酸盐水泥取 1.2,硫铝酸盐水泥取 1.4;

　　　M_c —— 1 m^3 泡沫混凝土的水泥用量,kg;

　　　M_{fa} —— 1 m^3 泡沫混凝土的粉煤灰用量,kg,一般情况下 M_{fa} 为干粉料的 0 ~ 30%;

　　　M_w —— 1 m^3 泡沫混凝土的基本用水量,kg;

　　　φ —— 基本水灰比,视施工和易性,可作适当调整,一般情况下取 0.5。

1 m^3 泡沫混凝土中,由水泥、粉煤灰和水组成的浆体总体积为 V_1,按式(8.15)计算,泡沫添加量 V_2 按式(8.16)计算。即配制单位体积泡沫混凝土,由水泥、粉煤灰和水组成浆体体积不足部分由泡沫填充。

$$V_1 = \frac{M_{\text{fa}}}{\rho_{\text{fa}}} + \frac{M_c}{\rho_c} + \frac{M_w}{\rho_w} \tag{8.15}$$

$$V_2 = K(1 - V_1) \tag{8.16}$$

式中　　ρ_{fa}—— 粉煤灰密度,取 2 600 kg/m³;

ρ_c—— 水泥密度,取 3 100 kg/m³;

ρ_w—— 水的密度,取 1 000 kg/m³;

V_1—— 加入泡沫前,水泥、粉煤灰和水组成的浆体总体积,m³;

V_2—— 泡沫添加量,m³;

K—— 富余系数,通常大于 1,视泡沫剂质量和制泡时间而定,主要应考虑泡沫加入到浆体中再混合时的损失,对于稳定较好的泡沫剂,一般情况下取 1.1 ~ 1.3。

泡沫剂的用量 M_p 按下式计算:

$$M_y = V_2 \rho_{泡} \tag{8.17}$$

$$M_p = M_y / (\beta + 1) \tag{8.18}$$

式中　　M_y—— 形成的泡沫液质量,kg;

$\rho_{泡}$—— 实测泡沫密度,kg/m³;

M_p——1 m³ 泡沫混凝土的泡沫剂质量,kg;

β—— 泡沫剂稀释倍数。

对于化学发泡发泡剂的用量 M_f 按下式计算:

$$M_c = M_h \cdot \frac{V_2}{0.0224} \tag{8.19}$$

$$M_f = \frac{M_c}{\beta} \tag{8.20}$$

式中　　M_c—— 制备 1 m³ 泡沫混凝土时,发泡剂中起发泡作用的物质的质量(kg);

M_h—— 每生成 1 摩尔体积(22.4 L) 的气体,需要的发泡物质的质量(kg),可根据化学反应方程式计算确定;

M_f——1 m³ 泡沫混凝土中发泡剂的质量;β 为发泡剂的纯度。

3. 泡沫混凝土的应用

近些年来,建筑节能与墙体改革是我国的一项基本国策,随着我国提出的建设资源节约型社会的要求和国家节能降耗政策的相继出台,节能型建筑材料势必将成为今后新型建材的发展方向。并且,随着近几年发生的由建筑保温材料引起的火灾,相关主管部门越来越重视建筑保温材料的防火问题,也陆续出台了一些政策法规,对建筑保温材料的防火等级进行了规定。而泡沫混凝土的性能是非常符合以上要求的,这也是泡沫混凝土近些年应用逐渐增多的原因,近几年国家和行业出台了一系列的技术标准为泡沫混凝土的健康发展提供了技术保证,如《蒸压泡沫混凝土砖和砌块》(GBT 29062—2012)《屋面保温用泡沫混凝土》(JCT 2125—2012)《水泥基泡沫保温板》(JCT 2200—2013)《泡沫混凝土》(JGT 266—2011)《泡沫混凝土应用技术规程》(JGJT 341—2014)《气泡混合轻质土填筑工程技术规程》(CJJT177—2012) 等。泡沫混凝土具有施工速度快、质轻、隔声降噪、保温隔热及防火性能优越等特点,不但可以应用于建筑节能,也可以用于市政工程填筑、建筑内墙以及地面找平等其他领域。并且在建筑工程中,仍然有很多泡沫混凝土可以应用的领域有待开发。

8.6.2　大孔混凝土

大孔混凝土是以粗骨料、水泥和水配制而成的一种混凝土。它可分为无砂大孔混凝土和少砂大孔混凝土,市政工程中称为透水混凝土。所使用的粗骨料可采用天然碎石或卵石,也可以是人造轻骨料。大孔混凝土根据粗骨料的干燥堆积密度分为两类,见表 8.29。

表 8.29　大孔混凝土的分类

类别	骨料品种	堆积密度 /(kg·m⁻³)	强度 /MPa	适用范围
普通大孔混凝土	碎石、卵石等	1 500 ~ 1 900	3.5 ~ 10.0	预制墙板,多层、高层住宅承重墙
轻骨料大孔混凝土	陶粒、浮石、碎砖、烧结料等	500 ~ 1 500	3.0 ~ 7.5	现浇或预制墙体(砌块或墙板)

1. 大孔混凝土的性能特点

大孔混凝土中没有或仅有极少的细骨料,所以其中存在大量的孔洞,孔洞的大小与粗骨料的粒径大致相等。由于这些孔洞的存在,大孔混凝土显示出与普通混凝土不同的特点:

(1)堆积密度小,见表 8.30。

(2)导热系数小,保温性能好。

(3)水的毛细现象不显著,吸湿性小,提高了混凝土的透水性和抗冻性。

(4)水泥用量少(150 ~ 200 kg/m³),约为同强度普通混凝土的 1/2 左右,因此成本低,收缩也小。

(5)混凝土侧压力小,可使用各种轻型模板。

根据大孔混凝土独特的性能特点,可将其用于制作小型空心砌块和各种板材以及现浇墙体,还可以制成滤水管、滤水板或作为地坪材料广泛应用于市政工程中。

行业标准《透水水泥混凝土路面技术规程》(CJJ/T135—2009)对路面用透水水泥混凝土技术要求见表 8.30。

表 8.30　透水水泥混凝土的性能

项目		计量单位	性能要求	
耐磨性(磨坑长度)		mm	≤30	
透水系数(15 ℃)		mm/s	≥0.5	
抗冻性	25 次冻融循环后抗压强度损失率	%	≤20	
	5 次冻融循环后质量损失率	%	≤5	
连续孔隙率		%	≥10	
强度等级		—	C20	C30
抗压强度(28 d)		MPa	≥20.0	≥30.0
弯拉强度(28 d)		MPa	≥2.5	≥3.5

2. 大孔混凝土的主要原材料

大孔混凝土所用原材料除应符合有关的规范和规程要求外,其特殊要求见表 8.31。

表 8.31　大孔混凝土对原材料的要求

原材料名称	性能要求
水泥(胶结料)	(1)通常用普通硅酸盐水泥、矿渣硅酸盐水泥,若用其他品种水泥,则需在确保早期脱模强度及设计强度等级的前提下,通过试验确定。 (2)常用水泥等级为:C5~7.5 以上大孔混凝土宜用 52.5 水泥;低于 C5 的大孔混凝土宜用 32.5 或 42.5 水泥
粗骨料(普通或轻骨料)	(1)要求粗骨料一般为单一粒级,如 10~20 mm 或 10~30 mm,不允许用小于 5 mm 或大于 40 mm 的骨料。 (2)碎石型粗骨料除应满足强度和压碎指标基本要求外,碎石中针片状颗粒总含量不宜大于 15%(质量分数),包裹型和半包裹型的总含泥量(包括含粉量)不宜大于 1%。 (3)人造轻骨料各项指标应符合 JGJ 51 的有关规定,矿渣、碎石中未燃烧煤的含量不超过 5%~15%
外加剂	一般不采用,冬季施工可酌用硫酸钠、氯化钠等早强剂,以加速混凝土的硬化

3. 无砂大孔混凝土的配合比设计

(1)设计原则。

根据已知材料性能及所需强度等级和堆积密度,在确保混凝土和易性的前提下,以采用最小水泥用量为原则,进行配合比设计。无砂大孔混凝土的单位体积质量应为 1 m³ 密实状态的骨料质量与水泥及水泥水化水质量的总和。

(2)设计步骤及计算公式。

CJJ/T 135 规定透水水泥混凝土配合比设计步骤宜符合下列要求。

① 单位体积粗骨料用量应按下式计算确定:

$$W_G = \alpha \cdot \rho_G \tag{8.21}$$

式中　W_G—— 大孔混凝土中粗骨料用量,kg/m³;

　　　ρ_G—— 粗骨料紧密堆积密度,kg/m³;

　　　α—— 粗骨料用量修正系数,$\alpha = 0.98$。

② 胶结料浆体体积应按下式计算确定:

$$V_P = 1 - \alpha \cdot (1 - v_c) - 1 \cdot R_{void} \tag{8.22}$$

式中　V_P—— 每立方米大孔混凝土中胶结料浆体体积,m³/m³;

　　　v_c—— 粗骨料紧密堆积孔隙率,%;

　　　R_{void}—— 设计孔隙率,%。

③ 水胶比应经试验确定,水胶比选择范围控制在 0.25~0.35。

④ 单位体积水泥用量应按下式(8.23)确定:

$$W_C = \frac{V_P}{R_{W/C} + 1} \cdot \rho_C \tag{8.23}$$

式中　W_C—— 每立方米透水水泥混凝土中水泥用量,kg/m³;

　　　V_P—— 每立方米透水水泥混凝土中胶结料浆体体积,m³/m³;

　　　$R_{W/C}$—— 水胶比;

ρ_C—— 水泥密度，kg/m^3。

⑤ 单位体积用水量应按式(8.24)确定：

$$W_w = W_C \cdot R_{W/C} \tag{8.24}$$

式中　　W_w—— 每立方米透水水泥混凝土中用水量，kg/m^3；

　　　　W_C—— 每立方米透水水泥混凝土中水泥用量，kg/m^3；

　　　　$R_{W/C}$—— 水胶比。

⑥ 外加剂用量应按下式确定：

$$M_a = W_C \cdot \alpha \tag{8.25}$$

式中　　M_a—— 每立方米透水水泥混凝土中外加剂用量，kg/m^3；

　　　　W_C—— 每立方米透水水泥混凝土中水泥用量，kg/m^3；

　　　　α—— 外加剂的掺量，%。

⑦当采用增强剂时，掺量应按水泥用量的百分比计算，然后将其掺量换算成对应的体积。

⑧透水水泥混凝土配合比可采用每立方米透水水泥混凝土中各种材料的用量表示。

(3)透水水泥混凝土配合比的试配。

①应按计算配合比进行试拌，并检验透水水泥混凝土的相关性能。当出现浆体在振动作用下过多坠落或不能均匀包裹骨料表面时，应调整透水水泥混凝土浆体用量或外加剂用量，达到要求后再提出供透水水泥混凝土强度试验的基准配合比。

②透水水泥混凝土试验时，应选择 3 个不同的配合比，其中一个为基准配合比，另外两个配合比的水胶比宜较基准水胶比分别增减 0.05，用水量宜与基准配合比相同。制作试件时应目视确定透水水泥混凝土的工作性。

③根据试验得到的透水水泥混凝土强度、孔隙率与水胶比的关系，应采用作图法或计算法求出满足孔隙率和透水水泥混凝土试配强度要求的水胶比，并应据此确定水泥用量和用水量，最终确定正式配合比。

8.6.3　轻骨料多孔混凝土

轻骨料多孔混凝土是在轻骨料混凝土和多孔混凝土基础上发展起来的轻质混凝土，即在多孔混凝土中掺加一定比例的轻骨料，该混凝土干密度为 950 ~ 1 000 kg/m^3 时，强度可达 7.5 ~ 10.0 MPa。

轻骨料多孔混凝土的强度、弹性模量、抗渗性等基本上介于多孔混凝土和轻骨料混凝土之间。但相同表观密度的轻骨料混凝土、多孔混凝土与轻骨料多孔混凝土相比，保温隔热性和隔声性能以轻骨料多孔混凝土最好。其原因可能与轻骨料多孔混凝土具有多层面复合结构有关。

目前生产的轻骨料多孔混凝土大多用在墙体的砌筑材料上，如墙板、砌块等。强度等级低于 5.0 MPa 的只能作为建筑内外墙的保温材料和隔声材料；大于或等于 7.5 MPa 方可作为 3 层以下建筑物的承重墙体材料，与加气混凝土作为承重墙体材料一样，并一定要在上方加设横梁。

8.7　其他混凝土

1. 水下不分散混凝土

1974 年,前西德率先在工程上使用并定名为水下不分散混凝土(Non Dispersible Concrete,NDC)。NDC 除具有水下抗分散性好的优点外,还具有优良的流动性和填充性,可进行大面积薄壁水下施工,钢筋混凝土构件等高质量水下构筑物施工,要求防止水质污染的施工,抢险救灾紧急工程以及难以应用普通水下混凝土进行施工的地方。

一般可用于配制 NDC 的材料可分为下列几类:

①合成或天然水溶性有机聚合物,它可以增加拌和水的黏度,如纤维素酯、淀粉胶、聚氧化乙烯、聚丙烯酰胺、羧乙烯基聚合物、聚乙烯醇及菜胶等,掺量一般为水泥质量的 0.2% ~ 0.5%。

②有机水溶性絮凝剂,它能够被吸附在水泥粒子上,并通过加速粒子间的吸引来增加黏度,如带有羧基的苯乙烯共聚物,合成高分子电解质和天然胶等,它们的掺量一般为水泥质量的 0.01% ~ 0.10%。

③各种有机材料的乳液,它能增加粒子间的相互吸引,并在水泥相中提供超细的粒子,如石蜡乳液、丙烯酸乳液和水分散性黏土等,它的掺量一般为水泥质量的 0.1% ~ 1.5%。

④具有高表面积的无机材料,它可以增加拌合物的保水能力,如膨胀土、热解硅酸盐、硅粉、压碎的石棉和其他纤维状的材料,它的掺量一般为水泥质量的 1% ~ 25%。

⑤能在砂浆相中提供填充细颗粒的无机材料,例粉煤灰、熟石灰、高岭土、硅藻土、原状或煅烧过的胶凝材料和各种石粉,它的掺量为水泥质量的 1% ~ 25%。

水下不分散混凝土试验方法参见《水下不分散混凝土试验规程》(DLT 5117),应用参见《水下不分散混凝土施工技术规范》(Q/CNPC 92—2003)。

2. 防辐射混凝土

防辐射混凝土又称屏蔽混凝土、防射线混凝土,容重较大,对 γ 射线、X 射线或中子辐射具有屏蔽能力,不易被放射线穿透。胶凝材料一般采用水化热较低的硅酸盐水泥,或高铝水泥、钡水泥、镁氧水泥等特种水泥,用重晶石、磁铁矿、褐铁矿、废铁块等做骨料。为提高其防中子辐射能力,可在重骨料中掺入附加剂或含结晶水物质,加入含有硼、镉、锂等的物质,可以减弱中子流的穿透强度。常用作铅、钢等昂贵防射线材料的代用品;用于原子能反应堆、粒子加速器以及工业、农业和科研部门的放射性同位素设备的防护。

防辐射混凝土的应用参见《重晶石防辐射混凝土专用技术规范》(GB/T 50557—2010)

3. 彩色混凝土

彩色混凝土是指在混凝土搅拌过程中,经一定的工艺加入特定的颜料,可制备具有色彩的混凝土,主要用于路面和一些装饰性建筑。有机颜料不能使用,无机颜料中天然颜料也不能使用。在为数不多的合成颜料中,其颜料的着色能力主要取决于其纯度即着色物质的含量,同时与颜料的细度密切相关。

4. 耐酸混凝土

硅酸盐水泥水化后呈碱性,在酸性介质作用下,会遭到腐蚀,因此水泥混凝土是不耐酸的。

耐酸混凝土则必须采用其他耐酸胶凝材料与耐酸骨料配制,常用的耐酸胶凝材料有水玻璃、硫磺、沥青等;耐酸骨料常用的有石英砂、铸石粉、石英石、花岗岩等。

(1)水玻璃耐酸混凝土。

它是以水玻璃为胶凝材料,氟硅酸钠为固化剂和耐酸粉料,耐酸粗、细骨料按一定比例配制而成。其强度可达 10 ~ 40 MPa,对一般无机酸(除氢氟酸及热磷酸外)、有机酸(除高级脂肪酸外)有较好的抵抗能力。

(2)硫磺耐酸混凝土。

它是以硫磺为胶凝材料,聚硫橡胶为增韧剂,掺入耐酸粉料和细骨料,经加热(160 ~ 170 ℃)熬制成硫磺砂浆,灌入耐酸粗骨料中冷却后即为硫磺耐酸混凝土。其抗压强度可达 40 MPa 以上,常用作地面、设备基础、耐酸槽等。

5. 耐碱混凝土

耐碱混凝土是指在碱性介质作用下具有抗腐蚀能力的混凝土。在普通混凝土中掺入氧化亚铁或氢氧化铁对提高耐碱性能也有良好的效果。耐碱混凝土在 50 ℃ 以下时,可耐质量分数为 25% 的氢氧化钠和铝酸溶液的腐蚀,也可耐任何质量分数的氨水、碳酸钠溶液的腐蚀,以及耐任何质量分数的氨水、碳酸钠、碱性气体和粉尘等的腐蚀。耐碱混凝土在冶金、化学等工业防腐蚀工程结构中,用于地平面层及储碱池槽等。

①胶结材料。耐碱混凝土应采用 P·O 325 以上的水泥,而水泥熟料中的铝酸三钙含量不应大于 9%(质量分数);或采用碳酸盐水泥(它是由水泥熟料和破碎石灰石粉按 1:1 混合而成的),每立方米耐酸混凝土中,水泥用量一般不得少于 300 kg,水灰比不大于 0.60。

②骨料。粗细骨料和粉料应采用耐碱、密实的石灰岩类(如石灰岩、白云石、大理石等)、火成岩类(如辉绿岩、花岗石等)岩石制成的碎石。砂和粉料也可采用石英质的普通砂作为细骨料,粗细骨料和粉料的碱溶率不大于 1 g/L。

6. 耐油混凝土

耐油混凝土,主要是指不与植物油、动物油及矿物油类发生化学反应,并能够阻止其渗透的特种混凝土。耐油混凝土与普通水泥混凝土,在原材料组成上是大同小异的,其主要由胶凝材料、粗细骨料,密实剂、减水剂和水组成。耐油(抗油渗)混凝土是在普通混凝土中掺入外加剂氢氧化铁、三氯化铁或三乙醇胺复合剂,经充分搅拌配制而成,具有良好的密实性、抗油渗性能。抗油渗等级可达到 P3 ~ P12(抗渗中间体为工业汽油或煤油)。它适用于建造储存轻油类、重油类的油槽、油罐及地坪面层等;还可代替常用金属等贵重材料。

7. 耐火混凝土

根据目前工程中的实际情况,耐火混凝土是指由适当胶结料、耐火骨料、外加剂和水按一定比例配制而成,长期能经受 1 000 ℃ 以上的高温作用,并在此高温下能保持所需的物理力学性能的新型混凝土。目前,耐火混凝土已成功地应用在化工、冶金、建材等工业领域(氧化铝湿法生产系统的生产车间)。耐火混凝土根据胶凝材料的凝结条件(或结合剂种类)不同,可以分为水硬性耐火混凝土、火硬性耐火混凝土和气硬性耐火混凝土三种。

由于耐火混凝土的组成材料和用途不同,与普通混凝土相比,在组成材料上有以下特点:

①所有组成材料必须具有相当的耐火性能,尤其是耐火骨料与粉料。在一般情况下,凡能烧制耐火砖的原料,均可满足配制耐火混凝土的要求。此外,某些工业废渣、废旧耐火砖及天

然叶蜡石、白砂石、锆英石等也可配制耐火混凝土。

②为了减少耐火混凝土的水泥用量,改善混凝土的和易性及高温性能,在配制耐火混凝土时必须掺加一定量的耐火粉料。

③耐火混凝土所用的外加剂种类,比普通混凝土更加广泛,除采用调凝剂、减水剂外,根据对混凝土的改性要求,还可掺加少量的矿化剂、膨胀剂等。

8. 导电混凝土

导电混凝土是指混凝土里添加微量的导电钢纤维或碳纤维(所占比例不到1%质量分数),可使混凝土具有导电效果的混凝土。导电混凝土用在道路上的更大好处是,在冬天可以自动清除冰雪。通过电线传输电流,能让导电混凝土产生加热效果,马路、桥梁或飞机跑道可因此发热。美国内布拉斯加州林肯市的洛加马刺桥,就是用它来当电热毯给桥面保暖。理论上导电混凝土也可以用来制造房屋,为人们保暖,可是这种导电混凝土现在的价格是普通混凝土的4.5倍,因此,要使住的房子也用这种混凝土来建造,就得降低导电混凝土的造价。目前,美国陆军有兴趣将导电混凝土用在军事设施、碉堡及边界关卡的路面上。

9. 聚合物混凝土

聚合物混凝土是颗粒型有机-无机复合材料的统称,在近30年来有显著的发展。按其组成和制作工艺,可分为聚合物浸渍混凝土(polymer impregnated concrete,PIC);聚合物水泥混凝土(polymer cement concrete,PCC),也称聚合物改性混凝土(polymer modified concrete,PMC);聚合物胶结混凝土(polymer concrete,PC),又称树脂混凝土(resin concrete,RC)。以上所称混凝土也都包括砂浆在内。聚合物混凝土与普通水泥混凝土相比,具有高强、耐蚀、耐磨、黏结力强等优点。聚合物在此种混凝土中的质量分数为8%~25%。与水泥混凝土相比,它具有快硬、高强和显著改善抗渗、耐蚀、耐磨、抗冻融以及黏结等性能,可现场应用于混凝土工程快速修补、地下管线工程快速修建、隧道衬里等,也可在工厂预制。

①聚合物浸渍混凝土,简称PIC。它是将已硬化的普通混凝土,经干燥和真空处理后,浸渍在以树脂为原料的液态单体中,然后用加热或辐射(或加催化剂)的方法,使渗入到混凝土孔隙内的单体产生聚合作用,使混凝土和聚合物结合成一体的一种新型混凝土。按其浸渍方法的不同,又分为完全浸渍和部分浸渍两种。聚合物浸渍混凝土,目前主要用于耐腐蚀、高温、耐久性要求较高的混凝土构件,如管道内衬、隧道衬砌、桥面板、混凝土船、海上采油平台、铁路轨枕等。

②聚合物混凝土,简称PC。它是以聚合物(树脂或单体)代替水泥作为胶结材料与骨料结合,浇筑后经养护和聚合而成的一种混凝土。

③聚合物水泥混凝土,简称PCC。它是在普通水泥混凝土(水泥砂浆)拌合物中,加入单体或聚合物,浇筑后经养护和聚合而成的一种混凝土。

思考题

1. 高性能混凝土的主要特点是什么?

2. 高性能混凝土耐久性评价方法有哪些?

3. 自密实混凝土工作性的评价方法有哪些?

4. 自密实混凝土工作性如何调整?

5. 补偿收缩混凝土作用机理是什么? 有何特性?

6. 纤维混凝土破坏时纤维在混凝土中的状态与纤维长径比有何关系?

7. 钢纤维、玻璃纤维、聚丙烯纤维对混凝土性能有什么影响?

8. 轻骨料混凝土与普通混凝土在水泥石-骨料界面处有何不同? 为什么?

9. 简述泡沫混凝土、透水混凝土的结构与性能。

第9章 硅酸盐混凝土

硅酸盐混凝土是用石灰和含硅材料（如砂、粉煤灰、炉渣、矿渣、过火煤矸石、尾矿粉及其他天然含硅材料和工业废料）以一定的工艺方法制成的人造石材。由于这类人造石材中的胶凝物质基本上或主要是水化硅酸盐类，因此这类石材称为硅酸盐混凝土。

混凝土类人造石材中的含水胶凝物质，可以通过两种方式获得：一是通过水泥熟料的水化获得，用这种方式制成的混凝土也就是常见的水泥混凝土；另一方法是将钙质原料（如石灰）与硅质材料用水热合成方法直接制得胶凝物质，用这种方式制成的混凝土即硅酸盐混凝土。

根据反应的水热合成方式，可以将硅酸盐制品的制造工艺分为两种：一种是将制品置于100 ℃以上的饱和蒸气中进行水热处理，称为蒸压工艺，适用于河砂、山砂、尾矿粉等结晶态硅质材料；另一种是将制品置于100 ℃或100 ℃以下的蒸气中进行水热处理，称为蒸养工艺，一般用于粉煤灰、煤渣、矿渣等含无定型二氧化硅的原料，对于这一类原材料也可以采用蒸压生产工艺以提高制品的性能和质量。

9.1 硅酸盐混凝土块材与板材

9.1.1 原材料

1. 石灰

在硅酸盐制品的生产中，石灰的使用主要有两种方式：一是在制品成型前，石灰就已经完全消化，称为熟石灰工艺或消石灰工艺；二是石灰的消解过程基本上在制品成型后进行，称为生石灰工艺。熟石灰工艺生产过程中熟石灰无体积膨胀，因此操作安全可靠，产品性能稳定，制品的强度不会因内部膨胀应力而削弱或破坏；而生石灰工艺必须采取相应措施来消除石灰消化时的体积膨胀，生产工艺复杂，难以控制，但产品质量相对较好。

块状生石灰在消化过程中伴随着显著的体积膨胀，其体积增加 2~2.5 倍，而且由于生石灰和水的相互作用过程中放热十分迅速，因此产生极大的热应力，并可能发生水分的激烈蒸发（沸腾现象），破坏析晶过程中可能形成的结晶结构。因此，块状生石灰的消化过程在未加控制的情况下，实质是一个松散过程，难以形成具有较高强度的块状整体。但如果将生石灰磨成很细的生石灰粉时（即所谓的磨细生石灰），在一定条件下，它就可以与其他矿物胶凝材料如石膏、水泥等一样，具有水化凝结性质。

此外，石灰的消化速度太慢会使生产时间延长，降低生产效率。因此用于生产密实硅酸盐制品的石灰，其消化时间不应大于 30 min，一般以 15~20 min 为宜；对于采用生石灰工艺方法制造硅酸盐制品时，石灰消化时间不宜小于 5 min，消化温度一般应大于 50~70 ℃，同时应尽量采用新鲜的块石灰，以免 CaO 受潮并与空气中的 CO_2 发生反应（碳化成 $CaCO_3$），降低石灰活性，其他应符合《硅酸盐建筑制品用生石灰》（JC/T 621）的要求。

2. 砂

在目前的硅酸盐制品生产中,广泛使用的硅质原料通常是砂或砂岩,其他如黄土、亚砂土、尾矿粉等也可采用。

从化学成分角度来看,砂中 SiO_2 含量越高,砂的质量越好。通常情况下要求砂中的 SiO_2 的质量分数应大于 65%,对于高强度的灰砂硅酸盐混凝土,砂中的 SiO_2 的质量分数宜大于 80%。

砂的矿物成分对于灰砂硅酸盐制品的强度影响很大。一般用石英砂或以石英为主要矿物成分的砂制成的制品,与以其他矿物成分为主的砂制成的制品相比较,其物理力学性能要优越得多。原因是石英中的 SiO_2 为游离态,反应活性高,容易与活性 CaO 化合。

砂中的黏土杂质在蒸压处理后,可以与 $Ca(OH)_2$ 反应生成水石榴石等水化产物,同时还可以提高拌合物的塑性,增加制品的密实度。因此只要通过适当的搅拌能使黏土物质均匀地分散于拌合物中,就可不必将其除去。但黏土含量过多的情况下,制品的吸水率增高、湿胀值较大,因此在制造密实硅酸盐或加气硅酸盐制品时,砂中的黏土杂质的质量分数一般不宜超过 10%,特别是蒙脱石的质量分数不宜超过 4%。此外,云母的质量分数以小于 0.5% 为宜,碱类化合物不得超过 2%。砂应符合《硅酸盐建筑制品用砂》(JC/T 622)的要求。

3. 工业废渣

原则上各种废渣均可应用于建筑材料工业之中,但由于各种废渣的成分不一,性质变化很大以及对许多废渣的研究和认识不够,目前用来制作建筑材料及硅酸盐建筑制品的主要有粉煤灰、炉渣、高炉矿渣等数种。用于硅酸盐混凝土的粉煤灰应符合《硅酸盐建筑制品用粉煤灰》(JC/T 409)的要求。

4. 外加剂

在硅酸盐制品工艺中,常采用的外加剂有快硬剂、缓凝剂、激发剂、塑化剂、晶胚。

碱、硫酸钠、硫酸钾、氯化钙、氯化钠、氯化钾、氯化铵、盐酸等可以作为快硬剂,用以加速硅酸盐拌合物蒸压处理时的结晶硬化过程并能改善新生物质的微观结构,其掺量一般为胶结材质量的 0.5%,掺量过高会导致钢筋锈蚀及表面结霜。

当采用磨细生石灰工艺生产硅酸盐制品时,必须使用石灰缓凝剂来延缓石灰的水化凝结过程,以便使石灰的消化过程放热平稳,并且有充分的时间进行拌合物的搅拌、浇筑和成型工作。属于此类型的外加剂有二水石膏、亚硫酸纸浆废液以及其他多种表面活性物质。

使用工业废渣生产硅酸盐制品时,废渣中的许多矿物质只有在掺入激发剂的情况下才能显示出水硬活性。激发剂主要分为两类:①碱性激发剂,如石灰、水泥等;②硫酸盐激发剂,如石膏。

晶胚掺料一般采用成品的废料,例如在制造灰砂硅酸盐砖时可将废砖按比例与石灰一起进行粉磨,废砖中含有的水化硅酸盐晶体在砖坯硬化结晶过程中起结晶中心作用,促进结晶过程的进行;同时碎砖在烧制过程中未参与固相反应的砂粒核心(占 80% ~85%)被粉磨后表面积很大,可以与 $Ca(OH)_2$ 反应生成水化硅酸盐胶凝物质,促进制品强度的提高,同时在工艺上还可起到助磨剂的作用。但碎砖粗磨效果不大,通常情况下,其细度要求在 80 μm 筛上的筛余不大于 15% ~20%,在水化过程中才显示出明显的晶胚作用。生产中碎砖的掺量为石灰质量的 10% ~20%。

9.1.2 水热合成

1. 主要水化产物

硅酸盐制品的物理力学性能与制品在水热处理过程中所生成的胶凝物质的种类和数量密切相关,因此对各种水化硅酸盐、水化铝酸盐、水化铝硅酸盐、水化硫铝酸盐的性质加以适当了解是十分必要的。由于硅酸盐制品生产中使用的工业废渣的成分十分复杂,所生成的水化产物的种类与性质也受到诸多因素的影响,通常可根据参与反应的主要矿物的成分对反应体系进行分类,以便进行深入研究。

(1)$CaO-SiO_2-H_2O$ 体系。

$CaO-SiO_2-H_2O$ 体系中生成的水化产物一般被统称为水化硅酸钙,是硅酸盐混凝土中最基本、最常见的一种矿物,其化学成分、结晶状态、物化性质依据原材料配比及反应条件的不同在较大范围内变动。

①C_3SH_2。C_3SH_2 晶体呈纤维状或针状,是钙硅比最高的水化硅酸钙矿物。

②C_2SH。按晶相不同,C_2SH 可分为 $C_2SH(A)$、$C_2SH(B)$、$C_2SH(C)$ 三种类型,可在不同反应条件下制得。

③$C-S-H$。这一族矿物有两种变形,可分别记为 $C-S-H(A)$ 和 $C-S-H(B)$。$C-S-H(A)$ 晶体呈针状或细长薄片状,$C-S-H(B)$ 是一种结晶不良的物质,尺度极小,一般在 1 μm 左右,晶体呈纤维状。

④托勃莫来石。托勃莫来石可以用石灰和石英粉(或硅胶)在 130 ~ 175 ℃ 下合成,其晶体呈薄片状,尺度在 2 μm 以内。由于托勃莫来石具有良好的物理力学性能,对于蒸压处理的硅酸盐材料有着十分重要的意义。

⑤硬硅钙石。可以用与其化学计算式相应 $n(C)/n(S)$ 比的石灰和二氧化硅混合物在 150 ~ 400 ℃ 下合成。随着温度的提高,硬硅钙石的形成加速。其晶体呈纤维状,尺度不超过 10 μm。

⑥白钙沸石。可以用石灰水和硅胶、石灰–二氧化硅混合物或用玻璃($n(C)/n(S)$ = 0.5 ~ 0.66)在 150 ~ 400 ℃ 下进行长时间的水热处理而得白钙沸石,其晶体呈鳞片状。

综上所述,在水热处理过程中,$CaO-SiO_2-H_2O$ 体系产生什么样的相,主要取决于原始组分的 $n(C)/n(S)$ 及处理温度和延续时间。同时原材料的品种(如石英、硅胶等)也有相当的影响。当原料中 SiO_2 含量丰富时,随着蒸压温度的提高和时间的延续,水化产物的碱度变低 $n(C)/n(S)$ 比下降)。

(2)$CaO-Al_2O_3-H_2O$ 体系。

在常温下,这一体系中的矿物很多,但是在高温水热处理条件下($25 ~ 250$ ℃),这些矿物都转化为 C_3AH_6(它是在高温条件下唯一能稳定存在的三元化合物)。而 C_3AH_6 在 250 ℃ 以上转化为 $C_4A_3H_3$ 和 $Ca(OH)_2$。由于 C_3AH_6 晶体呈立方状,因此组成的结晶连生体的强度很低。

$CaO-Al_2O_3-H_2O$ 体系对于研究矾土水泥的水化产物是十分重要的,但对于硅酸盐制品并不具有特殊的意义。原因是在硅酸盐制品生产工艺中,并不存在纯粹的 $CaO-Al_2O_3-H_2O$ 体系,而实际上都是 $CaO-Al_2O_3-SiO_2-H_2O$ 体系或 $CaO-Al_2O_3-CaSO_4-H_2O$ 体系等四元系问题。这些四元系对于采用粉煤灰、过火煤矸石、炉渣、矿渣等工业废料制造硅酸盐建筑制品的生产工艺具有特别重要的意义。

（3）$CaO-Al_2O_3-SiO_2-H_2O$ 体系。

在室温条件下，$CaO-Al_2O_3-SiO_2-H_2O$ 体系中除了能形成 C_2AH_8、C_4AH_{13}、$C-S-H$ 等三元化合物外，还可以产生四元结晶相 C_2ASH_8（水化钙铝黄长石）。这一矿物可用 C_2AS（钙黄长石）在石灰水中进行水化获得，也可用烧高岭土与石灰水溶液在 $20 \sim 60 ℃$ 下制得。其晶体呈六角形片状，很容易与石膏生成水化硫铝酸钙。

在蒸压处理条件下，在 $CaO-Al_2O_3-SiO_2-H_2O$ 体系中可以产生两种四元结晶相，其一是铝代托勃莫来石，其性质与托勃莫来石相同；其二是水石榴石。铝代托勃莫来石产生于液相中 Al_2O_3 浓度较低时，水石榴石产生于液相中 Al_2O_3 浓度较高时。

水石榴石晶体呈八面体、四角三八面体或薄片状，随其组成的改变有可变的折光率。水石榴石有巨大的结晶能力，在体系中氧化铝含量足够多时，它是蒸压过程中首先形成的结晶相之一。

（4）$CaO-Al_2O_3-CaSO_4-H_2O$ 体系。

这一体系对于通常采用石膏作为激发剂和调节剂的，以工业废渣为原材料制作的硅酸盐制品有着重要的意义。

在这一体系中形成两个相，即三硫型硫铝酸钙和单硫型硫铝酸钙。三硫型硫铝酸钙的晶体呈六角形柱状或针状结晶，形成时固相体积增加 1.27 倍；单硫型硫铝酸钙的晶体呈六角形片状，形成时固相体积不增大。

对硫铝酸钙的热稳定性目前尚无确切一致的意见。根据热力学计算，高硫型硫铝酸钙在 $75 ℃$ 以下是稳定的，高于这一温度，这一矿物有可能转变为单硫型矿物。目前多数认为，在 $100 ℃$ 以上的蒸压条件下，都不存在单硫型硫铝酸钙或高硫型硫铝酸钙。

2. 水化硅酸钙及其他水化矿物的强度

在所有类型的水化硅酸钙中（C_3AH_2 除外，它在硅酸盐制品的工业生产中实际不出现），单碱水化硅酸钙的强度比双碱水化硅酸钙高得多（碱度以 $n(C)/n(S)$ 表示）。在单碱水化硅酸钙中，抗压强度以 $C-S-H(B)$ 最高，抗折强度以硬硅钙石最高；双碱水化硅酸钙的强度比单碱水化硅酸钙低得多，但其抗冻性较好。碳化时，所有试件的密度增加，开口孔隙减少，但强度和抗冻性的变化却不一致：$C-S-H(B)$ 的抗压强度降低，其他水化硅酸钙的抗压强度增加，而抗弯强度只有双碱水化硅酸钙增加；$C_2SH(A)$ 和 $C_2SH(C)$ 的抗冻性由于碳化而增长许多，$C-S-H(B)$ 的抗冻性也略有增加。

高硫型硫铝酸钙具有很高的抗压强度，但碳化后强度急剧降低；与此相反，低硫型硫铝酸钙的抗压强度虽比高硫型硫铝酸钙低，但碳化后的强度却相应提高。

9.1.3　硅酸盐混凝土的结构

硅酸盐混凝土是由硅酸盐石将骨料胶结成整体而形成的人造石材，它是一种包括固相、液相和气相的堆聚结构，这一点是与水泥混凝土十分类似的。同样，硅酸盐混凝土的结构也可以从宏观和微观两个方面来加以研究。

在宏观方面，灰砂硅酸盐混凝土一般是由骨料和硅酸盐石相互均匀地堆聚而成，这种混凝土也可以加入碎石、卵石等粗骨料，其宏观结构与普通水泥混凝土更加相似。与普通水泥混凝土不同的是,在灰砂硅酸盐混凝土的硅酸盐石和骨料之间存在着强烈的化学反应,骨料被侵蚀达 2 μm 以上,因此硅酸盐石与骨料之间的黏结力非常坚强,在制品受力破损时,破坏面常常发生在硅酸盐石中(普通水泥混凝土的破坏面通常发生在水泥石与骨料的过渡区上)。因此,灰砂硅酸盐混凝土的力学性能基本取决于硅酸盐石的强度。一般硅酸盐混凝土也存在着宏观缺陷,例如因捣实不好而留下的蜂窝,未经排除的气泡,因搅拌不匀或浇筑离析等引起的结构不均匀现象等。

从硅酸盐石的微观结构方面分析,硅酸盐石是混凝土中除骨料以外的部分,它由骨料空隙中的石灰与骨料表面溶解下来的 SiO_2 反应生成的水化硅酸钙结晶连生体以及其中的部分凝胶体所组成。当原料组分中掺有磨细砂时,硅酸盐石中的胶凝物质主要由石灰与磨细砂反应而得。这样,硅酸盐石结构是结晶凝聚结构,与水泥混凝土相比,其凝胶体部分少些。

在硅酸盐石中,除固相物质外,还有许多不同形状和孔径的微孔。所以灰砂硅酸盐混凝土的微观结构是具有微孔微管的结晶凝聚结构。其孔隙率取决于原料的组成和工艺条件,对于密实灰砂硅酸盐混凝土而言,其总孔隙率为 15% ~ 35%。

除孔隙率外,微孔微管的形状和孔径对制品性能也有极大影响。试验研究及实践经验都表明,细小、封闭孔隙对混凝土性能不会产生过大的有害影响。采用磨细生石灰工艺,增加石灰磨细砂胶结材用量,提高硅质材料细度,以及适当、高效率的捣实工艺,都有助于改善硅酸盐混凝土中微孔的分布状况,提高小微孔的相对含量,从而改善混凝土的结构和性能。

9.1.4　性能

1. 物理力学性能

(1)密实度、抗渗性和抗水性。

根据试验和计算,对于灰砂硅酸盐制品,其密实度约为 0.68;对于振动成型的高强灰砂混凝土则为 0.82 ~ 0.85。如按表观密度计算,则根据组成材料和成型方法的不同,对于无粗骨料的灰砂硅酸盐混凝土,一般在 $(1.7 ~ 2.2) \times 10^3 \, kg/m^3$ 之间波动。

由于灰砂硅酸盐混凝土中存在的大多数微孔孔径为 50 ~ 70 nm(不渗水),因此制品的渗水过程主要沿着微裂缝进行。如果采用脱模蒸压工艺会不可避免地引起结构缺陷的增加,因此制品的抗渗性大大降低。带模蒸压养护的硅酸盐混凝土,其抗渗性比脱模蒸压的高 2 ~ 10 倍。试验资料表明,灰砂硅酸盐混凝土的抗渗等级可达 P8 以上。

一般灰砂硅酸盐砖的软化系数为 0.6 ~ 0.8。但采用石灰-磨细砂胶结材料制作硅酸盐混凝土时,由于混凝土中的游离石灰大大减少甚至消除,制品的软化系数平均在 0.8 以上,甚至可达 0.9 ~ 0.95。研究中还发现,胶凝物质的矿物组成对制品的抗水性有重要影响,硬硅钙石、托勃莫来石、白钙沸石及 C-S-H(B)已被证明对提高抗水性是有利的。因此,合理选择灰砂胶结材的 $n(C)/n(S)$ 值并保证必要的细度,可以提高灰砂硅酸盐制品的抗水性。

(2)力学性能。

硅酸盐混凝土具有优良的力学性质。在工业生产条件下,用自然砂和石灰为原料制作的灰砂硅酸盐混凝土,其抗压强度可达 10 ~ 20 MPa;如果在拌合物中掺入磨细砂或其他磨细硅质材料,其强度可达到 50 ~ 70 MPa 以上。在实验室条件下,已经制备出抗压强度为 150 ~ 270 MPa 的灰砂硅酸盐石材。

硅酸盐混凝土的强度取决于混凝土的密实度和硅酸盐石的矿物组成。制品密实度越大,其内部孔隙越少,在破损面上有效的承力面积越大,强度也就越高,因此密实度与强度几乎成直线关系。同时,如果硅酸盐石由 C-S-H(B) 和 $C_2SH(A)$ 组成并以 C-S-H(B) 为主,则制品的强度最高,而纯 $C_2SH(A)$ 胶结的混凝土强度最低。

影响硅酸盐混凝土强度的主要因素有拌合物中活性石灰用量、硅质材料的细度、成型含水量以及湿热处理制度等。

①拌合物中活性石灰、石膏用量。当其他条件相同,特别是硅质材料的细度一定时,硅酸盐混凝土的强度起初是随着活性 CaO 数量的增加而增大(水化硅酸钙数量增多);当活性 CaO 数量超过一定值后,混凝土中存在的游离氧化钙增多,其强度反而下降,即存在着一个最佳的活性 CaO 含量。对于采用自然砂生产灰砂砖而言,其最佳活性 CaO 质量分数为 10% ~12%;实际生产中活性石灰用量可根据砂的细度和混凝土的强度等级来确定,通常为 5% ~10%。对于粉煤灰砌块的胶结料而言,其最佳活性石灰用量为 15% ~25%;对于粉煤灰砖则为 12% ~14%。

我国生产的蒸养粉煤灰硅酸盐制品中,往往还掺入石膏作为激发剂,其掺量的多少也影响制品的强度。随着石膏掺量增加,制品强度急剧增加,但超过一定的最佳值,制品强度降低。对粉煤灰砌块,石膏最佳掺量为胶结料的 2% ~5%;对于压制成型的粉煤灰砖,石膏的最佳掺量为石灰用量的 8% ~11% 或总用料量的 1.6% ~2.2%。

②硅质材料细度的影响。为提高灰砂硅酸盐混凝土的强度,关键措施是提高硅质组分的细度。细度增大,砂子的反应表面积越大,产生的水化硅酸钙胶凝物质越多;反之,在采用自然砂的情况下,由于其细度不够、比表面积小(约 100 cm^2/g 至数百 cm^2/g),参加化学反应的表面积也小,所生成的水化硅酸钙少,而且都是低强度的高碱性水化硅酸钙。在现代的生产工艺中,为了制造高强度的灰砂硅酸盐砖或高强度加筋硅酸盐制品,通常都要加入部分人工磨细砂;在制造加气硅酸盐混凝土和泡沫硅酸盐混凝土时,一般则需将砂全部磨细。

图 9.1 所示为磨细砂细度对灰砂硅酸盐混凝土强度的影响。当拌合物中磨细砂的细度增加时,制品强度增大,但增大到一定值后,其强度随细度的增加呈下降趋势。这是因为细度过大时,其颗粒过小,则化学反应的侵蚀作用使得颗粒的大部分甚至全部被侵蚀掉,在缺少坚强石英粒子的骨架作用的同时,所得到的水化硅酸钙晶粒非常细小,结果导致硅酸盐石的微观结构变差,因此强度下降。一般磨细砂的最佳细度为 300 ~500 m^2/kg。

当磨细砂的细度一定时,随着磨细砂在拌合物中数量的增加,混凝土强度不断上升。应当指出,拌合物中最佳 CaO 含量与砂的细度有密切关系:最佳 CaO 含量取决于磨细砂的细度和用量。砂的细度越大,最佳 CaO 含量也越大。在这种情况下,一般把磨细砂和石灰总称为石灰-砂胶结材。这种胶结材中 CaO 与 SiO_2 摩尔比称为原料钙硅比,简写为 C/S 比,其最佳值大小随石灰-砂胶结材细度的增大而增大,相对于磨细砂的最佳细度(300 ~500 m^2/kg),一般在 0.25 ~0.5 范围内波动。

③拌合物含水量的影响。拌合物的含水量与成型后制品的密实度有直接关系。在一定的成型方法下,拌合物含水过少,由于不能被充分压实或捣实,制品的强度将因密实度差而降低;反之,如果含水量过高,在硅酸盐石中的微孔、微管等孔隙体积将增多,也导致混凝土密实度和强度的降低。对于每一种具体的成型方法和一定配比的硅酸盐混凝土都存在一个最佳的含水量,应通过试验确定。对于不掺磨细砂、压制成型的小尺寸硅酸盐制品,其最佳含水量(质量分数)为 7% ~10%(圆盘压砖机)或 6% ~9%(高压杠杆压砖机);对于采用振动成型的大型

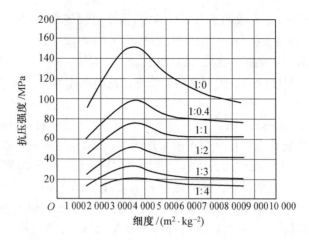

图 9.1　磨细砂细度对灰砂硅酸盐混凝土强度的影响
（图中数值表示胶结材与自然砂的比例；磨细石灰砂胶结
材中 CaO 质量分数为 23%；细度为磨细砂的细度）

灰砂硅酸盐制品，其最佳含水量（质量分数）为 10% ~ 20%。

④湿热处理温度（或压力）及处理延续时间的影响。同大多数化学反应一样，石灰与二氧化硅之间的反应也随着温度的提高而加速。此时，水化硅酸盐新生产物增多，混凝土强度提高。但是强度的提高并不与温度的升高成正比，而是逐步衰减。同时在一定的蒸压延续时间条件下，温度过高反而导致制品强度的降低，而且过高的蒸压温度在经济上也是不合理的（蒸压釜造价增加）。从制品的强度、蒸压釜的生产率和造价几个方面考虑，一般蒸气压力不宜超过 1.6 ~ 2.5 MPa，而实际应用的蒸气压力通常为 0.8 ~ 1.6 MPa。

一般来讲，在一定蒸压温度条件下，蒸压延续时间增长，则水化物增多，混凝土强度也上升。但蒸压时间过长，其强度也将降低，对于每一个蒸压温度（或压力）都存在一个最佳的蒸压延续时间，温度越高，蒸压延续时间应越短。超过最佳蒸压温度（或压力）及最佳蒸压延续时间，制品强度的降低原因是水化硅酸钙和其他水化物的组成、晶型和结构发生了变化：蒸压时间过长，就会形成颗粒较大而数量较少的结晶结构，凝聚–结晶接触点的数量也减少，晶粒彼此交织结合较弱，强度也随之降低。

除了上面讨论的几个主要因素外，其他诸如硅质组分的颗粒级配和 SiO_2 含量及其矿物组成、石灰的质量、掺料的种类、搅拌是否均匀、蒸压前的静置时间、升温及降温速度、带模或脱模蒸压等也对制品强度有较大影响。

（3）硅酸盐混凝土的变形。

①弹性模量。由于灰砂硅酸盐混凝土一般无粗骨料，而且所使用的砂也较细，因此灰砂硅酸盐混凝土的弹性模量比同标号的水泥混凝土低，特别是不加粗骨料的灰砂硅酸盐混凝土更低（低 33% ~ 57%）。砂子越细，混凝土的弹性模量越小。

②徐变。尽管灰砂硅酸盐混凝土弹性模量较低，但与水泥混凝土相比，具有小得多的徐变变形，其徐变特征值（$= \dfrac{长期加荷相对变形}{短期加荷相对变形}$）一般为 1.5 ~ 1.7，而一般水泥混凝土为 2.5 ~ 3.9。灰砂硅酸盐混凝土之所以有较小的徐变，是因为灰砂硅酸盐石中的凝胶体含量较少。灰砂硅酸盐混凝土的总变形（短期变形+长期变形）不超过普通水泥混凝土，因此可用作配筋制品和

预应力构件的组成材料。

③收缩。混凝土材料由于失水或碳化等原因随着时间而发生自动的缩短变形称为收缩。

由于制品中水分与固体骨架之间结合力的强弱和水量的多少以及碳化反应进程的影响，灰砂硅酸盐混凝土起初的收缩值增长速度很大，随后逐渐降低，最后趋近于零，收缩达到恒定值。同时，不同的水化硅酸钙矿物对硅酸盐混凝土的收缩值也有影响。收缩值最小的是以 $C_2SH(A)$ 胶结的灰砂硅酸盐混凝土，最大的是 $C-S-H(B)$ 胶结的；而胶结物质为 $C-S-H(B)+C_2SH(A)$ 时的收缩值居于二者之间。总的收缩值（失水收缩+碳化收缩），以 $C-S-H(B)$ 胶结的灰砂硅酸盐混凝土约为 0.64 mm/m，$C-S-H(B)+C_2SH(A)$ 胶结的灰砂硅酸盐混凝土约为 0.48 mm/m，$C_2SH(A)$ 胶结的灰砂硅酸盐混凝土约为 0.45 mm/m。

与水泥混凝土比较，灰砂硅酸盐混凝土具有较小的收缩值，这是因为灰砂硅酸盐混凝土在蒸压硬化后，其凝胶体较少，特别是用生石灰制作硅酸盐混凝土时，其收缩值更小。

蒸养粉煤灰砌块的收缩值比普通水泥混凝土大，在室内自然存放条件下其收缩值一般为 0.7 mm/m 左右。减少拌合物含水量及胶结料（石灰+石膏+粉煤灰）的相对含量，或增大炉渣用量，已证明对减小收缩值是有利的。粉煤灰砖的收缩值为 0.59～2.27 mm/m，其中蒸压粉煤灰砖为较小值，蒸养粉煤灰砖为较大值。

2. 耐久性

（1）大气稳定性。

暴露于大气中的硅酸盐材料，经常要受到空气中的碳酸气、潮气的作用。除此之外，干湿交替作用等也将导致硅酸盐材料的结构和物理力学性质的变化。

由于不同类型水化硅酸钙在碳化作用下表现出不同特性，因此不掺磨细砂的灰砂砖（以高碱性水化硅酸钙为主）碳化后强度提高，而全部用磨细砂制作的硅酸盐石材（以 $C-S-H(B)$ 为主）在碳化后强度则降低。

蒸养粉煤灰硅酸盐制品的抗碳化性能较差，其人工碳化系数一般为 0.6～0.8，自然碳化系数为 0.7～1.0。根本原因是其胶凝物质多为碱度低、结晶度差的 $C-S-H(B)$ 类水化硅酸钙，并含有三硫型硫铝酸钙。

为改善粉煤灰硅酸盐制品的碳化稳定性，可采取以下措施：

①适当提高拌合物中活性石灰的用量，酌情减少石膏的掺量，以形成高碱度水化硅酸钙和单硫型硫铝酸钙的条件。

②采用蒸压处理以提高水化硅酸钙的结晶度，并促进抗碳化性能良好的水石榴石的形成。

③提高制品的密实度，降低碳酸气与制品的相互作用。

（2）抗冻性。

混凝土的抗冻性与密实度大小有很大关系，用石灰-砂混合磨细胶结材制作的高密实高强度灰砂硅酸盐混凝土可以达到非常高的抗冻性，而结构致密、表面良好、强度在 C10 以上的粉煤灰硅酸盐砌块和粉煤灰砖，其抗冻性都能满足 15 或 25 次冻融循环的要求。同时，试验证明，在灰砂硅酸盐混凝土中掺入 NH_4Cl（质量分数为 0.6%）或 $MgCl_2$（质量分数为 2%），不但可以显著地提高混凝土的强度，而且可以达到很高的抗冻性（300 次冻融循环以上）。

改善混凝土结构的途径在于降低拌合物的含水量，同时采用相应的成型方法进行充分密实。此时混凝土的密实度和强度增加，而孔隙和毛细管减少，抗冻性提高。

对水化硅酸钙单体的研究表明:抗冻性按照 $C_2SH(A)\rightarrow C_2SH(C)\rightarrow$ 硬硅钙石→托勃莫来石→$C-S-H(B)$ 的顺序降低。因此,从提高灰砂硅酸盐混凝土的性能出发,不仅要求含有低碱性水化硅酸钙以保证混凝土的强度,而且要求含有高碱性的水化矿物以提高混凝土的抗冻性。

(3)抗蚀性。

硅酸盐混凝土中骨料部分的化学稳定性一般比硅酸盐石高得多,因此侵蚀现象往往发生在硅酸盐石中。在实际存在条件下,硅酸盐石中的胶凝物质——各种水化硅酸钙及其他水化产物,与硅酸盐石孔隙液相中的石灰浓度处于平衡状态。只有液相中石灰含量高于一定数值(极限浓度)时,这些水化矿物才能稳定存在。而各种水化矿物稳定存在所需要的液相石灰浓度是不一样的,高碱性水化硅酸钙所需要的极限浓度高,低碱性水化硅酸钙需要的极限浓度低。

①淡水浸析作用。与水泥混凝土相比较,灰砂硅酸盐制品受淡水长期浸泡时,石灰的浸析速度不一定高,特别是用磨细生石灰制备的硅酸盐混凝土尤为如此。但水泥混凝土的强度随着在水中存放时间的增加而增长,而灰砂硅酸盐混凝土的结构形成过程在蒸压后就已结束,在浸泡过程中只有胶凝物质的破坏过程,而无结构形成过程,因此强度降低。其改善方法是提高混凝土的密实度和均质性并加入磨细砂提高强度,如果能把石灰和砂混合磨细成石灰-砂胶结材使用最好。

与灰砂硅酸盐混凝土相反,粉煤灰硅酸盐制品在淡水长期浸泡作用下强度一般是继续增长的。其原因就是粉煤灰中的活性 SiO_2 和 Al_2O_3 在水分长期作用下,能与制品中的石灰继续结合成为水化硅酸钙或其他水化产物,促进强度的提高。

②硫酸盐类的侵蚀作用。与水泥混凝土比较,灰砂硅酸盐混凝土抗硫酸盐侵蚀能力较弱,而蒸压石灰矿渣(胶结材为磨细石灰、石膏、硬矿渣)硅酸盐混凝土的抗硫酸盐侵蚀的能力介于水泥混凝土和灰砂硅酸盐混凝土之间。

硅酸盐混凝土的抗硫酸盐侵蚀的能力取决于其本身的结构及水化硅酸钙的种类。如果在工艺上提高混凝土的密实度、降低其吸水率、提高抗渗性,则可以大大提高制品的抗硫酸盐侵蚀能力。当采用高碱性水化硅酸钙代替低碱性水化硅酸钙,降低胶凝材料中铝酸盐和硫铝酸盐含量时,也可得到同样效果。

③酸类侵蚀。硅酸盐混凝土的抗酸类侵蚀能力主要取决于其密实度和混凝土中游离 $Ca(OH)_2$ 含量。密实度高、$Ca(OH)_2$ 含量高,则侵蚀速度慢,抗侵蚀能力强。由于硅酸盐混凝土中 $Ca(OH)_2$ 含量一般比水泥混凝土低,因此其抗酸类侵蚀能力通常比水泥混凝土差。

(4)护筋性。

由于硅酸盐混凝土的碱度(pH 为 9.5~11)低于水泥混凝土(pH 为 12~13.5),因此在其他条件相同情况下,硅酸盐混凝土的护筋性不及普通混凝土。对于高强度加筋灰砂硅酸盐混凝土(30 MPa 以上),其灰砂拌合物活性一般为 7%~9%,表观密度高于 1.9×10^3 kg/m^3,因此其护筋性在正常使用条件下一般是能满足要求的。

如果拌合物活性与混凝土密实度不高,或使用条件恶劣时,灰砂硅酸盐混凝土的护筋性不足,可采用掺阻锈剂或涂防锈层的方法加以改善。

9.1.5 制品及配合比

对于各类硅酸盐混凝土的配合比,目前尚缺乏简单可靠的计算方法。一般是结合当地原材料条件,综合考虑强度、耐久性、成型条件、经济性等方面的要求,用试验方法进行。

1. 灰砂硅酸盐制品

(1)灰砂硅酸盐砖的配合比。

灰砂硅酸盐砖的配合比,一般参照已有的生产经验,以当地原材料进行试验,选择物理力学性能优良而又经济的配合比作为生产用配合比。表9.2所列数据可作为选择配合比时的参考。

表9.2 灰砂硅酸盐砖配合比

物 料 名 称		质量分数
石灰	以干拌合物的活性(CaO+MgO)计	6% ~8%
	以石灰的用量计	10% ~20%
砂		80% ~90%
用水量(按干拌合物的质量计)		7% ~9%

(2)高强度灰砂硅酸盐混凝土配合比。

高强度灰砂硅酸盐混凝土的配合比选择也是根据已有资料用试验方法来完成,其步骤如下:

①评定原材料的质量。如测定石灰活性、MgO 含量、消解速度等;确定砂的矿物成分、SiO_2 含量、颗粒组成、平均粒径及杂质含量。

②确定磨细砂的细度。一般使用的磨细砂细度为 200 ~ 500 m^2/kg,经常使用的细度为 300 m^2/kg。

③确定灰砂胶结材的原料钙硅比。一般 $n(CaO)/n(SiO_2) = 1 ~ 0.25$,磨细砂细度大者取大值。

④确定灰砂胶结材的用量。若磨细砂细度为 300 m^2/kg 时,其用量可按表9.2中的数据选择。

表9.2 高强度灰砂硅酸盐制品配合比

混凝土强度等级	各组分的用量(质量分数)/%				自然砂
	磨细灰砂胶结材				
	活性 CaO	石灰	磨细砂	胶结材(石灰+磨细砂)	
C15	5 ~6	6 ~10	5 ~12	10 ~22	89 ~78
C20	7 ~7.5	9 ~12.5	7 ~15	16 ~27.5	84 ~72.5
C30	9 ~9.5	11 ~16	9 ~19	20 ~35	82 ~65
C40	10 ~11	12.5 ~18	10 ~22	22.5 ~40	77.5 ~60

⑤根据成型方法所要求的工作度,选择最佳用水量。一般振动成型的拌合物最佳用水量为干拌合物的 10% ~15%(熟石灰工艺)或 16% ~20%(生石灰工艺)。

(3)蒸压灰砂砖技术要求。

蒸压灰砂砖和蒸压灰砂多孔砖技术要求参见国标《蒸压灰砂砖》(GB 11945)和国家行业标准《蒸压灰砂多孔砖》(JC/T 637)的要求。

2.粉煤灰硅酸盐制品

(1)粉煤灰硅酸盐砖配合比。

在粉煤灰砖的配合比选择中,除了前面已经阐述过的要保证拌合物的最佳活性石灰含量和最佳成型用水量外,为改善拌合物的成型性能,需要在拌合物中掺入适当数量较粗的物料(如炉渣、水淬矿渣、砂子等)来调整拌合物的颗粒级配,否则,砖胚在成型过程中易产生层裂,且制品的抗折强度偏低。有时,为了提高蒸养粉煤灰砖的强度,可以在拌合物中掺入石膏,其掺量为石灰用量的8%~11%。掺量过多,对提高强度已无显著效果,不但提高了砖的成本,而且还影响砖的碳化稳定性和抗冻性等。表9.3中列出了粉煤灰砖配合比选择参考资料。

表9.3　粉煤灰砖配合比

制品名称	原材料配合比(质量分数)/%				拌合物中活性氧化钙的质量分数/%	成型含水量/%	备注
	粉煤灰	炉渣	石灰				
			生石灰	电石渣			
蒸养粉煤灰砖	60~70	13~25	13~15		9~11	19~27	成型方法为圆盘压砖机压制成型
	55~65	13~28		15~20	9~12	19~27	
	65~70	13~20	12~15		8~11	19~23	

(2)蒸压粉煤灰砖技术要求。

蒸压粉煤灰砖和蒸压粉煤灰多孔砖技术要求参见国家行业标准《蒸压粉煤灰砖》(JC/T 239)和国标《蒸压粉煤灰多孔砖》(GB 26541)的要求。

3.纤维增强硅酸钙板

纤维增强硅酸钙板一般以钙质材料、硅质材料等胶凝材料以及增强纤维(多以纤维素纤维、抗碱玻璃纤维等代替石棉纤维)等主要原料,经抄取成型、蒸汽或高压蒸汽养护制成的新型轻质板材。各企业因工艺和原料不同,配合比波动较大,但其技术要求应符合《纤维增强硅酸钙板》(JC/T 564.1,JC/T 564.2)的要求。

9.2　硅酸盐多孔混凝土

硅酸盐多孔混凝土即加气混凝土又称发气混凝土,是通过发气剂使料浆发气产生大量孔径为0.5 mm~1.5 mm的均匀封闭气泡,并经蒸压养护硬化而成的一种多孔混凝土。加气混凝土最早出现于1923年,1929年正式建厂生产,但在工程中大量应用是在20世纪40年代,主要生产和应用的国家有苏联、德国、日本等。我国1931年开始生产应用,大量应用是20世纪70年代后期。由于高层建筑的发展和墙体改革的需要,1978年以后发展更为迅速,到2008年,我国生产能力已达4 500万 m^3。

9.2.1　原材料

1.钙质原料

钙质原料主要有水泥、石灰等,主要作用是为加气混凝土中的主要强度组分水化硅酸钙(C-S-H)的形成提供CaO,另外掺加水泥还可保证浇筑稳定、加速料浆稠化和硬化、缩短预养时间、改善坯体和制品的性能。

2. 硅质原料

硅质原料主要有石英砂、粉煤灰、过火煤矸石、矿渣等。硅质原料的主要作用是为加气混凝土的主要强度组分提供 SiO_2。要求 SiO_2 含量较高，SiO_2 在水热条件下有较高的反应活性，原料中杂质含量要少，特别是对加气混凝土性能有不良影响的 K_2O、Na_2O 及一些有机物。

3. 发气剂

发气剂是生产加气混凝土的关键原料，它不仅应能在料浆中发气形成大量细小而均匀的气泡，同时对混凝土性能不会产生不良影响。可以作为发气剂的材料主要有铝粉、双氧水、漂白粉等。但考虑生产成本、发气效果等种种因素，基本上都用铝粉作为发气材料。铝粉是金属铝经细磨而成的银白色粉末，其发气原理是金属铝在碱性条件下与水发生置换反应产生氢气，反应的化学式如下：

无石膏存在时

$$2Al+3Ca(OH)_2+6H_2O \longrightarrow C_3A \cdot H_2O+3H_2 \uparrow$$

有石膏存在时

$$2Al+3Ca(OH)_2+3CaSO_4 \cdot 2H_2O+25H_2O \longrightarrow C_3A \cdot CaSO_4 \cdot 31H_2O+3H_2 \uparrow$$

由于金属铝的活性很强，为防止在生产及储存、运输过程中铝粉与空气中的氧气发生化学反应形成 Al_2O_3，常用一些液体保护剂对铝粉进行处理，即把铝粉制成铝粉膏作为发气剂，具体应符合《加气混凝土用铝粉膏》(JCT 407) 的要求。

4. 稳泡剂

经发气膨胀后的料浆很不稳定，形成的气泡很易逸出或破裂，影响了料浆中气泡的数量和气泡尺寸的均匀性。为减少这些现象的发生，在料浆配制时掺入一些可以降低表面张力，改变固体润湿性的表面活性物质来稳定气泡，这种物质称为稳泡剂。常用的稳泡剂有氧化石蜡稳泡剂、可溶性油类稳泡剂等。

5. 调节剂

为了在加气混凝土生产过程中对发气速度料浆的稠化时间、坯体硬化时间等技术参数进行控制，往往要加入一些物质对上述参数进行调节，这些物质称为调节剂。主要调节剂有纯碱(Na_2CO_3)、烧碱(NaOH)、石膏($CaSO_4 \cdot 2H_2O$)、水玻璃($Na_2O \cdot nSiO_2$)、硼砂($Na_2B_4O_7 \cdot 10H_2O$)和轻烧镁粉(MgO)等。

6. 钢筋防锈剂

由于加气混凝土孔隙率高，抗渗性差，碱度低，一些钢筋加气混凝土制品中的钢筋很容易受到锈蚀，因此在生产过程中应对钢筋表面进行防锈处理，如在钢筋表面涂刷防锈剂(也称防腐剂)。目前我国常用的防锈剂有水泥-沥青-酚醛树脂防腐剂(又称"727"防锈剂)、聚合物水泥防锈剂、西北-I 型防锈剂(一种水性高分子涂料)、沥青-乳胶防锈剂(LR 防锈剂)、沥青-硅酸盐防锈剂等。

9.2.3 配合比

1. 设计原则

首先要考虑满足加气混凝土的表观密度和强度性能。一般情况下,表观密度和强度是一对矛盾,表观密度小、孔隙率大、强度低;表观密度大、孔隙率小、强度较高。在进行配合比设计时,应在保证表观密度条件下尽量提高固相物质(即孔壁物质)的强度。

2. 铝粉掺量的确定

铝粉掺量是根据表观密度的要求确定的,因为表观密度取决于孔隙率,而孔隙率又取决于加气量,加气量又决定于铝粉掺量。铝粉用量可用下式计算。

$$M_{\mathrm{Al}} = \frac{V - \left(\sum_{i=1}^{n} \dfrac{m_i}{d_i} + \rho_0 \cdot b \right)}{V_{\mathrm{Al}} \cdot K} \cdot k \tag{9.1}$$

式中 M_{Al}——1 m³ 加气混凝土铝粉用量,kg/m³;

       V—— 加气混凝土总体积,1 000 L/m³;

       M_i—— 各种原料用量,kg;

       d_i—— 各种原料的密度,kg/m³;

       ρ_0—— 加气混凝土表观密度,kg/m³;

       b—— 水料比;

       V_{Al}——1 g 活性铝在料浆温度下的产气量,L/g,1 g 活性铝在标准状态下放出 1.24 L 的氢气,料浆温度为 45 ℃ 时可放出氢气 1.44 L;

       K—— 活性铝含量,%;

       k—— 铝粉的利用系数,$k = 1.1 \sim 1.3$。

3. 配合比

各种基本原料的配合比主要是保证材料在压蒸养护后化学反应形成的加气混凝土结构中孔壁的强度。孔壁强度决定于形成孔壁材料的化学组成和化学结构,孔壁材料主要成分为水化硅酸钙和水石榴子石,而这些物质的强度又决定于其钙硅比和化学结构。因此在配料时,确定料浆中的钙硅比($n(\mathrm{CaO})/n(\mathrm{SiO_2})$)和水料比是十分重要的。国内外的很多研究表明,CaO-SiO₂-H₂O 体系及杂质影响下水热反应生成物在 175 ℃ 以上的水热条件下,$n(\mathrm{CaO})/n(\mathrm{SiO_2}) = 1$ 时的制品强度最高。其中生成的水化硅酸钙中主要为结晶度较高的托勃莫来石(Tobemolite),其组成为 $C_4S_5H_5$,即 C-S-H(B)。如果蒸压温度过高(>230 ℃)、恒温时间过长,将会形成硬硅钙石,此时制品强度反而会降低。

实际生产和试验研究证明,在配合比设计时钙硅比应小于1,而且随原料组成不同有所区别,见表9.4。

表 9.4   不同原材料组成的钙硅比

原材料	$n(\mathrm{CaO})/n(\mathrm{SiO_2})$
水泥-矿渣-砂系统	0.52 ~ 0.68
水泥-石灰-粉煤灰系统	0.85
水泥-石灰-砂系统	0.7 ~ 0.8

水料比大小不仅会影响加气混凝土的强度,更对密度有较大的影响。水料比越小,强度越高,而密度也将增大。但同时应考虑浇筑、发气膨胀过程中的流动性和稳定性。目前尚未有可以确定水料比、密度、强度、浇筑料流动性及稳定性之间关系的计算公式。在配料计算时,可参考表9.5选择水料比。

表9.5 加气混凝土水料比选择参考

加气混凝土密度/(kg·m⁻³)	500	600	700
水泥-矿渣-砂	0.55～0.65	0.50～0.60	0.48～0.55
水泥-石灰-粉煤灰	0.65～0.75	0.60～0.70	0.55～0.65
水泥-石灰-砂	0.60～0.70	0.55～0.65	0.50～0.60

9.2.3 结构的形成

加气混凝土的结构形成包括两个过程:一是由于铝粉与碱性水溶液之间反应产生气体使料浆膨胀以及水泥和石灰的水化凝结而形成多孔结构的物理化学过程;二是蒸压条件下钙质材料与含硅材料发生水热合成反应使强度增长的物理化学过程。

1. 发气膨胀及气孔结构的形成

加气混凝土料浆在搅拌浇注过程中即开始化学反应,水泥、生石灰与水反应均生成 $Ca(OH)_2$,整个料浆迅速变成碱性饱和溶液(pH达12左右),铝粉随即与之发生反应,产生氢气。当产生的氢气量足够多时,导致料浆体积膨胀。

在料浆发气膨胀过程中一直伴随着水泥、生石灰的水化反应,直至发气结束后,水化仍然在发生。随着水化产物在液相中的不断积累,体系中的自由水分由于水化作用的进行逐渐减少,这就使溶液中水化产物的浓度逐渐增加,并很快达到过饱和,继而析出微晶胶粒,随着微晶胶粒的不断增多和长大,随后形成凝聚结构。同时,料浆逐渐丧失流动性并产生能支撑自重的结构强度,此时气孔结构基本形成。从料浆浇注到失去流动性且具有支撑自重强度的过程称为稠化过程。料浆稠化是水泥和石灰水化凝结过程初期阶段的表现。

随着水化继续进行,孔壁结构不断紧密,固相越来越多,液相越来越少,当达到能够抵抗相当外力作用的结构强度时,便达到凝结(即硬化)。作为气孔壁的料浆凝结以后,加气混凝土的气孔结构则进一步强化。

2. 蒸压硬化

料浆凝结以后,整个体系也就基本稳定,成为坯体。静停后的坯体由于具有一定的结构强度,故可进行切割。但是由于时间短、湿度低,水化产物少,结晶度差,坯体强度很低,尚属于半成品。为了使反应充分而快速地进行以制成高强度的加气混凝土成品,常采用蒸压养护。

图9.2、图9.3分别是水泥-石灰-砂、水泥-矿渣-砂两种原材料体系的加气混凝土在高温(174.5～195 ℃)高压(0.8～1.4 MPa)下水化反应示意图。可以看出,蒸压加气混凝土的水热反应由 $CaO-SiO_2-H_2O$ 三元系反应、$CaO-Al_2O_3-SiO_2-H_2O$ 四元系反应和 $CaO-Al_2O_3-SiO_2-CaSO_4-H_2O$ 五元系反应组成,生成物以托勃莫来石、C-S-H(B)为主,其次为水石榴石。随着托勃莫来石、C-S-H(B)不断析出,新晶体数量不断增加,原来晶体不断生长,最后形成具有空间结构的结晶连生体,使加气混凝土具有足够强度。

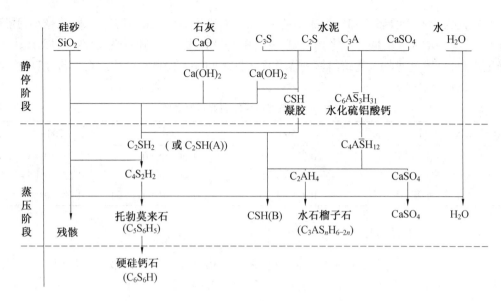

图9.2　水泥-石灰-砂水化反应示意图

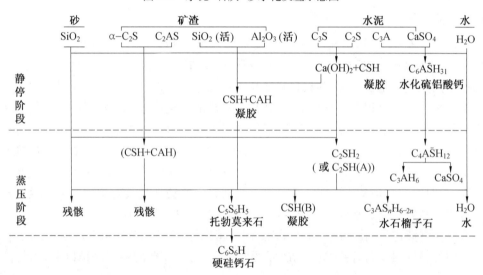

图9.3　水泥-矿渣-砂水化反应示意图

9.2.4　性能

1. 密度

密度是加气混凝土的主要性能指标,随着密度的变化,加气混凝土的其他性能也相应改变。加气混凝土的密度取决于这种混凝土的总孔隙率。加气混凝土的密度是以绝干状态下的密度为标准。通常生产加气混凝土的密度在 $400 \sim 800 \ kg/m^3$ 之间。目前各国趋向于生产密度为 $500 \ kg/m^3$ 的加气混凝土,总孔隙率约为79%。一般用调节发气剂的掺量来控制所生产的加气混凝土的密度。

2. 力学性能

加气混凝土的抗压强度受含水率的影响极大,见表9.6,因此必须规定一定含湿状态下的强度作为标准强度。一般将加气混凝土的含水状态分为下列几种:①绝干态,含水率为 0;②气干态,含水率为 5% ~ 10%;③出釜态,含水率为 35% 左右。一般将出釜抗压强度作为加气混凝土标准强度。加气混凝土由于向上发气,气泡向上呈椭圆形,因而平行于发气方向的抗压强度约为垂直发气方向的抗压强度的 80%。

表 9.6　不同含湿状态下的抗压强度

加气混凝土类别	出釜含湿态			气干态			绝干态	
	密度 /(kg·m⁻³)	强度 /MPa	含水率 /%	密度 /(kg·m⁻³)	强度 /MPa	含水率 /%	密度 /(kg·m⁻³)	强度 /MPa
水泥-矿渣-砂	677	3.0	35.0	542	3.75	5.0	500	5.0
石灰-水泥-粉煤灰	680	4.0	38.0	524	4.50	6.0	493	5.0
石灰-水泥-砂	860	4.7	38.0				700	7.0

加气混凝土的塑性变形较小,因此受力破坏前没有明显的裂纹出现。一旦出现裂纹,试件立即崩裂破坏,这与普通混凝土不同。

加气混凝土的弹性模量随应力的增加而减少,静力弹性模量小于普通混凝土,一般以 $0.5R_棱$ 时应力与应变比值表示平均弹性模量。加气混凝土的静力弹性模量 E_s 与它的抗压强度 f_{cu} 间存在着线性关系,密度为 500 kg/m^3 的加气混凝土的 E_s 和 f_{cu} 间的关系见表 9.7。

表 9.7　弹性模量 E_s 与抗压强度的关系

项目	水泥-矿渣-砂	石灰-水泥-粉煤灰	石灰-水泥-砂
E_s/MPa	$0.17×10^4 \sim 0.18×10^4$	$0.15×10^4 \sim 0.16×10^4$	$0.16×10^4 \sim 0.19×10^4$
E_s 与 f_{cu} 关系式	$E_s = 310\sqrt{f_{cu}}$	$E_s = 282\sqrt{f_{cu}}$	$E_s = 380\sqrt{f_{cu}}$

3. 收缩

由于加气混凝土是一种低强度的材料,所以干燥收缩引起的变形应力对制品本身和建筑物的破坏起着十分敏感的作用。选择合理的蒸压条件和制度,改善原材料配比和加强生产控制可以把加气混凝土的收缩值控制到允许范围。出厂的制品经过一段时间自然干燥,使这一部分收缩在使用到建筑物以前基本结束,也是行之有效的措施。一般要求 20 ℃ 相对湿度为 43% 的条件下干燥收缩值小于或等于 0.5 mm/m;50 ℃ 相对湿度为 30% 条件下干燥收缩值小于或等于 0.8 mm/m。

4. 导热性能

材料的热导率不仅与孔隙率有关,而且还取决于孔隙的大小和形状。加气混凝土是多孔材料,封闭孔隙多,所以热导率比较小(一般小于 0.23 W/(m·K)),是一种良好的保温隔热材料。但是加气混凝土的蓄热性能差,这是它在热工性能上的缺点。

5. 耐久性及其他性能

①抗冻性。加气混凝土有良好的抗冻性能,但抗冻性与含水率有很大关系。在潮湿环境中使用的加气混凝土应采取适当的防潮措施。

②碳化稳定性。密度小、透气性大的加气混凝土碳化作用较强。加气混凝土的碳化程度与 CO_2 浓度、环境湿度和存放时间成正比。在 CO_2 的作用下,水热反应产物托勃莫来石和低钙水化硅酸钙碳化分解,给制品强度等性能带来不利的影响。但碳化作用的影响并不完全取决

于碳化作用的快慢,更重要的是材料的内部结构特点。空气中 CO_2 的浓度很低,只有 0.03%(体积分数)左右,但加气混凝土的疏松孔结构使水化产物可以缓慢而完整地完成晶体转换过程。一般在空气中放置 1~1.5 年后才能全部碳化,初期抗压强度略有下降,但以后强度回升,甚至超过原始强度。所以从宏观上看加气混凝土有较好的碳化稳定性。

③盐析。在干湿循环和毛细管作用下,加气混凝土在使用中表面会出现盐析现象。当盐析严重时,由于盐类在毛细管中反复溶解和结晶膨胀,往往会引起制品表面层剥落,饰面破坏等不良结果。砂中 Na_2O 和 K_2O 的含量较粉煤灰高,因而含砂的加气混凝土比含粉煤灰的加气混凝土盐析严重。避免加气混凝土吸水受潮是减少加气混凝土盐析的主要措施之一。用甲基硅醇钠等憎水剂对加气混凝土表面进行憎水处理或者进行其他的饰面处理,对防止盐析也是有利的。

④抗裂性。加气混凝土在长期使用过程中经受日晒雨淋和干湿交替的反复循环,几年后表面往往出现纵横交错的裂纹。其主要原因是加气混凝土截面上含水率分布不均匀,各处收缩值不一样造成自约束收缩应力,当收缩应力大于抗拉强度时产生裂纹。可采取提高加气混凝土本身的强度、对加气混凝土表面进行憎水或饰面处理、减少出厂前混凝土的含水率等措施加以改善。

9.2.5　加气混凝土制品

加气混凝土制品技术要求参见国标《蒸压加气混凝土砌块》(GB 11968)和《蒸压加气混凝土板》(GB 15762)的要求;加气混凝土试验方法参照《蒸压加气混凝土性能试验方法》(GB/T 11969);加气混凝土在工程中应用参照《蒸压加气混凝土应用技术规程》(JGJ/T 17)。

思　考　题

1. 什么是硅酸盐混凝土? 硅酸盐混凝土和普通混凝土有什么区别?
2. 按水热合成方式不同,硅酸盐混凝土制作工艺有哪两种?
3. 灰砂硅酸盐混凝土与灰渣硅酸盐混凝土在抗蚀性方面有何不同?
4. 硅酸盐混凝土的养护条件是什么?
5. 如何理解蒸压时间对硅酸盐混凝土强度的影响?
6. 什么是硅酸盐混凝土生产的生石灰工艺、熟石灰工艺?
7. 硅酸盐混凝土耐水性差的原因是什么? 如何提高耐水性?
8. 影响硅酸盐混凝土强度的因素有哪些?
9. 加气混凝土与泡沫混凝土有何不同?

第10章 砂 浆

砂浆是细骨料混凝土,由一定比例的胶凝材料、细骨料、水和其他组分组成。按所用胶凝材料种类,砂浆可分为水泥砂浆、石灰砂浆、水泥石灰混合砂浆、石膏砂浆、沥青砂浆、聚合物砂浆等;按用途,砂浆可分为普通砂浆和特种砂浆,前者包括普通砌筑砂浆、普通抹面砂浆等,后者包括专用砌筑砂浆、专用抹面砂浆、黏结砂浆、防水砂浆、勾缝砂浆、修补砂浆、保温砂浆、装饰砂浆等;按配制场合,砂浆可分为现场配制砂浆和预拌砂浆,现场配制砂浆是指由水泥、细骨料和水,以及根据需要加入的石灰、活性掺合料或外加剂在现场配制成的砂浆,分为水泥砂浆和水泥混合砂浆;预拌砂浆是指由专业生产厂生产的湿拌砂浆或干混砂浆,是以产品形式进行交易的,因此可称为商品砂浆。

10.1 原材料

1. 胶凝材料

砂浆常用普通水泥、矿渣水泥和火山灰水泥等作为胶凝材料配制。一般选用中、低等级的水泥即能满足要求,若水泥强度等级过高则可加混合材料如粉煤灰、矿渣等来节约水泥用量。对于特殊用途的砂浆可用特种水泥(如膨胀水泥、快硬水泥)和有机胶凝材料(聚合物乳液、可再分散乳胶粉、水溶性聚乙烯醇等)。

石灰、石膏和黏土亦可作为砂浆胶凝材料,与水泥混用配制混合砂浆,如水泥石灰砂浆、水泥黏土砂浆等,可节约水泥并改善砂浆的和易性。

2. 骨料

骨料是指在砂浆中起骨架作用的由不同粒径砂石组成的混合体。建筑砂浆所用的骨料一般为细骨料,但有些砂浆如底层抹面砂浆和饰面砂浆也会含些粗骨料。在砂浆中骨料除了起填充作用外,还可改善砂浆的和易性和工作性,降低水泥用水量,减少水化热,减少收缩和徐变及提高耐磨性。

因特种砂浆对性能如黏结强度、耐磨性和抗冲击性等要求较高,特种砂浆宜选用符合《建设用砂》(GB/T 14684)的Ⅰ类和Ⅱ类砂;Ⅲ类砂宜用于普通砂浆。常用细骨料有石英砂、色石渣、轻质骨料、膨胀珍珠岩、膨胀蛭石、玻化微珠和膨胀聚苯乙烯泡沫颗粒等。

3. 水

砂浆用水与混凝土用水相同,不得使用含油污、硫酸盐等有害杂质的不洁净水。一般凡能饮用的水,均能拌制砂浆。

4. 矿物掺合料

砂浆的矿物掺合料有石灰石粉、矿渣粉、粉煤灰、膨润土和凹凸棒土、天然沸石粉等,石灰石粉、矿渣粉、粉煤灰和天然沸石粉作用原理、要求同普通混凝土矿物掺合料。

（1）膨润土。

膨润土的主要成分为蒙脱石、少量碱及碱土金属、水铝硅酸盐矿物，其化学式为 $Na_x(H_2O)_4\{(Al_2-xMg_{0.33})[Si_4O_{10}](OH)_2\}$。膨润土在砂浆中主要起保水增稠作用。

当膨润土分散于水中时，由于表面吸附的阳离子在溶液主体中的浓度较低，它们有自晶层表面向外扩散的趋势；另一方面，它们又受带电晶层的静电吸引。这两个相反趋向的结果，使黏土颗粒晶层外表面形成扩散双电层，并呈大气状分布。堆叠晶层间的阳离子则限制在面对面的晶层表面中间的狭窄间隔内。膨润土分散在水中，蒙脱石的颗粒可能呈单一晶胞，也可以是许多晶胞的附聚体。由于蒙脱石晶体表面电荷的多样性和颗粒的不规则性，它们在水中会产生许多不同的附聚形式。

膨润土在水中高度分散搭接成网络结构，并使大量的自由水转变为网络结构中的束缚水，而形成非牛顿液体类型的触变性凝胶。它的黏度对于悬浮液体系的稳定性具有重要影响，并与剪切速度变化有关。搅动时，网络结构破坏，凝胶转化为低黏滞性的悬浮液；静止时，恢复到初始凝胶网络结构的均相塑性体状态，黏度逐渐增大。在外力作用下悬浮液与胶体可以无限转化。这就是掺加膨润土后砂浆触变性变好的原因。

由于上述原因，导致加入膨润土的砂浆黏度上升，保水性能提高，触变性能变好。在膨润土砂浆的使用过程中需注意以下问题：在配制砂浆时应使砂浆初始处于轻微离析状态，使之在经过 0.5 h 后不离析，即使其满足开始注浆时具有良好的可泵性；可对膨润土进行预水化处理，使之更好地满足工程需要。

（2）凹凸棒土。

凹凸棒土是以凹凸棒石为主要矿物组成的一种黏土矿，是一种层链状结构的含水富镁铝硅酸盐黏土矿物，其分子式为 $Mg_5Si_8O_{20}(OH_2)_4 \cdot 4H_2O$。与膨润土一样，凹凸棒主要用于改善砂浆的保水性能和触变性能。

凹凸棒土中常伴有白云石、方解石、蒙脱石、蛋白石、石英石和少量重矿物，高纯度凹凸棒土储量较少，中低品位矿石居多，在利用前一般都要经过选矿提纯，才能满足生产需要。根据凹凸棒在砂浆中的用途不同，可用不同的加工处理过程。常用的加工处理过程有活化、纤维分离和表面改性。改性凹凸棒土是天然凹凸棒土与表面活性剂复合配制而成的。在偏光显微镜下，改性凹凸棒土呈无色极细纤维状，骨合体常为杂乱无章的缕状；在透射电镜下，呈现轮廓清晰、形状完整的板束状和纤维状。黏土状的凹凸棒石晶体一般长为 $0.5 \sim 3 \mu m$。改性凹凸棒土是在经过适当方法的松解后，其针状晶体纤维在一定程度上未受破坏的情况下，形成了像树枝一样错综交叉的束状骨合体，具有很大的面积和吸附力，而且很难分散。

凹凸棒土集合体在砂浆中，张开的树杈状纤维向内收缩成团，不仅能包裹水泥等颗粒，而且能包裹砂子等大颗粒，从而防止砂子在砂浆中的沉降。改性凹凸棒土的最重要特点之一就是在相当低的浓度下可以形成高黏度的悬浮液。

改性凹凸棒土晶体具有与轴（110）平行的良好解理，以及呈链状晶体结构和棒状与纤维状的细小晶体外形，使得其在外加压力下（系统剪切力）能够充分分散，且溶液中晶体受重力影响比受静电影响力大，因而在截留液体中形成一种杂乱的纤维网络，这种悬浮液具有非牛顿流体特征。它的性质取决于改性凹凸棒土的质量浓度、剪切力的大小和 pH。改性凹凸棒土在各浓度下是触变性的非牛顿流体，随着剪切力的增加，流动性快速增加。这是由于随着剪切力的增加，改性凹凸棒土的晶束破碎，变为针状棒晶，所以流动性变好。由于上述原因，导致加入改性凹凸棒土的砂浆黏度增高,保水性能提高,触变性变好。

用于商品砂浆的矿物掺合料除上述几种外,还有许多工业废弃物和天然矿物,如钢渣、磷渣、天然沸石等。各种矿物掺合料有着各自不同的特性,因而也有各自不同的适用场合和应用方法。因此,应用各种不同的矿物掺合料时,首先要掌握它们的特性,深入挖掘它们的潜力。只有这样,才有可能科学地利用它们,使它们最大限度地发挥正面作用,尽可能地避免负面作用。

5. 化学外加剂

砂浆化学外加剂种类很多,按其用途分为:改善砂浆流变性能的塑化剂、引气剂、可再分散乳胶粉、纤维素醚、保水剂和增稠剂;改善砂浆拌和凝结时间和硬化速度的缓凝剂、促凝剂和早强剂;调节浆体含气量的消泡剂和引气剂;改善砂浆强度的可分散乳胶粉和增大表面面积的憎水剂等。

(1) 可分散乳胶粉。

可分散乳胶粉是高分子聚合物乳液经喷雾干燥,以及后续处理而成的粉状热塑性树脂,主要应用于建筑方面特别是干混砂浆中以增加内聚力、黏聚力与柔韧性。

可分散乳胶粉与其他无机胶结剂(如水泥、熟石灰、石膏和黏土等)以及各种骨料、填料和其他外加剂(如甲基羟丙基纤维素醚、聚多糖(淀粉醚)、纤维素纤维等)经物理混合制成干混砂浆。当干混砂浆加入水中搅拌时,在亲水性的保护胶体以及机械剪切力的作用下,乳胶粉颗粒可快速分散到水中,并足以使可分散乳胶粉充分成膜。

一般认为,可分散乳胶粉改善新拌砂浆和易性的机理是:乳胶粉提高了砂浆含气量从而对新拌砂浆起到润滑作用;乳胶粉尤其是保护胶体分散时对水的亲和并增加了浆体的黏稠度,提高了施工砂浆的内聚力。

含有乳胶粉分散液的新拌砂浆成型后,随着基体对水分的吸收、水化反应的消耗、向空气的挥发,水分逐渐减少,树脂颗粒逐渐靠近,过渡区逐渐模糊,树脂逐渐相互融合,最终聚合成膜。聚合物成膜的过程分为以下三个阶段。

①在初始乳液中聚合物颗粒以布朗运动的形式自由移动。随着水分的蒸发,颗粒的移动自然受到越来越多的限制,水与空气的过渡区张力促使它们逐渐排列在一起。

②颗粒开始相互接触时,网络状的水分通过毛细管蒸发,施加于颗粒表面的高毛细张力引起乳胶球体的变形使它们融合在一起,剩余的水分填充在孔隙中,膜大致形成。

③最后阶段是聚合物分子的扩散(有时称为子黏性)形成真正的连续膜。在成膜过程中,孤立的可移动乳胶颗粒固结为新的薄膜相,该薄膜具有较高的拉应力。显然,为了使可再分散乳胶粉能够在硬化砂浆内成膜,必须保证最低成膜温度低于砂浆的养护温度。

为使得这一过程不可逆,即当聚合物膜再次遇水不会二次分散,可再分散乳胶粉的保护胶体——聚乙烯醇必须从聚合物膜的体系中分离出去。这在碱性的水泥砂浆体系中,因为聚乙烯醇会被水泥水化生成的碱皂化,同时石英材料的吸附作用使得聚乙烯醇逐渐从体系中分离,没有亲水性的保护胶体,本身不溶于水的由可分散乳胶粉一次分散所成的膜就可不但在干燥条件,也可在长期浸水的条件发挥作用。当然在非碱性体系中,如石膏或仅有填料的体系中,由于聚乙烯醇仍有部分存在于最终的聚合物膜中,影响到膜的耐久性,当这些体系不用于长期浸水的场合,以及聚合物仍然具有其特有的机械性能,可分散乳胶粉仍可在这些体系中应用。

随着聚合物薄膜的最终形成,在固化的砂浆中形成了由无机与有机黏结剂构成的体系,即水硬性材料构成的脆硬性骨架,以及可再分散乳胶粉在间隙与固体表面成膜构成的柔性网络。由于乳胶粉形成的高分子树脂薄膜的拉伸强度通常高于水泥基材料一个数量级以上,使得砂浆的抗拉强度得以增强、内聚力得以提高。由于聚合物的柔性,变形能力远高于水泥石刚性结构,砂浆的变形性能得以提高,分散应力的作用大幅提高,从而提高了砂浆的抗裂能力。

随着可分散乳胶粉掺量的提高,整个体系向塑性方向发展。在高乳胶粉掺量的情况下,固化后砂浆中的聚合物相逐渐超过无机水化产物相,砂浆将发生质的改变,变成弹性体,同时水泥的水化产物变成一种"填料"。采用可再分散乳胶粉改性后砂浆的抗拉强度、弹性、柔性和封闭性均有提高。掺加可再分散乳胶粉可使聚合物膜(乳胶膜)形成并构成孔壁的一部分,从而对砂浆的高孔隙构造起到了封闭的作用。乳胶膜具有自拉伸机制,可对其与砂浆锚接处施加拉力。通过这些内部作用力,将砂浆保持为一个整体,从而提高砂浆的内聚强度。高柔性和高弹性聚合物的存在改善了砂浆的柔性和弹性。屈服应力和破坏强度提高是由于当施加作用力时,由于柔性和弹性的改善会使微裂缝推迟,直到达到更高的应力时才形成。此外,可再分散乳胶粉提升了材料的破坏应力和破坏应变。

聚合物改性砂浆中的聚合物膜对硬化砂浆具有十分重要的作用效果,分布于界面上的可再分散乳胶粉经分散、成膜又起到了另一种关键的作用,即增加了对所接触材料的黏结性。

含有聚乙烯的可分散乳胶粉对有机基面特别是同类的材料,如聚氯乙烯、聚苯乙烯等的黏结力更为突出,这在聚合物改性干粉砂浆用于聚苯乙烯板黏结与罩面时便是很好的例证。

具体要求参见《建筑干混砂浆用可再分散乳胶粉》(JCT 2189)。

(2)保水剂和增稠剂。

用于干混砂浆的保水剂和增稠剂有纤维素醚和淀粉醚,传统建筑砂浆的保水增稠剂为石灰膏以及微沫剂。

①纤维素醚。纤维素醚在干混砂浆产品中广泛应用。在干粉砂浆中,纤维素醚的添加量很低,但能显著改善湿砂浆的性能,是影响砂浆施工性能的一种主要外加剂。纤维素醚为流变改性剂,用来调节新拌砂浆的流变性能,主要功能有:增加新拌砂浆的稠度,防止离析并获得均匀一致的塑体;具有一定引气作用,还可以稳定砂浆中引入的均匀细小气泡;作为保水剂,有助于保持薄层砂浆中的水分(自由水),从而在砂浆施工后使水泥可以有更多的时间水化。常用的纤维素醚有羟甲基乙基纤维素醚(MHEC)和羟甲基丙基纤维素醚(MHPC)。具体要求参见《建筑干混砂浆用纤维素醚》(JCT 2190)。

②淀粉醚。淀粉醚可以显著增加砂浆的稠度,降低新拌砂浆的垂流程度,需水量和屈服值也略有增加,这对某些施工工艺是重要的。在墙面批荡(批荡是上了水泥砂灰层,表面粗糙,可以直接铺贴瓷砖)工艺中,浆体中加入淀粉醚可以使批荡砂浆批得更厚;瓷砖胶中加入淀粉醚则胶黏剂能够黏附更重的瓷砖而不产生下垂。特殊类型的淀粉醚可以降低砂浆对镘刀的黏附或延长开放时间。

③石灰膏以及微沫剂。石灰膏在水泥砂浆中用作保水增稠材料,具有保水性好、价格低廉的优点,在使用中,有效避免了砌体如砖的高吸水性而导致的砂浆起壳脱落现象,是传统的建筑材料,广泛用作砌体砂浆与抹面砂浆。但由于石灰耐水性差,质量不稳定,导致所配制的砂浆强度低、黏结性差,影响砌体工程质量,而且由于石灰粉掺加时粉尘大,施工现场劳动条件差,环境污染严重,不利于文明施工。

国内外自20世纪70年代末开始,一些地方采用微沫剂来改善砂浆的和易性,即在水泥砂浆中掺入松香皂等引气剂来代替部分或全部石灰。砂浆中掺入微沫剂后,能增加浆体体积,改善和易性,用水量相应减少,搅拌后产生的适量微气泡使拌合物骨料颗粒间的接触点大大减少,降低了颗粒间的摩擦力,砂浆内聚性好,便于施工;但微沫剂掺加过量将明显降低砂浆的强度和黏结性。

（3）消泡剂。

在搅拌过程中,消泡剂防止砂浆中产生气泡可改善粉料的润湿过程。在施工过程中,消泡剂防止砂浆中产生气泡,可提高砂浆的抗压强度,防止砂浆表面出现缺陷并改善自流平砂浆系统的流平性能。消泡剂还可以降低水的表面张力,提高剪切稳定性,增加强度。不同型号的粉状消泡剂有不同的功能。消泡剂的典型掺量为粉料总量的 0.05% ~ 0.20%,可用于水泥基自流平砂浆、石膏和水泥基地面找平砂浆、修补砂浆、无收缩灌浆料、填缝剂和粉末涂料等。

根据砂浆使用功能,除以上介绍的几种化学外加剂外,常用的还有塑化剂、憎水剂、膨胀剂、触变剂、阻锈剂和降低泛碱外加剂等,其作用、原理、要求等方面基本与普通混凝土外加剂相同。

6.颜料

颜料按物料状态可分为液体颜料和粉末颜料;按化学性质可分为有机颜料和无机颜料。有机颜料着色性强,色彩鲜艳;无机颜料则耐久性好,但用量较大。无机粉末颜料包括氧化铁系、铬系、铅系等。耐碱无机颜料对水泥不起有害作用,常用的有氧化铁（红、黄、褐、黑色）、氧化锰（褐、黑色）、氧化铬（绿色）、赭石（赭色）、群青（蓝色）以及普鲁士红等。颜料通常用在装饰砂浆中,使得砂浆的色彩多样化。

在干混砂浆中使用颜料应注意以下几个问题:

①颜料色彩的稳定性。装饰砂浆一般直接暴露在自然环境中,太阳光的照射,风、雨、雪的反复作用,都有可能影响颜料的颜色。因此,在选择颜料时必须注意颜料在这些自然环境中的稳定性。

②与砂浆颜色的协调性。在装饰砂浆的使用中,最终体现的是砂浆的颜色,而砂浆的颜色是砂浆本体颜色和颜料颜色综合作用的结果。因此,在配制装饰砂浆时仅注意颜料的颜色是不够的,必须注意两者之间的协调性,才能取得好的装饰效果。

③与砂浆体系的匹配。有两方面的含义,一是注意颜料对砂浆性能的影响。商品砂浆不同于普通砂浆,是一个复杂的体系。在这一体系中,一些颜料可能与胶凝材料中的某些组分反应,也有一些颜料与一些有机的化学外加剂形成络合物,这些反应可能会影响砂浆中各种组分作用的发挥,从而影响砂浆的性能。二是注意砂浆体系对颜料色彩的影响。

10.2　性　能

砂浆的主要性能包括工作性、强度和耐久性。砂浆的工作性是指加水搅拌好的新拌砂浆在工程施工中的难易程度。砂浆的耐久性是指砂浆应用到工程中,长期使用过程中抵抗外界介质侵蚀而不破坏的能力,一般包括抵抗长期气候作用的能力、抵抗各种介质侵蚀的能力（包括水、硫酸盐、氯盐和弱酸等）、抗碳化的能力和抵抗温度变化的能力（包括高温和冻融作用）等。

10.2.1 新拌砂浆的工作性

砂浆的工作性又称和易性,主要包括流动性和保水性,它是一项综合技术性质,工作性的好坏直接决定着砂浆是否能够应用到工程中。

1.流动性

砂浆流动性表示砂浆在重力或外力作用下流动的性能。稠度和流动度均是反映砂浆工作性的参数,两者之间既有联系,但又并不呈现出同步变化的规律。砂浆的稠度大并不一定代表砂浆的流动度大,反之亦然。稠度通常用稠度测定仪测定。稠度值大的砂浆表示流动性较好。测试方法参见《建筑砂浆基本性能试验方法》(JGJ/T 70)。流动度通常按照加水搅拌好的砂浆经过振捣振动后的扩展范围来测定,具体操作可参见《水泥胶砂流动度测定方法》(GB 2419)。但针对如自流平砂浆、灌浆砂浆等特殊品种,也具有特定的测试方法。例如自流平砂浆,其流动度测试则是通过测定搅拌好一定时间扩展后的直径来衡量,具体测试参见《地面用水泥基自流平砂浆》(JC/T 985)。

砂浆的流动性主要与掺入的外掺料及外加剂的品种、用量有关,也与胶凝材料的种类和用量,用水量及细骨料的种类、形状、粗细程度和级配有关。水泥用量和水用量多,砂子级配好、棱角少、颗粒粗,则砂浆的流动性大。

选用流动性适宜的砂浆,能提高施工效率,有利于保证施工质量。砂浆流动性的选择与砌体种类、施工方法及天气情况有关。对于多孔吸水的材料和湿冷天气,其流动性应小些。

2.保水性

砂浆保水性是指砂浆能保持水分的能力,也是衡量新拌砂浆在运输及停放过程时内部组分稳定性的性能。保水性不好的砂浆,在运输和存放过程中容易泌水离析。在涂抹过程中,保水性不好的砂浆水分易被墙体材料吸去,使砂浆过于干稠,涂抹不平,同时由于砂浆过多失水而会影响砂浆的正常凝结硬化,降低砂浆与基层的黏结力以及砂浆本身强度。

砂浆的保水性可用分层度和保水率两个指标来衡量。分层度用砂浆分层度测量仪来测定,常作为衡量普通砌筑砂浆和抹灰砂浆保水性好坏的参数。分层度越小,说明砂浆的保水性越好,稳定性越好;分层度越大,则砂浆泌水离析现象严重,保水性越差,稳定性越差。一般而言,砌筑砂浆的分层度要求为 10 ~ 30 mm,抹灰砂浆则对保水性的要求较高,分层度应不大于 20 mm。

保水率是另外一个衡量砂浆保水性好坏的参数,多用于衡量特种砂浆。砂浆保水率大,则砂浆保水性好;砂浆保水率小,则砂浆保水性差。保水性测试按 JGJ/T 70 的做法进行。相比而言,分层度对于测量保水性相对较好的砂浆时,灵敏度不够,常难以测得出差别;而滤纸具有良好的吸水性,即使砂浆保水性很高,滤纸仍能够吸附砂浆体中的水分,而吸附水分的多少与砂浆保水性密切相关,因此保水率能够精确反映出砂浆的保水性。

10.2.2 硬化砂浆的性质

砌筑砂浆将块材黏结为砌体,并在砌体中主要起传递荷载的作用;抹灰砂浆与基体牢固黏结并起到保护作用、装饰和改善某些功能的作用。在使用中,无论是砌筑砂浆还是抹灰砂浆都要经受环境长期作用。硬化后的砂浆应具有一定的抗压强度、黏结强度、抗拉强度和耐久性等。

1.砂浆的抗压强度与强度等级

砂浆的抗压强度是以边长为 70.7 mm 的立方体试件标准养护条件(水泥砂浆为(20±3)℃,相对湿度在 90% 以上;水泥石灰混合砂浆为(20±3)℃,相对湿度为 60% ~ 80%)下养护 28 d 的抗压强度表示。砌筑砂浆的强度等级分为 M20、M15、M10、M7.5、M5、M2.5。

砂浆强度受砂浆本身组成材料及配比的影响。在配比相同的情况下,砂浆强度还与基层材料的吸水性能有关。

(1)不吸水基层(如致密的石材)。

砂浆 28 d 抗压强度(f_m)的主要影响因素为水泥的强度(f_{ce})和水灰比(W/C)。砂浆强度经验公式为

$$f_m = Af_{ce}(C/W - B)$$

式中,常数 $A = 0.29$,$B = 0.40$。

(2)吸水基层(如普通黏土烧结砖、加气混凝土砌块等)。

当基层吸水后,砂浆中保留水分的多少就取决于其本身的保水性,因而具有良好保水性的砂浆,不论拌和时用多少水,经底层吸水后,保留在砂浆中的水大致相同,而与初始水灰比关系不大。砂浆强度与水泥强度(f_{ce})和水泥用量(Q_C)有如下关系:

$$f_m = \alpha f_{ce} Q_C/1\,000 + \beta$$

式中,α、β 为经验常数。

2.抹面砂浆的黏结力和变形性能

黏结力和变形性是抹面砂浆的重要性质。抹面砂浆不承受荷载,但为了提高黏结强度,往往需要提高砂浆的强度等级。

砂浆应具有一定的黏结力。通常,砂浆黏结力随抗压强度增大而提高;黏结力还与基底表面的粗糙程度、洁净程度、润湿情况及施工养护条件等因素有关。在充分润湿、粗糙、洁净的表面上使用且养护良好的条件下,砂浆与基底黏结较好。此外,砂浆的和易性要随分层抹灰要求而调整,底层砂浆沉入度为 10 ~ 12 cm 为宜,中层和层面可小些(7 ~ 9 cm)。

提高砂浆的抗裂性,减少其收缩的主要措施有:控制砂粒度和掺量,较粗的砂和砂掺量较多时,都能减少砂浆干缩;在满足和易性和强度要求的前提下,尽可能限制胶凝材料用量,控制用水量,以减少干缩;掺入适量的纤维材料(麻刀、纸筋);分层抹灰和将面积较大的墙面分格处理,可使砂浆相对收缩值减少;加强保湿养护,使砂浆脱水缓慢、均匀。

经常与水、大气等接触的材料应具有抗渗、抗冻及抗侵蚀等性能。其各种因素对砂浆耐久性的影响大致与混凝土相同,但因砂浆一般不振捣,所以施工质量对耐久性的影响尤为重要。

10.3　普通砂浆

普通砂浆一般指传统的砌筑砂浆和抹灰砂浆,有现场配制砂浆和预拌砂浆两种供应形式。

10.3.1　砌筑砂浆

砌筑砂浆是指将砖、石、砌块等块材经砌筑成为砌体,起黏结、衬垫和传力作用的砂浆,分

为水泥砂浆和水泥混合砂浆。

1. 水泥混合砂浆配合比计算

按《砌筑砂浆配合比设计规程》(JGJ/T 98)规定,普通砌筑砂浆配合比计算过程如下:

(1)确定砂浆试配强度。考虑施工中的质量波动情况,为保证实际的强度具有95%的强度保证率,满足强度等级要求,试配强度应按下式计算:

$$f_{m,0} = k f_2 \tag{10.1}$$

式中　　$f_{m,0}$——砂浆试配强度,精确至 0.1,MPa;

$\quad\quad\quad f_2$——砂浆设计强度等级值,精确至 0.1,MPa;

$\quad\quad\quad k$——系数,按表 10.1 取值。

表 10.1　砂浆强度标准差选用值

施工水平	强度标准差 σ/MPa							k
	M5	M7.5	M10	M15	M20	M25	M30	
优　良	1.00	1.50	2.00	3.00	4.00	5.00	6.00	1.15
一　般	1.25	1.88	2.50	3.75	5.00	6.25	7.50	1.20
较　差	1.50	2.25	3.00	4.50	6.00	7.50	9.00	1.25

(2)砌筑砂浆强度标准差的确定应符合下列规定:

① 当有统计资料时,砌筑砂浆现场强度标准差应按下式计算:

$$\sigma = \sqrt{\frac{\sum_{i=1}^{n} f_{m,i}^2 - n\mu_{f_m}^2}{n-1}} \tag{10.2}$$

式中　　$f_{m,i}$——统计周期内同一品种砂浆第 i 组试件强度,MPa;

$\quad\quad\quad \mu_{f_m}$——统计周期内同一品种砂浆 n 组试件强度的平均值,MPa;

$\quad\quad\quad n$——统计周期内同一品种砂浆试件的总组数,$n \geq 25$。

② 当不具有近期统计资料时,砂浆现场强度标准差 σ 可按表 10.1 取用。

(3)水泥用量的计算。

① 每立方米砂浆水泥用量的计算应按下式进行计算:

$$Q_C = \frac{1\,000(f_{m,0} - \beta)}{\alpha \cdot f_{ce}} \tag{10.3}$$

式中　　Q_C——每立方米砂浆的水泥用量,精确至 1 kg;

$\quad\quad\quad f_{m,0}$——砂浆的试配强度,精确至 0.1 MPa;

$\quad\quad\quad f_{ce}$——水泥的实测强度,精确至 0.1 MPa;

$\quad\quad\quad \alpha,\beta$——砂浆的特征系数,其中 $\alpha = 3.03$,$\beta = -15.09$。各地区也可用本地区试验资料确定 α,β 值,统计用的试验组数不得少于 30 组。

② 在无法取得水泥的实测强度值时,可按下式计算 f_{ce}:

$$f_{ce} = \gamma_c \cdot f_{ce,k} \tag{10.4}$$

式中　　$f_{ce,k}$——水泥强度等级对应的强度值;

$\quad\quad\quad \gamma_c$——水泥强度等级值的富余系数,其值应按实际统计资料确定。无统计资料时 γ_c 可取 1.0。

（4）石灰膏用量计算。

石灰膏用量应按下式计算：

$$Q_\mathrm{D} = Q_\mathrm{A} - Q_\mathrm{C} \tag{10.5}$$

式中　　Q_D——每立方米砂浆的石灰膏用量，精确至 1 kg；石灰膏使用时的稠度宜为（120 ± 5）mm；

Q_C——每立方米砂浆的水泥用量，精确至 1 kg；

Q_A——每立方米砂浆中水泥和石灰膏的总量，精确至 1 kg。

（5）砂子用量。

每立方米砂浆中的砂子用量，应按干燥状态（含水率小于 0.5%）的堆积密度值作为计算值。

（6）用水量。

每立方米砂浆中的用水量，根据砂浆稠度等要求可选用 210 ～ 310 kg。混合砂浆中的用水量，不包含石灰膏和黏土膏中的水；当采用细砂或粗砂时，用水量分别取上限和下限；稠度小于 70 mm 时，用水量可小于下限；施工现场气候炎热或干燥季节，可酌量增加用水量。

2. 水泥砂浆的试配要求

（1）水泥砂浆材料用量可按表 10.2 选用。

表 10.2　每立方米水泥砂浆材料用量

强度等级	水泥/kg	砂子/kg	用水量/kg
M5	200 ～ 230		
M7.5	230 ～ 260		
M10	260 ～ 290		
M15	290 ～ 330	1 m³ 砂子的堆积密度值	270 ～ 330
M20	340 ～ 400		
M25	360 ～ 410		
M30	430 ～ 480		

注：①此表水泥强度等级为 32.5 级，大于 32.5 级水泥用量宜取下限；

②根据施工水平合理选择水泥用量；

③当采用细砂或粗砂时，用水量分别取上限或下限；

④稠度小于 70 mm 时，用水量可小于下限；

⑤施工现场气候炎热或干燥季节，可酌量增加用水量；

⑥试配强度应按 $f_{\mathrm{m,0}} = kf_2$ 进行计算

（3）配合比试配、调整与确定。

①试配时应采用工程中实际使用的材料；搅拌要求应符合 JGJ 98 规定。

②按计算或查表所得配合比进行试拌，应测定其拌合物的稠度和分层度，当不能满足要求时，应调整材料用量，直到符合要求为止。然后确定为试配时的砂浆基准配合比。

③试配时至少应采用三个不同的配合比，其中一个按 JGJ 98 规定得出的基准配比，其他配合比的水泥用量应按基准配合比分别增加或减少 10%。在保证稠度、分层度合格的条件下，可将用水量和掺加料用量做相应调整。

④对三个不同的配合比进行调整后，应按现行行业标准 JGJ/T 70 的规定成型试件，测定砂浆强度；并选定符合试配强度要求的且水泥用量最低的配合比作为砂浆配合比。

10.3.2　抹灰砂浆

抹灰砂浆是指涂抹在基底材料的表面,兼有保护基层和增加美观作用的砂浆。与砌筑砂浆相比,抹灰砂浆具有以下特点:

(1)抹灰层不承受荷载。

(2)抹灰层与基底层要有足够的黏结强度,使其在施工中或长期自重和环境作用下不脱落、不开裂。

(3)抹灰层多为薄层,并分层涂抹,面层要求平整、光洁、细致、美观。

(4)多用于干燥环境,大面积暴露在空气中。

常用的普通抹灰砂浆有水泥砂浆、石灰砂浆、水泥石灰混合砂浆、麻刀石灰砂浆(简称麻刀灰)、纸筋石灰砂浆(纸筋灰)等。

抹灰砂浆应与基面牢固地黏合,因此要求砂浆应有良好的和易性及较高的黏结力。抹灰砂浆常分两层或三层进行施工。底层砂浆的作用是使砂浆与基层能牢固地黏结,应有良好的保水性。中层主要是为了找平,有时可省去不做。面层主要为了获得平整、光洁的表面效果。

各层抹灰的作用和要求不同,每层所选用的砂浆也不一样。同时,基底材料的特性和工程部位不同,对砂浆技术性能要求不同,这也是选择砂浆种类的主要依据。水泥砂浆宜用于潮湿或强度要求较高的部位;混合砂浆多用于室内底层或中层或面层抹灰;石灰砂浆、麻刀灰、纸筋灰多用于室内中层或面层抹灰。对混凝土基面多用水泥石灰混合砂浆。对于木板条基底及面层,多用纤维材料增加其抗拉强度,以防止开裂。

抹灰砂浆的配合比设计除考虑抗压强度外,还应根据不同的砂浆品种、不同基体材料和使用部位,合理考虑砂浆的拉伸黏结强度、保水率、抗冻性和稠度。对抹灰砂浆的试配抗压强度要求与砌筑砂浆相同,对不同种类的抹灰砂浆,可按《抹灰砂浆技术规程》(JGJ/T 220)中的规定选取材料的用量,并通过试配进一步确定抹灰砂浆的配合比。

10.4　预拌砂浆

随着建筑工业化的发展,目前传统混凝土生产方式已基本由现代的预拌混凝土所取代,传统由施工现场制备的砂浆也逐步由工厂制备的预拌砂浆所取代。和传统方式相比,预拌砂浆具有节能、环保和高效等优点,因此随着装配式建筑的发展,预拌砂浆必将取代传统砂浆。

10.4.1　预拌砂浆的基本概念

预拌砂浆(ready-mixed mortar)是指由专业生产厂生产的湿拌砂浆或干混砂浆。湿拌砂浆是指由水泥、细骨料、外加剂和水以及根据性能确定的各种组分,按一定比例,在搅拌站经计算、拌制后,采用搅拌运输车运至使用地点,放入专用容器储存,并在规定时间内使用完的湿拌拌合物,包括砌筑砂浆、抹灰砂浆、地面砂浆、防水砂浆等。干混砂浆是指经干燥筛分处理的骨料与水泥以及根据性能确定的各种组分,按一定比例在专业生产厂混合而成,在使用地点按规定比例加水或配套液体拌和使用的干混拌合物,干混砂浆也称为干拌砂浆,包括干混砌筑砂浆、干混抹灰砂浆、干混地面砂浆、干混普通防水砂浆、干混瓷砖黏结砂浆、干混耐磨地坪砂浆、干混界面处理砂浆、干混特种防水砂浆、干混自流平砂浆、干混灌浆砂浆、干混外保温黏结砂浆、干混外保温抹面砂浆、干混聚苯颗粒保温砂浆和干混无机骨料保温砂浆等。

10.4.2 预拌砂浆分类及技术要求

国家标准《预拌砂浆》(GB/T 25181)规定了各种预拌砂浆的分类及技术要求。

1.预拌砂浆的分类及代号

湿拌砂浆代号及分类见表 10.3、表 10.4。

表 10.3　湿拌砂浆代号

品种	湿拌砌筑砂浆	湿拌抹灰砂浆	湿拌地面砂浆	湿拌防水砂浆
代号	WM	WP	WS	WW

表 10.4　湿拌砂浆分类

项　目	湿拌砌筑砂浆	湿拌抹灰砂浆	湿拌地面砂浆	湿拌防水砂浆
强度等级	M5、M7.5、M10、M15、M20、M25、M30	M5、M10、M15、M20	M15、M20、M25	M10、M15、M20
抗渗等级	—	—	—	P6、P8、P10
稠度/mm	50、70、90	70、90、110	50	50、70、90
凝结时间/h	≥8、≥12、≥24	≥8、≥12、≥24	≥4、≥8	≥8、≥12、≥24

干混砂浆代号及分类见表 10.5、表 10.6。

表 10.5　干混砂浆代号

品种	干混砌筑砂浆	干混抹灰砂浆	干湿地面砂浆	干混普通防水砂浆	干混陶瓷砖黏结砂浆	干混界面砂浆
代号	DM	DP	DS	DW	DTA	DIT
品种	干混保温板黏结砂浆	干混保温板抹面砂浆	干混聚合物水泥防水砂浆	干混自流平砂浆	干混耐磨地坪砂浆	干混饰面砂浆
代号	DEA	DBI	DWS	DSL	DFH	DDR

表 10.6　干混砂浆分类

项　目	干混砌筑砂浆		干混抹灰砂浆		干混地面砂浆	干混普通防水砂浆
	普通砌筑砂浆	薄层砌筑砂浆	普通抹灰砂浆	薄层抹灰砂浆		
强度等级	M5、M7.5、M10、M15、M20、M25、M30	M5、M10	M5、M10、M15、M20	M5、M10	M15、M20、M25	M10、M15、M20
抗渗等级	—	—	—	—	—	P6、P8、P10

2.预拌砂浆的技术要求

湿拌砂浆、干混砂浆性能见表 10.7、表 10.8;干混陶瓷粘结砂浆、干混界面砂浆性能见表 10.9、表 10.10;干混保温板抹面砂浆、干混保温板粘结砂浆性能见表 10.11、表 10.12。

表 10.7 湿拌砂浆性能

项 目		湿拌砌筑砂浆	湿拌抹灰砂浆	湿拌地面砂浆	湿拌防水砂浆
保水率/%		≥88	≥88	≥88	≥88
14 d 拉伸黏结强度/MPa		—	M5：≥0.15 >M5：≥0.20	—	≥0.20
28 d 收缩率/%		—	≤0.20	—	≤0.15
抗冻性[①]	强度损失率/%	≤25			
	质量损失率/%	≤5			

注：①有抗冻性要求时,应进行抗冻性试验

表 10.8 干混砂浆性能

项 目		干混砌筑砂浆		干混抹灰砂浆		干混地面砂浆	干混普通防水砂浆
		普通砌筑砂浆	薄层砌筑砂浆[①]	普通抹灰砂浆	薄层抹灰砂浆[①]		
保水率%		≥88	≥99	≥88	≥99	≥88	≥88
凝结时间/h		3~9	—	3~9	—	3~9	3~9
2 h 稠度损失率/%		≤30	—	≤30	—	≤30	≤30
14 d 拉伸黏结强度/MPa		—	—	M5：≥0.15 >M5：≥0.20	≥0.30	—	≥0.20
28 d 收缩率/%		—	—	≤0.20	≤0.20	—	≤0.15
抗冻性[②]	强度损失率/%	≤25					
	质量损失率/%	≤5					

注：①干混薄层砌筑砂浆宜用于灰缝厚度不大于 5 mm 的砌筑；干混薄层抹灰浆宜用于砂浆层厚度不大于 5 mm 的抹灰。

②有抗冻性要求时,应进行抗冻性试验

表 10.9 干混陶瓷黏结砂浆性能

项 目		性能指标	
		I(室内)	E(室外)
拉伸黏结强度/MPa	常温常态	≥0.5	≥0.5
	晾置时间(20 min)	≥0.5	≥0.5
	耐水	≥0.5	≥0.5
	耐冻融	—	≥0.5
	耐热	—	≥0.5
压折比		—	≤3.0

表 10.10　干混界面砂浆性能

项　　目		性能指标			
		C	AC	EPS	XPS
		（混凝土界面）	（加气混凝土界面）	（模塑聚苯板界面）	（挤塑聚苯板界面）
拉伸黏结强度/MPa	常温常态（14 d）	≥0.5	≥0.3	≥0.10	≥0.20
	耐水				
	耐热				
	耐冻融				
晾置时间/min		—	≥10	—	—

表 10.11　干混保温板粘结砂浆性能

项　　目		EPS（模塑聚苯板）	XPS（挤塑聚苯板）
拉伸黏结强度/MPa（与水泥砂浆）	常温常态	≥0.60	≥0.60
	耐水	≥0.40	≥0.40
拉伸黏结强度/MPa（与保温板）	常温常态	≥0.10	≥0.20
	耐水		
可操作时间/h		1.5～4.0	

表 10.12　干混保温板抹面砂浆性能

项　　目		EPS（模塑聚苯板）	XPS（挤塑聚苯板）
拉伸黏结强度/MPa（与保温板）	常温常态	≥0.10	≥0.20
	耐水		
	耐冻融		
柔韧性[①]	抗冲击/J	≥3.0	
	压折比	≤3.0	
可操作时间/h		1.5～4.0	
24 h 吸水量/（g/m²）		≤500	

注：①对于外墙外保温采用钢丝网做法时，柔韧性可只检测压折比

10.5　其他常用砂浆

10.5.1　装饰砂浆

　　用于室外装饰以增加建筑物美观的砂浆称为装饰砂浆，常用的有拉毛、水刷石、水磨石、干粘石、斩假石。装饰砂浆与抹面砂浆的主要区别在面层。面层应选用具有不同颜色的胶凝材料和骨料并采用特殊的施工操作方法，以便表面呈现出各种不同色彩线条和花纹等装饰效果。

　　装饰砂浆有以下几种常用的施工操作方法：

　　①拉毛，先用水泥砂浆做底层，再用水泥石灰砂浆做面层，在砂浆尚未凝结之前用抹刀将

表面拉成凹凸不平的形状。

②水刷石,用 5 mm 左右石渣配制的砂浆做底层,涂抹成型待稍凝固后立即喷水,将面层水泥冲掉,使石渣半露面不脱落,远看颇似花岗岩。

③水磨石,由水泥(普通水泥、白水泥或彩色水泥)、有色石渣和水按适当比例掺入颜料,经拌和、涂抹或浇筑、养护、硬化和表面磨光而成。水磨石分预制、现制两种。它不仅美观而且有较好的防水、耐磨性能,多用于室内地面和装饰,如墙裙、踏步、踢脚板、窗台板、隔断板、水池和水槽等。

④干粘石,在抹灰层水泥净浆表面黏结彩色石渣和彩色玻璃碎粒而成,是一种假石装饰,它分人工黏结和机械喷粘两种,要求黏结牢固、不掉粒、不露浆。其装饰效果与水刷石相同,但避免了湿作业,施工效率高,可节省材料。

⑤斩假石,也称剁假石,一种假石饰面。原料和制作工艺与水磨石相同,但表面不磨光,而是在水泥浆硬化后,用斧刃剁毛,表面颇似剁毛的花岗石。

墙体饰面砂浆应符合(JCT 1024)的要求。

10.5.2　灌浆料

灌浆料是一种具有高流动性、早强、高强和微膨胀的特殊混合材料,它是由特殊胶凝材料、膨胀材料、外加剂和高强骨料组成的。将其灌入设备地脚螺栓、后张法预应力混凝土结构孔道等结构孔中,浆体会自行流淌、密实填充结构孔洞;同时硬化后浆体体积略有膨胀,从而保证设备与基础的牢固黏结。水泥基灌浆料应符合 GB/T 50448 的要求。

10.5.3　防辐射砂浆

在水泥中掺入重晶石粉、砂可配制有防 X 射线能力的砂浆,其配合比(质量比)约为水泥:重晶石粉:重晶石砂=1:0.25:(4~5)。如在水泥浆中掺入硼砂、硼酸等可配制有抗中子辐射能力的砂浆,此类防辐射砂浆应用于射线防护工程中。

10.5.4　水玻璃耐酸砂浆

水玻璃类材料是由水玻璃(钠水玻璃或钾水玻璃)和硬化剂(氟硅酸钠)为主要材料组成的耐酸材料。在上述材料中加入耐酸粉料(如石英粉、长石粉、瓷粉、安山岩粉与铸石粉等)即为水玻璃类胶泥;在上述材料中加入细骨料即为水玻璃砂浆。按水玻璃品种可分为钠水玻璃类材料和钾水玻璃材料;按抗渗性能可分为普通型水玻璃类材料和密实型水玻璃类材料。

10.5.5　防水砂浆

用作防水层的砂浆称为防水砂浆,适用于不受振动和具有一定刚度的混凝土或砖石砌体的表面,应用于地下室、水塔、水池等防水工程。常用的防水砂浆主要有水泥类的防水砂浆、水泥砂浆+防水剂类的防水砂浆和膨胀水泥或无收缩水泥配制的防水类砂浆。聚合物防水砂浆应符合《聚合物水泥防水砂浆》(JCT 984)的要求。

除上述几种特种砂浆外,还有一些为满足建筑物的某种功能需求而配制的特种砂浆,如防静电砂浆、吸波砂浆、绝热砂浆、吸音砂浆、修补砂浆、勾缝砂浆等。

思考题

1. 如何衡量砂浆的保水性? 怎样提高砂浆的保水性?

2. 如何减少砂浆的收缩?

3. 针对不同的基材, 如何选用抹灰砂浆?

4. 膨润土、凹凸棒土在砂浆中主要起什么作用?

附录1 混凝土原材料及性能基本实验

混凝土实验是混凝土学课程的重要组成部分,它是"三基"教学中的基本技能的教学部分,是由感性认识到理性认识的重要过程。通过实验,既可以熟悉、验证和巩固所学的理论知识即"三基"教学中的基本概念和基本理论,又可以了解实验手段,掌握实验方法,为将来从事混凝土材料的科学研究提供最基本的训练,同时还可让学生更好地掌握混凝土各种技术性质,对混凝土材料具有独立进行质量检验的能力。

为此,学生在实验前必须做到:

(1)实验前应做好预习,明确实验目的、基本原理,掌握操作规程。

(2)严格遵守实验操作规程,注意观察实验现象,详细做好实验记录。

(3)对实验结果进行分析处理、评定,做好实验报告。

混凝土一般由水泥、细骨料、粗骨料、水、外加剂和掺合材料组成,考虑到一般院校《胶凝材料学》都单独开课,水泥的实验应放入胶凝材料实验中,外加剂和掺合材料的作用一般都体现在混凝土的三大技术性能即工作性、强度和耐久性中,水主要涉及化学组成,为此本书实验包括混凝土的原材料和三大技术性能的基本实验,即骨料、新拌混凝土、力学性能和耐久性。

本书实验是结合课程教学大纲要求,按现行国家标准及规范编写的,并不包括混凝土及原材料的所有实验,使用本书的院校可根据具体情况做出取舍。

实验1 混凝土骨料实验

本实验参照执行《建设用砂》(GB/T 14684—2011)《建筑用卵石、碎石》(GB/T 14685—2011)《普通混凝土用砂、石质量及检验方法标准》(JG J52—2006)。

一、取样及处理

1. 取样

从料堆取样时,应均匀划分取样部位,把表面层铲除,然后从不同的取样点抽取大致等量的一组样品,砂为8份,石为16份,轻骨料每批从10个不同的部位和方向抽取试样;从皮带运输机上取样时,在出料处全断面定时随机抽取一组样品,砂为4份,石为8份,轻骨料为10份;从火车、汽车、货船上取样时,从不同部位和深度处随机抽取大致等量的一组样品,砂为8份,石为16份,轻骨料为10份。对于不同的试验项目,砂、石及轻骨料的最少取样量的要求见附表1.1、附表1.2、附表1.3。

附表 1.1　砂单项试验最少取样量

序号	试验项目		最少取样量/kg
1	颗粒级配		4.4
2	含泥量		4.4
3	泥块含量		20.0
4	表观密度		2.6
5	紧密/松散堆积密度与空隙率		5.0
6	饱和面干吸水率		4.4
7	含水率		1.0
8	石粉含量（机制砂）		6.0
9	有害物质	云母含量	0.6
		轻物质含量	3.2
		有机物含量	2.0
		硫化物和硫酸盐含量	0.6
		氯化物含量	4.4
		贝壳含量	9.6
10	坚固性	天然砂	8.0
		机制砂	20.0
11	碱骨料反应		20.0
12	放射性		6.0

附表 1.2　石单项试验最少取样量

序号	试验项目	最大粒径/mm							
		9.5	16.0	19.0	26.5	31.5	37.5	63.0	75.0
1	颗粒级配	9.5	16.0	19.0	25.0	31.5	37.5	63.0	80.0
2	含泥量	8.0	8.0	24.0	24.0	40.0	40.0	80.0	80.0
3	泥块含量	8.0	8.0	24.0	24.0	40.0	40.0	80.0	80.0
4	针片状颗粒含量	1.2	4.0	8.0	12.0	20.0	40.0	40.0	40.0
5	表观密度	8.0	8.0	8.0	8.0	12.0	16.0	24.0	24.0
6	堆积密度/空隙率	40.0	40.0	40.0	40.0	80.0	80.0	120.0	120.0
7	含水率	2.0	4.0	8.0	12.0	20.0	40.0	40.0	40.0
8	吸水率	8.0	8.0	16.0	16.0	16.0	24.0	24.0	32.0
9	碱骨料反应	20.0							
10	放射性	6.0							

其中,有机物含量、硫化物和硫酸盐含量、坚固性、岩石抗压强度、压碎指标、含水率等需要

按试验的具体要求取样。

附表1.3 轻骨料单项试验最少取样量

序号	试验项目	最少取样量/kg		
		细骨料	粗骨料	
			$D_{max} \leqslant 19.0$ mm	$D_{max} > 19.0$ mm
1	颗粒级配	2	10	20
2	堆积密度	15	30	40
3	表观密度	—	4	4
4	筒压强度	—	5	5
5	强度标号	—	20	20
6	吸水率	—	4	4
7	软化系数	—	10	10
8	粒型系数	—	2	2
9	含泥量及泥块含量	—	5~7	5~7
10	煮沸质量损失	—	2	4
11	烧失量	1	1	1
12	硫化物和硫酸盐含量	1	1	1
13	有机物含量	6	3~8	4~10
14	氯化物含量	1	1	1
15	放射性	3	3	3

2. 样品处理

取样后需将试样进行缩分至试验所需的量。缩分方法有以下两种:

①用分料器法。将样品在潮湿状态下拌和均匀,然后通过分料器,取接料斗中的其中一份再次通过分料器。重复上述过程,直至把样品缩分到试验所需量为止。

②人工四分法。将所取样品置于平板上,在潮湿状态下拌和均匀,砂样堆成厚度约为20 mm的圆饼,石样堆成圆锥体。然后沿相互垂直的两条直径把圆饼分成大致相等的四份,取其中对角线的两份重新拌匀。重复上述过程,直至得到试验所需量为止。

二、颗粒级配

1. 主要仪器设备

(1)天平:称量1 000 g,感量1g(砂);称量10 kg,感量1 g(石)。

(2)细骨料方孔筛:150 μm、300 μm、600 μm、1.18 mm、2.36 mm、4.75 mm及9.50 mm的筛各一个,筛底,筛盖。

(3)粗骨料方孔筛:2.36 mm、4.75 mm、9.50 mm、16.0 mm、19.0 mm、26.5 mm、31.5 mm、37.5 mm、53.0 mm、63.0 mm、75.0 mm及90.0 mm的筛各一个,筛底,筛盖。

2. 试验步骤

(1)试样缩分。

砂按要求取样,筛除大于 9.50 mm 的颗粒并计算筛余百分率,将剩余试样缩分至约 1 100 g,烘干至恒量(指在烘干 3 h 以上情况下,试样前后质量之差不大于该试验要求的称量精度),待冷却至室温后,分为大致相等的两份。

石按要求取样并缩分,根据试样的最大粒径,缩分至略大于试附 1.4 规定的质量,烘干至恒重。

附表 1.4　石的颗粒级配试验所需试样质量

最大粒径/mm	9.5	16.0	19.0	26.5	31.5	37.5	63.0	75.0
试样质量/kg	1.9	3.2	3.8	5.0	6.3	7.5	12.6	16.0

轻骨料按照附表 1.3 称取试样,并烘干到恒量;然后分成两等份,并称取其质量后备用。

(2)筛分析试验。

称取砂样 500 g,或石样按附表 1.4 称取,或把已准备好的轻骨料倒入按筛孔大小组合的套筛最上层,将套筛置于摇筛机上固定,筛 10 min 后取下,然后按筛孔大小顺序逐个用手筛,筛至每分钟通过量小于试样总量 0.1% 为止。将通过的颗粒并入下一级筛的试样中一起过筛,直至各级筛全部筛完。大于 19.0 mm 的筛,在过筛过程中允许用手指拨动颗粒。

称出各筛的筛余量,精确至 1 g。对于砂各筛上的筛余量不得超过式(附 1.1)计算出的量;否则,就将该粒级试样(即该级筛的筛余物)分成多份,使得每份都小于 G,分别再次进行筛分,将筛余量之和作为该筛的筛余量。

$$G = \frac{A\sqrt{d}}{200} \qquad\qquad (\text{附 } 1.1)$$

式中　G——在一个筛上的筛余量限值,g;

　　　A——筛面面积,mm²;

　　　d——筛孔尺寸,mm。

计算各号筛的筛余量与筛底的剩余量之和,若同筛分前试样质量之差超过 1%,则重新试验。

3. 结果计算

(1)分计筛余百分率:各号筛的筛余量与试样总量之比,计算精确至 0.1%。

(2)累计筛余百分率:该号筛及该号筛以上的各分计筛余百分率之和,精确至 0.1%。

(3)细骨料的细度模数:按下式计算,精确至 0.01:

$$M_x = \frac{(A_2 + A_3 + A_4 + A_5 + A_6) - 5A_1}{100 - A_1} \qquad\qquad (\text{附 } 1.2)$$

式中　M_x——细度模数;

　　　A_1、A_2、A_3、A_4、A_5、A_6——4.75 mm、2.36 mm、1.18 mm、600 μm、300 μm、150 μm 筛的累计筛余百分率。

累计筛余百分率取两份试样试验结果的算术平均值,精确至 1%。细度模数也取两份试样试验结果的算术平均值,精确至 0.1,如果两份试样的细度模数之差超过 0.20,则重新试验。

4.试样评价

砂的颗粒级配应符合表1.15的规定,按照附表1.5确定砂的级配类别。砂的规格与相应的细度模数见试表1.6。

对于砂浆用砂,4.75 mm 筛的累计筛余量应为0。砂的实际颗粒级配除 4.75 mm 和 600 μm粒级外,其他粒级累计筛余量可比表1.15略有超出,但各级超出值之和不能大于5%。

附表1.5　砂的级配类别

类别	Ⅰ	Ⅱ	Ⅲ
级配区	2 区	1、2、3 区	

附表1.6　砂的规格与相应的细度模数

细度模数	3.7~3.1	3.0~2.3	2.2~1.6
砂的规格	粗	中	细

石子样品的级配试验结果应符合表1.16的规定方为合格。

轻骨料级配的测试与上述相同,根据表1.28对试样的颗粒级配进行评价。若试验结果符合表中规定,则判断试样的颗粒级配合格。但人造轻粗骨料 D_{max} 不宜大于19.0 mm。

轻细骨料的细度模数宜为2.3~4.0。对于粗、细混合轻骨料,宜满足2.36 mm 筛的累计筛余百分率为(60±2)%;并且将混合料中小于2.36 mm 的颗粒筛除后,对剩余试样另行进行颗粒级配计算,其结果宜满足表1.28 中公称粒级为5~10 mm 的颗粒级配的要求。

三、针、片状颗粒含量(碎石、卵石)

1.主要仪器设备

(1)天平:称量 10 kg,感量 1 g。

(2)方孔筛:4.75 mm、9.50 mm、16.0 mm、19.0 mm、26.5 mm、31.5 mm、37.5 mm、53.0 mm、63.0 mm、75.0 mm 及 90 mm 的筛各一个,筛底,筛盖。

(3)针状规准仪(附图1.1)和片状规准仪(附图1.2)。

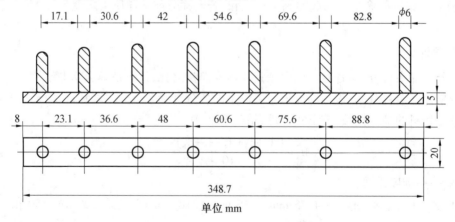

单位 mm

附图1.1　针状规准仪

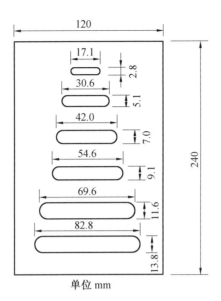

单位 mm

附图 1.2　片状规准仪

2. 试验步骤

(1)按附表 1.2 中要求取样并缩分,根据试样的最大粒径,缩分至略大于附表 1.7 规定的数量,风干。

附表 1.7　针、片状颗粒含量试验所需最小试样质量

最大粒径/mm	9.5	16.0	19.0	26.5	31.5	37.5	63.0	75.0
试样质量/kg	0.3	1.0	2.0	3.0	5.0	10.0	10.0	10.0

(2)按照附表 1.7 规定的量称取试样,精确至 1 g,并按规定试验方法筛分。

(3)4.75 mm、9.5 mm、16.0 mm、19.0 mm、26.5 mm、31.5 mm 各粒级筛余试样由小到大分别用规准仪逐粒检验,凡颗粒长度大于针状规准仪上相应间距者,为针状颗粒;颗粒厚度小于片状规准仪上相应孔宽者,为片状颗粒。称出其总质量,精确至 1 g。

(4)大于 37.5 mm 的粒组按照附表 1.8 规定,用卡尺逐粒检验并挑出针、片状颗粒,颗粒长度大于检验针状颗粒的卡尺卡口宽度的为针状颗粒,颗粒厚度小于检验片状颗粒的卡尺卡口宽度的为片状颗粒。

附表 1.8　粒径大于 37.5 mm 颗粒的粒级划分及对应的卡尺卡口宽度

石子粒级/mm	37.5～53.0	53.0～63.0	63.0～75.0	75.0～90
检验片状颗粒的卡尺卡口宽度/mm	18.1	23.2	27.6	33.0
检验针状颗粒的卡尺卡口宽度/mm	108.6	139.2	165.6	198.0

(5)称量针、片状颗粒总质量,精确至 1g。

3. 结果计算

针、片状颗粒含量按下式计算,精确至 1% :

$$Q_e = \frac{G_2}{G_1} \times 100\%$$
（附 1.3）

式中 Q_e——针、片状颗粒含量;

      G_1——试样的质量,g;

      G_2——试样中针、片状颗粒的总质量,g。

4.试样评价

试验结果应符合表 1.17 的规定,才能判定试样合格。

四、强　度

1.岩石抗压强度

(1)仪器设备。

①钻石机或锯石机、磨光机;游标卡尺和角尺。

②压力试验机:量程 1 000 kN,示值相对误差 2% 。

(2)试件制作。

①制作立方体试件,其尺寸为 50 mm×50 mm×50 mm;

②制作圆柱体试件,其尺寸为 ϕ50 mm×50 mm。

6 个试件为一组,对有明显层理的岩石,应制作两组:一组保持层理与受力方向平行,另一组保持层理与受力方向垂直。同时要求试件与压力机压板接触的两个面要磨光并保持平行。

(3)试验步骤。

①用游标卡尺测量试件尺寸,精确至 0.1 mm。将试件放在水中浸泡 48 h。

②取出试件擦干表面,放在压力机上进行强度试验,加荷速度为 0.5 ~ 1 MPa/s。

(4)结果计算。

试件的抗压强度按下式计算,精确至 0.1 MPa:

$$R = \frac{F}{A} \tag{附1.4}$$

式中 R——抗压强度,MPa;

      F——破坏荷载,N;

      A——试件的荷载面积,mm^2,取试件顶面和底面面积的算术平均值。

最后,取 6 个试件试验结果的算术平均值,并记录最小值,精确至 1 MPa。对存在明显解理的试件分别给出层理与受力方向平行和层理与受力方向垂直的最小值及算术平均值。

2.压碎指标

(1)主要仪器设备。

①天平:称量 10 kg,感量 1g;

②方孔筛:石样需要 2.36 mm、9.50 mm 及 19.0 mm 的筛各一个;砂样需要 4.75 mm、2.36 m、1.18 mm、600 μm 和 300 μm 方孔筛各一只。

③粗骨料压碎指标测定仪(附图 1.3)。

④机制砂压碎指标测定仪(附图 1.4)。

(2)试验步骤。

对于粗骨料,遵循以下试验步骤:

①按要求取样,风干。筛除大于 19.0 mm 及小于 9.50 mm 的颗粒,并去除针、片状颗粒,

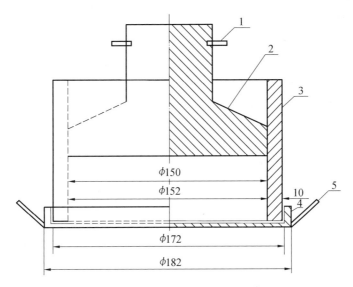

附图 1.3　粗骨料压碎指标测定仪
1—把手;2—加压头;3—圆膜;4—底盘;5—手把

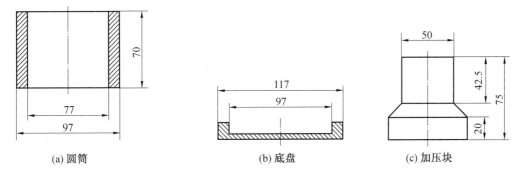

(a) 圆筒　　　　　　　　　　(b) 底盘　　　　　　　　　(c) 加压块

附图 1.4　机制砂压碎指标测定仪

分成大致相等(略大于 3 000 g)的三份。若 9.50 ~ 19.0 mm 的颗粒不足,可将大于 19.0 mm 的颗粒碾碎,再筛除大于 19.0 mm 及小于 9.50 mm 的颗粒,并去除针、片状颗粒,以弥补 9.50 ~ 19.0 mm颗粒数量的不足。

②称取试样 3 000 g,精确至 1 g。将试样分两层装入置于底盘上的圆模中,每装完一层试样都进行颠实(在底盘下面放入垫棒,以垫棒为轴,按住圆模,左右交替颠击地面各 25 下),两层颠实后,整平圆模内试样表面,盖上加压头。若不能将 3 000 g 试样完全装入圆模,则装至试样表面距圆模上口 10 mm 止。

③将压碎指标测定仪置于压力试验机上,以 1 kN/s 的速度均匀加载至 200 kN,稳荷 5 s 后卸载(机制砂以 500 N/s 的速度均匀加载至 25 kN,稳荷 5 s 后卸载)。取下加压头,倒出试样,筛除小于 2.36 mm 的颗粒,称出筛余物质量,精确至 1 g。

对于机制砂遵循以下试验步骤:

①按要求取样,放在干燥箱中于(100±5)℃条件下烘干至恒量,待冷却到室温后,筛除 4.75 mm以上及 300 μm 以下颗粒。用筛分析试验的操作把试样分成 300 ~ 600 μm、600 μm ~ 1.18 mm、1.18 ~ 2.36 mm 及 2.36 ~ 4.75 mm 4 个粒级,每个粒级取 1 000 g 备用。

②称取单粒级试样 330 g,精确到 1 g。将试样倒入已组装好的受压钢模内,使试样距离底盘面的高度约为 50 mm。整平钢模内试样的表面,将加压块放入圆筒内,并转动一周使之与试样均匀接触。

③将装好试样的受压钢模置于压力机的支撑板上,对准压板中心后,开动机器,以500 N/s的速度加荷。加荷至 25 kN 时稳荷 5 s 后,以同样速度卸荷。

④取下受压模,移去加压块,倒出压过的试样,然后用该粒级的下限筛进行筛分,称出试样的筛余量和通过量,均精确至 1 g。

(3)结果计算。

压碎指标按下式计算,精确至 0.1% :

$$Q_y = \frac{G_1 - G_2}{G_1} \times 100\% \qquad\qquad (附1.5)$$

式中 Q_y——压碎指标;

　　　G_1——试样质量,g;

　　　G_2——压碎试验后筛余物质量,g。

最终取三次试验结果的算术平均值,精确至 1% 。对于砂试样,取最大单粒级压碎指标值作为其压碎指标值。

(4)试样评价。

石材的抗压强度与压碎指标的试验结果应分别符合表 1.18、表 1.19 的要求,才能判定为合格。

机制砂压碎指标试验结果应满足表 1.21 的要求,方能判定为合格。

3. 轻粗骨料的筒压强度

(1)主要仪器设备。

①天平:称量 5 kg,感量 5 g。

②压力机:测定值的大小宜在所选压力机表盘最大读数的 20% ~80% 范围内。

③承压筒:由筒体、导向筒和冲压模三部分组成。筒体应有足够的刚度,可拆,并有把手。筒体内表面和冲压模底面须经渗碳处理。冲压模外表面有刻度线以便于控制装料高度和压入深度。导向筒用以导向和防止偏心。

(2)试验步骤。

①按要求取样,筛取 10 ~20 mm 公称粒级的颗粒 5 L,其中 10 ~15 mm 公称粒级的试样应占到 50% ~70% 。

②用料铲将试样从离承压筒上方 50 mm 处均匀倒入并高出筒口,让试样自然落下,过程中不得触碰承压筒。放在混凝土试验振动台上振动 3 s,再装填试样至高出筒口,振动 5 s。用直尺从中心贴着筒口向两边刮平,表面凹陷处用较小的颗粒填平。

③装上导向筒和冲压模,使冲压模的下刻度线与导向筒的上缘对齐。

④将承压筒放在压力机上,对准压板中心,开动机器,以 300 ~500 N/s 的速度匀速加荷。记下冲压模压入深度为 20 mm 时的压力值。

(3)结果计算。

轻粗骨料的筒压强度按下式计算,精确至 0.1 MPa。

$$f_a = \frac{P_1 + P_2}{F} \qquad\qquad (\text{附} 1.6)$$

式中 f_a——轻粗骨料的筒压强度,MPa;

P_1——压入深度为 20 mm 时的压力值,N;

P_2——冲压模重力,N;

F——承压面积(即冲压模面积 $F = 10\ 000\ \text{mm}^3$)。

最终以三次试验的算术平均值作为试验结果。若三次试验值中最大值与最小值之差大于平均值的 15%,应重新进行试验。

(4)试样评定。

不同密度等级的轻粗骨料筒压强度不应低于表 1.30 中的值。

五、坚固性(硫酸钠溶液法)

1. 主要仪器设备和试剂

(1)天平:砂样:称量 1 000 g,感量 0.1 g 的天平一台;石样:称量 10 kg,感量 1 g 的天平一台。

(2)砂试样:150 μm、300 μm、600 μm、1.18 mm、2.36 mm、4.75 mm 及 9.50 mm 的方孔筛各一个,筛底,筛盖;石试样:2.36 mm、4.75 mm、9.50 mm、16.0 mm、19.0 mm、26.5 mm、31.5 mm、37.5 mm、53.0 mm、63.0 mm、75.0 mm 及 90.0 mm 的筛各一个,筛底,筛盖。

(3)网篮:直径和高均为 70 mm,网孔孔径不大于所盛试样最小颗粒的一半。

(4)容器:砂样:瓷缸,容积不小于 10 L;石样:瓷缸,容积不小于 50 L。

(5)比重计。

(6)鼓风干燥箱:能使温度控制在(105±5)℃。

(7)试剂:10%(质量分数)氯化钡溶液;硫酸钠溶液(在 1 L 30 ℃水中加入 350 g 无水硫酸钠或结晶硫酸钠($Na_2SO_4 \cdot H_2O$)750 g。

(8)用玻璃棒搅拌使其溶解并饱和,然后冷却至 20~25 ℃,静置 48 h,即为试验溶液。

2. 试验步骤

(1)砂样按要求取样,并缩分至略多于 2 000 g,将试样倒入容器中用水浸泡并淋洗干净后,烘干至恒量,待冷却至室温后,筛分并除去大于 4.75 mm 及小于 300 μm 的颗粒。石样按要求取样并缩分至适量(使试样经筛分过程后能够满足附表 1.9 规定的量)。用水淋洗干净后烘干至恒量,待冷却至室温后,先筛除小于 4.75 mm 及大于 75.0 mm 的颗粒。

附表 1.9 坚固性试验试样经筛分后各粒级所需的量

石子粒级/mm	4.7~9.50	9.50~19.0	19.0~37.5	37.5~63.0	63.0~75.0
试样量/g	500	1 000	1 500	3 000	3 000

(2)砂样称取剩下的 4 个粒级试样各 100 g,精确至 0.1 g。石样按附表 1.9 规定对各粒级称取试样,精确至 1 g。把各粒级试样分别装入网篮,并浸入盛有硫酸钠溶液(其体积应大于试样总体积的 5 倍)的容器中,并将网篮上下升降 25 次,以排除试样中气泡,然后静置于其中,并使网篮底面距容器底面约 30 mm。网篮之间距离不应小于 30 mm,液面应高于试样表面至少 30 mm。

（3）浸泡 20 h 后，将网篮取出，烘干 4 h 后冷却至室温，至此，第一次循环结束。再按上述方式进行 4 次循环，从第二次循环开始，浸泡与烘干时间均为 4 h，总共 5 次循环。

（4）第 5 次循环后，用温水淋洗试样，直至淋洗后的水加入少量氯化钡溶液不出现白色浑浊。将洗过的试样烘干至恒量，待冷却至室温后，用对应粒级孔径的筛过筛，称出各筛中筛余量，精确至 0.1 g。

3. 结果计算

各粒级试样质量损失百分率按下式计算，精确至 0.1%：

$$P_i = \frac{G_1 - G_2}{G_1} \times 100\% \tag{附1.7}$$

式中　P_i——各粒级试样质量损失百分率；

　　　G_1——各粒级试样试验前的质量，g；

　　　G_2——各粒级试样试验后的筛余量，g。

试样的总质量损失百分率按下式计算，精确至 1%：

$$P = \frac{A_1 P_1 + A_2 P_2 + A_3 P_3 + A_4 P_4}{A_1 + A_2 + A_3 + A_4} \tag{附1.8}$$

式中　P——试样的总质量损失百分率；

　　　A_1、A_2、A_3、A_4——各粒级试样占总试样的（原试样筛除了大于 4.75 mm 及小于 300 μm 的颗粒）质量百分率；

　　　P_1、P_2、P_3、P_4——各粒级试样质量损失百分率。

4. 试样评价

采用硫酸钠溶液法进行试验时，砂的质量损失应符合表 1.20 规定。

实验 2　混凝土拌合物实验

本实验执行《普通混凝土拌合物性能试验方法标准》（GB/T 50080—2016）。

一、取样与试样制备

（1）直接从混凝土拌合物取样时，同一组的试样应从同一盘或同一车混凝土中选取，一般是在同一盘或同一车混凝土中的约 1/4、1/2 和 3/4 处分别取样并混合后人工搅拌均匀，从第一次取样到最后一次取样不宜超过 15 min，取样量应多于试验所需量的 1.5 倍且不宜小于 20 L。取样完毕至试验开始时间不宜超过 5 min。

（2）当在实验室制备混凝土拌合物时，一般要求实验室温度和各材料温度一致，为（20±5）℃，混凝土拌合物的制备应符合《普通混凝土配合比设计规程》（JGJ 55）中的规定。而在需要检验施工所设计使用混凝土性能时，温度及配合比应与施工现场一致。试样制备完毕至试验开始时间不宜超过 5 min。

二、流动性

1.坍落度与坍落扩展度

（1）仪器设备。

①坍落度筒：坍落度测定仪如附图 2.1 所示，应符合《混凝土坍落度仪》（JG/T 248—2009）的规定。

②捣棒直径为 16 mm，长约为 650 mm，并具有半球形端头的钢质圆棒，铲子、钢尺等。

（2）试验步骤。

①按要求取样或制备混凝土拌合物试样。

②将坍落度筒及底板用水润湿，筒内壁和底板应无明水。底板置于坚实水平面上，坍落度筒放在底板中心。踏紧脚踏板以保证坍落度筒在装料时保持在固定位置。

③将试样分三层均匀装入筒内，每层装入高度稍大于筒高的 1/3，用捣棒在每一层的横截面上均匀插捣 25 次。插捣在截面上均匀分布，沿螺旋线边缘至中心进行。插捣底层时插至底部，插捣其他两层时，应插透本层至下层表面，插捣须垂直压下（边缘部分可稍稍倾斜），不得冲击。在插捣顶层时，装入的混凝土应高出坍落筒，随插捣过程随时添加拌合物，当顶层插捣完毕后，刮去多余的混凝土，并用抹刀抹平筒口。

④清除筒底周围的拌合物，而后立即垂直平稳地提起坍落度筒，提离过程在 5～10 s 内完成。从开始装筒至提起坍落度筒的全过程应不间断进行，并且不应超过 150 s。

⑤将坍落度筒放在锥体混凝土试样一旁，筒顶平放木尺，用小钢尺量出木尺底面至试样顶面中心的垂直距离，即为该混凝土拌合物的坍落度，如附图 2.2 所示。若坍落度筒提离后，混凝土发生崩坍或剪坏现象，应重新取样进行试验，若仍发生崩坍剪坏，则说明该混凝土拌合物和易性不好，予以记录。

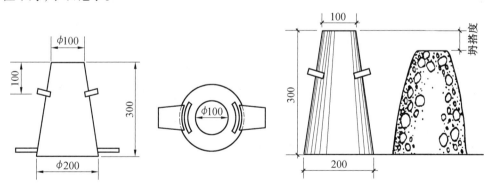

附图 2.1　坍落度测定仪　　　　　　　　附图 2.2　坍落度测定

⑥观察黏聚性和保水性。用捣棒在已坍落的拌合物锥体侧面轻轻敲打，若锥体逐渐下沉，则黏聚性良好；若锥体倒塌、部分崩裂或离析，则表示黏聚性不好。保水性以拌合物稀浆析出程度来评定，若坍落度筒提起后有较多的稀浆析出，并导致骨料外漏，则表明保水性不好；反之，表明保水性良好。

⑦当坍落度大于 220 mm 时，用尺子测量拌合物坍落扩展后最终的最大直径和最小直径，在两个直径之差小于 50 mm 时，用其算术平均值作为坍落度扩展度值，否则，此次试验无效。如果发现粗骨料在中央堆集或边缘有水泥浆析出，表示该混凝土拌合物抗离析性不好，予以记

录。

（3）结果记录与整理。

混凝土拌合物坍落度和坍落扩展度以 mm 为单位，测量精确至 1 mm，结果表达修约至 5 mm。

2. 维勃稠度法

（1）仪器设备。

①维勃稠度仪：应符合《维勃稠度仪》（JG/T 250—2009）的规定。

②铲子、秒表等。

（2）试验步骤。

①将维勃稠度仪放置于坚实水平面上，用湿布将容器、坍落度筒、喂料斗内壁及其他用具润湿。

②将喂料斗提到坍落度筒上方扣紧，校正容器位置，使其中心与喂料中心重合，然后拧紧固定螺丝。

③按要求取样或制备混凝土拌合物试样，将试样分三层经喂料斗均匀装入坍落度筒中，装料及插捣方式与坍落度试验要求一致。

④将喂料斗转移，垂直稳定地提起坍落度筒，保证试样不会产生横向的扭动。

⑤将透明圆盘转到混凝土上空，放松测杆螺钉，降下圆盘，使其轻轻触碰到混凝土顶面。

⑥拧紧定位螺钉，检查并保证测杆螺钉完全放松。

⑦开启振动台并计时，当振动到透明圆盘的底面被水泥浆布满时，停止计时并关闭振动台。

（3）结果记录。

秒表计时（即振动台开启至透明圆盘的底面被水泥浆布满的时间）即为该混凝土拌合物的维勃稠度值，精确至 1 s。

3. 自密实混凝土 J 环扩展度

（1）仪器设备。

①J 环：J 环的形状和尺寸如附图 2.3 所示，钢或不锈钢制，圆环中心直径和厚度应分别为 300 mm 和 25 mm，并用螺母和垫圈将 16 根 ϕ16 mm×100 mm 的圆钢锁在圆环上。圆钢中心间距应为 58.9 mm。

②坍落度筒：如附图 2.1 所示，应符合 JG/T 248 的规定。

③底板：硬质不吸水的光滑正方形平板，边长 1 000 mm，最大挠度不得超过 3 mm。

（2）试验步骤。

①先润湿底板、J 环和坍落度筒，在坍落度筒内壁和底板上应无明水；底板应放置在坚实的水平面上，并把 J 环放在底板中心。

②将坍落度筒倒置在底板中心，并与 J 环同心。然后，将混凝土一次性填充至满。

③用刮刀刮除坍落度筒顶部及周边混凝土余料，随即将坍落度筒沿垂直方向连续地向上提起 300 mm，时间宜控制在 2 s 左右。待混凝土的流动停止后，测量展开面的最大直径以及与最大直径呈垂直方向的直径，自开始入料至提起坍落度筒应在 1.5 min 内完成。

（3）结果计算与分析。

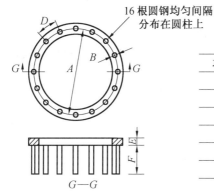

16 根圆钢均匀间隔
分布在圆柱上

项目	尺寸/mm
A	300 ± 3.3
B	38 ± 1.5
C	16 ± 3.3
D	58.9 ± 1.5
E	25 ± 1.5
F	100 ± 1.5

附图 2.3　J 环的形状和尺寸

①J 环扩展度为混凝土拌合物坍落扩展终止后扩展面相互垂直的两个直径的平均值,测量应精确至 1 mm,结果修约至 5 mm。

②自密实混凝土间隙通过性性能指标(PA)结果应为混凝土坍落扩展度与 J 环扩展度的差值。

③目视检查 J 环圆钢附近是否有骨料堵塞的现象,当粗骨料在 J 环圆钢附近出现堵塞时,判定自密实混凝土拌合物的间隙通过性不合格,予以记录。

4. 自密实混凝土 U 形仪试验

(1)仪器设备

①自密实混凝土 U 形仪:U 形箱容器(填充装置)如图 8.4 所示,钢或有机玻璃制,内表面应平滑,以尽量减少混凝土与容器间的摩擦阻力。填充装置应坚固,且能观察混凝土的流动状态。钢制的填充装置,其量测填充高度的面,应使用透明材料。填充装置的中央部位设有沟槽,间隔板和可开启的间隔门插入其中将填充装置分为 A 室和 B 室。

②隔栅型障碍:如图 8.5 所示,1 型由 5 根 $\phi10$ 光圆钢筋制成,2 型由 3 根 $\phi13$ 光圆钢筋制成。根据使用状况,结合自密实混凝土等级选择障碍类型。

③混凝土投料用容器:带把手的塑料桶,约 5 L 容量。

④抹刀,准确读至 1 mm 的钢制卷尺,测量至 0.1 s 的秒表及湿布等。

新拌混凝土试样可按现行国家标准《普通混凝土拌合物性能试验方法标准》(GB 50080)中相关规定制得。

(2)试验步骤。

①将 U 形仪放在水平、坚实的平面上,使得填充装置呈垂直放置,顶面为水平状态。在填充装置中,插入间隔门并装好隔栅型障碍的间隔板。然后将填充容器内表面、间隔门、间隔板和隔栅型障碍等,用湿布擦拭湿润。

②关闭间隔门,用投料容器将新拌混凝土试样连续浇入 A 室至满,不得用振捣棒振捣或橡皮锤敲振。用刮刀沿填充容器的上缘刮平混凝土顶面后,静置 1 min。

③连续、迅速地将间隔门向上拉起,混凝土通过隔栅型障碍向 B 室流动,直至流动停止为止,在此期间填充装置需保持静止,不得移动。整个试验过程应在 5 min 内完成。

④在 B 室,以钢制卷尺测量混凝土的下端至其顶面的高度,精确至 1 mm,此高度即为填充高度,以 Bh(mm)表示。测量时沿容器宽的方向量取两端及中央 3 个位置的填充高度。

（3）结果计算与分析。

计算 3 个位置填充高度的平均值,精确至小数点后 1 位。

检验报告内容包括混凝土的配合比、隔栅型障碍的种类、填充高度(Bh)及填空高度的平均值。

三、凝结时间

1. 仪器设备

贯入阻力仪:由加荷装置、测针、砂浆试样筒和标准筛组成。应符合下列要求:

（1）加荷装置:最大测量值应不小于(1000 ± 10)N。

（2）测针:长为 100 mm,承压面积为 100 mm^2、50 mm^2 和 20 mm^2,在距贯入端 25 mm 处刻有标记。

（3）砂浆试样筒:上口径 160 mm,下口径 150 mm,净高 150 mm 刚性不透水的金属圆筒,并配有盖子。

（4）标准筛:筛孔为 5 mm 的圆孔筛。

2. 试验步骤

（1）按要求取样或制备混凝土拌合物试样。用 5 mm 标准筛筛出砂浆并拌和均匀。将砂浆一次分别装入 3 个试样筒中,做 3 个试验。坍落度不大于 70 mm 的混凝土宜用振动台振实砂浆,振动时应持续到表面出浆为止,不得过振。坍落度大于 70 mm 的宜用捣棒人工捣实,沿螺旋方向由外向中心均匀插捣 25 次,然后用橡皮锤轻轻敲打筒壁,直至插捣孔消失。振实或插捣后,砂浆表面应低于砂浆试样筒口约 10 mm,并立即加盖。

（2）对制备的砂浆试样进行编号,置于(20 ± 2)℃的环境中或现场同条件下待试并在以后整个测试过程中保持,并且试样筒除在吸取泌水或进行贯入试验时始终加盖。

（3）凝结时间测定从水泥与水接触瞬间开始计时。根据混凝土拌合物性能确定测针测试时间,以后每隔 0.5 h 测试一次,在临近初、终凝时可增加测定次数。

（4）每次测试前 2 min,将一片 20 mm 厚的垫块垫入筒底一侧使其倾斜,用吸管吸去表面的泌水,然后平稳复原。

（5）测试时,将砂浆试样筒置于贯入阻力仪上,测针端部与砂浆表面接触,然后在(10 ± 2)s 内均匀地使测针贯入砂浆深度为(25 ± 2)mm,记录贯入压力,精确至 10 N;记录测试时间,精确至 min;记录环境温度,精确至 0.5 ℃。

（6）各测点的间距应大于测针直径的两倍且不小于 15 mm,测点与试样筒壁的距离应不小于 25 mm。

（7）贯入阻力测试在 0.2 ~ 28 MPa 之间应至少进行 6 次,直至贯入阻力大于 28 MPa。

（8）在测试过程中应根据砂浆凝结状况,根据附表 2.1 更换测针。

附表 2.1 测针选用规定表

贯入阻力/MPa	0.2 ~ 3.5	3.5 ~ 20	20 ~ 28
测针面积/mm^2	100	50	20

3. 结果计算

（1）贯入阻力按下式进行计算,精确至 0.1 MPa。

$$f_{PR} = \frac{P}{A} \qquad (\text{附} 2.1)$$

式中 f_{PR}——贯入阻力,MPa;

       P——贯入压力,N;

       A——测针面积,mm^2。

(2)凝结时间宜通过线性回归方法确定,回归方程式为

$$\ln t = A + B \ln f_{PR} \qquad (\text{附} 2.2)$$

式中 t——时间,min;

       f_{PR}——贯入阻力,MPa;

       A、B——线性回归系数。

(3)根据式(附 2.2)求得贯入阻力为 3.5 MPa 时的初凝时间 t_s,见式(附 2.3);贯入阻力为 28 MPa 时的终凝时间 t_e,见式(附 2.4)。

$$t_s = e^{A + B \ln 3.5} \qquad (\text{附} 2.3)$$
$$t_e = e^{A + B \ln 28} \qquad (\text{附} 2.4)$$

式中 t_s——初凝时间,min;

       t_e——终凝时间,min;

       A、B——式(附 2.2)中的线性回归系数。

分别取 3 个试验结果的算术平均值作为此次试验的初凝时间和终凝时间。如果 3 次试验值中最大值或最小值中有一个与中间值之差超过中间值的 10%,以中间值为试验结果。如果最大值、最小值与中间值之差均超过中间值的 10%,试验无效。最终凝结时间用 h:min 的形式表示,并修约至 5 min。

四、泌水与压力泌水

1. 泌水

(1)仪器设备。

①试样筒:5 L 的容量筒(金属制,两旁装有提手)并配有盖子。内径与高均为(186±2)mm,筒壁厚为 3 mm。上缘及内壁光滑平整,顶面与底面应平行并与圆柱体的轴垂直。

②台秤:称量 50 kg,感量 50 g。

③量筒:容量为 10 mL、50 mL、100 mL 及吸管。

④振动台。

⑤捣棒。

(2)试验步骤。

①按要求取样或制备混凝土拌合物。

②用湿布润湿试样筒内壁后立即称量,记录试样筒的质量,然后将试样装入试样筒中并振实或捣实。用振动台捣实时,将试样一次装入试样筒中,开启振动台,振动至拌合物表面出浆为止,且应避免过振。用捣棒捣实时,分两次将试样装入,每层插捣 25 次,由边缘向中心均匀插捣并贯穿该层,每层捣完后用橡皮锤轻轻沿外壁敲打 5~10 下,进行振实,直至拌合物表面插捣孔消失并不见大气泡。振实或捣实后,应使混凝土拌合物表面低于试样筒筒口(30±3)mm,抹平表面后立即计时并称重。

③计时开始后 60 min 内,每隔 10 min 吸取一次试样表面渗出的水。60 min 后,每隔 30 min 吸一次水,直至认为不再泌水为止。吸出的水放入量筒中,记录每次吸水量并计算累计水量,精确至 1 mL。为便于吸水,吸水前 2 min,将一片 35 mm 厚垫块垫入筒底一侧使其倾斜,吸水后平稳复原。应当注意,整个过程中应避免试样筒受到振动,除吸水操作外,始终盖好盖子。

(3)结果计算。

①泌水量按下式计算,精确至 0.01 mL/mm²。

$$B_a = \frac{V}{A} \qquad \text{(附 2.5)}$$

式中　B_a——泌水量,mL/mm²;

　　　V——最后一次吸水后累计的泌水量,mL;

　　　A——试样外露的表面面积,mm²。

取 3 个试验结果的算术平均值作为此次试验的泌水量。如果 3 次试验值中最大值或最小值中有一个与中间值之差超过中间值的 15%,以中间值为试验结果。如果最大值、最小值与中间值之差均超过中间值的 15%,试验无效。

②泌水率按下式计算,精确至 1%。

$$B = \frac{V_W}{(W/G)(G_1 - G_0)} \times 100\% \qquad \text{(附 2.6)}$$

式中　B——泌水率;

　　　V_w——泌水总量,mL;

　　　W——混凝土拌合物总用水量,mL;

　　　G——混凝土拌合物总质量,kg;

　　　G_1——试样筒及试样总质量,g;

　　　G_0——试样筒质量,g。

取 3 个试验结果的算术平均值作为此次试验的泌水率。如果 3 次试验值中最大值或最小值中有一个与中间值之差超过中间值的 15%,以中间值为试验结果。如果最大值、最小值与中间值之差均超过中间值的 15%,试验无效。

2. 压力泌水

(1)仪器设备。

①压力泌水仪主要包括压力表、缸体、工作活塞、筛网等。压力表最大量程 6 MPa,最小分度值不大于 0.1 MPa;缸体内径(125 ± 0.02) mm,内高(200 ± 0.2) mm;工作活塞压强为 3.2 MPa,公称直径为 125 mm;筛网孔径为 0.315 mm。

②捣棒。

③量筒:200 mL。

(2)试验步骤。

①按要求取样或制备混凝土拌合物。

②将试样分两层装入缸体容器内,每层插捣 20 下,由边缘向中心均匀进行并贯穿该层,每层捣完后用橡皮锤轻轻敲打外壁 5~10 下,直至拌合物表面插捣孔消失并不见大气泡出现。并使拌合物表面低于容器口以下约 30 mm 处,将表面抹平。

③将容器外表面擦干净,压力泌水仪按规定安装完毕后立即给混凝土试样施加压力至 3.2 MPa,并打开泌水阀门同时开始计时,保持恒压状态,泌出的水接入量筒中。加压 10 s 时读取泌水量,加压 140 s 时读取泌水量。

(3)结果计算。

压力泌水率按下式计算,精确至 1%。

$$B_V = \frac{V_{10}}{V_{140}} \times 100\% \qquad (\text{附 2.7})$$

式中 B_V——压力泌水率;

V_{10}——加压 10 s 时的泌水量,mL;

V_{140}——加压 140 s 时的泌水量,mL。

五、含气量

1. 仪器设备

(1)含气量测定仪:由容器及盖体两部分组成,如图 2.17 所示。容器由硬质且不易被水泥浆腐蚀的金属制成,其内表面粗糙度不应大于 3.2 μm,内径与深度相等,容积 7 L。盖体材质与容器相同,包括气室、水找平室、加水阀、排水阀、操作阀、进气阀、排气阀和压力表,压力表量程为 0 ~ 0.25 MPa,精度 0.01 MPa。容器与盖体之间应设置密封垫圈,用螺栓连接,连接处不得有空气存留,保证密封。

(2)台秤:称量 50 kg,感量 50 g。

(3)振动台:符合 JG/T 3020 中要求。

(4)捣棒、橡胶锤等。

2. 试验步骤

(1)测定拌合物所用骨料的含气量。

①按下式计算粗、细骨料的质量:

$$m_g = \frac{V}{1\ 000} \times m'_g \qquad (\text{附 2.8})$$

$$m_s = \frac{V}{1\ 000} \times m'_s \qquad (\text{附 2.9})$$

式中 m_g、m_s——每个试样中的粗、细骨料质量,kg;

m'_g、m'_s——每立方米混凝土拌合物中粗、细骨料质量,kg;

V——含气量测定仪容器容积,L。

②向容器中加水至 1/3 高度处,然后将通过 40 mm 筛的质量为 m_g、m_s 的粗、细骨料拌匀并慢慢倒入容器。水面每升高 25 mm 左右,轻轻插捣 10 次,并稍稍搅动以排除夹杂进去的空气,过程中应始终保持水面高出骨料顶面。待骨料全部加入后,浸泡约 5 min,再用橡胶锤轻敲容器外壁,排净气泡并除去水面泡沫,再加水至满,擦净容器上口边缘,装上密封圈,加盖拧紧螺栓。

③关闭操作阀和排气阀,打开排水阀和加水阀,通过加水阀向容器注水。当排水阀流出的水不含气泡时,在注水状态下同时关闭加水阀和排水阀。

④开启进气阀,用气泵向气室注入空气,使气室压强略大于 0.1 MPa。待压力表显示稳定

时,微开排气阀调整至 0.1 MPa,然后关紧排气阀。

⑤开启操作阀,使气室中压缩空气进入容器,待压力表显示稳定后记录显示值 P_{g1},然后开启排气阀,使压力表显示值归零。

⑥重复过程④⑤,再测一次显示值 P_{g2}。

⑦若 P_{g1} 和 P_{g2} 的相对误差小于 0.2%,取算术平均值,按压力与含气量关系曲线查得骨料的含气量 A_g,精确至 0.1%;否则,进行第三次试验测得 P_{g3},当 P_{g3} 与 P_{g1} 和 P_{g2} 中较接近一值的相对误差不大于 0.2% 时,取二者算术平均值。若仍大于 0.2%,则重新试验。

(2)混凝土含气量测定。

①用湿布擦净容器和盖的内表面,装入混凝土拌合物。

②当坍落度大于 70 mm 时,宜采用手工捣实,将拌合物分 3 层装入,每层捣实后高度约为容器的 1/3,每层插捣 25 次,由边缘至中心均匀进行,插捣应贯穿本层,再用橡胶锤沿容器壁重击 10~15 次,使插捣孔消失。当坍落度小于 70 mm 时,宜采用机械捣实,将拌合物一次装入,装料时可用捣棒稍加插捣,振实过程中若拌合物低于容器口,应随时添加,振动至混凝土表面平整、出浆即止,不得过振。插入式振动器应避免触及容器壁和底面。施工现场测定含气量时,宜采用与施工振动频率相同的机械捣实。

③捣实完毕后立即用刮尺刮平,表面若有凹陷应填平抹光。需要测定拌合物表观密度时,可在此时称量和计算。然后在正对操作阀孔的拌合物表面贴一小片塑料薄膜,擦净容器上口边缘,装好密封垫圈,加盖并拧紧螺栓。

④关闭操作阀和排气阀,打开排水阀和加水阀,通过加水阀向容器注水至排水阀流出的水流不含气泡。然后在注水状态下,同时关闭加水阀和排水阀。

⑤开启进气阀,用气泵向气室注入空气,使气室压强略大于 0.1 MPa。待压力表显示稳定时,微开排气阀调整至 0.1 MPa,然后关紧排气阀。

⑥开启操作阀,使气室中压缩空气进入容器,待压力表显示稳定后记录显示值 P_{01},然后开启排气阀,使压力表显示值归零。

⑦重复过程⑤、⑥,再测一次显示值 P_{02}。

若 P_{01} 和 P_{02} 的相对误差小于 0.2%,取算术平均值,按压力与含气量关系曲线查得含气量 A_0,精确至 0.1%;否则,进行第三次试验测得 P_{03},当 P_{03} 与 P_{01} 和 P_{02} 中较接近一值的相对误差不大于 0.2% 时,取二者算术平均值。若仍大于 0.2%,则试验无效。

3. 结果计算

混凝土拌合物含气量按下式计算:

$$A = A_0 - A_g \tag{附 2.10}$$

式中　A——混凝土拌合物含气量,%;

A_0——两次含气量测定的平均值,%;

A_g——骨料含气量,%。

实验 3　混凝土强度实验

本实验执行《普通混凝土力学性能试验方法标准》(GB/T 50081—2002)。

一、普通混凝土立方体抗压强度

1. 仪器设备

(1)压力试验机:精度不低于±1%,使试件破坏时的荷载位于全量程的 20%～80% 范围内。

(2)振动台:频率为(50±3)Hz,空载振幅约为 0.5 mm。

(3)搅拌机、试模、捣棒、抹刀等。

2. 试件制作

(1)混凝土立方体抗压强度测定,以 3 个试件为一组。混凝土试件的尺寸按骨料最大粒径选定,见附表 3.1。制作试件前,应将试模擦干净用黄油涂抹试模的接缝,并在试模内表面涂刷薄层脱模剂或机油,再将混凝土拌合物装入试模成型。每组试件所用的拌合物的取样或拌制方法按混凝土拌合物试验中的方法进行,且每一组试件所用的混凝土拌合物应来自于同一次拌合物取样。

附表 3.1　不同骨料最大粒径选用的试件尺寸、插捣次数及抗压强度换算系数

试件尺寸/mm		骨料最大粒径/mm	每层插捣次数/次	抗压强度换算系数
立方体	棱柱体			
100×100×100	100×100×300	≤31.5	12	0.95
150×150×150	150×150×300	≤40	25	1
200×200×200	200×200×400	≤63	50	1.05

(2)坍落度不大于 70 mm 的混凝土拌合物,宜用振动台振实。将拌合物一次装入试模并稍有富余。振动时应防止试模在振动台上自由跳动。振动应持续到混凝土表面出浆为止,记录振动时间,刮除多余的混凝土,并用抹刀抹平。

(3)坍落度大于 70 mm 混凝土宜人工捣实。将混凝土拌合物分两次装入试模,每层的厚度大致相等。插捣按螺旋方向从边缘向中心均匀进行,插捣底层时,捣棒应达到试模底面;插捣上层时,捣棒应穿入下层深度为 20～30 mm,插捣时捣棒应保持垂直不得倾斜。同时,还应用抹刀沿试模内壁插入数次防止产生麻面。每层的插捣次数见附表 3.1,一般每 100 cm² 不应少于 12 次。插捣后,用橡胶锤轻轻敲打试模四周至插捣产生的空洞消失。刮除多余的混凝土,并用抹刀抹平。

3. 试件养护

①采用标准养护的试件成型后应覆盖表面以防止水分蒸发,并应在温度为(20±5)℃环境下静置一昼夜至两昼夜,然后编号拆模。拆模后的试件,应立即放在温度为(20±2)℃、湿度为95% 以上的标准养护室中养护或者在温度为(20±2)℃的不流动氢氧化钙饱和溶液中养护,在标准养护室,试件应放在支架上,彼此间隔为 10～20 mm,试样表面保持潮湿并应避免用水直接冲淋。

②同条件养护的试件成型后应覆盖表面,试件的拆模时间可与实际构件的拆模时间相同,拆模后,试件仍需保持同条件养护。

4. 试验步骤

①试件自养护地点取出后,应立即进行试验。将试件表面与上下承压板面擦干净。

②将试件安放在试验机的下压板或垫板上,试件的承压面应与成型时的顶面垂直。试件的中心应与试验机下压板中心对准。当混凝土强度等级大于 C60 时,试件周围应设防崩裂网罩。开动试验机,当上压板与试件或钢垫板接近时,调整球座,使接触均衡。

③试验应连续均匀地加荷,加荷速度为:混凝土强度等级低于 C30 时,取 0.3 ~ 0.5 MPa/s;当混凝土强度等级大于等于 C30 并小于 C60 时,取 0.5 ~ 0.8 MPa/s;当混凝土强度等级大于 C60 时,取 0.8 ~ 1.0 MPa/s。

④试件接近破坏而开始急剧变形时,停止调整试验机油门,直至试件破坏;然后记录破坏荷载。

5. 结果计算

混凝土立方体抗压强度按下式计算,精确至 0.1 MPa:

$$f_{cc} = \frac{F}{A}$$ （附3.1）

式中　f_{cc}——混凝土立方体抗压强度,MPa;

　　　F——破坏荷载,N;

　　　A——试件承压面积,mm²。

以 3 个试件测值的算术平均值作为该组试件的抗压强度值,精确至 0.1 MPa。3 个测值中的最大值或最小值如有一个与中间值的差值超过中间值的 15% 时,则取中间值作为该组试件的抗压强度值;如有两个测值与中间值的差均超过中间值的 15%,则该组试件的试验结果无效。混凝土强度等级小于 C60 时,强度值应乘以尺寸换算系数;混凝土强度等级大于等于 C60 时,尺寸换算系数应由试验决定。

二、混凝土立方体试件劈裂抗拉强度

1. 仪器设备

①压力试验机:精度不低于±2%,使试件破坏时的荷载位于全量程的 20% ~ 80% 范围内。

②振动台:频率(50±3)Hz,空载振幅约为 0.5 mm。

③垫块、垫条及支架。

④搅拌机、试模、捣棒、抹刀等。

2. 试验步骤

①按立方体抗压强度试验中方式制作并养护试件。

②将试件安放在试验机的下压板中心位置,劈裂承压面应与成型时的顶面垂直。在上、下压板与试件之间垫以圆弧形垫块及垫条各一条,垫块与垫条应与试件上、下面的中心线对准并与成型时的顶面垂直。宜把垫条及试件安装在定位架上使用(附图 3.1)。开动试验机,当上压板与圆弧形垫块接近时,调整球座,使接触均衡。

③试验应连续均匀地加荷,加荷速度为:混凝土强度等级低于 C30 时,取 0.02 ~ 0.05 MPa/s;当混凝土强度等级大于等于 C30 并小于 C60 时,取 0.05 ~ 0.08 MPa/s;当混凝土强度等级大于 C60 时,取 0.08 ~ 0.10 MPa/s。

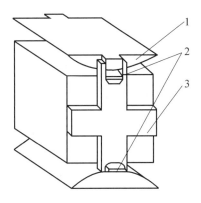

附图 3.1 支架示意图
1—垫块;2—垫条;3—支架

④试件接近破坏时,停止调整试验机油门,直至试件破坏,然后记录破坏荷载。

3. 结果计算

混凝土立方体试件劈裂抗拉强度按下式计算,精确至 0.01 MPa。

$$f_{ts} = \frac{2F}{\pi A} = 0.637\frac{F}{A}$$ （附3.2）

式中 f_{ts}——混凝土劈裂抗拉强度,MPa;

F——破坏荷载,N;

A——试件劈裂面面积,mm²。

以 3 个试件测值的算术平均值作为该组试件的劈裂抗拉强度值,精确至 0.01 MPa。3 个测值中的最大值或最小值,如有一个与中间值的差值超过中间值的 15% 时,则取中间值作为该组试件的劈裂抗拉强度值;如有两个测值与中间值的差均超过中间值的 15%,则该组试件的试验结果无效。

采用 100 mm×100 mm×100 mm 非标准件测得值,应乘以尺寸换算系数 0.85;混凝土强度等级大于等于 C60 时,宜采用标准试件,使用非标准试件时,尺寸换算系数应由试验决定。

三、抗折强度

1. 仪器设备

①压力试验机:精度不低于±2%,使试件破坏时的荷载位于全量程的 20% ~80% 范围内。

②振动台:频率为(50±3)Hz,空载振幅约为 0.5 mm。

③抗折试验试验装置示意图如附图 3.2 所示。

④搅拌机、试模、捣棒、抹刀等。

2. 试验步骤

①按立方体抗压强度试验中方式制作并养护试件。

②试件自养护地点取出后,应立即进行试验。将试件表面与上下承压板面擦干净。在长向中部 1/3 区段内不得有表面直径超过 5 mm、深度超过 2 mm 的孔洞。

③附图 3.2 所示为抗折试验装置示意图,试件的支座和加荷头应采用直径为 20 ~40 mm、长度不小于试件宽度 10 mm 的硬钢圆柱,支座立脚点固定铰支,其他应为滚动支点。安装尺

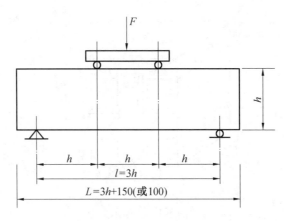

附图3.2　抗折试验装置示意图

寸偏差不得大于1mm,试件的承压面应为试件成型时的侧面。支座及承压面与圆柱的接触面应平稳、均匀,否则应垫平。

④试验应连续均匀地加荷,加荷速度为:混凝土强度等级低于 C30 时,取 0.02 ~ 0.05 MPa/s;当混凝土强度等级大于等于 C30 并小于 C60 时,取 0.05 ~ 0.08 MPa/s;当混凝土强度等级大于 C60 时,取 0.08 ~ 0.10 MPa/s。

⑤试件接近破坏时,停止调整试验机油门,直至试件破坏。记录试件破坏荷载的试验机示值及试件下边缘断裂位置。

3. 结果计算

若试件下边缘断裂位置处于两个集中荷载作用线之间,则试件的抗折强度按下式计算,精确至 0.1 MPa:

$$f_f = \frac{Fl}{bh^2} \qquad\qquad (附3.3)$$

式中　f_f——混凝土抗折强度,MPa;

　　　F——破坏荷载,N;

　　　l——支座间跨度,mm;

　　　h——试件截面高度,mm;

　　　b——试件截面宽度,mm。

3 个试件中若有一个折断面位于两个集中荷载之外,则混凝土抗折强度值按另两个试件的试验结果计算。若这两个测值的差值不大于这两个测值中较小值的 15% 时,则该组试件的抗折强度值按这两个测值的平均值计算,否则该组试件的试验无效。若有两个试件的下边缘断裂位置位于两个集中荷载作用线之外,则该组试件试验无效。

采用 100 mm×100 mm×400 mm 非标准件测得值,应乘以尺寸换算系数 0.85;混凝土强度等级大于等于 C60 时,宜采用标准试件,使用非标准试件时,尺寸换算系数应由试验决定。

实验 4　混凝土长期性能实验

本实验执行《普通混凝土长期性能和耐久性能试验方法标准》(GB/T 50082—2009)。

一、混凝土取样与试件制作

对于普通混凝土耐久性试验,混凝土取样与试件制作与混凝土力学性能试验要求一致。
应当注意的几点:

① 试件最小截面尺寸宜符合附表 4.1 规定。

附表 4.1　试件的最小截面尺寸

骨料最大公称粒径/mm	试件最小截面尺寸/mm
31.5	100×100 或 ϕ100
40.0	150×150 或 ϕ150
63.0	200×200 或 ϕ200

②制作耐久性试验试件时,不应采用憎水性脱模剂。并且宜应同时制作混凝土立方体强度试验用试件。

③试件承压面的平面公差不得超过试件边长或直径的 0.05%;除非特别指明试件的尺寸公差,否则试件边长、直径或高度公差不得超过 1 mm;所有试件(抗水渗透除外)相邻面夹角为 90°且公差不得超过 0.5°。

二、抗冻性

1.慢冻法

(1)仪器设备。

① 天平:称量 20 kg,感量 5 g。

② 压力试验机:同混凝土力学性能试验。

③ 冻融试验箱:能使试件静止不动;冷冻期间空气温度保持在 −20 ~ −18 ℃;融化期间水温保持在 18 ~ 20 ℃;满载时试验箱内各点温度极差不应超过 2 ℃。或满足要求的自动冻融设备。

④ 试验架:耐腐蚀材料制,尺寸与冻融试验箱及试件相适应。

⑤ 温度传感器:检测范围不应小于 −20 ~ 20 ℃,精度±0.5 ℃。

(2)试验步骤。

①按附表 4.1 中要求取样并制作试件。试件尺寸为 100 mm×100 mm×100 mm,试件组数应符合附表 4.2 规定,每组应为 3 个试件。

附表 4.2　慢冻法试验所需的试件组数

设计抗冻标号	D25	D50	D100	D150	D200	D250	D300	D300 以上
检查强度所需冻融次数	25	50	50 及 100	100 及 150	150 及 200	200 及 250	250 及 300	300 及设计次数
鉴定 28 d 强度所需试件组数	1	1	1	1	1	1	1	1
冻融试件组数	1	1	2	2	2	2	2	2
对比试件组数	1	1	2	2	2	2	2	2
总计试件组数	3	3	5	5	5	5	5	5

②将标准养护或同条件养护的冻融试验试件在 24 d 龄期时提前从养护地点取出,随后放在(20±2)℃水中浸泡,水面应高出试件顶面 20~30 mm,4 d 后进行冻融试验。

③将试件从水中取出,用湿布擦除表面水分并对外观尺寸进行测量,外观尺寸应满足规定。对试件进行编号、称重,然后放入试件架内,试件与试件架的接触面积不宜超过试件底面积的 1/5。试件与箱体内壁距离不小于 20 mm,试件之间距离不小于 30 mm。

④冷冻时间在冻融箱内温度降至 −18 ℃时开始计算。从装件到温度降至 −18 ℃时间为 1.5~2.0 h。之后冻融箱内温度保持 −20~−18 ℃,每次冻融循环试件的冷冻时间不应小于 4 h。

⑤冷冻结束后,立即加入温度为 18~20 ℃的水,使试件转入融化状态,加水时间不应超过 10 min。控制系统应确保在 30 min 内水温不低于 10 ℃,且 30 min 后水温能保持在 18~20 ℃。冻融箱内水面应至少高出试件表面 20 mm。融化时间不应小于 4 h。融化结束视为冻融循环结束,可进入下一次冻融循环。

⑥每 25 次循环后宜对试件进行一次外观检查。出现严重破坏时,应立即称重。当一组试件的平均质量损失率超过 5% 时,可停止其冻融试验。

⑦在达到附表 4.2 规定的冻融循环次数后,即应进行抗压强度试验(方法同混凝土力学性能试验)。抗压试验前应称重并进行外观检查,详细记录试件表面破损、裂缝及边角缺损情况。如果试件表面破损严重,则应用高强石膏找平后再进行抗压强度试验。

⑧若试件处于冷冻状态时冻融循环因故中断,试件应继续保持冷冻状态直至恢复冻融试验,并记录故障原因及暂停时间;若试件处于融化状态下因故中断,中断时间不应超过两个冻融循环的时间。在整个试验过程中,超过两个冻融循环时间的中断故障次数不得超过两次。

⑨当部分试件由于失效破坏或者停止试验被取出时,应用空白试件填充空位。对比试件在试样中一直保持原有的养护条件,直到完成冻融循环后,与冻融试件同时进行抗压强度试验。

在试验进行过程中,出现下列任意一种情况,即可停止试验:

①已达到规定的循环次数。

②抗压强度损失率已达到 25%。

③质量损失率已达到 5%。

(3)结果计算。

强度损失率按下式计算,精确至 0.1%:

$$\Delta f_c = \frac{f_{c0} - f_{cn}}{f_{c0}} \times 100\% \qquad (\text{附 } 4.1)$$

式中　　Δf_c —— n 次冻融循环后的混凝土抗压强度损失率,精确至 0.1;

f_{c0} —— 对比用的一组混凝土试件的抗压强度测定值,MPa,精确至 0.1 MPa;

f_{cn} —— 经 n 次冻融循环后的一组混凝土试件抗压强度测定值,MPa,精确至 0.1 MPa。

其中,f_{c0} 和 f_{cn} 均应以 3 个试件抗压强度结果的算术平均值作为该组测定值。当 3 个试件中最大值或最小值有一个与中间值之差超过中间值的 15% 时,剔除此值,取剩余两值的算术平均值为测定值;当最大值和最小值与中间值之差均超过中间值的 15% 时,取中间值作为测定值。

单个试件的质量损失率按下式计算,精确至 0.01:

$$\Delta W_{ni} = \frac{W_{0i} - W_{ni}}{W_{0i}} \times 100\%$$ （附4.2）

式中　ΔW_{ni}——n 次冻融循环后第 i 个混凝土试件的质量损失率,精确至 0.01;

　　　W_{0i}——冻融循环试验前第 i 个混凝土试件的质量,g;

　　　W_{ni}——经 n 次冻融循环后第 i 个混凝土试件的质量,g。

一组试件的平均质量损失率按下式计算,精确至 0.1:

$$\Delta W_n = \frac{\sum_{i=1}^{3} \Delta W_{ni}}{3} \times 100\%$$ （附4.3）

式中　ΔW_n——n 次冻融循环后一组混凝土试件的平均质量损失率,精确值 0.1。

每组试件的平均质量损失率应以 3 个试件的质量损失率的算术平均值作为测定值。应当注意的是,当某个试验结果出现负值时,应取 0,再取算术平均值;当 3 个值中最大值或最小值有一个与中间值之差超过 1% 时,剔除此值,取剩余两值的算术平均值为测定值;当最大值和最小值与中间值之差均超过 1% 时,取中间值作为测定值。

最后,抗冻标号以抗压强度损失率不超过 25% 或者质量损失率不超过 5% 时的最大冻融循环次数确定。

2. 快冻法

(1)仪器设备。

①天平:称量 20 kg,感量 5 g。

②混凝土动弹性模量测定仪:参照动弹性模量试验的规定。

③快速冻融装置:应符合 JG/T 243 的规定。除应在测温试件中埋设温度传感器,还应在冻融箱内防冻液中心、中心与任何一个对角线的两端分别设有温度传感器。运转时,冻融箱内防冻液各点温度的极差不得超过 2 ℃。

④试件盒:橡胶试件盒横截面示意图如附图 4.1 所示。试件盒由具有弹性的橡胶材料制,其内表面底部应有半径为 3 mm 的橡胶突起部分。盒内加水后水面应至少高出试件顶面 5 mm。试件盒横截面尺寸宜为 115 mm×115 mm,长 500 mm。

⑤温度传感器:包括热电偶、电位差计等,在−20 ~ 20 ℃下测试件中心温度,精度±0.5 ℃。

(2)试验步骤

①按要求取样并制作试件。试件尺寸为 100 mm×100 mm×400 mm,每组应为 3 个试件。除制作冻融试验的试件外,还应制作同样形状、尺寸且中心埋有温度传感器的测温试件。测温试件应采用防冻液作为冻融介质,其抗冻性应高于冻融试件,温度传感器埋设在试件中心且不应采用钻孔后插入的方式。

②将标准养护或同条件养护的试件在 24 d 龄期时提前从养护地点取出,随后放在(20±2)℃水中浸泡,水面应高出试件顶面 20 ~ 30 mm,4 d 后进行冻融试验。

③将试件从水中取出,用湿布擦除表面水分并对外观尺寸进行测量,外观尺寸应满足规定。对试件进行编号、称重,然后测定其横向基频的初始值(参照动弹性模量试验)。

④将试件放入试件中心位置,然后将试件盒放入冻融箱内的试件架上,并向试件盒中注入清水。在整个试验过程中应保证水位高度至少高出试件顶面 5 mm。

⑤将测温试件盒放在冻融箱的中心位置。

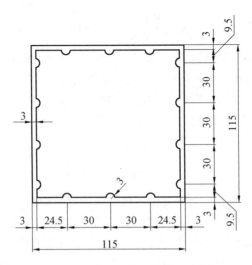

附图4.1　橡胶试件盒横截面示意图

⑥开始冻融循环过程。循环过程中应注意：每次冻融循环应在 2～4 h 内完成，且用于融化的时间不得少于整个冻融循环时间的1/4。在冷冻和融化过程中，试件中心最低和最高温度应分别控制在(−18±2)℃和(5±2)℃。在任意时刻，试件中心温度不得高于 7 ℃且不得低于−20 ℃。每块试件从 3 ℃降至−16 ℃所用的时间不得少于冷冻时间的1/2；每块试件从−16 ℃升至 3 ℃所用时间不得少于整个融化时间的1/2，试件内外温差不宜超过 28 ℃。冷冻和融化之间的转换时间不宜超过 10 min。

⑦每 25 次循环后宜测量试件的横向基频。测前应先将试件表面浮渣洗干净并擦干表面水分，然后检查其外部损伤并称重。测完后应迅速将试件调头重新装入试件盒内并加入清水，继续试验。试件的测量、称量及外观检查应迅速，待测试件用湿布覆盖。

⑧当部分试件由于失效破坏或者停止试验被取出时，应用空白试件填充空位。若试件处于冷冻状态时冻融循环因故中断，试件应继续保持冷冻状态直至恢复冻融试验，并记录故障原因及暂停时间；若试件在非冷冻状态下因故中断，中断时间不应超过两个冻融循环的时间。在整个试验过程中，超过两个冻融循环时间的中断故障次数不得超过两次。

在试验进行过程中，出现下列任意一种情况，即可停止试验：

①已达到规定的循环次数。

②试件的相对动弹性模量下降到60%。

③试件的质量损失率达5%。

（3）结果计算。

相对动弹性模量按下式计算，精确至0.1：

$$P_i = \frac{f_{ni}^2}{f_{0i}^2} \times 100\% \qquad (附4.4)$$

式中　P_i——n 次冻融循环后第 i 个混凝土试件的相对动弹性模量；

f_{0i}——冻融循环试验前第 i 个混凝土试件的横向基频初始值，Hz；

f_{cn}——经 n 次冻融循环后第 i 个混凝土试件的横向基频，Hz。

$$P = \frac{1}{3} \sum_{i=1}^{3} P_i \qquad (附4.5)$$

式中　P——n 次冻融循环后一组混凝土试件的相对动弹性模量,精确至 0.1。

即相对动弹性模量应以 3 个试件试验结果的算术平均值作为测定值。但是,当 3 个值中最大值或最小值有一个与中间值之差超过中间值的 15% 时,剔除此值,取剩余两值的算术平均值为测定值;当最大值和最小值与中间值之差均超过中间值的 15% 时,取中间值作为测定值。

单个试件的质量损失率和一组试件的平均质量损失率的计算与要求同慢冻法。

最后,抗冻等级应以相对动弹性模量下降至不低于 60% 或者质量损失率不超过 5% 时的最大冻融循环次数来确定,并用符号 F 表示。

3. 单面冻融法(盐冻法)

(1)仪器设备。

①天平:称量 10 kg,感量 0.1 g;称量 5 kg,感量 0.01 g。

②烘箱:温度控制在(110±5)℃。

③游标卡尺:量程 300 mm,精度±0.1 mm。

④试模:150 mm×150 mm×150 mm 的立方体试模,并附加尺寸为 150 mm×150 mm×2 mm 的聚四氟乙烯片。

⑤密封材料:涂异丁橡胶的铝箔或环氧树脂。或其他在-20 ℃和盐侵蚀条件下仍保持原有性能且在达到最低温度时不表现为脆性的材料。

⑥试件盒:如附图 4.2 所示,不锈钢制,顶部有盖。容器内长(250±1)mm,宽(200±1)mm,高(120±1)mm。容器底部安置高(5±0.1)mm 不吸水、浸水不变形且在试验过程中不影响溶液组分的非金属三角垫条或支撑。

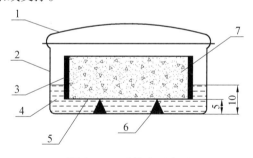

附图 4.2　试件盒示意图

1—盖子;2—盒体;3—侧向封闭;4—试验液体;5—试样表面;6—垫条;7—试件

⑦液面调整装置:如附图 4.3 所示,使液面高度保持在(10±1)mm。

⑧单面冻融试验箱:如附图 4.4 所示,应符合 JG/T 243 规定。冻融循环制度(附图 4.5)为温度从 20 ℃开始以(10±1)℃/h 的速度均匀降至(-20±1)℃并维持 3 h,然后再从-20 ℃开始以(10±1)℃/h 的速度均匀升至(20±1)℃并维持 1 h。

⑨超声浴槽:超声发生器功率为 250 W,双半波运行下高频峰值功率应为 450 W,频率应为 35 kHz。超声浴槽尺寸应使试件盒与超声浴槽之间无机械接触的置于其中,试件盒在超声浴槽的位置如附图 4.6 示,且试件盒与超声浴槽底部的距离不应小于 15 mm。

⑩超声波测试仪:频率为 50 ~ 150 kHz。

⑪超声传播时间测量装置:如附图 4.7 所示,由长宽均为(160±1)mm、高(80±1)mm 的有

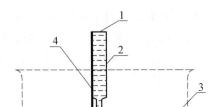

附图 4.3　液面调整装置示意图

1—吸水装置;2—毛细吸管;3—试验液体;4—定位控制装置

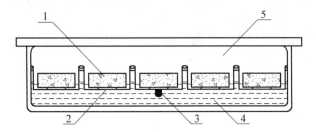

附图 4.4　单面冻融试验箱示意图

1—试件;2—试件盒;3—测温度点/参考点;4—制冷液体;5—空气隔热层

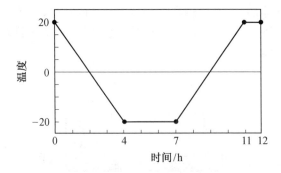

附图 4.5　冻融循环制度

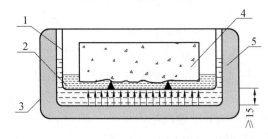

附图 4.6　试件盒在超声浴槽中的位置示意图

1—试件盒;2—试验液体;3—超声浴槽;4—试件;5—水

机玻璃制成。超声传感器安置在该装置两侧相对的位置上,且超声传感器轴线距试件的测试面的距离为 35 mm。

　　⑫不锈钢盘:又称剥落物收集器,由厚 1 mm、面积不小于 110 mm×150 mm、边缘翘起为 (10±2)mm 的不锈钢制成的带有把手的钢盘。

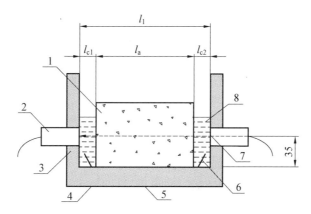

附图 4.7　超声传播时间测量装置
1—试件;2—超声传感器/探头;3—密封层;4—测试面;5—超声容器;
6—不锈钢盘;7—超声传播轴;8—试验溶液

⑬试验溶液:质量比为 97% 蒸馏水和 3% 氯化钠配制成的盐溶液。

(2)试验步骤。

①制作试件。制作时,在模具中间垂直插入一片聚四氟乙烯片(不得涂抹脱模剂)使试模均匀分为两部分。当骨料尺寸较大时,应在试模两内侧各放一片聚四氟乙烯片,但骨料的最大粒径不得大于超声波最小传播距离的 1/3。将接触聚四氟乙烯片的面作为测试面。

②试件成型后,空气中带模养护 24 h,然后脱模并放入(20±2)℃的水中养护至 7 d 龄期。试件强度较低时,可将带模养护试件延长,相应的水中养护试件应缩短。

③水中养护至 7 d 龄期后,对试件进行切割,如附图 4.8 示。首先将试件成型面切去,试件高度减为 110 mm。将试件从中间的聚四氟乙烯片分开成两个试件,每个试件的尺寸应为 150 mm×110 mm×70 mm,偏差为±2 mm。然后将试件放置在空气中养护并分组,每组试件的数量不应少于 5 个,且总的测试面积不得少于 0.08 m²。

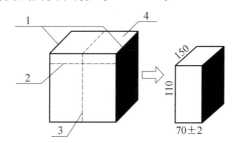

附图 4.8　试件切割位置示意图
1—聚四氟乙烯片/测试面;2、3—切割线;4—成型面

④将到达规定养护龄期的试件放在温度为(20±2)℃、相对湿度为(65±5)%的实验室中干燥至 28 d 龄期。干燥时试件应侧立并应相互间隔 50 mm。在干燥至 28d 龄期前 2～4 d,对除测试面和相平行的面外的其他侧面用密封材料进行密封。密封前进行清洁处理。密封时保持试件清洁和干燥,并称量记录密封前后质量,精确至 0.1 g。

⑤将密封好的试件放入试件盒中,并使测试面向下接触垫条,试件与试件盒侧壁间的空隙为(30±2)mm。向试件盒加入试验液体(不得溅湿试件顶面)至液面高度为 10 mm(由液面调

整装置控制)。盖上盖子,并记录加入试验液体的时间。试件预吸水时间持续7 d,温度保持在(20±2)℃。预吸水期间定期检查试验液体高度,应保持在(10±1)mm。在此过程中应每隔2～3 d测量试件质量,精确至0.1 g。

⑥预吸水结束后,采用超声波测试仪测定试件的超声传播时间初始值,精确至0.1 μs。每个试件测试前都应对超声波测试仪进行校正。超声波测试步骤如下:

a.迅速将试件从试件盒中取出,将测试面朝下放置于不锈钢盘上,将试件连同不锈钢盘仪器放入超声传播时间测量装置中。探头中心与测试面间距离应为35 mm。并向超声传播时间测量装置中加入试验液体作为耦合剂,且液面应高于探头10 mm但不超过试件上表面。

b.细微调整试件位置,使测量的传播时间最小,以此确定试件的最终测量位置,并标记以便于后续试验中定位。

c.试验过程中,应始终保持试件和耦合剂的温度为(20±2)℃,并防止试件的上表面被湿润。排除超声传感器表面和试件两侧的气泡,并应保护试件的密封材料不受损伤。

⑦将测过超声传播时间初始值的试件重新装入试件盒。试验液体液面高度保持在(10±1)mm,并定期检查及时进行调整。将试件盒放置在单面冻融试验箱的托架上,全部试件盒放入后应确保试件盒浸泡在冷冻液中的深度为(15±2)mm(附图4.9)。在冻融试验前应用超声浴法将试件表面疏松颗粒和物质清除。

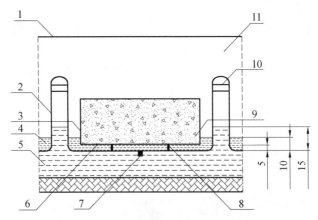

附图4.9　试件盒在单面冻融试验箱中的位置示意图

1—试验机盖;2—相邻试件盒;3—侧向密封层;4—试验液体;5—制冷液体;6—测试面;

7—测温度点;8—垫条;9—试件;10—托架;11—隔热空气层

⑧进行单面冻融试验时,应去掉试件盒盖子。当冻融循环打断时,将试件保存在试件盒中,并保持试验液体的高度。

⑨每4次冻融循环,对试件的剥落物、吸水率、超声波相对传播时间和超声波相对动弹性模量进行一次测量。测定时,应在(20±2)℃的恒温室中进行。测量被打断时将试件保存在盛有试验液体的试验容器中。

试件的剥落物、吸水率、超声波相对传播时间和超声波相对动弹性模量测量步骤为:

①将试件盒从冻融试验箱中取出,放置于超声浴槽中并使试件的测试面朝下,对浸泡在试验液体中的试件进行超声浴3 min。

②将试件垂直放置在一吸水物表面。待测试面液体流尽后,将试件测试面朝下放置于不锈钢盘中并用干毛巾将侧面和上表面的水擦干净,之后将试件从钢盘中拿开,并将钢盘放置于

天平上归零,再将试件放回钢盘称量,精确至 0.1 g。

③称量后,将试件与不锈钢盘一起放入超声传播时间测量装置,测试方法同超声传播初始值的测量。

④将试件放入另一个试件盒中进行下一个冻融循环。

⑤将超声测试时掉落到不锈钢盘中的剥落物收集到试件盒中,用滤纸过滤并在(110±5 ℃)烘干 24 h。在室温(20±2)℃、相对湿度(65±5)%的实验室中冷却(60±5)min,然后称量滤纸与剥落物总质量,精确至 0.01 g。过滤前先测量滤纸质量,精确至 0.01 g。

出现下列情况之一时可停止试验,并以经受的冻融次数或者单位表面剥落质量或超声波相对动弹性模量来表示混凝土抗冻性能:

①达到 28 次冻融循环。

②试件单位表面面积剥落物总质量大于 1 500 g/m²。

③试件的超声波动弹性模量降到 80%。

(3)结果计算。

① 试件表面剥落物质量按下式计算,精确至 0.01 g。

$$\mu_s = \mu_b - \mu_f \qquad (附 4.6)$$

式中　μ_s——试件表面剥落物的质量,g;

　　　μ_f——滤纸质量,g;

　　　μ_b——干燥后滤纸与剥落物总质量,g。

②n 次冻融循环后,单个试件单位测附表面面积剥落物总质量按下式计算。

$$m_n = \frac{\sum \mu_s}{A} \times 10^6 \qquad (附 4.7)$$

式中　m_n——n 次冻融循环后,单个试件单位测附表面面积剥落物总质量,g/m²;

　　　A——单个试件测附表面的表面积,mm²。

每组应取 5 个试件 m_n 的算术平均值作为该组试件单位测附表面面积剥落物总质量测定值。

③ 经 n 次冻融循环后试件吸水率按下式计算,精确至 0.1%。

$$\Delta \omega_n = (\omega_n - \omega_1 + \sum \mu_s)/\omega_0 \times 100\% \qquad (附 4.8)$$

式中　$\Delta \omega_n$——经 n 次冻融循环后,每个试件的吸水率;

　　　ω_0——试件密封前干燥状态的净质量(包括密封物,不包括侧面密封物的质量),g;

　　　ω_n——经 n 次冻融循环后,试件的质量(包括密封物),g;

　　　ω_1——密封后饱水之前试件的质量(包括密封物),g。

每组应取 5 个试件吸水率计算值的算术平均值作为该组试件的吸水率测定值。

④ 超声波相对传播时间和相对动弹性模量的计算。

$$t_c = l_c/v_c \qquad (附 4.9)$$

$$\tau_n = \frac{t_0 - t_c}{t_n - t_c} \times 100 \qquad (附 4.10)$$

$$R_{u,n} = \tau_n^2 \times 100 \qquad (附 4.11)$$

式中　t_c——超声波在耦合剂中传播时间,精确至 0.1 μs;

l_c——超声波在耦合剂中传播长度,由探头之间距离和试件长度的差值确定;

v_c——超声波在耦合剂中的传播速度,温度为$(20 \pm 2)℃$时为1.440 km/s;

t_0——超声波传播时间初始值;

t_n——经n次冻融循环后,超声波在试件和耦合剂中的总传播时间,μs;

τ_n——试件的超声波相对传播时间,%,精确至0.1;在计算每个试件的超声波相对传播时间时,应以两个轴的超声波相对传播时间的算术平均值作为该试件的测定值。每组应取5个试件超声波相对传播时间的算术平均值作为该组试件的超声波相对传播时间的测定值。

$R_{u,n}$——试件的超声波相对动弹性模量,%,精确至0.1;在计算每个试件的超声波相对动弹性模量时,应先分别计算两个相互垂直的传播轴上的超声波相对动弹性模量,并取两个轴的超声波相对动弹性模量的算术平均值作为该试件的测定值。每组应取5个试件超声波相对动弹性模量的算术平均值作为该组试件的超声波相对动弹性模量的测定值。

三、动弹性模量试验

3.1 仪器设备

①共振法混凝土动弹性模量测定仪:又称共振仪,输出频率为$100 \sim 20\ 000$ Hz。

②试件支承体:厚约20 mm的泡沫塑料垫,宜采用表观密度为$16 \sim 18$ kg/m³的聚苯板。

③天平:称量20 kg,感量不应超过5 g。

2. 试验步骤

①制作尺寸为100 mm×100 mm×400 mm的棱柱体试件。

②测定试件的质量和尺寸,分别精确至0.01 kg和1 mm。

③将试件放置在支承体中心位置,成型面朝上。并将激振换能器的测杆轻轻地压在试件长边侧面中线的$1/2$处,接收换能器的测杆轻轻地压在试件长边侧面中线距端面5 mm处。测杆接触试件前宜在接触面涂一薄层黄油或凡士林作为耦合介质,测杆压力的大小应以不出现噪声为准,如附图4.10所示。

④调整共振仪的激振功率和接受增益旋钮至适当位置,然后变换激振频率并观察电表指针偏转。当指针转为最大时,表示试件达到共振状态,此时的共振频率作为试件的基频振动频率。每一测量应重复测读两次以上,当两次连续测值之差不超过两值算术平均值的0.5%时,取算术平均值作为该试件的基频振动频率。

⑤用示波器作为显示的仪器时,示波器图形调成一个正圆时的频率为共振频率。在测试过程中,发现两个以上峰值时,应将接收换能器移至距试件端部0.224倍试件长处,当电表值为0时,将其作为真实的共振峰值。

3. 结果计算

动弹性模量按下式计算。

$$E_d = 13.244 \times 10^{-4} \times WL^3 f^2 / a^4 \qquad (附4.12)$$

式中 E_d——混凝土动弹性模量,MPa;

a——正方形截面的边长,mm;

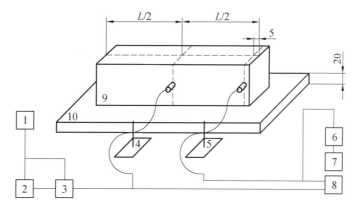

附图 4.10 各部件连接和相对位置示意图

1—振荡器；2—频率计；3、6—放大器；4—激振换能器；5—接收换能器；
7—电表；8—示波器；9—试件；10—试件支承体

L——试件的长度，mm；

W——试件的质量，kg；

f——试件横向振动时的基频振动频率，Hz。

每组应以 3 个试件试验结果的算术平均值作为测定值，精确至 100 MPa。

四、抗水渗透性

1. 渗水高度法

（1）仪器设备。

① 混凝土抗渗仪：符合 JG/T 249 中规定，施加水压力为 0.1~0.2 MPa。

② 试模：上内口径 175 mm，下内口径 185 mm，高 150 mm 的圆台体。

③ 密封材料：石蜡加松香或水泥加黄油，也可用橡胶套等。

④ 梯形板：如附图 4.11 所示，透明材料制成，并画有十条等距垂直底边的直线。

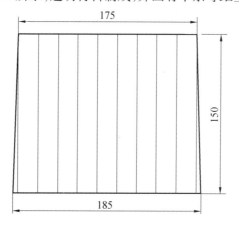

附图 4.11 梯形板示意图

⑤ 加压设备：可为螺旋加压或其他加压形式，保证将试件压入试件套内。

⑥ 钢尺、钟表、烘箱、电炉、浅盘、铁锅和钢丝刷等。

（2）试验步骤。

①按要求取样和制作试件。以 6 个试件为一组。

②拆模后用钢丝刷刷去两端面的水泥浆膜，并立即送入标准养护室进行养护。

③在达到试验所需龄期（宜为 28 d）的前一天，将试件取出，擦拭干净，晾干后进行试件密封。用石蜡加松香（石蜡中加入少量松香）密封材料时，在试件侧面裹涂一层熔化的密封材料，然后用加压设备将试件压入经预热过的试模（预热温度应使密封材料接触试模即缓慢熔化但不流淌）中，使试件与试模底平齐并在试模变冷后解除压力；用水泥加黄油作为密封材料时，其质量比为（2.5～3）：1，用三角刀将密封材料均匀地刮涂在试件侧面上，厚度为 1～2 mm，然后用加压设备将试件压入试模至试件与试模底平齐。

④启动抗渗仪，开通 6 个试位下的阀门使水从 6 个孔中渗出，水应充满试位坑。关闭 6 个试位下的阀门，将密封过的试件安装在抗渗仪上。立即开通 6 个试位下的阀门，使水压在 24 h 内恒定控制在（1.2±0.05）MPa，且加压过程不应大于 5 min。以达到稳定压力的时间作为试验记录起始时间，精确至 1 min。

⑤随时观察试件端面的渗水情况。当某一试件端面出现渗水时，应停止该试件的试验并记录时间，并以试件的高度作为该试件的渗水高度。对于未出现渗水的试件，在 24 h 后停止试验，并及时取出试件。在试验过程中，发现水从试件周边渗出时，应重新密封。

⑥将从抗渗仪上取出来的试件放在压力机上，并应在试件上下端面中心处沿直径各放一根直径 6 mm 的钢垫条，并应确保它们在同一竖直面。启动压力机将试件劈成两半，并用防水笔描出水痕。

⑦将梯形板放在劈裂面上，用钢尺读出渗水距离（即水痕与等距线交点到底面的距离），精确至 1 mm。读数被骨料阻挡时，可以靠近骨料两端的渗水高度的均值作为该点渗水高度。

（3）结果计算。

①试件渗水高度按下式计算。

$$h_i = \frac{1}{10} \sum_{j=1}^{10} h_{ij} \qquad （附 4.13）$$

式中　　h_i——第 i 个试件的平均渗水高度，mm；

　　　　h_{ij}——第 i 个试件第 j 个测点的渗水高度，mm。

②一组试件的渗水高度按下式计算。

$$h = \frac{1}{6} \sum_{i=1}^{6} h_i \qquad （附 4.14）$$

式中　　h——一组 6 个试件的平均渗水高度，mm。

2.逐级加压法

（1）仪器设备。

同渗水高度法所用仪器设备。

（2）试验步骤。

①按渗水高度法中方式进行试件制备、密封和安装。

②试验时，水压从 0.1 MPa 开始，每隔 8 h 增加 0.1 MPa，并随时观察试件端面渗水情况。当 6 个试件中有 3 个试件表面渗水时或加至规定压力（设计抗渗等级）在 8 h 内 6 个试件中表面渗水的少于 3 个时，可停止试验，并记录此时水压力。在试验过程中，发现水从试件周边渗

出时,应重新密封。

(3)结果计算。

混凝土的抗渗等级应以每组 6 个试件中有 4 个试件未出现渗水时的最大水压力乘以 10 来确定。按下式计算:

$$P = 10H - 1 \qquad (附 4.15)$$

式中　P——混凝土抗渗等级;

　　　H——6 个试件中有 3 个试件渗水时的水压力,MPa。

五、抗氯离子渗透性(电通量法)

1. 仪器设备

①电通量试验装置:如附图 4.12 所示,应符合 JG/T 261 规定。

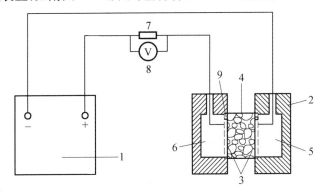

附图 4.12　电通量试验装置示意图

1—直流稳压电源;2—试验槽;3—铜电极;4—混凝土试件;5—3%(质量分数)NaCl 溶液;
6—0.3 mol/L NaOH 溶液;7—标准电阻;8—直流数字式电压表;9—试件垫圈

②直流稳压电源:电压为 0 ~ 80 V,电流为 0 ~ 10 A,能稳定输出 60 V 直流电压。

③试验槽:如附图 4.13 所示,耐热塑料或耐热有机玻璃制。

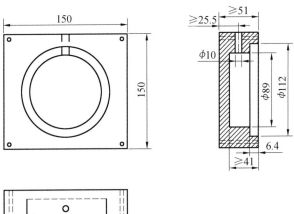

附图 4.13　试验槽示意图

④紫铜垫板:宽(12±2) mm,厚(0.50±0.05) mm。铜网孔径为 0.95 mm(64 孔/cm²)或

20 目。

　　⑤切割设备:水冷式金刚锯或碳化硅锯。

　　⑥抽真空设备:由烧杯、真空干燥器、真空泵、分液装置、真空表等组合而成。

　　⑦温度计、电吹风等。

2. 试验步骤

　　①按要求制作试件,试件为直径(100±1)mm,高(50±2)mm 圆柱体。试件表面有涂料等附加材料时应预先去除,试样内不能含有钢筋等良导体。避免冻伤及其他物理伤害。

　　②宜在试件 28 d 龄期进行电通量试验。对于大掺量矿物掺合料混凝土,可推迟到 56 d 龄期进行试验。将到达规定龄期的试件暴露于空气中至表面干燥,并以硅胶或树脂密封材料涂刷试件侧面并填补涂层中的孔洞。

　　③对试件进行真空饱水。将试件放入真空容器中,启动真空泵,在 5 min 内将真空容器中的绝对压强减少至 1~5 kPa,并保持真空度 3 h,然后在真空泵仍运转的情况下,注入蒸馏水或去离子水直至淹没试件,1 h 后恢复常压,并继续浸泡(18±2)h。

　　④取出试件,抹掉多余水分并保持试件所处环境相对湿度在 95% 以上。将试件安装于试验槽内,采用螺杆将两试验槽和端面装有硫化橡胶垫的试件夹紧。并用蒸馏水或其他方式检验试件与试验槽间的密封性能。

　　⑤将质量分数为 3.0% 的 NaCl 溶液和摩尔浓度为 0.3 mol/L 的 NaOH 溶液分别注入试件两侧的试验槽中,注入 NaCl 溶液的试验槽内的铜网连接电源负极,注入 NaOH 溶液的试验槽内的铜网连接电源正极。

　　⑥在保持试验槽中充满溶液的情况下接通电源,施加(60±0.1)V 的直流电压并记录电流初始读数。每隔 5 min 记录一次电流值,当电流变化不大时,可改为每隔 10 min 记录一次,当电流变化很小时,可每隔 30 min 记录一次电流值,直至通电 6 h。自动采集数据的试验装置,记录时间间隔设定为 5~10 min,电流测量值应精确至 0.5 mA,同时宜监测试验槽中溶液温度。

　　⑦试验结束后应及时排出试验溶液,并用凉开水和洗涤剂冲洗试验槽 60 s 以上,然后用蒸馏水洗净并用电吹风冷风吹干。

3. 数据处理与结果计算

　　①绘制电流与时间的关系图。用圆滑曲线将各点连接,对曲线积分(曲线、坐标轴与直线 $t=6$ h 围成的面积)即得试验 6 h 电通量。

　　②每个试件的总电通量的简化计算按下式进行:

$$Q = 900(I_0 + 2I_{30} + 2I_{60} + \cdots + 2I_t + \cdots + 2I_{300} + 2I_{330} + 2I_{360})$$ 　　(附 4.16)

式中　　Q——通过试件的总通电量,C;

　　　　I_0——初始电流,A,精确到 0.001 A;

　　　　I_t——在时间 t min 的电流,A,精确至 0.001。

　　③将计算得到的总通电量换算为直径为 95 mm 试件的通电量,按下式进行:

$$Q_s = Q_x \times (95/x)^2$$ 　　(附 4.17)

式中　　Q_s——通过直径为 95 mm 试件的电通量,C;

　　　　Q_x——通过直径为 x mm 试件的电通量,C;

x——试件的实际直径,mm。

每组应取 3 个试件电通量的算术平均值作为该组试件的电通量测定值。当某一个电通量值与中值的差超过中值的 15% 时,取其余两个试件电通量的算术平均值作为该组试件的试验结果测定值。当有两个值与中值的差超过中值的 15% 时,取中值作为该组试件的试验结果测定值。

六、收缩

1.非接触法

(1)仪器设备。

①非接触法混凝土收缩变形测定仪:如附图 4.14 所示,为整机一体化装置,并应具备自动采集和处理数据,以及设定采样时间间隔等功能。装置应固定于具有避振功能的固定台面上。反射靶应固定于试模上,在试件成型过程中不会偏移,成型后反射靶与试模间的摩擦力应尽可能小。传感器的量程不应小于试件测量标距长度的 0.5% 或 1 mm,测试精度高于 0.002 mm。

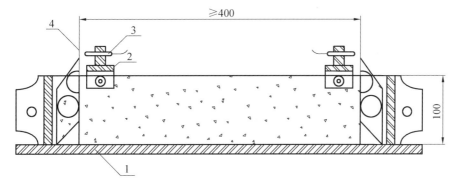

附图 4.14　非接触法混凝土收缩变形测定仪示意图
1—试模;2—固定架;3—传感器探头;4—反射靶

②试模:用于制作尺寸为 100 mm×100 mm×515 mm 的试件。

(2)试验步骤。

①试验在温度为 (20±2)℃、相对湿度为 (60±5)% 恒温恒湿室进行,且带模测试。

②在试模内涂刷润滑油,然后在试模内铺设两层塑料薄膜或者放置一片聚四氟乙烯片并在其与试模接触的面上均匀涂抹一层润滑油。将反射靶固定在试模两端。

③将混凝土拌合物浇筑入试模,振动成型并抹平,立即用塑料薄膜将抹面覆盖,然后立即带模移入恒温恒湿室,并测定混凝土的初凝时间。混凝土初凝时,开始测读试件两侧的初始读数,此后每隔 1 h 或按设定时间间隔测定试件两侧的变形读数。在整个测试过程中,试件在测定仪上的位置方向等均应保持固定不变。

(3)数据处理与结果计算。

混凝土收缩率按下式进行计算:

$$\varepsilon_{st} = \frac{(L_{10}-L_{1t})+(L_{20}-L_{2t})}{L_0}$$ (附 4.18)

式中　ε_{st}——测试期为 t h(从初始读数时算起)时的混凝土收缩率;
　　　L_{10}——左侧位移传感器初始读数,mm;

L_{1t}——左侧位移传感器测试期为 t h 时的读数,mm;

L_{20}——右侧位移传感器初始读数,mm;

L_{2t}——右侧位移传感器测试期为 t h 时的读数,mm。

取 3 个试件测试结果的算术平均值作为该组混凝土试件早龄期收缩测定值,精确至 1.0×10^{-6}。作为相对比较的混凝土早龄期收缩值应以 3 d 龄期测得的混凝土收缩值为准。

2. 接触法

本方法适用于无约束和规定的温、湿度条件下硬化混凝土试件的收缩变形测定。

(1)仪器设备。

①收缩测量装置:具有硬钢或石英玻璃制作的标准杆。卧式和立式混凝土收缩仪的测量标距应为 540 mm,并应装有精度为 0.001 mm 的千分表或测微器。使用卧式收缩仪时,试件两端应预埋测头或留有埋设测头的凹槽;采用立式收缩仪时,试件一端中心应预埋测头,另一端宜采用 M20 mm×35 mm 的带通长螺纹螺栓,并应与立式收缩仪底座固定,螺栓和测头均预埋进去。

②试模:用于制作尺寸为 100 mm×100 mm×515 mm 的试件。

(2)试验步骤。

试验在温度为(20±2)℃、相对湿度为(60±5)% 恒温恒湿室进行,且试件应放置在不吸水的架子上,试件间距应大于 30 mm。

①测定代表某一混凝土收缩性能的特征值时,试件应在 3 d 龄期(从搅拌混凝土加水时算起)从标准养护室取出并立即移入恒温恒湿室测定其初始长度,此后至少应按 1 d、3 d、7 d、14 d、28 d、45 d、60 d、90 d、120 d、150 d、180 d(从移入恒温恒湿室内算起)的时间间隔测量其变形读数。测定混凝土在某一具体条件下的相对收缩值时(包括在徐变试验时的混凝土收缩变形测定)应按要求的条件安排试验,对非标准养护试件如需移入恒温恒湿室进行试验,应先在该室内预置 4 h,再测其初始值,以使它们具有同样的温度基准。测量时并应记下试件的初始干湿状态。

②测量前应先用标准杆校正仪表的零点,并应在测定过程中至少再复核 1～2 次(其中一次在全部试件测读完后)。如复核时发现零点与原值的偏差超过±0.001 mm 时,调零后应重新测定。

③试件每次在收缩仪上放置的位置、方向均应保持一致,为此,试件上应标明相应的记号。试件在放置及取出时应轻稳仔细,勿使碰撞表架及表杆,如发生碰撞,则应取下试件,重新以标准杆复核零点。

(3)结果计算。

混凝土收缩率按下式计算。

$$\varepsilon_{st} = \frac{L_0 - L_t}{L_b}$$ (附4.19)

式中　ε_{st}——测试期为 t d(从测定初始长度时算起)时的混凝土收缩率;

L_0——试件长度的初始读数,mm;

L_t——试件在测试期为 t d 时的长度读数,mm;

L_b——试件的测量标距(两侧头内侧距离),mm。

取 3 个试件收缩率的算术平均值作为该组混凝土试件的收缩率测定值,精确至 1.0×10^{-6}。

作为相互比较的混凝土收缩率值应为不密封试件于 180 d 所测得的收缩率值。可将不密封试件于 360 d 所测得的收缩率值作为该混凝土的终极收缩率值。

七、早期抗裂性

1. 仪器设备

①风扇:风速可调,并保证试件表面中心处风速不小于 5 m/s。

②温度计:精度不低于 0.5 ℃;相对湿度计:精度不低于 1%;风速计:精度不低于 0.5 m/s。

③刻度放大镜:放大倍数不小于 40 倍,分度值不大于 0.01 mm。

④照明装置:手电筒或其他简易照明装置。

⑤钢直尺:最小刻度为 1 mm。

⑥混凝土早期抗裂试验装置:如附图 4.15 所示,采用钢制模具,模具的四边宜采用槽钢或者角钢焊接而成,侧板厚大于 5 mm,四边与底板通过螺栓固定在一起。模内设 7 根裂缝诱导器,裂缝诱导器可由 50 mm×50 mm、40 mm×40 mm 角钢与 5 mm×50 mm 钢板焊接而成,并平行于模具短边。底板采用大于 5 mm 厚的钢板制,并在其表面铺设聚乙烯薄膜或聚四氟乙烯片做隔离层。模具作为测试装置在测试时应与试件连在一起。

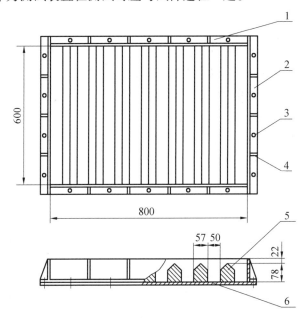

附图 4.15　混凝土早期抗裂试验装置示意图

1—长侧板;2—短侧板;3—螺栓;4—加强肋;5—裂缝诱导器;6—底板

2. 试验步骤

试验在温度为(20±2)℃、相对湿度为(60±5)%恒温恒湿室进行。

①将混凝土浇筑至模具内,立即将混凝土摊平,且表面应比模具边框略高。可使用平板表面式振捣器或者采用振捣棒插捣,应控制好振捣时间,并应防止过振和欠振。

②在振捣后,用抹子整平表面,并应使骨料不外露,且应使表面平实。

③在试件成型 30 min 后,立即调节风扇位置和风速,使试件表面中心正上方 100 mm 处风

速为(5 ± 0.5) m/s,并应使风向平行于试件表面和裂缝诱导器。

④试验时间从混凝土搅拌加水开始计算,应在(24 ± 0.5) h用钢尺测量裂缝长度,取裂缝两端直线距离为裂缝长度。当一个刀口上有两条裂缝时,可将两条裂缝的长度相加,折算成一条裂缝。

⑤裂缝宽度应采用刻度放大镜进行测量,并应测量每条裂缝的最大宽度。

⑥平均开裂面积、单位面积的裂缝数目和单位面积上的总开裂面积应根据混凝土浇筑24 h测量得到裂缝数据来计算。

3. 结果计算

平均开裂面积、单位面积的裂缝数目和单位面积上的总开裂面积按下式计算:

$$a = \frac{1}{2N}\sum_{i=1}^{N}(W_i \times L_i) \qquad (\text{附}4.20)$$

$$b = \frac{N}{A} \qquad (\text{附}4.21)$$

$$c = a \times b \qquad (\text{附}4.22)$$

式中　W_i——第i条裂缝的最大宽度,精确至0.01 mm;

　　　L_i——第i条裂缝的长度,精确至1 mm;

　　　N——总裂缝数目,条;

　　　A——平板的面积,m^2,精确至小数点后两位;

　　　a——每条裂缝的平均开裂面积,精确至1 mm^2/条;

　　　b——单位面积的裂缝数目,精确至0.1 条/m^2;

　　　c——单位面积上的总开裂面积,精确至1 mm^2/m^2。

每组应以组中所有试件的平均开裂面积(单位面积的裂缝数目、单位面积上的总开裂面积)算术平均值作为该组试件的测定值。

八、碳化

1. 仪器设备

①碳化箱:符合JG/T 247规定。

②气体分析仪:能分析箱内二氧化碳浓度,并精确至1%。

③二氧化碳供气装置:包括气瓶、压力表和流量计。

2. 试验步骤

①碳化试验应采用棱柱体混凝土试件,以3块为一组,棱柱体的高宽比不小于3。无棱柱体试件时,也可用立方体试件代替,但其数量应相应增加。试件宜在28 d龄期进行碳化试验,采用掺合料的混凝土可根据其特性决定碳化前的养护龄期。

②碳化试验的试件宜采用标准养护,但应在试验前2 d从标准养护室取出,然后在60 ℃温度下烘48 h。

③经烘干处理后的试件,除留下一个或相对的两个侧面外,其余表面应用加热的石蜡予以密封。在暴露的侧面上沿长度方向用铅笔以10 mm间距画平行线,作为预定碳化深度的测量点。

④将经过处理的试件放入碳化箱内的支架上,试件间距应不少于 50 mm。

⑤将碳化箱密封。可采用机械办法或油封,但不得采用水封。开动箱内气体对流装置,徐徐充入二氧化碳,并测定箱内的二氧化碳浓度。逐步调节二氧化碳的流量,使箱内的二氧化碳浓度保持在(20±3)%。在整个试验期间用去湿装置使箱内的相对湿度控制在(70±5)%的范围内。碳化试验应在(20±2)℃的温度下进行。

⑥每隔一定时期对箱内的二氧化碳浓度、温度及湿度做一次测定。在前 2 d 每隔 2 h 测定一次,以后每隔 4 h 测定一次,并根据所测得的二氧化碳浓度、温度及湿度随时调节。去湿用的硅胶应经常更换。

⑦碳化到了 3 d、7 d、14 d 及 28 d 时,分别取出试件,破型测定碳化深度。棱柱体试件在压力试验机上用劈裂法或用干锯法从一端开始破型。每次切除的厚度约为试件宽度的一半,用石蜡将破型后试件的切断面封好,再放入箱内继续碳化,直到下一个试验期。采用立方体试件时,在试件中部劈开。立方体试件只做一次检验,劈开后不得重复使用。

⑧将切除所得的试件部分刷去断面上残存的粉末,喷上(或滴上)浓度为 1% 的酚酞酒精溶液(含 20% 的蒸馏水)。约 30 s 后,按原先标划的每 10 mm 一个测量点用钢尺分别测出两侧面各点的碳化深度。如果测点处的碳化分界线上刚好嵌有粗骨料颗粒,则可取该颗粒两侧处碳化深度的平均值作为该点的深度值。碳化深度测量精确至 0.5 mm。

3. 数据处理与结果计算

混凝土在各试验龄期时的平均碳化深度按下式计算,精确至 0.01 mm。

$$d_t = \frac{1}{n} \sum_{i=1}^{n} d_i \qquad (\text{附} 4.23)$$

式中 d_t——试件碳化 t d 后的平均碳化深度,mm;

  d_i——各测点的碳化深度,mm;

  n——测点总数。

九、碱骨料反应

1. 仪器设备

①方孔筛:4.75 mm、9.5 mm、16.0 mm 和 19.0 mm 的筛。

②天平:称量 50 kg,感量 50 g;称量 10 kg,感量 5 g。

③试模:内尺寸为 75 mm×75 mm×275 mm,两个端板应预留安装测头的圆孔。

④测头:不锈钢制,直径 5~7 mm,长 25 mm。

⑤测长仪:测量范围为 275~300 mm,精度 0.001 mm。

⑥养护盒:耐腐蚀材料制,不漏水且能密封。盒底部应装有(20±5)mm 深的水,盒内应有试件架能使试件垂直立在盒内,试件底部不与水接触。一个试件盒应同时容纳 3 个试件。

2. 试验步骤

①选择原材料。使用硅酸盐水泥,含碱量宜为(0.9±0.1)%,可通过外加 10%(质量分数)的 NaOH 溶液使含碱量达到 1.25%。当试验用来评价细骨料的活性时,应采用非活性(通过试验确定)的粗骨料,细骨料细度模数宜为(2.7±0.2)。当试验用来评价粗骨料的活性时,应采用非活性(通过试验确定)的细骨料。当工程用的粗细骨料为同一品种时,即用该粗细骨

料试验。试验用粗骨料应由三种级配:20~16 mm、16~10 mm和10~5 mm各取1/3等量混合。

②配合比。每立方米混凝土中水泥用量为(420±10)kg,水灰比为0.42~0.45,粗细骨料质量比为6:4。试验中除可加NaOH调配水泥含碱量外,不得再使用其他外加剂。

③将所有原材料放入(20±5)℃的成型室,24 h后进行拌和,混凝土搅拌宜采用机械拌和。将混凝土一次装入试模,用捣棒和抹刀捣实,然后放在振动台上振动30 s或至表面泛浆。带模放入(20±2)℃、相对湿度大于95%的标准养护室中,在混凝土初凝前1~2 h对试件沿模口抹平并编号。

④(24±4)h后脱模,注意不要损伤测头,并应在(20±5)℃恒温室中,尽快测量试件的基准长度,待测试件用湿布盖好。每个试件至少重复测量两次,取算术平均值作为该试件的基准长度值。

⑤将试件放入养护盒并盖严盒盖。将养护盒放入(38±2)℃的养护箱或养护室中养护。

⑥试件的测量龄期(从测定基准长度算起)为1周、2周、4周、8周、13周、18周、26周、39周和52周,以后可每半年测一次。每次测量的前一天,应将养护盒取出放入(20±2)℃的恒温室中(24±4)h后测量。测量完毕后将试件调头放入养护盒中并盖严盖子,然后重新放回(38±2)℃的养护箱或养护室中养护。

⑦每次测量时,还应观察试件有无裂缝、变形、渗出物及反应产物等,并详细记录。必要时可在长度测试周期结束后辅以岩相分析等手段,进行综合判断。

当试验出现以下两种情况之一时,可结束试验:

①在52周的测试龄期内,膨胀率超过0.04%。

②膨胀率虽小于0.04%,但试验周期已经达到52周。

3. 结果计算

试件的膨胀率按下式计算,精确至0.001:

$$\varepsilon_t = \frac{L_t - L_0}{L_0 - 2\Delta} \times 100 \qquad (\text{附}4.24)$$

式中 ε_t——试件在t周龄期的膨胀率,%;

L_t——试件在t周龄期的长度,mm;

L_0——试件的基准长度,mm;

Δ——测头长度,mm。

以3个试件测值的算术平均值作为某一龄期膨胀率的测定值。当每组平均膨胀率小于0.020%时,同一组试件中最大值与最小值之差不应大于0.008%;当每组平均膨胀率大于0.020%时,同一组试件中最大值与最小值之差不应大于平均值的40%。

附录2 水泥混凝土领域的常用技术标准(规范)

标准(规范)名称	代号、编号
术语标准	
水泥的命名原则和术语	GB/T 4131—2014
混凝土外加剂定义、分类、命名与术语	GB/T 8075—2005
墙体材料术语	GB/T 18968—2003
工程结构设计基本术语标准	GB/T 50083—2014
建筑材料术语标准	JGJ/T 191—2009
混凝土原材料产品标准(水泥、石灰)	
通用硅酸盐水泥	GB 175—2007
快硬硅酸盐水泥	GB 199—1990
中热硅酸盐水泥、低热硅酸盐水泥、低热矿渣硅酸盐水泥	GB 200—2003
油井水泥	GB/T 10238—2015
钢渣硅酸盐水泥	GB 13590—2006
道路硅酸盐水泥	GB 13693—2005
低热微膨胀水泥	GB/T 2938—2008
快硬硫铝酸盐水泥	GB/T 20472—2006
钢渣道路水泥	GB/T 25029—2010
铝酸盐水泥	GB/T 201—2015
抗硫酸盐硅酸盐水泥	GB/T 748—2005
白色硅酸盐水泥	GB/T 2015—2005
砌筑水泥	GB/T 3183—2003
硅酸盐水泥熟料	GB/T 21372—2008
镁渣硅酸盐水泥	GB/T 23933—2009
自应力硅酸盐水泥	JC/T 218—1995
加气混凝土用铝粉膏	JC/T 407—2008
硅酸盐建筑制品用粉煤灰	JC/T 409—2001
石灰石硅酸盐水泥	JC/T 600—2010

续表

标准(规范)名称	代号、编号
硅酸盐建筑制品用生石灰	JC/T 621—2009
硅酸盐建筑制品用砂	JC/T 622—2009
磷渣硅酸盐水泥	JC/T 740—2006
彩色硅酸盐水泥	JC/T 870—2012
低热钢渣硅酸盐水泥	JC/T 1082—2008
钢渣砌筑水泥	JC/T 1090—2008
快凝快硬硫铝酸盐水泥	JC/T 2282—2014
骨(集)料、水、纤维	
建筑用砂	GB/T 14684—2011
建筑用卵石碎石	GB/T 14685—2011
水泥混凝土和砂浆用合成纤维	GB/T 21120—2007
水泥混凝土和砂浆用短切玄武岩纤维	GB/T 23265—2009
普通混凝土用砂、石质量及检验方法标准	JGJ 52—2006
混凝土用水标准	JGJ 63—2006
硅酸盐建筑制品用砂	JC/T 622—2009
耐碱玻璃纤维网格布	JC/T 841—2007
玻璃纤维短切原丝	JC/T 896—2002
混凝土用钢纤维	YB/T 151—1999
外加剂、矿物掺合料	
混凝土外加剂	GB 8076—2008
混凝土外加剂中释放氨限量	GB 18588—2001
混凝土膨胀剂	GB 23439—2009
用于水泥和混凝土中的粉煤灰	GB/T 1596—2005
用于水泥和混凝土中的粒化高炉矿渣粉	GB/T 18046—2008
高强高性能混凝土用矿物外加剂	GB/T 18736—2017
用于水泥和混凝土中的钢渣粉	GB/T 20491—2006
用于水泥和混凝土中的粒化电炉磷渣粉	GB/T 26751—2011
砂浆和混凝土用硅灰	GB/T 27690—2011
聚羧酸系高性能减水剂	JG/T 223—2007
水泥砂浆和混凝土用天然火山灰质材料	JG/T 315—2011
混凝土用复合掺合料	JG/T 486—2015

续表

标准(规范)名称	代号、编号
混凝土和砂浆用天然沸石粉	JG/T 3048—1998
高性能混凝土评价标准	JGJ/T 385—2015
混凝土泵送剂	JC 473—2001
砂浆、混凝土防水剂	JC/T 474—2008
混凝土防冻剂	JC/T 475—2004
泡沫混凝土用泡沫剂	JC/T 2199—2013
加气混凝土用铝粉膏	JC/T 407—2008
硅酸盐建筑制品用粉煤灰	JC/T 409—2001
混凝土原材料的试验方法标准	
水泥抗硫酸盐侵蚀试验方法	GB/T 749—2008
水泥细度检验方法 筛析法	GB/T 1345—2005
水泥标准稠度用水量、凝结时间、安定性检验方法	GB/T 1346—2011
水泥胶砂流动度测定方法	GB/T 2419—2005
水泥比表面积测定方法 勃氏法	GB/T 8074—2008
混凝土外加剂匀质性试验方法	GB/T 8077—2012
水泥水化热测定方法	GB/T 12959—2008
水泥组分的定量测定	GB/T 12960—2007
轻骨料及其试验方法 第1部分 轻骨料	GB/T 17431.1—2010
轻骨料及其试验方法 第2部分 轻骨料试验方法	GB/T 17431.2—2010
水泥胶砂强度检验方法(ISO法)	GB/T 17671—1999
普通混凝土用砂、石质量及检验方法标准	JGJ 52—2006
水泥胶砂干缩试验方法	JC/T 603—2004
水泥胶砂耐磨性试验方法	JC/T 421—2004
蒸压加气混凝土板钢筋涂层防锈性能试验方法	JC/T 855—1999
铁路混凝土用骨料碱活性试验方法岩相法	TB/T 2922.1—1998
铁路混凝土用骨料碱活性试验方法化学法	TB/T 2922.2—1998
铁路混凝土用骨料碱活性试验方法砂浆棒法	TB/T 2922.3—1998
砂、石碱活性快速试验方法	CECS 48:93
混凝土原材料的应用技术规程(规范)	
混凝土外加剂应用技术规范	GB 50119—2013
矿物掺合料应用技术规范	GB/T 51003—2014
石灰石粉在混凝土中应用技术规程	JGJ/T 318—2014

续表

标准（规范）名称	代号、编号
混凝土及制品产品标准	
蒸压灰砂砖	GB/T 11945—1999
蒸压加气混凝土砌块	GB/T 11968—2006
蒸压加气混凝土板	GB/T 15762—2008
蒸压粉煤灰多孔砖	GB/T 26541—2011
混凝土路面砖	GB 28635—2012
环形混凝土电杆	GB/T 4623—2014
预拌混凝土	GB/T 14902—2012
蒸压泡沫混凝土砖和砌块	GB/T 29062—2012
石灰石粉混凝土	GB/T 30190—2013
混凝土砌块（砖）砌体用灌孔混凝土	JC/T 861—2008
泡沫混凝土砌块标准	JC/T 1062—2007
屋面保温用泡沫混凝土	JC/T 2125—2012
水泥基泡沫保温板	JC/T 2200—2013
纤维增强硅酸钙板 第1部分 无石棉硅酸钙板	JC/T 564.1—2008
纤维增强硅酸钙板 第2部分 温石棉硅酸钙板	JC/T 564.2—2008
钢纤维混凝土	JG/T 472—2015
泡沫混凝土	JG/T 266—2011
蒸压灰砂多孔砖	JC/T 637—2009
蒸压粉煤灰砖	JC/T 239—2014
地面辐射供暖技术规程	JGJ 142—2012
建筑外墙外保温防火隔离带技术规程	JGJ 289—2012
自保温混凝土复合砌块	JG/T 407—2013
现浇泡沫轻质土技术规程	CECS 249:2008
发泡水泥绝热层与水泥砂浆填充层地面辐射供暖工程技术规程	CECS 262:2009
气泡混合轻质土填筑工程技术规程	CJJ/T 177—2012

续表

标准(规范)名称	代号、编号
混凝土及制品试验方法标准	
水泥抗硫酸盐侵蚀试验方法	GB/T 749—2008
蒸压加气混凝土实验方法	GB/T 11969—2008
混凝土及其制品耐磨性试验方法(滚珠轴承法)	GB/T 16925—1997
钻芯检测离心高强混凝土抗压强度试验方法	GB/T 19496—2004
普通混凝土拌合物性能试验方法标准	GB/T 50080—2016
普通混凝土力学性能试验方法	GB/T 50081—2002
普通混凝土长期性能和耐久性能试验方法标准	GB/T 50082—2009
混凝土强度检验评定标准	GB/T 50107—2010
混凝土试模	JG 237—2008
混凝土坍落度仪	JG/T 248—2009
早期推定混凝土强度试验方法标准	JGJ/T 15—2008
回弹法检测混凝土抗压强度技术规程	JGJ/T 23—2011
混凝土耐久性检验评定标准	JGJ/T 193—2009
混凝土混合料稠度试验	TB/T 2181—1990
水下不分散混凝土试验规程	DL/T 5117—2000
水泥混凝土拌合物含气量测定仪	JT/T 755—2009
混凝土的应用技术规程(规范)	
混凝土结构设计规范	GB 50010—2010(2015)
地下工程防水技术规范	GB 50108—2008
混凝土质量控制标准	GB 50164—2011
混凝土结构工程施工质量验收规范	GB 50204—2015
大体积混凝土施工规范	GB 50496—2009
混凝土结构工程施工规范	GB 50666—2011
城市综合管廊工程技术规范	GB 50838—2015
混凝土强度检验评定标准	GB/T 50107—2010
粉煤灰混凝土应用技术规范	GB/T 50146—2014
混凝土结构耐久性设计规范	GB/T 50476—2008
预防混凝土碱骨料反应技术规范	GB/T 50733—2011
工业化建筑评价标准	GB/T 51129—2015
轻骨料混凝土技术规程	JGJ 51—2002

续表

标准(规范)名称	代号、编号
普通混凝土配合比设计规程	JGJ 55—2011
清水混凝土应用技术规程	JGJ 169—2009
海砂混凝土应用技术规范	JGJ 206—2010
混凝土泵送施工技术规程	JGJ/T 10—2011
蒸压加气混凝土应用技术规程	JGJ/T 17—2008
混凝土中钢筋检测技术规程	JGJ/T 152—2008
补偿收缩混凝土应用技术规范	JGJ/T 178—2009
混凝土耐久性检验评定标准	JGJ/T 193—2009
纤维混凝土应用技术规程	JGJ/T 221—2010
人工砂混凝土应用技术规程	JGJ/T 241—2011
高强混凝土应用技术规程	JGJ/T 281—2012
自密实混凝土应用技术规程	JGJ/T 283—2012
高抛免振捣混凝土应用技术规范	JGJ/T 296—2013
泡沫混凝土应用技术规程	JGJ/T 341—2014
透水水泥混凝土路面技术规程	CJJ/T 135—2009
纤维混凝土结构技术规程	CECS 38:2004
混凝土碱含量限制标准	CECS 53:93
自密实混凝土应用技术规程	CECS 203:2006
高性能混凝土应用技术规程	CECS 207:2006
水下不分散混凝土施工技术规范	Q/CNPC 92—2003(中石油)
砂　浆	
建筑保温砂浆	GB/T 20473—2006
预拌砂浆	GB/T 25181—2010
膨胀玻化微珠保温隔热砂浆	GB/T 26000—2010
水泥基灌浆材料应用技术规范	GB/T 50448—2015
建筑外墙用腻子	JG/T 157—2009
砌筑砂浆增塑剂	JG/T 164—2004
外墙外保温柔性耐水腻子	JG/T 229—2007
混凝土结构加固用聚合物砂浆	JG/T 289—2010
混凝土结构修复用聚合物水泥砂浆	JG/T 336—2011
建筑室内用腻子	JG/T 298—2010

续表

标准(规范)名称	代号、编号
建筑砂浆基本性能试验方法	JGJ/T 70—2009
砌筑砂浆配合比设计规程	JGJ/T 98—2010
机械喷涂抹灰施工规程	JGJ/T 105—2011
混凝土小型空心砌块和混凝土砖砌筑砂浆	JC/T 860—2008
陶瓷墙地砖胶黏剂	JC/T 547—2005
混凝土界面处理剂	JC/T 907—2002
聚合物水泥防水砂浆	JC/T 984—2011
地面用水泥基自流平砂浆	JC/T 985—2005
水泥基灌浆材料	JC/T 986—2005
石膏基自流平砂浆	JC/T 1023—2007
墙体饰面砂浆	JC/T 1024—2007
建筑干混砂浆用可再分散乳胶粉	JC/T 2189—2013
建筑干混砂浆用纤维素醚	JC/T 2190—2013
干混砂浆散装移动筒仓	SB/T 10461—2008

参考文献

[1] 朱效荣. 绿色高性能混凝土研究[M]. 沈阳:辽宁大学出版社,2005.

[2] 汪澜. 水泥混凝土组成性能应用[M]. 北京:中国建材工业出版社,2005.

[3] 葛新亚. 混凝土材料技术[M]. 北京:化学工业出版社,2006.

[4] 苏达根. 水泥与混凝土工艺[M]. 北京:化学工业出版社,2005.

[5] 文梓芸,钱春香,杨长辉. 混凝土工程与技术[M]. 武汉:武汉理工大学出版社,2004.

[6] 隋良志,李玉甫. 建筑与装饰材料[M]. 天津:天津大学出版社,2008.

[7] 刘祥顺. 土木工程建筑材料[M]. 北京:中国建材工业出版社,2001.

[8] 肖争鸣,李坚利. 水泥工艺技术[M]. 北京:化学工业出版社,2006.

[9] KUMAR MEHTA P, PAULO J M. MONTEIRO. Concrete-microstructure, properties and materials[M]. New York:Mcgraw-Hill,2005.

[10] NEVILLE A M. Properties of concrete[M]. Britain:John Wiley & Sons Limited,2000.

[11] 黄国兴,惠荣炎. 混凝土收缩[M]. 北京:中国铁道出版社,1990.

[12] 谢依金. 水泥混凝土结构与性能[M]. 胡春芝,等,译. 北京:中国建筑工业出版社,1984.

[13] MINDESS S. 混凝土[M]. 吴科如,等,译. 北京:化学工业出版社,2005.

[14] 内维尔. 混凝土性能[M]. 李国泮,马贞勇,译. 北京:中国建筑工业出版社, 1983.

[15] POPOVICS S. 新拌混凝土[M]. 陈志源,沈威,金容容,等,译. 北京:中国建筑工业出版社,1990.

[16] 岩崎训明. 混凝土特性 [M]. 尹家辛,李景星,译. 北京:中国建筑工业出版社,1980.

[17] 游宝坤,李乃珍. 膨胀剂及其补偿收缩混凝土[M]. 北京:中国建材工业出版社,2005.

[18] 王培铭. 商品砂浆[M]. 北京:化学工业出版社,2008.

[19] 张雄,张永娟. 建筑功能砂浆[M]. 北京:化学工业出版社,2006.

[20] 蔡正咏. 混凝土性能[M]. 北京:中国建筑工业出版社,1979.

[21] 张明征. 高性能混凝土的配制与应用[M]. 北京:中国计划出版社,2003.

[22] 赵铁军,李秋义. 高强与高性能混凝土及其应用[M]. 北京:中国建材工业出版社,2004.

[23] 蒋林华. 混凝土材料学(上册)[M]. 南京:河海大学出版社,2006.

[24] 姚燕,王玲,田培. 高性能混凝土[M]. 北京:化学工业出版社,2006.

[25] 冯乃谦,邢锋. 高性能混凝土技术[M]. 北京:原子能出版社,2000.

[26] 吴中伟,廉慧珍. 高性能混凝土[M]. 北京:中国铁道出版社,1999.

[27] 文梓芸,钱春香,杨长辉. 混凝土工程与技术[M]. 武汉:武汉理工大学出版社,2004.

[28] 重庆建筑工程学院,南京工学院. 混凝土学[M]. 北京:中国建筑工业出版社,1981.

[29] 朱宏军,程海丽,姜德民. 特种混凝土和新型混凝土[M]. 北京:化学工业出版社,2004.

[30] 胡曙光. 轻骨料混凝土[M]. 北京:化学工业出版社,2006.

［31］袁润章.胶凝材料学［M］.武汉：武汉理工大学出版社，1996.

［32］洪雷.混凝土性能及新型混凝土技术［M］.大连：大连理工大学出版社，2005.

［33］徐定华，徐敏.混凝土材料学概论［M］.北京：中国标准出版社，2002.